Masterclass

Weitere Bände in der Reihe http://www.springer.com/series/8645

Riccardo Gatto

Stochastische Modelle der aktuariellen Risikotheorie

Eine mathematische Einführung

2. korrigierter und erweiterte Auflage

Riccardo Gatto
Institut für Mathematische Statistik
Universität Bern
Bern, Schweiz

Masterclass
ISBN 978-3-662-60923-1 ISBN 978-3-662-60924-8 (eBook)
https://doi.org/10.1007/978-3-662-60924-8

Die Deutsche Nationalbibliothek verzeichnet diese Publikation in der Deutschen Nationalbibliografie; detaillierte bibliografische Daten sind im Internet über http://dnb.d-nb.de abrufbar.

Planung/Lektorat: Iris Ruhmann
Springer Spektrum ist ein Imprint der eingetragenen Gesellschaft Springer-Verlag GmbH, DE und ist ein Teil von Springer Nature.
Die Anschrift der Gesellschaft ist: Heidelberger Platz 3, 14197 Berlin, Germany

Vorwort

Seit 1999 hält der Autor am Institut für Mathematische Statistik und Versicherungslehe der Universität Bern und am Department of Statistics and Applied Probability der University of California at Santa Barbara Vorlesungen im Bereich der stochastischen Modelle und der mathematischen Methoden der aktuariellen Risikotheorie.

Gewonnen aus den persönlichen Notizen der gehaltenen Vorlesungen ist das vorliegende Buch vorrangig für Studenten des fortgeschrittenen Bachelor- bzw. des Masterstudiums Mathematik oder Statistik vorgesehen. Darüber hinaus wendet sich das Buch an Kandidaten, welche das Diplom der Schweizerischen Aktuarvereinigung (SAV) erwerben oder sich auf das Diplom der Society of Actuaries (SOA) vorbereiten möchten. Auch praktizierende Versicherungsmathematiker, welche ihre technischen Kenntnisse in der stochastischen Modellierung oder in den mathematischen Methoden vertiefen wollen, werden mit diesem Buch angesprochen. Voraussetzung sind in jedem Fall gute Grundkenntnisse in der Wahrscheinlichkeitstheorie.

Dieses Buch bietet eine präzise Einführung in wichtige stochastische Modelle und mathematische Methoden der aktuariellen Risikotheorie und wendet sich an ein breiteres Publikum als die wenigen Forschungsmonografien, die zu diesem Gebiet existieren. Die Wahl der Hauptthemen resultiert aus persönlichen Schwerpunkten kombiniert mit den Anforderungen aus den Programmen der SAV-Ausbildung: Modelle für den individuellen und für den größten Schadensbetrag, Zählprozesse, Gesamtschadensprozesse, Ruintheorie, Erneuerungstheorie und Maßwechsel für die Berechnung von wichtigen Wahrscheinlichkeiten. Diese zweite Auslage enthält einige theoretische Ergänzungen, neue Beispiele in Form von Übungen mit ausführlichen Lösungen. Kap. 6 der ersten Auflage wurde in zwei neue Kapitel getrennt: exponentieller Maßwechsel und Anwendungen zum Risikoprozess, Kap. 6, und Fluktuationen der Summe und der zusammengesetzten Summe, Kap. 7. Kap. 7 stellt verallgemeinerte Gesetze der großen Zahlen und (α-stabile) zentrale Grenzwertsätze für Summen, zusammengestetze Summen und durch Erneuerungsprozesse zusammengesetzte Summen vor. Diese zweite Auflage mit Lösungen der Aufgaben eignet sich für ein Selbststudium.

Die Fragen meiner Studierenden und die Diskussionen mit meinen Kollegen der Universität Bern und der University of California at Santa Barbara führten zu einer stetigen

Verbesserung dieses Buches. Für ihre Mithilfe an der Schreibarbeit danke ich meine Studierende oder Assistierende an der Universität Bern Frau Katalin Siegfried, Herren Benjamin Baumgartner, Riccardo Turin und Florian Wespi. Von großer Wichtigkeit für die Realisierung des Buches war die Unterstützung des Springer-Verlags, Herr Clemens Heine, Frau Agnes Herrmann, Iris Ruhmann und Tatjana Strasser. Für alle diese wertvollen Beiträge und Mitwirkungen bin ich sehr dankbar.

Bern
Januar 2020

Riccardo Gatto

Inhaltsverzeichnis

Einleitung 1

1.1 Versicherung und stochastische Modelle

Versicherungssysteme wurden entwickelt, um Einzelpersonen und Unternehmen vor hohen finanziellen Verlusten als Folge von unkontrollierten und zufälligen Ereignissen zu schützen, wie z. B. die Zerstörung von Eigentum durch Feuer, andauernde Krankheit, Bootsunfälle auf dem Meer und vieles andere. Eine Versicherung erlaubt es Unternehmen, riskante Operationen durchzuführen. So ermöglicht beispielsweise eine Transportversicherung den Außenhandel dadurch, dass sie die Auswirkungen von Gefahren, die vom Transport auf dem Wasserweg ausgehen, reduziert. Mittels einer finanziellen Reserve, d. h. durch eigenes Kapital, kann die Versicherung Risiken von Individuen oder Unternehmen übernehmen. Das Kapital spielt damit eine zentrale Rolle in der Risikotheorie: Die Fähigkeit zur Rückzahlung von Schadensbeträgen wird durch die Höhe der Reserve bestimmt. Als Prinzip der Versicherung gilt, dass das erforderliche Kapital für aggregierte Risiken kleiner ist als die Summe des erforderlichen Kapitals für individuelle Risiken. Die Aggregation von Risiken ist damit von Vorteil und bei einer Versicherungsgesellschaft auch möglich. Versicherungen haben eine lange Tradition, der Ursprung der Versicherungsmathematik liegt in der Mitte des 18. Jahrhunderts. Mit einem deterministischen Modell konnte der Versicherer seine künftigen Leistungen (d. h. Verluste) schätzen und damit die Höhe seiner Prämien bestimmen. Erstmals wurden deterministische Modelle im Bereich der Lebensversicherung als Vorsorge gegen die finanziellen Folgen des Alters, bei Gesundheitsproblemen und vorzeitigem Tod angewendet. Im letzten Jahrhundert entwickelte sich die Nicht-Lebensversicherung, in deren Mathematik stochastische Modelle eine zentrale Rolle spielen. Die Nicht-Lebensversicherung befasst sich mit allen aktuariellen Problemen, die nicht zur Lebensversicherung gehören wie Feuer-, Haftpflicht-, Unfall-, Transport- oder Luftfahrtversicherung. Ein typisches Nicht-Lebensversicherungsphänomen kann als finanzieller Behälter betrachtet werden, der einen regelmäßigen Zufluss und eine unregelmäßigen (vom Zufall abhängigen) Abfluss besitzt.

R. Gatto, *Stochastische Modelle der aktuariellen Risikotheorie,* Masterclass,
https://doi.org/10.1007/978-3-662-60924-8_1

Der dynamische Inhalt dieses Behälters in Abhängigkeit von der Zeit wird in Abb. 1.1 dargestellt. Auf der Abszisse der Abbildung ist die Zeit aufgetragen, auf der Ordinate das Kapital des Behälters als Funktion der Zeit, also die Größe: Anfangskapital plus eingenommene Prämien minus bezahlte Schäden. Die so erhaltene Kurve beschreibt den sogenannten Risikoprozess. Die Versicherungsgesellschaft beginnt mit einem ansehnlichen Anfangskapital, das mit den hereinfließenden Prämien zur Vereinfachung linear zunimmt. Dann muss ein erster Schaden bezahlt werden, was eine unmittelbare Senkung des Kapitals verursacht. In der Folge kann ein außerordentlich großer Schaden eintreten, sodass das Kapital zum ersten Mal sogar unter null sinkt: Dieser Ereignis wird als Ruin bezeichnet. Diese dynamische Entwicklung ist der Risikoprozess und stellt ein wichtiges Kapitel der Nicht-Lebensversicherungsmathematik, d. h. der aktuariellen Risikotheorie, dar. Dieses Buch will eine prägnante Einführung zu den stochastischen Modellen und zu den mathematischen Methoden der Risikotheorie geben und kann als solche für eine einsemestrige Vorlesung für Studenten mit guter Grundausbildung in Wahrscheinlichkeitstheorie verwendet werden. Der Schwerpunkt liegt in den wahrscheinlichkeitstheoretischen Aspekten der Versicherung. Dazu gehören wesentlich: die Analyse von Verteilungen für einen individuellen Verlust, die Verteilungen von Maxima von individuellen Verlusten, die Zählprozesse für die Entwicklung der Anzahl von Schäden in der Zeit, die zusammengesetzten Prozesse für den Gesamtschadensbetrag eines Portfolios von individuellen Risiken, der oben beschriebene Risikoprozess für die finanzielle Reserve der Versicherung und die Erneuerungsprozesse. Diese stochastischen Modelle haben viele gemeinsame Aspekte, statistische Modelle der Nicht-Lebensversicherung wie Modelle der Credibility-Theorie, die auf der Bayes-Statistik basieren, Modelle für „incurred but not reported" Schäden, die „generalized linear models" usw. werden hier nicht adressiert. Das Buch ist wie folgt aufgebaut: In Kap. 2 werden die individuellen Risiken bzw. Verluste vorgestellt. Dabei werden Verteilungen für individuelle Schadensbeträge (z. B. wegen eines einzigen Verkehrsunfalls, wegen eines Brandes von

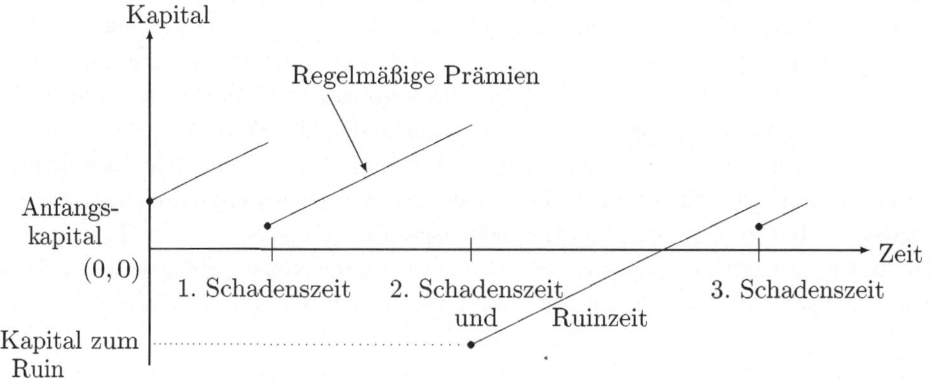

Abb. 1.1 Verlauf eines Risikoprozesses mit regelmäßigem Zufluss und unregelmäßigem Abfluss

Eigentum usw.) analysiert, wobei hier der Unterschied zwischen Verteilungen für große oder für kleine Schadensbeträge hervorgehoben wird. Mithilfe der beiden wichtigen Größen der Zuverlässigkeitstheorie, die Ausfallrate und die mittlere restliche Lebensdauer, lassen sich die Verteilungen großer Schäden von denjenigen kleiner Schäden unterscheiden. Die Verteilung des Maximums in einer Gruppe von individuellen Schadensbeträgen ist wichtig für das Versicherungsmanagement. In diesem Zusammenhang werden Resultate über asymptotische Verteilungen von Stichprobenmaxima vorgestellt, die Teil der Extremwerttheorie sind. Die daran anschließenden Betrachtungen gelten dem Risikomaß, also dem deterministischen Indikator zur Quantifizierung der Ungewissheit eines individuellen oder aggregierten Verlustes. Wichtige stochastische Prozesse der Risikotheorie werden in Kap. 3 eingeführt. Dabei werden zunächst die Zählprozesse für die Entwicklung der Anzahl von Schäden in der Zeit dargestellt und anschließend die allgemeine Klasse der Geburtsprozesse. Zu dieser Klasse gehören der binomiale Prozess, der negativ-binomiale Prozess und die Poisson-Prozesse. Da letztere viele praktische Eigenschaften haben und damit eine zentrale Rolle in der Versicherungsmathematik spielen, werden sie hier detailliert untersucht. Zum Abschluss werden die zusammengesetzten Prozesse für die Entwicklung des Gesamtschadensbetrages in der Zeit vorgestellt, bei denen es sich um zusammengesetzte Summen d. h. Zufallssummen (also Summen mit zufälligem Summationsindex) von Einzelschadensbeträgen handelt. In Kap. 4 wird der oben genannte Risikoprozess eingeführt, bei dem die zentrale und stochastische Komponente ein zusammengesetzter Prozess ist. Zentrales Thema dieses Kapitels ist die Wahrscheinlichkeit des Ruins. Seine Analyse im Risikoprozess wird Ruintheorie genannt. Hierzu werden die Integrodifferentialgleichung und die Laplace-Transformation der Ruinwahrscheinlichkeit hergeleitet. In speziellen Fällen lässt sich die Ruinwahrscheinlichkeit analytisch berechnen, in allgemeinen Fällen gelten asymptotische Approximationen. Beide Situationen werden hier untersucht. Die numerische Approximation der Ruinwahrscheinlichkeit wird abschließend anhand der Monte-Carlo-Simulation bzw. der schnellen Fourier-Transformation eingeführt.

Das 5. Kap. dieses Buches gibt eine Einführung zur Erneuerungstheorie, die eine große Rolle in der Versicherungsmathematik spielt und ihre wichtige Anwendung in der Ruintheorie findet. Die Darstellung der Ruinwahrscheinlichkeit mithilfe der Erneuerungsgleichung als spezielle Integralgleichung wird an dieser Stelle präsentiert. Mit den klassischen Methoden der Erneuerungstheorie lässt sich jetzt die bekannte asymptotische Cramér-Lundberg-Approximation zur Ruinwahrscheinlichkeit herleiten.

In Kap. 6 wird das Thema Maßwechsel eingeführt. Speziell der exponentielle Maßwechsel ist eine wichtige mathematische Methode der Wahrscheinlichkeitstheorie und besitzt vielfältige Anwendungen. Er erlaubt, die Ruinwahrscheinlichkeit aus einer neuen Perspektive heraus zu analysieren. Dank der hier gezeigten Lundberg-Konjugation als optimalem exponentiellem Maßwechsel werden präzise obere und untere Schranken zur Ruinwahrscheinlichkeit hergeleitet. Darüber hinaus werden ein effizienter Monte-Carlo-Algorithmus zur Berechnung der Ruinwahrscheinlichkeit sowie eine Laplace-Transformation der Zeit zum Ruin vorgestellt.

Das Kap. 7 stellt ein Überblick der Theorie der Fluktuationen der Summe und der zusammengesetzten Summe (d. h. des Gesamtschadensbetrages einer Periode) vor. Das asymptotische Verhalten von deterministischen Summen, zusammengestetzen Summen und durch Erneuerungsprozesse zusammengesetzten Summen für kleine und auch für großen Schadensbeträgen ist analysiert. Genau sind verallgemeinrte Gesetze der großen Zahlen und (α-stabile) zentrale Grenzwertsätze für diese Summen vorgestellt. Mit dem exponentiellen Maßwechsel lässt sich auch eine sehr präzise Approximation zur Verteilung der deterministischen Summe von kleinen Schadensbeträgen aufstellen. Den Abschluss des Kapitels bildet eine kurze Einführung zur Theorie der großen Abweichungen.

Im Appendix d. h. Kap. 8 am Ende des Buches werden abschließend einige wesentliche Begriffe und Resultate der Wahrscheinlichkeitstheorie zusammengestellt.

Jedes Kapitel besitzt eigene Aufgaben mit unterschiedlichem Schwierigkeitsgrad: elementare, kurze Aufgaben, Aufgaben mit Anwendungen und theoretische Aufgaben.

1.2 Abkürzungen und mathematische Notation

1.2.1 Abkürzungen

In diesem Buch wurden die folgenden Abkürzungen verwendet:

- cadlag (Funktion): rechts-stetige (Funktion) mit linkem Grenzwert („continue à droite avec limite à gauche“)
- caglad (Funktion): links-stetige (Funktion) mit rechtem Grenzwert („continue à gauche avec limite à droite“)
- c.F.: charakteristische Funktion(en)
- f.d.d.: endlich dimensionale Verteilungen (finite dimensional distributions)
- f.s.: fast sicher
- f.ü.: fast überall
- FFT: schnelle (fast) Fourier-Transformation
- i.i.d.: unabhängig und identisch verteilt (independent and identically distributed)
- k.e.F.: kumulantenerzeugende Funktion(en)
- m.e.F.: momentenerzeugende Funktion(en)
- c.F.: charakteristische Funktion(en)
- o.E.d.A.: ohne Einschränkung der Allgemeinheit
- P.r.M.: Poisson-random Measure
- V.F.: Verteilungsfunktion(en)
- Z.V.: Zufallsvariable(n)

1.2.2 Mathematische Notation

In diesem Buch wurde die folgende mathematische Notation verwendet:

- $\mathbb{N} = \{0, 1, \ldots\}$
- $\mathbb{Z} = \{\ldots, -1, 0, 1, \ldots\}$
- $\mathbb{R} = (-\infty, \infty)$
- $\mathbb{R}_+ = [0, \infty)$
- $\mathbb{R}_- = (-\infty, 0]$
- $\mathbb{C} = \{x + \mathrm{i}y \mid x, y \in \mathbb{R}\}$, wobei i die imaginäre Einheit ist.
- $\mathbb{A}^* = \mathbb{A}\setminus\{0\}$, wobei $\mathbb{A}$ eine Menge mit Nullpunkt (d. h. neutrales Element der Addition) 0 ist
- $\mathcal{B}(S)$: Borel'sche σ-Algebra der Menge S
- $\operatorname{Re} z$: reeller Teil von $z \in \mathbb{C}$
- $\lfloor x \rfloor = \max\{k \in \mathbb{Z} | k \leq x\}$: Abrundung der nächsten ganzen Zahl
- $\lceil x \rceil = \min\{k \in \mathbb{Z} | k \geq x\}$: Aufrundung der nächsten ganzen Zahl
- $\operatorname{dom} g$: Träger der Funktion g
- $\operatorname{card} S$: Kardinalzahl der Menge S
- $x \stackrel{\text{def}}{=} y$: x ist als y definiert oder y ist als x
- $\mathbf{I}$: Identitätsmatrix
- $\mathbf{A}^\top$: Transponierte der Matrix $\mathbf{A}$
- $\Gamma(z) = \int_0^\infty \mathrm{e}^{-x} x^{z-1} \mathrm{d}z$, $\forall z \in \mathbb{C}$, sodass $\operatorname{Re} z > 0$: Gamma-Funktion
- $[z]_n = \dfrac{\Gamma(z+n)}{\Gamma(z)} = \begin{cases} z \cdot (z+1) \cdot \ldots \cdot (z+n-1), & \text{wenn } n = 1, 2, \ldots, \\ 1, & \text{wenn } n = 0, \end{cases}$
  $\forall z \in \mathbb{C}\setminus\{0, -1, \ldots\}$: Pochhammer-Symbol
- $g'(x) = \dfrac{\mathrm{d}}{\mathrm{d}x} g(x),\ g''(x) = \left(\dfrac{\mathrm{d}}{\mathrm{d}x}\right)^2 g(x),\ g'''(x) = \left(\dfrac{\mathrm{d}}{\mathrm{d}x}\right)^3 g(x)$
- $g^{(-1)}$: Umkehrfunktion der Funktion g
- $f(x) \sim g(x)$, für $x \to a$: f ist asymptotisch äquivalent an g, wenn das Argument gegen a strebt, d. h. $\lim\limits_{x \to a} \dfrac{f(x)}{g(x)} = 1$, wobei $a \in \{-\infty\} \cup \mathbb{R} \cup \{\infty\}$
- $f(x) = \mathrm{o}(g(x))$, für $x \to a$: f ist asymptotisch kleiner als g, wenn das Argument gegen a strebt, d. h. $\lim\limits_{x \to a} \dfrac{f(x)}{g(x)} = 0$, wobei $a \in \{-\infty\} \cup \mathbb{R} \cup \{\infty\}$
- $f(x) = \mathrm{O}(g(x))$, für $x \to a$: f ist asymptotisch beschränkt durch g, wenn das Argument gegen a strebt, d. h.
  $$\begin{cases} \exists\, c, d > 0, \text{ sodass } |x - a| < d \Longrightarrow |f(x)| \leq c|g(x)|, & \text{falls } a \in \mathbb{R}, \\ \exists\, c, x_0 > 0, \text{ sodass } x > x_0 \Longrightarrow |f(x)| \leq c|g(x)|, & \text{falls } a = \infty, \\ \exists\, c > 0, x_0 < 0, \text{ sodass } x < x_0 \Longrightarrow |f(x)| \leq c|g(x)|, & \text{falls } a = -\infty \end{cases}$$

- $f(x) \approx \sum_{k=0}^{\infty} c_k g_k(x)$, für $x \to a$: f besitzt die asymptotische Entwicklung $\sum_{k=0}^{\infty} c_k g_k(x)$, wenn das Argument gegen a strebt, d. h. $g_{n+1}(x) = o(g_n(x))$, für $x \to a$, für $n = 0, 1, \ldots$, wobei $a \in \{-\infty\} \cup \mathbb{R} \cup \{\infty\}$
- $\mathsf{I}\{A\} = \begin{cases} 1\,, \text{wenn } A \text{ wahr ist,} \\ 0\,, \text{wenn } A \text{ falsch ist:} \end{cases}$ Indikator der Aussage A
- $\mathsf{I}_A(\omega) = \mathsf{I}\{\omega \in A\}$: Indikatorfunktion der Menge A
- E und var: Erwartungswert- und Varianz-Operatoren
- P: Wahrscheinlichkeitsmaß
- $\mathsf{E}[X; A] = \mathsf{E}[X\mathsf{I}_A]$: Erwartungswert von X über die Menge A
- $\mathsf{E}[X|\Psi]$: bedingter Erwartungswert von X gegeben die Menge oder die Zufallsvariable oder die σ-Algebra Ψ
- $F * G(x) = \int_{\mathbb{R}} F(x-y)\mathrm{d}G(y)$: Faltung der Verteilungsfunktionen F und G
- $F^{*n} = F * \ldots * F$: n-te Faltungspotenz der Verteilungsfunktion F
- $r*s(x) = \int_{-\infty}^{\infty} r(x-y)s(y)\mathrm{d}y$: Faltung der Funktionen r und s, wobei diese Funktionen keine Verteilungsfunktionen sind
- $r^{*n} = r * \ldots * r$: n-te Faltungspotenz der Funktion r
- $\phi(x) = \frac{1}{\sqrt{2\pi}}\mathrm{e}^{-\frac{x^2}{2}}$: standard-normale Dichte
- $\Phi(x) = \frac{1}{\sqrt{2\pi}}\int_{-\infty}^{x} \mathrm{e}^{-\frac{y^2}{2}}\mathrm{d}y$: standard-normale Verteilungsfunktion
- $\mathcal{L}_p(\Omega)$: Raum der Zufallsvariablen $X : \Omega \to \mathbb{R}$, sodass $\mathsf{E}[|X|^p] < \infty$, wobei $p > 0$
- $\sigma(\{X_t\}_{t\in A})$: σ-Algebra generiert aus den Zufallsvariablen X_t, $\forall t \in A$
- $\mathcal{N}(\mu, \sigma^2)$: normal-verteilte Zufallsvariable mit Erwartungswert μ und Varianz σ^2
- $\mathcal{S}_\alpha(\tau, \beta, \gamma)$: α-stabil-verteilte Zufallsvariable mit Stabilitätsindex α, Schiefesparameter β, Skalenparameter τ und Lagesparameter μ
- $X \sim Y$: die Zufallsvariablen X und Y sind gleichverteilt
- $X_n \xrightarrow{\text{as}} X$: die Folge von Zufallsvariablen $\{X_n\}_{n\geq 1}$ konvergiert fast sicher gegen die Zufallsvariable X
- $X_n \xrightarrow{\text{d}} X$: die Folge von Zufallsvariablen $\{X_n\}_{n\geq 1}$ konvergiert in Verteilung gegen die Zufallsvariable X
- $X_n \xrightarrow{\mathcal{L}_p} X$: die Folge von Zufallsvariablen $\{X_n\}_{n\geq 1}$ konvergiert in $\mathcal{L}_p$ gegen die Zufallsvariable X, wobei $p > 0$
- $X_n \xrightarrow{\mathsf{P}} X$: die Folge von Zufallsvariablen $\{X_n\}_{n\geq 1}$ konvergiert in Wahrscheinlichkeit gegen die Zufallsvariable X unter dem Wahrscheinlichkeitsmaß P
- $x_{(1)} \leq \ldots \leq x_{(n)}$: vom kleinsten zum größten geordneten Wert aus $x_1, \ldots x_n$

Modelle für individuelle Risiken 2

2.1 Einleitung

In der Versicherungsmathematik werden absolut stetige (Wahrscheinlichkeits-) Verteilungen über $\mathbb{R}_+$ Verlust-Verteilungen genannt. Eine Verlust-Verteilung stellt ein elementares stochastisches Modell für ein individuelles Risiko der Versicherung dar, d. h. für den finanziellen Verlust eines einzelnen Schadens. In vielen praktischen Situationen kann ein extrem großer Schadensbetrag mit einer kleinen, aber noch bedeutenden Wahrscheinlichkeit vorkommen. Die entsprechende Verlust-Dichte soll im rechten Bereich langsam gegen null fallen. Dieser rechte Bereich, auf Englisch „Tail" genannt, wird hier als „Schwanz" der Verteilung bezeichnet. Ein wichtiges Problem in der Praxis ist es, die im Englischen sogenannten „light-tailed" von den „heavy-tailed" Verlust-Verteilungen zu unterscheiden. Bei einer light-tailed Verteilung nimmt der rechte Schwanz der Dichte sehr schnell ab. Bei einer heavy-tailed Verteilung dagegen fällt er (eher) langsam (z. B. in polynomialer Art). Es gibt sowohl verschiedene mathematische Definitionen von heavy- und light-tailed Verteilungen als auch verschiedene Klassifizierungskriterien einer Verlust-Verteilung nach dem Verhalten ihres rechten Schwanzes, aber keine einheitliche Definition für diese Begriffe. Aus der statistischen Zuverlässigkeitstheorie stammen zwei Kriterien. Diese Definitionen und Klassifizierungskriterien bilden den ersten Teil dieses Kapitels. Im Anschluss an die Analyse der Schwänze der Verlust-Verteilungen werden weitere wichtige Themen bzw. Resultate im Zusammenhang mit individuellen Risiken eingeführt und analysiert. So wird die (asymptotische) Verteilung der Stichprobenmaxima von Einzelschadensbeträgen hergeleitet. Tatsächlich ist im Risikomanagement der maximale Verlust in einem Portfolio von individuellen Risiken sehr wichtig. Ebenso wichtig ist das Risikomaß, ein Index für die Quantifizierung der Ungewissheit eines Verlustes, das mit einigen Beispielen eingeführt wird. Damit bietet dieses Kapitel eine einheitliche Präsentation von Themen mit Ursprüngen in der Zuverlässigkeitstheorie, in der Extremwerttheorie und in der Finanzmathematik. Dieses Kapitel ist wie folgt

R. Gatto, *Stochastische Modelle der aktuariellen Risikotheorie,* Masterclass,
https://doi.org/10.1007/978-3-662-60924-8_2

aufgebaut: In Abschn. 2.1.1 werden die wichtigsten Verlustverteilungen kurz vorgestellt. In Abschn. 2.1.2 erfolgt die Analyse der Zusammenhänge zwischen den Momenten, der m.e.F. und dem Schwanz-Verhalten, gefolgt von einer ersten Gruppierung von Verlustverteilungen. In Abschn. 2.2 wird das Verhalten des Schwanzes mit der Ausfallrate der Zuverlässigkeitstheorie gezeigt: Eine steigende Ausfallrate ist ein Hinweis auf eine light-tailed und eine fallende Ausfallrate auf eine heavy-tailed Verteilung. Abschn. 2.3 stellt das Verhalten des Schwanzes mit der Exzess-Funktion der Zuverlässigkeitstheorie dar: Eine steigende Exzess-Funktion weist auf eine heavy-tailed und eine fallende Exzess-Funktion auf eine light-tailed Verteilung. In Abschn. 2.4 wird die subexponentielle Klasse von Verteilungen eingeführt. Für diese wichtige Klasse von heavy-tailed Verlusten existiert die m.e.F. nicht. Die ebenso eingeführte Pareto-Klasse von Verteilungen wird durch die reguläre Variation ihrer Überlebensfunktion charakterisiert. Die Verteilung des Maximums von Verlusten in dieser Klasse wird hergeleitet. In Abschn. 2.5 schließlich wird das Thema Risikomaß vorgestellt.

Weiterführende Literatur für die Abschn. 2.1 bis 2.4 bilden zum großen Teil z. B. Feller (1971) oder Embrechts et al. (1997) und für den Abschn. 2.5 Klugman et al. (2008).

2.1.1 Wichtige Verlust-Verteilungen

Die folgende Liste zeigt einige der wichtigsten Verlust-Verteilungen zusammen mit ihrer Konstruktion. Die V.F. einer Z.V. Z wird mit F_Z notiert und die Dichte mit f_Z.

1. *Exponentielle Verteilung*
   Z.V. X ist Exponential-verteilt, wenn
   $$f_X(x) = \alpha \mathrm{e}^{-\alpha x}, \ \forall x > 0,$$
   wobei $\alpha > 0$. Dann gilt
   $$F_X(x) = 1 - \mathrm{e}^{-\alpha x}, \ \forall x > 0.$$
   Die exponentielle Verteilung spielt eine zentrale Rolle bei der Analyse von Verlust-Verteilungen. Sie ist auch der Anfangspunkt für die Konstruktion vieler Verlust-Verteilungen. Durch Exponential(α) wird jede Z.V. mit der oberen V. F. bezeichnet.
2. *Lineare Kombination von exponentiellen Verteilungen*
   Z.V. X ist verteilt nach der linearen Kombination exponentieller Verteilungen, wenn
   $$f_X(x) = \sum_{j=1}^{k} \nu_j \alpha_j \mathrm{e}^{-\alpha_j x}, \ \forall x > 0,$$
   wobei $\alpha_1, \ldots, \alpha_k > 0$ und $\nu_1, \ldots, \nu_k$ erfüllen $\nu_1 + \ldots + \nu_k = 1$ und $f_X(x) \geq 0$, $\forall x \geq 0$. Dann gilt

$$F_X(x) = 1 - \sum_{j=1}^{k} \nu_j \mathrm{e}^{-\alpha_j x}, \ \forall x > 0.$$

Im speziellen Fall, wobei $\nu_1, \ldots, \nu_k > 0$, wird diese Verteilung auch (endliche) Mischung von exponentiellen Verteilungen genannt.

3. *Pareto-Verteilung*
Seien die Z.V. $X \sim$ Exponential(α), für $\alpha > 0$, und $Y = g(X)$, wobei $g(x) = \mathrm{e}^x$, $\forall x > 0$. Dann gilt

$$F_Y(x) = F_X(g^{(-1)}(x)) = 1 - \exp\{-\alpha \log x\} = 1 - x^{-\alpha}, \ \forall x > 1.$$

Zudem gilt

$$f_Y(x) = \alpha x^{-\alpha-1}, \forall x > 1.$$

Z.V. Y ist Pareto-verteilt mit Parameter α, und es wird $Y \sim$ Pareto(α) notiert. Der Parameter α wird Pareto-Index genannt.

4. *Weibull-Verteilung*
Seien die Z.V. $X \sim$ Exponential(λ), für $\lambda > 0$ und $Y = g(X)$, wobei $g(x) = x^{1/\tau}$ für $\tau > 0$ und $\forall x > 0$. Dann gelten

$$F_Y(x) = 1 - \exp\{-\lambda x^{\tau}\}, \ \forall x > 0,$$

und

$$f_Y(x) = \lambda \tau x^{\tau-1} \exp\{-\lambda x^{\tau}\}, \forall x > 0.$$

Z.V. Y ist Weibull-verteilt mit Parametern τ und λ, und es wird $Y \sim$ Weibull(τ, λ) notiert. Der Parameter τ wird Weibull-Index genannt. Wenn $\tau = 2$, dann heißt diese Verteilung auch Rayleigh-Verteilung. Wenn die Komponenten eines zweidimensionalen Zufallsvektors unabhängig und normalverteilt sind, Erwartungswert Null und gleiche Varianz haben, dann ist die Länge des Zufallsvektors Rayleigh-verteilt.

5. *Extremwertverteilung*
Seien die Z.V. $X \sim$ Exponential(1) und $Y = g(X)$, wobei $g(x) = (x^{-\gamma} - 1)/\gamma$, für $\gamma \in \mathbb{R}^*$ und $\forall x > 0$. Dann gelten

$$F_Y(x) = 1 - F_X\left(\{1 + \gamma x\}^{-\frac{1}{\gamma}}\right) = \exp\left\{-(1 + \gamma x)^{-\frac{1}{\gamma}}\right\}, \ \forall x, \quad \text{sodass } 1 + \gamma x > 0,$$

und

$$f_Y(x) = (1 + \gamma x)^{-\frac{1-\gamma}{\gamma}} \exp\left\{-(1 + \gamma x)^{-\frac{1}{\gamma}}\right\}, \ \forall x, \quad \text{sodass } 1 + \gamma x > 0.$$

Z.V. Y hat die Extremwertverteilung mit Parameter γ, und es wird $Y \sim$ Extremwert(γ) notiert. Der Parameter γ wird Extremwert-Index genannt. Die Extremwert-Verteilung tritt als Grenzverteilung von standardisierten Summen im Fisher-Tippett- Grenzwertsatz für Maxima auf.

6. *Gumbel-Verteilung*
   Seien X, Y, g und γ wie unter 5. definiert. Aus $(a^\gamma)' = \log(a)a^\gamma$ folgt $\lim_{\gamma\to 0} (a^\gamma - 1)/\gamma = \log a$ und damit $\lim_{\gamma\to 0} g(x) = -\log x,\ \forall x > 0$. Damit gilt in diesem Grenzfall $Y = \lim_{\gamma\to 0} g(X) = -\log X$ und

$$F_Y(x) = \exp\{-\mathrm{e}^{-x}\}, \ \forall x \in \mathbb{R}.$$

   Z.V. Y ist Gumbel-verteilt, und es wird $Y \sim$ Gumbel notiert.

7. *Verallgemeinerte Extremwertverteilung*
   Seien die Z.V. $X \sim$ Extremwert(γ), für $\gamma \in \mathbb{R}^*$, $Y = g(X)$, wobei $g(x) = a + bx$, für $a \in \mathbb{R}$, $b > 0$ und $\forall x \in \mathbb{R}$. Dann gilt

$$F_Y(x) = \exp\left\{-\left(1 + \gamma\frac{x-a}{b}\right)^{-\frac{1}{\gamma}}\right\}, \quad \forall x \in \mathbb{R}, \ \text{sodass } 1 + \gamma\frac{x-a}{b} > 0$$

   die verallgemeinerte Extremwertverteilung ist.

8. *Fréchet-Verteilung*
   Sei Y mit der oberen verallgemeinerten Extremwertverteilung mit Parametern $a \in \mathbb{R}$, $b > 0$ und $\gamma \in \mathbb{R}^*$. Beim Setzen $\gamma = b$ und $a = 1$ ergibt sich $F_Y(x) = \exp\{-x^{-1/b}\},\ \forall x > 0$, und für $\alpha = 1/b$ haben wir

$$F_Y(x) = \exp\{-x^{-\alpha}\}, \ \forall x > 0.$$

   Z.V. Y ist Fréchet-verteilt, und es wird $Y \sim$ Fréchet(α) notiert. In einer direkten Weise, wenn $X \sim$ Exponential(1), dann gilt $X^{-1/\alpha} \sim$ Fréchet(α), für $\alpha > 0$. Die Fréchet-Verteilung tritt als Grenzverteilung des Maximums von standardisierten Stichprobewerten auf.

9. *Burr-Verteilung*
   Seien $X \sim$ Pareto(α), für $\alpha > 0$, $Y = g(X)$, wobei $g(x) = \{\beta(x-1)\}^{1/\tau}$, für $\beta, \tau > 0$ und $\forall x > 1$. Dann gelten

$$F_Y(x) = 1 - \left(\frac{\beta}{\beta + x^\tau}\right)^\alpha, \ \forall x > 0,$$

   und

$$f_Y(x) = \frac{\alpha\tau}{\beta}x^{\tau-1}\left(1 + \frac{x^\tau}{\beta}\right)^{-\alpha-1}, \ \forall x > 0.$$

Z.V. Y ist Burr-verteilt mit Parametern α, β und τ, und es wird $Y \sim \text{Burr}(\alpha, \beta, \tau)$ notiert.

10. *Lognormale-Verteilung*
Sei $X \sim \mathcal{N}(\mu, \sigma)$, für $\mu, \sigma > 0$, dann ist die Dichte von X

$$f_X(x) = \frac{1}{\sigma}\phi\left(\frac{x-\mu}{\sigma}\right) = \frac{1}{\sqrt{2\pi\sigma^2}}\exp\left\{-\frac{1}{2}\frac{(x-\mu)^2}{\sigma^2}\right\}, \ \forall x \in \mathbb{R}.$$

Sei $Y = g(X)$, wobei $g(x) = \mathrm{e}^x$, $\forall x \in \mathbb{R}$. Dann gilt

$$f_Y(x) = \frac{1}{\sqrt{2\pi}\sigma x}\exp\left\{-\frac{1}{2\sigma^2}(\log x - \mu)^2\right\}, \ \forall x > 0,$$

Z.V. Y ist Lognormal-verteilt mit Parametern μ und σ^2, und es wird $Y \sim$ Lognormal-(μ, σ^2) notiert.

11. *Gamma-Verteilung*
Die Gamma-Funktion ist definiert durch

$$\Gamma(z) = \int_0^\infty x^{z-1}\mathrm{e}^{-z}\mathrm{d}z, \quad \forall z \in \mathbb{C}, \ \text{sodass } \operatorname{Re} z > 0.$$

Aus dieser Funktion lässt sich die Gamma-verteilte Z.V. X mit Parametern α und β durch die folgende Dichte direkt konstruieren:

$$f_X(x) = \frac{\beta^\alpha}{\Gamma(\alpha)}x^{\alpha-1}\mathrm{e}^{-\beta x}, \ \forall x > 0,$$

wobei $\alpha, \beta > 0$. Es wird notiert $X \sim \text{Gamma}(\alpha, \beta)$.

12. *Beta-Verteilung*
Die Beta-verteilte Z.V. X mit Parameteren α und β hat die Dichte

$$f_X(x) = \frac{\Gamma(\alpha+\beta)}{\Gamma(\alpha)\Gamma(\beta)}x^{\alpha-1}(1-x)^{\beta-1}, \ \forall x \in (0, 1),$$

wobei $\alpha, \beta > 0$. Es wird notiert $X \sim \text{Beta}(\alpha, \beta)$.

13. *Loggamma-Verteilung*
Seien $X \sim \text{Gamma}(\alpha, \beta)$, für $\alpha, \beta > 0$, $Y = g(X)$, wobei $g(x) = \mathrm{e}^x$, $\forall x \in \mathbb{R}$. Dann gilt

$$f_Y(x) = \frac{\beta^\alpha}{\Gamma(\alpha)}(\log x)^{\alpha-1}x^{-\beta-1}, \ \forall x > 1.$$

Z.V. Y ist Loggamma-verteilt mit Parametern α und β, und es wird $Y \sim$ Loggamma-(α, β) notiert.

14. *Einseitige logistische Verteilung*
Sei die Z.V. X mit der logistischen Verteilung, dann gilt
$$F_X(x) = \frac{1}{1+\mathrm{e}^{-x}}, \ \forall x \in \mathbb{R},$$
und es wird $X \sim$ Logistisch notiert. Sei $Y = |X|$, dann gilt
$$F_Y(x) = 2F_X(x) - 1 = \frac{2}{1+\mathrm{e}^{-x}} - 1 = \frac{\mathrm{e}^x - 1}{\mathrm{e}^x + 1}, \ \forall x > 0.$$
Die Z.V. Y hat die einseitige Logistische-Verteilung.
15. *Loglogistische-Verteilung*
Seien die Z.V. $X \sim$ Logistisch, $Y = g(X)$, wobei $g(x) = \exp\{a + bx\}$, für $a \in \mathbb{R}$, $b > 0$ und $\forall x \in \mathbb{R}$. Dann gilt
$$F_Y(x) = F_X\left(\frac{\log x - a}{b}\right) = \left(1 + \mathrm{e}^{-\frac{\log x}{b} + \frac{a}{b}}\right)^{-1} = \frac{1}{1 + \mathrm{e}^{\frac{a}{b}} x^{-\frac{1}{b}}}, \ \forall x > 0.$$
Die Umparametrisierung $\alpha = b^{-1}$, $\beta = \mathrm{e}^{a/b}$ gibt
$$F_Y(x) = \frac{1}{1 + \beta x^{-\alpha}}, \ \forall x > 0.$$
Die Z.V. Y hat die loglogistische Verteilung mit Parametern α und β, und es wird $Y \sim$ Loglogistisch(α, β) notiert.
16. *Log-Cauchy-Verteilung*
Sei die Z.V. $X \sim$ Cauchy(μ, σ), d. h. mit der Dichte
$$f_X(x) = \frac{1}{\pi\sigma\left\{1 + \left(\frac{x-\mu}{\sigma}\right)^2\right\}}$$
und mit der V.F.
$$F_X(x) = \frac{1}{2} + \frac{1}{\pi}\arctan(\mu + \sigma x),$$
für $\mu \in \mathbb{R}$, $\sigma > 0$ und $\forall x \in \mathbb{R}$. Sei $Y = g(X)$, wobei $g(x) = \mathrm{e}^x$, $\forall x \in \mathbb{R}$, dann gilt
$$F_Y(y) = \frac{1}{2} + \frac{1}{\pi}\arctan(\mu + \sigma \log y)$$
und
$$f_Y(y) = \frac{1}{\pi\sigma y\left\{1 + \left(\frac{\log y - \mu}{\sigma}\right)^2\right\}} = \frac{1}{\pi y}\left\{\frac{\sigma}{(\log y - \mu)^2 + \sigma^2}\right\}, \ \forall y > 0.$$

Die Z.V. Y hat die Log-Cauchy-Verteilung mit Parametern μ und σ, und es wird notiert $Y \sim \text{Log-Cauchy}(\mu, \sigma)$.

17. *Einseitige Normalverteilung*
Seien die Z.V. $X \sim \mathcal{N}(0, 1)$ und $Y = g(X)$, wobei $g(x) = |x|$. Dann ist

$$F_Y(x) = 2\Phi(x) - 1, \ \forall x > 0,$$

die einseitige normale Verteilung.

18. *Inverse Normalverteilung*
Die inverse normale oder inverse Gauß'sche Z.V. X hat die Dichte

$$f_X(x) = \sqrt{\frac{\theta}{2\pi x^3}} \exp\left\{-\frac{\theta}{2x}\left(\frac{x-\mu}{\mu}\right)^2\right\}, \ \forall x > 0,$$

wobei $\mu > 0$ ihr Erwartungswert ist und $\theta > 0$. Die Konstruktion dieser Dichte aus der Normalverteilung ist nicht so direkt wie bei den vorigen Verteilungen. Sei

$$T = \inf\{t \geq 0 \mid \gamma t + W_t = \delta\}, \tag{2.1}$$

wobei $\operatorname{sgn}\delta = \operatorname{sgn}\gamma \neq 0$. Hier ist W_t der Wert zur Zeit $t \geq 0$ eines Wiener-Prozesses, s. Definition 4.8. Dann gilt $T \sim X$, d. h., T hat die Dichte (2.1), wobei $\mu = \delta/\gamma$ und $\theta = \delta^2$. Da $W_t \sim \mathcal{N}(0, t)$, $\forall t > 0$, und T eine Inverse dieser normalverteilten Z.V. ist, heißt die Verteilung von T inverse Normalverteilung oder auch inverse Gauß'sche Verteilung.

19. *Lévy-Verteilung*
Die Lévy-Z.V. X hat die Dichte

$$f_X(x) = \sqrt{\frac{\sigma}{2\pi}}(x-\mu)^{-\frac{3}{2}} \exp\left\{-\frac{\sigma}{2(x-\mu)}\right\} \tag{2.2}$$

und die V.F.

$$F_X(x) = 2\left\{1 - \Phi\left(\sqrt{\frac{\sigma}{x-\mu}}\right)\right\}, \ \forall x > \mu,$$

wobei $\mu \in \mathbb{R}$ und $\sigma > 0$.

Andere wichtige Verlust-Verteilungen gehören zur Klasse der α-stabilen Verteilungen. Diese Klasse von Verteilungen wird in Abschn. 7.3 eingeführt. Man kann sie durch die c.F. definieren. In Satz 7.7 ist diese c.F. gegeben. Im Allgemeinen besitzen α-stabile Verteilungen keine geschlossene Formel für die Dichte. Die Ausnahmen sind: die Normalverteilung, die Cauchy-Verteilung und die Lévy-Verteilung.

2.1.2 Eigenschaften von Verlust-Verteilungen

Dieser Abschnitt besteht aus zwei Hauptteilen. Zuerst werden die Momente und die m.e.F. einer Verlust-Verteilung analysiert. Tatsächlich lässt sich das Verhalten des Schwanzes einer Verlust-Verteilung durch die Eigenschaften der Momente und der m.e.F. charakterisieren. Im zweiten Teil dieses Abschnittes werden direkte asymptotische Vergleiche der Schwänze von Verlust-Verteilungen vorgestellt.

Sei X eine $\mathbb{R}$-wertige Z.V. mit V.F. F. Dann ist die m.e.F. von X oder von F bei

$$M(v) = \mathsf{E}\left[e^{vX}\right], \ \forall v \in \mathbb{R} \text{ sodass } M(v) < \infty,$$

gegeben. Sei $p > 0$. Falls $\mathsf{E}[|X|^p] < \infty$, dann wird $X \in \mathcal{L}_p$ notiert. Diese Bedingung garantiert $\mathsf{E}[X^p] < \infty$. Hierbei wird daran erinnert, dass $\forall p \geq 1$, $\mathcal{L}_p$ ein Vektorraum (mit Seminorm $||X||_p = \mathsf{E}^{1/p}[|X|^p]$) ist; cf. Appendix 8.5.1 für mehr Details. Für $k = 1, 2, \ldots$, ist der k-te Moment von X bei $\mathsf{E}[X^k]$ gegeben. Falls $\mathsf{E}[|X|^k] < \infty$, dann gilt $X \in \mathcal{L}_k$ und $\mathsf{E}[X^k] < \infty$. Wichtige Resultate über Momente und m.e.F. sind im Appendix 8.2 erwähnt. Wenn eine m.e.F. auf keiner Umgebung von Null endlich ist, dann gibt es keine Garantie, dass alle Momente endlich sind und dass diese m.e.F. einer eindeutigen Verteilung entspricht. Man erwähnt oft, dass eine m.e.F. existiert, falls sie über einer (beliebigen) Umgebung von Null existiert. Wenn die Dichte einer Verlust-Verteilung zu langsam gegen null abnimmt, dann kann die m.e.F. nicht existieren. Eine klassische Illustration ist hier gegeben.

Beispiel 2.1 (Lognormale-Verteilung) Seien $X \sim$ Lognormal$(0, 1)$ und sei f_X ihre Dichte. Dann ist ihre m.e.F. gegeben bei

$$M_X(v) = \frac{1}{\sqrt{2\pi}} \int_{-\infty}^{\infty} \exp\left\{ve^x - \frac{1}{2}x^2\right\} dx,$$

und für kein $v > 0$ konvergiert dieses Integral. Alle Momente existieren trotzdem,

$$\mathsf{E}\left[X^k\right] = \mathsf{E}\left[e^{k \log X}\right] = e^{\frac{k^2}{2}}, \text{ für } k = 1, 2, \ldots.$$

Sei die Z.V. Y mit der Dichte $f_Y(x) = f_X(x)\{1 + \sin(2\pi \log x)\}$, $\forall x > 0$, dann gilt für $k = 1, 2, \ldots$,

$$\begin{aligned}
\mathsf{E}\left[Y^k\right] &= \mathsf{E}\left[X^k\right] + \int_0^{\infty} x^r f_X(x) \sin(2\pi \log x) dx \\
&= e^{\frac{k^2}{2}} + \frac{e^{\frac{k^2}{2}}}{\sqrt{2\pi}} \int_{-\infty}^{\infty} e^{-\frac{1}{2}(x-k)^2} \sin\{2\pi(x-k)\} dx \\
&= e^{\frac{k^2}{2}} = \mathsf{E}\left[X^k\right].
\end{aligned}$$

Die Verluste X und Y unterscheiden sich kaum durch ihre Momente.

Für eine Verlust-Verteilung ist die Existenz des erstes Momentes eine praktische und vernünftige Anforderung. Der folgende Satz gibt eine praktische äquivalente Bedingung für die Existenz eines Momentes.

Satz 2.2
Seien X eine $\mathbb{R}$-wertige Z.V. und $p > 0$. Dann gelten

1. $\mathsf{E}\left[|X|^p\right] = p\int_0^\infty x^{p-1}\mathsf{P}[|X| > x]\mathrm{d}x$ *und*
2. $\mathsf{E}\left[|X|^p\right] < \infty \Longrightarrow \mathsf{P}[|X| > x] = \mathrm{o}(x^{-p})$, *für* $x \to \infty$.

Beweis Wir betrachten nur $p = 1$. Seien G die V.F. von $|X|$ und $c > 0$. Es gilt

$$\int_0^c x\mathrm{d}G(x) = \int_0^c [1 - G(x)]\mathrm{d}x - c[1 - G(c)]. \tag{2.3}$$

Falls $\mathsf{E}[|X|] < \infty$, dann gilt

$$0 = \lim_{c\to\infty}\int_c^\infty x\mathrm{d}G(x) \geq \lim_{c\to\infty} c[1 - G(c)] \geq 0.$$

Aus (2.3) und dieser letzten Gleichung folgen 1 und 2.

Falls $\mathsf{E}[|X|] = \infty$, dann gilt

$$\infty = \int_0^\infty x\mathrm{d}G(x) \leq \int_0^\infty [1 - G(x)]\mathrm{d}x.$$

Damit gilt 1. □

Wie schon erwähnt, ist es in der Praxis wichtig, light- von heavy-tailed Verlust-Verteilungen zu unterscheiden. Eine Klassifizierung nach dem Gewicht, d. h. dem Abfall, des rechten Schwanzes der Verteilung des Verlustes X ist wie folgt. Sei die m.e.F. $M(v) = \mathsf{E}[\mathrm{e}^{vX}]$, für $v \in \mathbb{R}$.

1. $M(v) < \infty,\ \forall v \in \mathbb{R}$.
   In diesem Fall nimmt der rechte Schwanz von X sehr schnell ab.
   Verteilungen dieser Kategorie sind sehr light-tailed.
2. $\exists\gamma \in (0, \infty)$, sodass $M(v) < \infty,\ \forall v \leq \gamma$, und $\forall v > \gamma$, $M(v)$ existiert nicht.
   In diesem Fall besitzt X alle Momente.
   Verteilungen dieser Kategorie sind light-tailed.
3. $\exists\gamma \in (0, \infty)$, sodass $M(v) < \infty,\ \forall v < \gamma$ und $\lim_{v\to\gamma,\ v<\gamma} M(v) = \infty$.

In diesem Fall besitzt X alle Momente, ihr rechter Schwanz ist vom exponentiellen Typ und steil mit Steilheitspunkt γ.
Verteilungen dieser Kategorie sind light-tailed.

4. $M(v) = \infty, \forall v > 0$, und $\mathsf{E}[X^p] < \infty, \ \forall p \geq 0$.
   In diesem Fall fällt der rechte Schwanz der Verteilung von X langsamer als bei der exponentiellen Verteilung aber schnell genug für die Existenz von allen Momenten.
   Verteilungen dieser Kategorie sind mäßig heavy-tailed.
5. $M(v) = \infty, \forall v > 0$, und $\exists \kappa \in (0, \infty)$, sodass $\mathsf{E}[X^p] < \infty, \ \forall p < \kappa$, und $\mathsf{E}[X^p] = \infty, \ \forall p \geq \kappa$.
   Je kleiner κ ist, desto schwerer ist der Schwanz der Verteilung von X.
   Verteilungen dieser Kategorie sind heavy-tailed und, für kleine Werte von κ, sehr heavy-tailed.

Die Kategorie 1 schließt z. B. die einseitige Normalverteilung sowie alle Verlust-Verteilungen mit beschränktem Träger, wie z. B. die Beta-Verteilung, ein. Die Kategorie 2 enthält die inverse Normalverteilung, s. Beispiel 4.22. Die Kategorie 3 schließt z. B. die Gamma-Verteilung sowie die lineare Kombination von exponentiellen Verteilungen ein. Die erwähnte Eigenschaft der m.e.F. heißt Steilheit und wird eine zentrale Rolle in der Ruintheorie haben, cf. (4.15) in Abschn. 4.5. Die Kategorie 4 enthält die lognormale Verteilung, s. Beispiel 2.1. Die Kategorie 5 schließt die Pareto-Verteilung sowie alle Verteilungen vom Pareto-Typ im Sinne der Definition 2.24 ein. Auch die Lévy-Verteilung gehört zur Kategorie 5: die Momente der Ordnung p mit $p < 1/2$ nur sind endlich. Insbesondere existiert der Erwartungswert nicht. Für diesen Grund ist diese Verteilung nicht immer praktisch. Die Lévy-Verteilung ist ein Beispiel einer α-stabilen Verteilung, cf. Satz 7.7. Im Lévy-Fall $\alpha = 1/2$. Alle α-stabilen Verteilungen mit $\alpha \in (0, 2)$ gehören zur Kategorie 5: die Momente der Ordnung p mit $p < \alpha$ nur sind endlich; also $\kappa = \alpha$, cf. Satz 7.9. Allgemeine Resultate über die m.e.F. sind in Appendix 8.2 zusammengefasst.

Die folgende Definition erlaubt, zwei Verlust-Verteilungen direkt nach dem Gewicht ihrer Schwänze zu ordnen.

Definition 2.3

Seien zwei Verlust-V.F. F_1 und F_2 gegeben. F_1 hat einen $\begin{cases} \textit{schweren} \\ \textit{äquivalenten rechten} \\ \textit{leichten} \end{cases}$

Schwanz als F_2, wenn gilt

$$\lim_{x \to \infty} \frac{1 - F_1(x)}{1 - F_2(x)} \begin{cases} > 1, \\ = 1, \\ < 1. \end{cases}$$

Gelegentlich werden wir die folgende Notation verwenden.

Notation Für eine V.F. F ist $\overline{F} = 1 - F$ die Überlebensfunktion.

Mithilfe der obigen Definition können wir einige Verteilungen von leichtem zu schwerem Schwanz bzw. von links nach rechts ordnen: einseitige Normal-, Exponential-, Gamma-, einseitige Logistische-, Lognormal-, Pareto-, Loggamma-, Loglogistische-Verteilung.
Die Ordnung zwischen der Exponential- und der Gamma-Verteilung hängt eigentlich von den Werten des Parameters ab. Für einige Fälle geben wir die folgenden detaillierten Berechnungen.

Beispiele 2.4

- Seien F_1 die Pareto(α)- und F_2 die Burr(α, β, τ)-V.F., dann gilt

$$\overline{F}_1(x) = x^{-\alpha} \text{ und } \overline{F}_2(x) = \left(\frac{\beta}{\beta + x^\tau}\right)^\alpha.$$

  Wir haben die folgenden Berechnungen:

$$\lim_{x\to\infty} \frac{\overline{F}_1(x)}{\overline{F}_2(x)} = \lim_{x\to\infty} \frac{x^{-\alpha}}{\left(\frac{\beta}{\beta+x^\tau}\right)^\alpha} = \left(\lim_{x\to\infty} \frac{\beta + x^\tau}{\beta x}\right)^\alpha$$
$$= \left(\lim_{x\to\infty} \beta^{-1} x^{\tau-1}\right)^\alpha = \begin{cases} \infty, & \text{wenn } \tau > 1, \\ \beta^{-\alpha,} & \text{wenn } \tau = 1, \\ 0, & \text{wenn } \tau < 1. \end{cases}$$

- Seien F_1 die Exponential(λ)- und F_2 die Exponential($\lambda + \delta$)-V.F., wobei $\delta > 0$, dann gelten

$$\overline{F}_1(x) = \mathrm{e}^{-\lambda x} \text{ und } \overline{F}_2(x) = \mathrm{e}^{-(\lambda+\delta)x}.$$

  Damit gilt

$$\lim_{x\to\infty} \frac{\overline{F}_1(x)}{\overline{F}_2(x)} = \lim_{x\to\infty} \mathrm{e}^{\delta x} = \infty.$$

- Seien F_1 die einseitige normale und F_2 die Exponential(λ)-V.F., dann gelten

$$\overline{F}_1(x) = 2\{1 - \Phi(x)\} \text{ und } \overline{F}_2(x) = \mathrm{e}^{-\lambda x}.$$

  Damit gilt

$$\lim_{x\to\infty} \frac{\overline{F}_1(x)}{\overline{F}_2(x)} = \lim_{x\to\infty} \frac{2\{1 - \Phi(x)\}}{\mathrm{e}^{-\lambda x}} = \lim_{x\to\infty} \frac{1}{\lambda}\sqrt{\frac{2}{\pi}}\mathrm{e}^{-\frac{x^2}{2}+\lambda x} = 0.$$

- Seien F_1 die Gamma(a, b)- und F_2 die Exponential(c)-V.F. Dann gilt

$$\lim_{x\to\infty}\frac{\overline{F}_1(x)}{\overline{F}_2(x)} = \lim_{x\to\infty}\frac{\frac{b^a}{\Gamma(a)}\mathrm{e}^{-bx}x^{a-1}}{c\mathrm{e}^{-cx}} = \frac{b^a}{c\Gamma(a)}\lim_{x\to\infty}\mathrm{e}^{-(b-c)x}x^{a-1}$$
$$= \begin{cases} 0, & \text{wenn } b > c, \\ \infty, & \text{wenn } b = c, a > 1, \\ 1, & \text{wenn } b = c, a = 1, \\ 0, & \text{wenn } b = c, a < 1, \\ \infty, & \text{wenn } b < c. \end{cases}$$

- Seien F_1 die logistische und F_2 die Gumbel-V.F. Dann gelten

$$\overline{F}_1(x) = \frac{1}{1+\mathrm{e}^x} \text{ und } \overline{F}_2(x) = 1 - \mathrm{e}^{-\mathrm{e}^{-x}}.$$

Mit allen Details haben wir

$$\lim_{x\to\infty}\frac{\overline{F}_1(x)}{\overline{F}_2(x)} = \lim_{x\to\infty}\frac{(1+\mathrm{e}^x)^{-1}}{1-\mathrm{e}^{-\mathrm{e}^{-x}}} = \lim_{x\to\infty}\frac{\frac{\mathrm{d}}{\mathrm{d}x}(1+\mathrm{e}^x)^{-1}}{\frac{\mathrm{d}}{\mathrm{d}x}\left[1-\mathrm{e}^{-\mathrm{e}^{-x}}\right]}$$
$$= \lim_{x\to\infty}\frac{-(1+\mathrm{e}^x)^{-2}\mathrm{e}^x}{-\mathrm{e}^{-x}\mathrm{e}^{-\mathrm{e}^{-x}}} = \lim_{x\to\infty}\left(\frac{\mathrm{e}^x}{1+\mathrm{e}^x}\right)^2\frac{1}{\mathrm{e}^{-\mathrm{e}^{-x}}}$$
$$= \lim_{x\to\infty}\left(\frac{1}{1+\mathrm{e}^{-x}}\right)^2\frac{1}{\mathrm{e}^{-\mathrm{e}^{-x}}} = \lim_{x\to\infty}\left(\frac{1}{1+\mathrm{e}^{-x}}\right)^2\lim_{x\to\infty}\frac{1}{\mathrm{e}^{-\mathrm{e}^{-x}}} = 1.$$

Damit sind die logistische und die Gumbel-Verteilung äquivalent im rechten Schwanz.

2.2 Ausfallrate

Die Ausfallrate ist eine wichtige Größe in der statistischen Analyse der Zuverlässigkeit eines Gerätes oder eines allgemeinen Systems. Sie gibt die bedingte Wahrscheinlichkeit an, dass ein Gerät umgehend ausfallen wird, gegeben, dass dieses bis zur aktuellen Zeit funktioniert hat. Die Ausfallrate wird im Englischen „failure rate“ oder „hazard rate“ genannt. Obwohl diese Größe auch direkte Anwendungen in vielen Versicherungsproblemen hat (z. B. bei der Garantie von Geräten, bei der Transportversicherung und auch bei der Lebensversicherung), wird hier die Ausfallrate ausschließlich für die Analyse des Schwanz-Verhaltens einer Verlust-Verteilung eingesetzt. Definitionen sind in Abschn. 2.2.1 gegeben. In Abschn. 2.2.2 wird gezeigt, dass Verlust-Verteilungen mit wachsender Ausfallrate light-tailed und Verlust-Verteilungen mit fallender Ausfallrate heavy-tailed sind.

2.2.1 Definitionen

Definition 2.5 (Momentane Ausfallrate und Ausfallrate)
Sei F eine Verlust-V.F. (d. h. eine absolut stetige V.F. über $\mathbb{R}_+$) mit Dichte f, dann ist

$$h(x) = \frac{f(x)}{1 - F(x)}$$

die momentane Ausfallrate von F und

$$H(x, u) = \frac{F(x+u) - F(x)}{1 - F(x)}$$

die Ausfallrate, $\forall u, x > 0$.

Der Zusammenhang zwischen h und H ist gegeben durch

$$h(x)\mathrm{d}x = \frac{\mathrm{d}F(x)}{1 - F(x)} = \frac{F(x + \mathrm{d}x) - F(x)}{1 - F(x)} = H(x, \mathrm{d}x), \ \forall x > 0.$$

Wir definieren wachsende und fallende Funktionen in schwachem Sinn. Die reelle Funktion g heißt $\begin{cases} \text{fallend,} \\ \text{wachsend,} \end{cases}$ wenn $\forall x_1 \leq x_2,\ g(x_1) \begin{cases} \geq \\ \leq \end{cases} g(x_2)$. Die folgende Definition gibt eine Charakterisierung von Verteilungen gemäß der Ausfallrate.

Definition 2.6
Die V.F. F hat eine $\begin{cases} \textit{wachsende} \\ \textit{fallende} \end{cases}$ Ausfallrate und wird $\begin{cases} \text{„increasing failure rate“ (IFR)} \\ \text{„decreasing failure rate“} \end{cases}$ genannt, (DFR) wenn $H(x, u) \begin{cases} \textit{wachsend} \\ \textit{fallend} \end{cases}$ in x ist, $\forall u, x > 0$.

Es wäre äquivalent, IFR und DFR bezüglich der momentanen Ausfallrate h zu definieren.

Lemma 2.7
Sei F eine absolut stetige V.F. über $\mathbb{R}_+$. Dann gilt

$$F \text{ ist} \begin{cases} \textit{IFR} \\ \textit{DFR} \end{cases} \Longleftrightarrow h \text{ ist} \begin{cases} \textit{wachsend,} \\ \textit{fallend.} \end{cases}$$

Beweis ($\Rightarrow$) Sei $x > 0$, dann ist

$$h(x) = \lim_{u \to 0, u > 0} \frac{1}{u} H(x,u) \begin{cases} \text{wachsend,} \\ \text{fallend,} \end{cases} \quad \text{wenn } F \begin{cases} \text{IFR} \\ \text{DFR} \end{cases} \text{ist.}$$

Damit ist eine Implikation bewiesen.
($\Leftarrow$) Seien eine wachsende Ausfallrate h, $0 \leq x_1 \leq x_2$ und $t > 0$, dann gilt

$$\begin{aligned}
\int_{x_1}^{x_1+t} h(v)\mathrm{d}v \leq \int_{x_2}^{x_2+t} h(v)\mathrm{d}v &\Longleftrightarrow \\
\int_{x_1}^{x_1+t} \frac{-f(v)}{1-F(v)}\mathrm{d}v \geq \int_{x_2}^{x_2+t} \frac{-f(v)}{1-F(v)}\mathrm{d}v &\Longleftrightarrow \\
[\log(1-F(v))]_{x_1}^{x_1+t} \geq [\log(1-F(v))]_{x_2}^{x_2+t} &\Longleftrightarrow \\
\frac{1-F(x_1+t)}{1-F(x_1)} \geq \frac{1-F(x_2+t)}{1-F(x_2)} &\Longleftrightarrow \\
\frac{1-F(x_1+t)-F(x_1)+F(x_1)}{1-F(x_1)} \geq \frac{1-F(x_2+t)-F(x_2)+F(x_2)}{1-F(x_2)} &\Longleftrightarrow \\
1-\frac{F(x_1+t)-F(x_1)}{1-F(x_1)} \geq 1-\frac{F(x_2+t)-F(x_2)}{1-F(x_2)} &\Longleftrightarrow \\
1-H(x_1,t) \geq 1-H(x_2,t) &\Longleftrightarrow \\
H(x_1,t) \leq H(x_2,t). &
\end{aligned}$$

Damit ist die übrige Implikation bewiesen. □

Mit der Monotonie der Ausfallrate kann man auch diskrete $\mathbb{N}$-wertige Zufallsvariable charakterisieren.

Definition 2.8

Die Wahrscheinlichkeitsfunktion $\{p_k\}_{k \geq 0}$ *ist* $\begin{cases} \mathit{IFR}, \\ \mathit{DFR}, \end{cases}$ *wenn* $\frac{p_k}{\sum_{i=k}^{\infty} p_i} \begin{cases} \textit{wachsend} \\ \textit{fallend} \end{cases}$ *in* k *ist, für* $k = 0, 1, \ldots$.

2.2.2 Monotonie und Schwanz-Verhalten

Mit der Monotonie der Ausfallrate kann man das Verhalten des rechten Schwanzes einer Verlust-Verteilung analysieren: IFR-Verlust-Verteilungen sind light-tailed und DFR-Verlust-Verteilungen heavy-tailed. Das folgende Lemma wird bei der nachstehenden Analyse gebraucht.

Lemma 2.9
Die Verlust-V.F. F ist $\begin{cases} IFR \\ DFR \end{cases} \iff \log\{1 - F(x)\}$ *ist* $\begin{cases} \text{konkav,} \\ \text{konvex,} \end{cases} \quad \forall x > 0$, *sodass* $F(x) < 1$.

Beweis Seien $x > 0$ und

$$H(x) \stackrel{\text{def}}{=} \int_0^x h(v)\mathrm{d}v,$$

dann gilt

$$H(x) = -\int_0^x \frac{-f(v)}{1 - F(v)}\mathrm{d}v = -\log\{1 - F(x)\},$$

(aus $F(0) = 0$). Daraus folgt $1 - F(x) = \mathrm{e}^{-H(x)}$ und damit gilt

$$\begin{aligned} H(x, u) &= \frac{F(x+u) - F(x)}{1 - F(x)} = \frac{1 - F(x) - (1 - F(x+u))}{1 - F(x)} \\ &= 1 - \frac{\mathrm{e}^{-H(x+u)}}{\mathrm{e}^{-H(x)}} = 1 - \mathrm{e}^{-H(x+u) - H(x)}. \end{aligned}$$

Aus dieser letzten Darstellung folgen die nachstehenden Äquivalenzen:

$$F \text{ ist } \begin{cases} \text{IFR} \\ \text{DFR} \end{cases} \iff H(x, u) \text{ ist } \begin{cases} \text{wachsend} \\ \text{fallend} \end{cases} \text{ in } x, \forall u > 0$$

$$\iff H(x+u) - H(x) \text{ ist } \begin{cases} \text{wachsend} \\ \text{fallend} \end{cases} \text{ in } x, \forall u > 0$$

$$\iff H(x) \text{ ist } \begin{cases} \text{konvex} \\ \text{konkav} \end{cases} \iff -\log\{1 - F(x)\} \text{ ist } \begin{cases} \text{konvex,} \\ \text{konkav.} \end{cases}$$

□

Wir geben noch ein kleines Resultat.

Resultat 2.10
Sei f die Dichte der Verlust-V.F. F, dann ist

$$\frac{f(x+u)}{f(x)} \begin{cases} \textit{wachsend} \\ \textit{fallend} \end{cases} \textit{in } x, \forall u, x > 0 \Longrightarrow F \textit{ ist } \begin{cases} \textit{DFR,} \\ \textit{IFR.} \end{cases}$$

Beweis Sei $x > 0$, dann gilt

$$h^{-1}(x) = \frac{\int_x^\infty f(u)du}{f(x)} = \int_0^\infty \frac{f(x+u)}{f(x)}du.$$

Daraus folgt

$$\frac{f(x+u)}{f(x)}\begin{cases}\text{wachsend}\\ \text{fallend}\end{cases}\text{in } x \Longrightarrow h(x)\begin{cases}\text{fallend}\\ \text{wachsend}\end{cases}\text{in } x. \qquad \square$$

Beispiel 2.11 Sei der Verlust $X \sim \text{Exponential}(\alpha)$, f seine Dichte und F seine V.F. Dann gilt

$$h(x) = \frac{f(x)}{1-F(x)} = \frac{\alpha \mathrm{e}^{-\alpha x}}{\mathrm{e}^{-\alpha x}} = \alpha.$$

Die momentane Ausfallrate ist konstant und somit liegt jede exponentielle Verteilung auf der Grenze zwischen IFR- und DFR-Verteilungen.

Mit den obigen Resultaten können wir jetzt die nachstehende Analyse durchführen. Sei F keine exponentielle V.F. Nehmen wir noch an, dass F IFR ist. Man sieht direkt, dass die Kurven $1 - F(x)$ und $\mathrm{e}^{-\alpha x}$ sich höchstens einmal treffen, s. Abb. 2.1. Jetzt nehmen wir an, dass F und $X \sim \text{Exponential}(\alpha)$ den gleichen Erwartungswert $\mu \in \mathbb{R}_+^*$ haben. Dann gilt $\alpha = 1/\mu$. Weil beide Verteilungen den gleichen Erwartungswert haben, müssen beide Überlebensfunktionen das gleiche Integral haben, und somit müssen sie sich einmal schneiden. Diese Situation ist in Abb. 2.2 gezeigt. Aus der log-Konkavität wird die Funktion $1 - F(x)$ die Funktion $\mathrm{e}^{-x/\mu}/\mu$ von oben kreuzen. Damit gilt: $\exists\, c > 0$, sodass $x > c \Rightarrow 1 - F(x) < \mathrm{e}^{-x/\mu}$. Daraus folgt

$$\lim_{x\to\infty} \frac{1-F(x)}{\mathrm{e}^{-\frac{x}{\mu}}} \le 1.$$

Jede IFR-Verteilung mit Erwartungswert μ besitzt einen äquivalenten oder leichteren Schwanz als die Exponential$(1/\mu)$-Verteilung. Das Ende dieses Abschnitts betrifft die Momente einer IFR-Verteilung. Das k-te Moment der Z.V. X wird durch $\mu_k = \mathsf{E}[X^k]$ notiert, für $k = 1, 2, \ldots$.

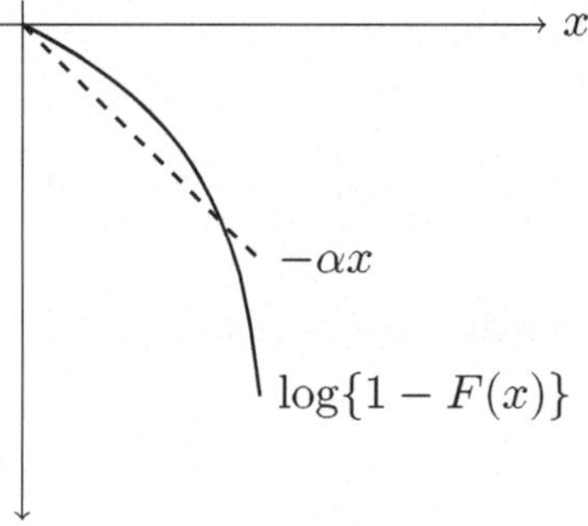

Abb. 2.1 $\log\{1 - F\}$ für eine V.F. F IFR (durchgezogene Linie) und das Analoge für die Exponential(α)-V.F. (gestrichelt)

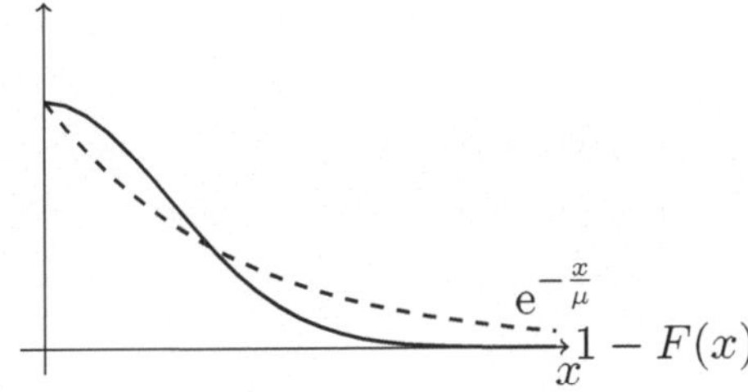

Abb. 2.2 Überlebensfunktionen der Exponential($1/\mu$)-Verteilung (gestrichelt) und einer IFR-Verteilung mit Erwartungswert μ (durchgezogene Linie)

Beispiel 2.12 Sei $X \sim$ Exponential(α), dann gilt

$$\mu_k = \alpha \int_0^\infty x^k e^{-\alpha x} dx = \alpha^{-k} \int_0^\infty x^k e^{-x} dx = \alpha^{-k} \Gamma(k+1) < \infty,$$

für $k = 1, 2, \ldots$.

Wie schon erklärt, besitzt nicht jede Z.V. alle Momente, und es gibt Z.V., die überhaupt keine Momente besitzen. Eine hinreichende Bedingung für die Existenz aller Momente ist die Existenz der m.e.F. in einer Umgebung von Null, s. Satz 8.5 des Appendix. Für die Pareto(α) Z.V. mit $\alpha \in (0, 1]$ existieren z. B. keine Momente. Der folgende Satz gibt eine praktische Konsequenz der Monotonie der Ausfallrate.

Lemma 2.13
Wenn die Verlust-V.F. $F \begin{cases} \text{IFR} \\ \text{DFR} \end{cases}$ *ist, dann ist* $\{1 - F(x)\}^{1/x} \begin{cases} \text{fallend} \\ \text{wachsend} \end{cases}$ *in* $x, \forall x > 0$.

Beweis Sei die Verlust-V.F. F, dann gilt

$$\begin{aligned} F \text{ ist IFR} &\iff \log\{1 - F(x)\} \text{ ist konkav} \\ &\iff \frac{\log\{1 - F(x)\} - \log\{1 - F(0)\}}{x - 0} \text{ ist fallend in } x \\ &\implies \log\{1 - F(x)\}^{\frac{1}{x}} \text{ ist fallend in } x \\ &\implies \{1 - F(x)\}^{\frac{1}{x}} \text{ ist fallend in } x. \end{aligned}$$

□

Jetzt können wir direkt beweisen, dass alle Momente jeder IFR-Verteilung endlich sind.

Satz 2.14
Wenn die Verlust-Z.V. X *IFR ist, dann ist* $\mathsf{E}[X^k] < \infty$, *für* $k = 1, 2, \ldots$.

Beweis Seien F die IFR V.F. von X, $k \in \mathbb{N}$ und $x > t > 0$, sodass $1 - F(t) < 1$. Aus Lemma 2.13 ist $1 - F(x) \leq \{1 - F(t)\}^{x/t}$. Daraus folgt

$$\int_t^\infty x^k\{1 - F(x)\}\mathrm{d}x \le \int_t^\infty x^k\{1 - F(t)\}^{\frac{x}{t}}\,\mathrm{d}x < \infty, \tag{2.4}$$

weil $\{1-F(t)\}^{1/t} < 1$ (und damit ist das letzte Integral proportional zu einer unvollständigen Gamma-Funktion). Aus (2.4) folgt

$$\lim_{x\to\infty} x^k\{1 - F(x)\} = 0. \tag{2.5}$$

Damit haben wir

$$\underbrace{\int_0^\infty x^k\{1 - F(x)\}\mathrm{d}x}_{<\infty,\text{ wegen (2.4)}} = \int_0^\infty \frac{x^{k+1}}{k+1}\mathrm{d}F(x) + \underbrace{\lim_{x\to\infty}\frac{x^{k+1}}{k+1}\{1 - F(x)\}}_{=0,\text{ wegen (2.5)}}$$

und daraus folgt

$$\int_0^\infty \frac{x^{k+1}}{k+1}\mathrm{d}F(x) < \infty, \quad \text{d. h. } \mathsf{E}\left[X^{k+1}\right] < \infty.$$

□

2.3 Exzess-Funktion

Wir betrachten den Fall, bei dem der Verlust X mit einem Selbstbehalt $x > 0$ versichert ist. Das heißt, falls der realisierte Verlust kleiner oder gleich x ist, dann wird keine Zahlung durch die Versicherung vorgenommen. Falls der realisierte Verlust größer als x ist, dann wird der Verlust von mehr als dem Selbstbehalt von der Versicherung gezahlt. Dann ist die durchschnittliche Zahlung der Versicherung durch die folgende Definition gegeben.

Definition 2.15 (Exzess-Funktion)
Die Exzess-Funktion des Verlusts $X \in \mathcal{L}_1(\Omega)$ ist gegeben durch

$$\mathrm{ex}(x) = \mathsf{E}[X - x | X > x], \; \forall x \ge 0.$$

Die Exzess-Funktion wird manchmal auch mittlere Exzess-Funktion genannt. Genau wie die Ausfallrate spielt die Exzess-Funktion auch eine wichtige Rolle in der Zuverlässigkeitstheorie, wobei X die Lebensdauer eines Gerätes oder eines Systems darstellt. In dieser Situation ist die Exzess-Funktion die mittlere residuelle Lebenszeit. In diesem Abschnitt wird die Ausfallrate für die Bestimmung des Schwanz-Verhaltens einer Verlust-Verteilung vorgestellt. Verlust-Verteilungen mit wachsender Exzess-Funktion sind heavy-tailed und Verlust-Verteilungen mit fallender Ausfallrate light-tailed.

Seien F die V.F. der Verlust $X \in \mathcal{L}_1(\Omega)$ und $a > 0$, dann gilt

$$\begin{aligned}\int_a^\infty x\mathrm{d}F(x) &= -\int_a^\infty x\mathrm{d}\{1-F(x)\}\\ &= \int_a^\infty \{1-F(x)\}\mathrm{d}x - [x\{1-F(x)\}]_a^\infty\\ &= \int_a^\infty \{1-F(x)\}\mathrm{d}x + a\{1-F(a)\},\end{aligned}$$

weil $x\{1-F(x)\} = x\int_x^\infty \mathrm{d}F(y) \le \int_x^\infty y\mathrm{d}F(y) \stackrel{x\to\infty}{\longrightarrow} 0$, wenn $X \in \mathcal{L}_1(\Omega)$. Daraus folgt die praktische Formel

$$\begin{aligned}\mathrm{ex}(a) &= \int_0^\infty (x-a)\mathrm{dP}[X \le x | X > a]\\ &= \int_a^\infty (x-a)\frac{\mathrm{d}F(x)}{1-F(a)}\\ &= \frac{\int_a^\infty x\mathrm{d}F(x)}{1-F(a)} - a\frac{1-F(a)}{1-F(a)}\\ &= \frac{\int_a^\infty \{1-F(x)\}\mathrm{d}x}{1-F(a)} + \frac{a\{1-F(a)\}}{1-F(a)} - a\frac{1-F(a)}{1-F(a)}\\ &= \frac{\int_a^\infty \{1-F(x)\}\mathrm{d}x}{1-F(a)}.\end{aligned}$$

Die Umkehrfunktion der Exzess-Funktion erhält man durch die folgende Berechnung. Sei $a > 0$, dann gilt

$$\begin{aligned}\int_0^a \frac{1}{\mathrm{ex}(u)}\mathrm{d}u &= \int_0^a \frac{1-F(u)}{\int_u^\infty \{1-F(x)\}\mathrm{d}x}\mathrm{d}u\\ &= -\int_0^a \mathrm{d}\left\{\log\left(\int_u^\infty [1-F(x)]\mathrm{d}x\right)\right\}\\ &= \log\left(\int_0^\infty [1-F(x)]\mathrm{d}x\right) - \log\left(\int_a^\infty [1-F(x)]\mathrm{d}x\right)\\ &= \log\mathrm{ex}(0) - \log\left(\{1-F(a)\}\mathrm{ex}(a)\right)\end{aligned}$$

und somit

$$F(a) = 1 - \exp\left\{-\int_0^a \frac{1}{\mathrm{ex}(u)}\mathrm{d}u\right\}\frac{\mathrm{ex}(0)}{\mathrm{ex}(a)}.$$

Beispiele 2.16 Einige Beispiele für Exzess-Funktionen lauten:

- Wenn $X \sim \mathrm{Uniform}(0, c)$, dann $\mathrm{ex}(x) = (c-x)/2,\ \forall x \in [0, c]$.
- Wenn $X \sim \mathrm{Exponential}(\lambda)$, dann $\mathrm{ex}(x) = 1/\lambda,\ \forall x > 0$.

- Wenn $X \sim \text{Pareto}(\alpha)$ (und damit $F(x) = 1 - x^{-\alpha}$, $\forall x > 1$), dann $\text{ex}(x) = x/(\alpha - 1)$, $\forall x, \alpha > 1$.

Diese Exzess-Funktionen sind in Abb. 2.3 dargestellt.

Eine elementare Eigenschaft einer Verlust-Z.V. ist die Gedächtnislosigkeit. Die Verlust-Z.V. X ist gedächtnislos, falls gilt

$$\mathsf{P}[X \in (a + x, a + x + \,\mathrm{d}x) | X > a] = \mathsf{P}[X \in (x, x + \mathrm{d}x)], \quad \forall a, x > 0. \tag{2.6}$$

Daraus folgt

$$\mathsf{E}[X - a | X > a] = \mathsf{E}[X] \text{ i.e. } \text{ex}(a) = \mathsf{E}[X], \quad \forall a > 0.$$

Die einzige absolut stetige Verteilung mit dieser Eigenschaft ist die Exponential-Verteilung. Neben jeder exponentiellen Verteilung ist auch die Pareto-Klasse von Verteilungen unter Exzess algebraisch abgeschlossen. Die verschobene und skalierte Pareto-Z.V. X hat die V.F.

$$F(x) = 1 - \left(\frac{x - \mu}{\beta}\right)^{-\alpha}, \forall x \geq \mu + \beta, \alpha, \beta > 0.$$

Falls $\mu = -\beta$, dann gilt

$$F(x) = 1 - \left(\frac{x + \beta}{\beta}\right)^{-\alpha}$$

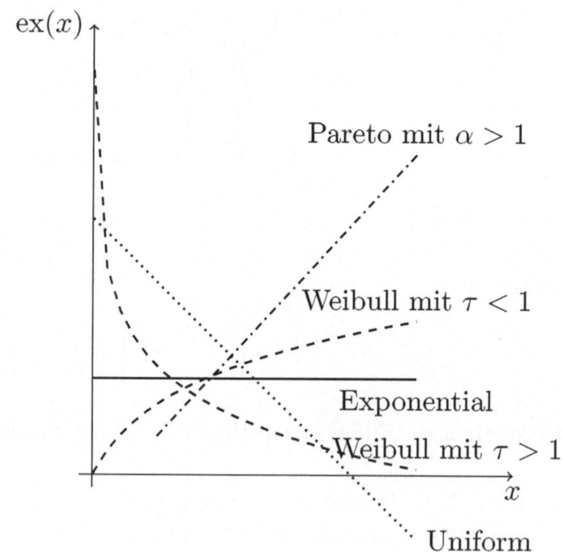

Abb. 2.3 Form der Exzess-Funktion für die exponentielle Verteilung (durchgezogene Linie), die Pareto-Verteilung (gestrichelt und gepunktet), die uniforme Verteilung (gepunktet) und die Weibull-Verteilung (gestrichelt)

und

$$\mathsf{P}[X - a \le x | X > a] = 1 - \mathsf{P}[X - a > x | X > a] = 1 - \frac{\mathsf{P}[X > x + a]}{\mathsf{P}[X > a]}$$
$$= 1 - \left(\frac{x + a + \beta}{a + \beta}\right)^{-\alpha}, \quad \forall a, x > 0.$$

Aus

$$\mathsf{E}[X] = \frac{\beta}{\alpha - 1}, \quad \forall \alpha > 1,$$

folgt direkt

$$\mathrm{ex}(a) = \frac{a + \beta}{\alpha - 1}, \quad \forall \alpha > 1.$$

Seien die Verluste $X_1, \ldots, X_n$ mit V.F. F, d. h. eine Stichprobe von Verlusten der Größe n aus der V.F. F.

Definition 2.17 (Empirische V.F.)
Die empirische V.F. der Stichprobe $X_1, \ldots, X_n$ ist gegeben durch

$$\hat{F}_n(x) = \frac{1}{n} \sum_{i=1}^{n} \mathsf{I}\{X_i \le x\}, \quad \forall x \in \mathbb{R}.$$

In der obigen Definition ist der Indikator der Aussage A definiert als

$$\mathsf{I}\{A\} = \begin{cases} 1, & \text{wenn } A \text{ wahr ist,} \\ 0, & \text{wenn } A \text{ falsch ist.} \end{cases}$$

Notieren wir die Exzess-Funktion zum Punkt $x > 0$ als Funktional $\mathrm{ex}(F; x)$ der V.F. F. Damit lässt sich die empirische Exzess-Funktion zum Punkt $x > 0$ durch $\widehat{\mathrm{ex}}_n(x) = \mathrm{ex}(\hat{F}_n; x)$ definieren. Die explizite Definition lautet:

Definition 2.18 (Empirische Exzess-Funktion)
Die empirische Exzess-Funktion ist gegeben durch

$$\widehat{\mathrm{ex}}_n(x) = \frac{\sum_{i=1}^{n} X_i \mathsf{I}\{X_i > x\}}{\sum_{i=1}^{n} \mathsf{I}\{X_i > x\}} - x, \quad \forall x < \max\{X_1, \ldots, X_n\}.$$

Die empirische Exzess-Funktion findet Verwendung bei der explorativen Datenanalyse und insbesondere bei der Analyse des Schwanz-Verhaltens bei der unterliegenden V.F. F. Eine fallende empirische Exzess-Funktion ist ein Hinweis auf eine light-tailed V.F. F und eine wachsende empirische Exzess-Funktion weist auf eine heavy-tailed V.F. F.

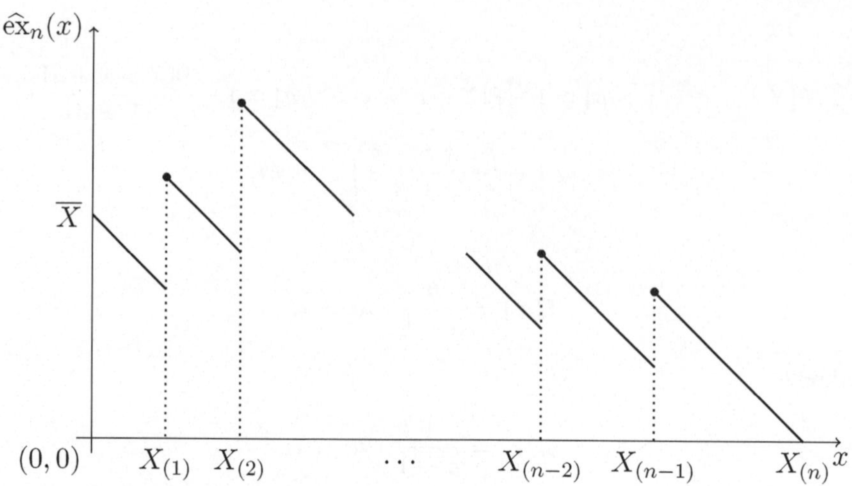

Abb. 2.4 Form der empirischen Exzess-Funktion

Die Intuition für diese Beziehungen lautet: Das Wachsen der Exzess-Funktion ist ein Hinweis auf ein hohes Risiko im rechten Schwanz der Verlust-Verteilung, und ein höheres Risiko entspricht einer heavy-tailed Verlust-Verteilung. In Abb. 2.4 ist die Form der empirischen Exzess-Funktion gezeigt. In dieser Abbildung bezeichnen $X_{(1)} \leq \ldots \leq X_{(n)}$ die geordneten Verluste (vom kleinsten bis zum größten).

Im übrigen Teil dieses Abschnittes wird der Zusammenhang zwischen der Ausfallrate und der Exzess-Funktion analysiert.

Resultat 2.19

Seien ex *und h die Exzess-Funktion und die momentane Ausfallrate einer Verlust-Verteilung, dann,* $\forall x > 0$, *gilt*

$$\lim_{x\to\infty} \mathrm{ex}(x) = \lim_{x\to\infty} h^{-1}(x).$$

Beweis Das Resultat folgt direkt aus einer Anwendung der Regel von l'Hospital. Sei $x > 0$, dann gilt

$$\lim_{x\to\infty} \mathrm{ex}(x) = \lim_{x\to\infty} \frac{\int_x^\infty \{1 - F(t)\}\mathrm{d}t}{1 - F(x)} = \lim_{x\to\infty} \frac{1 - F(x)}{f(x)} = \lim_{x\to\infty} h^{-1}(x).$$

□

Genau wie bei der Ausfallrate kann man Verlust-Verteilungen durch Monotonie der Exzess-Funktion charakterisieren.

Definition 2.20
Die Verlust-V.F. F hat eine $\begin{cases} \textit{wachsende} \\ \textit{fallende} \end{cases}$ *mittlere residuelle Lebenszeit und ist* $\begin{cases} \text{„}\textit{increasing mean residual lifetime}\text{“ (IMRL),} \\ \text{„}\textit{decreasing mean residual lifetime}\text{“ (DMRL),} \end{cases}$ *wenn die Exzess-Funktion* $\mathrm{ex}(x)$ $\begin{cases} \textit{wachsend} \\ \textit{fallend} \end{cases}$ *in x ist,* $\forall x > 0$.

Wie früher sind wachsend und fallend im schwachen Sinne gemeint. Der folgende Satz gibt einen wichtigen Zusammenhang zwischen der Monotonie der Ausfallrate und derjenigen der Exzess-Funktion.

Satz 2.21
Sei F eine Verlust-V.F. Dann gilt:

$$F \text{ ist } \begin{cases} IFR \\ DFR \end{cases} \Longrightarrow F \text{ ist } \begin{cases} \text{DMRL,} \\ \text{IMRL.} \end{cases}$$

Beweis Sei $x > 0$, dann gilt

$$\begin{aligned} \mathrm{ex}(x) &= \frac{\int_x^\infty \{1 - F(t)\}\mathrm{d}t}{1 - F(x)} \\ &= \int_0^\infty \frac{1 - F(x+t)}{1 - F(x)}\mathrm{d}t \\ &= \int_0^\infty \left(1 - \frac{F(x+t) - F(x)}{1 - F(x)}\right)\mathrm{d}t \\ &= \int_0^\infty (1 - H(x,t))\,\mathrm{d}t. \end{aligned}$$

F ist $\begin{cases} \text{IFR} \\ \text{DFR} \end{cases}$ heißt $H(x,t)$ ist $\begin{cases} \text{wachsend} \\ \text{fallend} \end{cases}$ in x, $\forall t > 0$, und somit ist der Satz bewiesen. □

2.4 Maximaler Verlust, Pareto-Typ und subexponentielle Verteilungen

Die Extremwerttheorie ist wesentlich die Analyse der Fluktuationen also der Verteilung des größten Schadensbetrages. Sie ist sehr wichtig für das Risikomanagement einer Versicherung. Ziel der Extremwerttheorie ist es, das Auftreten seltener Ereignisse außerhalb des verfügbaren Datenbereichs vorherzusagen. Zum Beispiel interessiert man sich für den

Prämiensatz, der die Versicherung nach normalen aber auch katastrophalen Ereignissen solvent hält. Extremwerttheorie ist auch für die Bestimmung von Katastrophenanleihen eingesetzt. Diese Anleihe wird an Anleger verkauft, die im Katastrophenfall ihr Kapital verlieren. Das Kapital wird dann von der Versicherung zur Begleichung der Forderungen ihrer Kunden verwendet. In diesem Abschnitt werden zwei wichtige Resultate der asymptotischen Verteilung der größten Verluste gezeigt und zwar der Fréchet- und der Fisher-Tippett-Grenzwertsatz. In diesen Sätzen müssen die individuellen Verlust-Verteilungen bestimmte Eigenschaften erfüllen, die sich auf den rechten Schwanz einer Verlust-Verteilung beziehen. Aus diesem Grund sind diese beiden Resultate der Verteilung des Stichproben-Maximums eng mit der Analyse der heavy-tailed Verteilungen verbunden. Abschn. 2.4.1 enthält eine Einführung zur Verteilung des größten Schadensbetrags. In Abschn. 2.4.2 werden zunächst die Verlust-Verteilungen vom Pareto-Typ eingeführt. Die Verteilungen dieser Klasse besitzen ähnlich rechte Schwänze wie die Pareto-Verteilung. Der Fréchet-Grenzwertsatz zeigt die asymptotische Verteilung des Maximums in einer Stichprobe von Verlusten vom Pareto-Typ. In Abschn. 2.4.3 wird dann gezeigt, dass die Verlust-Verteilungen vom Pareto-Typ zu einer wichtigen Klasse von heavy-tailed Verlust-Verteilungen gehören. Diese große Klasse heißt subexponentielle Klasse. Zur Vervollständigung des Fréchet-Grenzwertsatzes wird schließlich in Abschn. 2.4.4 der Fisher-Tippett-Grenzwertsatz präsentiert.

2.4.1 Verteilung des größten Schadensbetrags

Seien die unabängigen Verluste $X_1, \ldots, X_n$ mit V.F. F. Seien noch $M_n = \max\{X_1, \ldots, X_n\}$ und $\overline{x} = \sup\{x \geq 0 | F(x) < 1\}$. Dann ist $\mathsf{P}[M_n \leq x] = F^n(x)$, $\forall x > 0$. Falls $\mathsf{E}[M_n] < \infty$, dann haben wir

$$\mathsf{E}[M_n] = \int_0^{\overline{x}} \{1 - F^n(x)\}\mathrm{d}x \stackrel{n\to\infty}{\longrightarrow} \overline{x}. \tag{2.7}$$

Falls noch $\mathsf{E}[M_n^2] < \infty$, dann gilt

$$\mathsf{E}\left[M_n^2\right] = 2\int_0^{\overline{x}} x\{1 - F^n(x)\}\mathrm{d}x \stackrel{n\to\infty}{\longrightarrow} \overline{x}^2.$$

Unter der Voraussetzung $\overline{x} < \infty$ folgt aus den zwei obigen asymptotischen Momenten, dass

$$\mathsf{var}(M_n) \stackrel{n\to\infty}{\longrightarrow} \overline{x}^2 - \overline{x}^2 = 0. \tag{2.8}$$

Aus (2.7), (2.8) und der Chebichev-Ungleichung folgt, dass $M_n \stackrel{\mathsf{P}}{\longrightarrow} \overline{x}$, d. h., $M_n \stackrel{\mathrm{d}}{\longrightarrow} \overline{x}$, d. h., die Verteilung von M_n konvergiert im schwachen Sinne gegen die Dirac-Verteilung mit Gesamtmaß auf $\overline{x}$, s. Appendix 8.7. Somit wird die asymptotische Verteilung des Maximums eine degenerierte Verteilung, und aus diesem Grund werden asymptotische Verteilungen von standardisierten Maxima gesucht.

In einigen Fällen ist die Verteilung des Maximums in der gleichen Klasse wie die Verteilung der individuellen Stichprobe-Verluste. Die Klasse von Verteilungen, die diese Eigenschaft besitzen, wird max-stabil genannt.

Beispiele 2.22 Einige Beispiele sind die folgende:

- Die Verteilung des monatlich größten Verlusts ist die Gumbel-Verteilung,

$$F(x) = G\left(\frac{x-\mu}{\sigma}\right), \text{ wobei } \mu \in \mathbb{R},\ \sigma > 0 \text{ und } G(x) = \exp\{-\mathrm{e}^{-x}\}, \forall x \in \mathbb{R}.$$

  Das jährliche Maximum ist ebenfalls Gumbel-verteilt,

$$F^{12}(x) = \exp\left\{-\exp\left\{-12\mathrm{e}^{-\frac{x-\mu}{\sigma}}\right\}\right\} = \exp\left\{-\frac{x-(\mu+\sigma\log 12)}{\sigma}\right\}, \quad \forall x \in \mathbb{R}.$$

- Die Verteilung des monatlich größten Verlusts ist die Fréchet-Verteilung,

$$F(x) = G\left(\frac{x-\mu}{\sigma}\right), \text{ wobei } \mu \in \mathbb{R},\ \sigma > 0 \text{ und } G(x) = \exp\{-x^{-\alpha}\}, \forall x, \alpha > 0.$$

  Das jährliche Maximum ist ebenfalls Fréchet-verteilt,

$$F^{12}(x) = \exp\left\{-12\left(\frac{x-\mu}{\sigma}\right)^{-\alpha}\right\} = \exp\left\{-\left(\frac{x-\mu}{12^{\frac{1}{\alpha}}\sigma}\right)^{-\alpha}\right\}, \quad \forall x \in \mathbb{R}.$$

Wegen dieser algebraischen Abgeschlossenheit sind die Gumbel- und Fréchet-Verteilungen max-stabile Verteilungen.

Sei die zufällige Stichprobe-Umfang N unabhängig von der Stichprobe-Verluste und sei noch

$$M_N = \begin{cases} \max\{X_1, \ldots, X_N\}, & \text{falls } N \geq 1, \\ 0, & \text{falls } N = 0. \end{cases}$$

Dann gilt

$$\begin{aligned} \mathsf{P}[M_N \leq x] &= \sum_{n=0}^{\infty} \mathsf{P}[M_N \leq x | N = n]\mathsf{P}[N = n] \\ &= \sum_{n=0}^{\infty} F^n(x)\mathsf{P}[N = n] \\ &= G_N(F(x)), \quad \forall x \geq 0, \end{aligned} \tag{2.9}$$

wobei, für $v \in \mathbb{R}$,

$$G_N(v) = \sum_{n=0}^{\infty} v^n \mathsf{P}[N = n]$$

die wahrscheinlichkeiterzeugende Funktion von N ist und $\operatorname{dom} F = \mathbb{R}_+$. Dann gilt $\mathsf{P}[M_N \leq 0] = \mathsf{P}[N = 0] > 0$.

Beispiele 2.23 Sei $N_k \sim \text{Poisson}(\lambda k)$ die Anzahl von Verlusten in k Jahren, wobei $\lambda > 0$ und $k = 1, 2, \ldots$. Dann kann man direkt die wahrscheinlichkeiterzeugende Funktion von N_k berechnen

$$G_{N_k}(v) = \exp\{\lambda k(v - 1)\}, \ \forall v \in \mathbb{R}.$$

Aus (2.9) folgt

$$\mathsf{P}[M_{N_k} \leq x] = \exp\{-\lambda k[1 - F(x)]\}, \ \forall x \geq 0.$$

- Sei $F(x) = 1 - \mathrm{e}^{-x/\sigma}$, $\forall x \geq 0$, wobei $\sigma > 0$. Dann ist M_{N_k} Gumbel-verteilt, weil

$$\mathsf{P}[M_{N_k} \leq x] = \exp\left\{-\lambda k \exp\left\{-\frac{x}{\sigma}\right\}\right\} = \exp\left\{\exp\left\{-\frac{x - \sigma \log(\lambda k)}{\sigma}\right\}\right\}, \forall x \geq 0.$$

- Sei $F(x) = 1 - (1 + x/\sigma)^{-\alpha}$, $\forall x \geq 0$, wobei $\alpha, \sigma > 0$. Dann ist M_{N_k} Fréchet-verteilt, weil

$$\mathsf{P}[M_{N_k} \leq x] = \exp\left\{-\lambda k \left(1 + \frac{x}{\sigma}\right)^{-\alpha}\right\} = \exp\left\{-\left(\frac{x + \sigma}{(\lambda k)^{\frac{1}{\alpha}} \sigma}\right)^{-\alpha}\right\}, \forall x \geq 0.$$

2.4.2 Pareto-Typ, Fréchet-Grenzwertsatz und Approximation der Exzess-Funktion

In diesem Abschnitt wird zunächst die Klasse der Verteilungen vom Pareto-Typ eingeführt. Die Verteilungen dieser Klasse besitzen Schwänze, die asymptotisch ähnlich dem Schwanz der Pareto-Verteilung sind. Genau sind diese Schwänze Funktionen mit der sogenannten regulären Variation. Solche Verteilungen sind sehr heavy-tailed. In diesem Zusammenhang wird dann eine erste Einführung zur Extremwerttheorie vorgestellt. Seien $X_1, X_2, \ldots$ unabhängige Verluste mit V.F. F. Die Extremwerttheorie beschäftigt sich mit den Bedingungen, unter welchen die Verteilungen von Extremwerten gegen eine nicht-degenerierte Verteilung konvergieren. Wir möchten die mögliche Verlust-V.F. F, die mögliche Folge von Konstanten $a_1, a_1, \ldots > 0$ und $b_1, b_2, \ldots \in \mathbb{R}$ sowie die mögliche asymptotische V.F. G identifizieren, sodass

$$\mathsf{P}\left[\frac{M_n - b_n}{a_n} \leq x\right] \overset{n\to\infty}{\longrightarrow} G(x),$$

$\forall x \in \mathbb{R}$ Stetigkeitspunkt von G.

Definition 2.24 (Verteilung vom Pareto-Typ)
Eine Verteilung vom Pareto-Typ besitzt die V.F. F, für welche Folgendes gilt:

$$\exists \alpha > 0, \textit{ sodass } \frac{1 - F(tx)}{1 - F(x)} \overset{x\to\infty}{\longrightarrow} t^{-\alpha}, \forall t > 0.$$

Ein triviales Beispiel lautet:

Beispiel 2.25 Die Pareto(α) V.F. ist gegeben durch $F(x) = 1 - x^{-\alpha}, \forall x > 1$, wobei $\alpha > 0$. Dann gilt

$$\frac{1 - F(tx)}{1 - F(x)} = \frac{1 - (1 - (xt)^{-\alpha})}{1 - (1 - x^{-\alpha})} = \frac{(tx)^{-\alpha}}{x^{-\alpha}} = t^{-\alpha}, \quad \forall t > 0, x > 1.$$

Der Pareto-Typ Eigenschaft ist eigentlich ein spezieller Fall der folgenden Definition.

Definition 2.26 (Reguläre Variation)
Seien $g : \mathbb{R}_+ \to \mathbb{R}$ und $x_0 \geq 0$, sodass $g(x) \geq 0, \forall x > x_0$. Dann hat g eine reguläre Variation (zu ∞) mit Index δ, wenn $\exists \delta \in \mathbb{R}$, sodass

$$\frac{g(xt)}{g(x)} \overset{x\to\infty}{\longrightarrow} t^{\delta}, \forall t > 0,$$

i.e.

$$g(tx) \sim t^{\delta} f(x), \textit{ für } x \to \infty, \forall t > 0.$$

Notation Diese Eigenschaft der Funktion g wird $g \in R_{\delta}$ notiert.

Ein spezieller Fall der regulären Variation ist die langsame Variation.

Definition 2.27 (Langsame Variation)
Sei $l : \mathbb{R}_+ \to \mathbb{R}$, sodass $l(x) \geq 0, \forall x > x_0$, für ein $x_0 \geq 0$. Dann hat l eine langsame Variation (zu ∞), wenn gilt

$$\frac{l(xt)}{l(x)} \overset{x\to\infty}{\longrightarrow} 1, \forall t > 0,$$

i.e. $l \in R_0$.

Die folgende Äquivalenz folgt unmittelbar

$$g \in R_\delta \Longleftrightarrow l(x) = x^{-\delta} g(x) \in R_0.$$

Damit ist F ist vom Pareto-Typ genau dann, wenn $1 - F \in R_{-\alpha}$, für ein $\alpha > 0$. Eine homogene Funktion ist eine Funktion mit einem multiplikativen Skalierungsverhalten. Wenn $g : V_1 \to V_2$ eine Funktion zwischen zwei Vektorräumen über den Körper K ist, dann ist g homogen vom Grad $k \in \mathbb{N}$, wenn $g(tx) = t^k g(x)$, $\forall x \in V_1$. Somit ist die Regularität der Variation eine asymptotische Version der Homogenität einer Funktion.

Beispiele 2.28 Einige Funktionen mit langsamer Variation lauten:

- $l(x) = \log x$: $\dfrac{\log(tx)}{\log x} = \dfrac{\log x + \log t}{\log x} \overset{x\to\infty}{\longrightarrow} 1.$
- $l(x) = \log(\log x)$: $\lim\limits_{x\to\infty} \dfrac{\log(\log(tx))}{\log(\log x)} = \lim\limits_{x\to\infty} \dfrac{\frac{1}{\log(tx)}\frac{1}{x}}{\frac{1}{\log x}\frac{1}{x}} = 1.$
- $l(x) = \log^{(k)}(x) \overset{\text{def}}{=} \log(\log^{(k-1)}(x))$, für $k = 2, 3, \ldots$, wobei $\log^{(1)}(x) \overset{\text{def}}{=} \log x$ und $\log^{(0)}(x) \overset{\text{def}}{=} x$: $\dfrac{\mathrm{d}}{\mathrm{d}x} \log^{(k)}(x) = \dfrac{1}{\log^{(k-1)}(x)} \dfrac{1}{\log^{(k-2)}(x)} \cdots \dfrac{1}{\log x} \dfrac{1}{x}$ und somit $\lim\limits_{x\to\infty} \dfrac{\log^{(k)}(tx)}{\log^{(k)}(x)} = \lim\limits_{x\to\infty} \dfrac{\frac{1}{\log^{(k-1)}(tx)} \cdots \frac{1}{\log(tx)}\frac{1}{x}}{\frac{1}{\log^{(k-1)}(x)} \cdots \frac{1}{\log x}\frac{1}{x}} = 1.$

Beispiele 2.29 Einige Zerlegungen $1 - F(x) = x^{-\alpha} l(x)$ von Verteilungen vom Pareto-Typ sind die folgenden:

- Pareto: $1 - F(x) = x^{-\alpha}$, $x > 1, \alpha > 0$;
  $1 - F(x) = x^{-\alpha} l(x)$, wobei $l(x) = 1$.
- Burr: $1 - F(x) = \left(\frac{\beta}{\beta + x^\tau}\right)^\lambda$, $x > 0$, $\beta, \lambda, \tau > 0$;
  $\lim\limits_{x\to\infty} \dfrac{1 - F(tx)}{1 - F(x)} = \lim\limits_{x\to\infty} \left(\dfrac{\beta + x^\tau}{\beta + (tx)^\tau}\right)^\lambda = \left(\dfrac{1}{t^\tau}\right)^\lambda = t^{-\lambda\tau}$;
  $1 - F(x) = x^{-\lambda\tau} l(x)$, wobei $l(x) = x^{\lambda\tau}[1 - F(x)] = \left(\frac{\beta x^\tau}{\beta + x^\tau}\right)^\lambda$.
- Fréchet: $1 - F(x) = 1 - \exp\{-x^{-\alpha}\}$, $x > 0, \alpha > 0$;
  $\lim\limits_{x\to\infty} \dfrac{1 - F(tx)}{1 - F(x)} = \lim\limits_{x\to\infty} \dfrac{\exp\{-(tx)^{-\alpha}\}\alpha(tx)^{-\alpha-1}t}{\exp\{-x^{-\alpha}\}\alpha x^{-\alpha-1}} = t^{-\alpha}$;
  $1 - F(x) = x^{-\alpha} l(x)$, wobei

$$\begin{aligned} l(x) &= x^{\alpha}[1 - F(x)] = x^{\alpha}[1 - \exp\{-x^{-\alpha}\}] \\ &= x^{\alpha}\left[1 - \left(1 - x^{-\alpha} + \frac{x^{-2\alpha}}{2} - \frac{x^{-3\alpha}}{6} + \ldots\right)\right] \\ &= 1 - \frac{x^{-\alpha}}{2} - \frac{x^{-2\alpha}}{6} + \ldots. \end{aligned}$$

Wir interessieren uns für die asymptotische Verteilung von $(M_n - b_n)/a_n$, für $n \to \infty$, für $b_1, b_2, \ldots \in \mathbb{R}$ und $a_1, a_2, \ldots > 0$, wobei die individuellen Verluste Pareto(α)-verteilt sind. Sei $x \in \mathbb{R}$, dann gilt

$$\begin{aligned} \log \mathsf{P}\left[\frac{M_n - b_n}{a_n} \le x\right] &= \log\{F^n(a_n x + b_n)\} \\ &= n \log\{F(a_n x + b_n)\} \\ &\sim -n\{1 - F(a_n x + b_n)\}, \end{aligned} \tag{2.10}$$

wenn $a_n x + b_n \overset{n\to\infty}{\longrightarrow} \infty$ (weil $\log x \sim x - 1$, für $x \to 1$). Für $F(x) = 1 - x^{-\alpha}$, $\forall x > 1$, und $b_n = 0$, erhalten wir für $a_n x > 1$,

$$n[1 - F(a_n x)] = n a_n^{-\alpha} x^{-\alpha} = x^{-\alpha},$$

wenn $n a_n^{-\alpha} = 1$, d.h. wenn $a_n = n^{1/\alpha}$, d.h. wenn $a_n = F^{(-1)}(1 - n^{-1})$. Daraus folgt

$$\mathsf{P}\left[n^{-\frac{1}{\alpha}} M_n \le x\right] \overset{n\to\infty}{\longrightarrow} \exp\{-x^{-\alpha}\}, \ \forall x > 0,$$

i.e.

$$n^{-\frac{1}{\alpha}} M_n \xrightarrow{\mathrm{d}} \text{Fréchet}(\alpha).$$

Im Allgemeinen haben wir den folgenden Satz.

Satz 2.30 (Fréchet-Grenzwertsatz für Maxima)
Seien $X_1, X_2, \ldots$ unabhängig mit V.F. F vom Pareto-Typ mit regulärem Variationsindex α. Seien noch $M_n = \max\{X_1, \ldots, X_n\}$ und $a_n = F^{(-1)}(1 - n^{-1})$, für $n = 1, 2, \ldots$. Dann gilt

$$\frac{M_n}{a_n} \xrightarrow{\mathrm{d}} \text{Fréchet}(\alpha).$$

Beweis Für $n = 1, 2, \ldots$ haben wir

$$a_n = F^{(-1)}(1 - n^{-1}) \iff n = \frac{1}{1 - F(a_n)}.$$

Damit gilt

$$n[1 - F(a_n x)] = \frac{1 - F(a_n x)}{1 - F(a_n)} \overset{n\to\infty}{\longrightarrow} x^{-\alpha},$$

weil F vom Pareto-Typ ist. Der Satz folgt jetzt aus (2.10). □

Damit spielt die Fréchet-Verteilung eine zentrale Rolle bei der Analyse von Extremwerten. Ein wichtiger Satz der Tauberischen asymptotischen Analyse lautet:

Satz 2.31 (Karamata)
Wenn die Funktion l die langsame Variation besitzt und $\delta > 1$, dann gilt

$$\frac{x^{\delta-1}}{l(x)} \int_x^\infty t^{-\delta} l(t)\mathrm{d}t \overset{x\to\infty}{\longrightarrow} \frac{1}{\delta - 1},$$

d. h.

$$\int_x^\infty t^{-\delta} l(t)\mathrm{d}t \sim l(x) \int_x^\infty t^{-\delta}\mathrm{d}t, \text{ für } x \to \infty.$$

Mit dem Karamata-Satz kann man die folgende asymptotische Approximation zur Exzess-Funktion direkt beweisen.

Korollar 2.32
Wenn die V.F. F vom Pareto-Typ mit Index $\alpha > 1$ ist, dann gilt

$$\lim_{x\to\infty} \frac{\mathrm{ex}(x)}{x} = \frac{1}{\alpha - 1}.$$

Beweis Da F vom Pareto-Typ mit Index α ist, existiert es eine Funktion l mit langsamer Variation, sodass $1 - F(x) = x^{-\alpha} l(x)$. Damit gilt

$$\frac{\mathrm{ex}(x)}{x} = \frac{\int_x^\infty [1 - F(t)]\mathrm{d}t}{x\{1 - F(x)\}} = \frac{\int_x^\infty t^{-\alpha} l(x)\mathrm{d}t}{x^{1-\alpha} l(x)} \overset{x\to\infty}{\longrightarrow} \frac{1}{\alpha - 1}.$$

□

Beispiele 2.23

- Die Pareto-V.F. ist $F(x) = 1 - x^{-\alpha}$, $\forall x > 1$, wobei $\alpha > 0$. Dann gilt

$$\mathrm{ex}(x) = \frac{x}{\alpha - 1}, \ \forall x > 1, \text{ falls } \alpha > 1.$$

- Die Burr-V.F. ist $F(x) = 1 - \{\beta/(\beta + x^\tau)\}^\lambda$, $\forall x > 0$, wobei $\beta, \lambda, \tau > 0$. Dann gilt $1 - F \in R_{-\lambda\tau}$ und

$$\mathrm{ex}(x) \sim \frac{x}{\lambda\tau - 1}, \quad \text{für } x \to \infty, \quad \text{falls } \lambda\tau > 1.$$

- Die Fréchet-V.F. ist $F(x) = \exp\left\{-x^{-\alpha}\right\}, \forall x > 0$, wobei $\alpha > 0$. Dann gilt $1 - F \in R_{-\alpha}$ und

$$\mathrm{ex}(x) \sim \frac{x}{\alpha - 1}, \quad \text{für } x \to \infty, \quad \text{falls } \alpha > 1.$$

2.4.3 Subexponentielle Verteilungen

Tatsächlich bilden alle Verlust-Verteilungen vom Pareto-Typ eine Teilklasse der Klasse der subexponentiellen Verteilungen. Diese Klasse ist sehr groß und wird in diesem Abschnitt eingeführt. Neben den Verteilungen vom Pareto-Typ, die sehr heavy-tailed sind, sind andere mild heavy-tailed Verteilungen in dieser Klasse enthalten, wie z. B. die lognormale oder die Weibull-Verteilung mit $\tau \in (0, 1)$. Wie im Beispiel 2.1 erwähnt, besitzt die lognormale Verteilung alle Momente, und in diesem Sinne könnte man sie als mild heavy-tailed bezeichnen. Aber Verteilungen in der subexpoentiellen Klasse besitzen keine m.e.F. Das heißt, auf keiner Umgebung von Null existiert die m.e.F. Sie sind in diesem Sinne heavy-tailed. Wegen dieser wichtigen Eigenschaft wird die Klasse der subexponentiellen Verteilungen manchmal als (eindeutige) Definition von heavy-tailed Verteilungen betrachtet. Damit gibt es keine Garantie, dass ein bestimmtes Moment existiert (s. Appendix 8.2 für Details), und im extremen Fall könnte eine subexponentielle Verteilung gar kein Moment besitzen. Die Divergenz der Exzess-Funktion für große Werte des Argumentes ist eine hinreichende Bedingung für die Zugehörigkeit zur subexponentiellen Klasse.

Satz 2.34 gibt eine wichtige Eigenschaft der Verteilungen vom Pareto-Typ: die algebraische Abgeschlossenheit gegenüber der Faltung.

Satz 2.34 (Faltung von Verteilungen vom Pareto-Typ)
Seien F_1 und F_2 zwei V.F. vom Pareto-Typ mit gleichem Pareto-Index $\alpha > 0$ und $l_1, l_2 \in R_0$, d. h. zwei Funktionen von langsamer Variation, sodass $1 - F_1(x) = x^{-\alpha} l_1(x)$ und $1 - F_2(x) = x^{-\alpha} l_2(x), \forall x > 0$. Sei noch

$$G(x) = \int_0^x F_1(x - y)\mathrm{d}F_2(y), \quad \forall x > 0.$$

Dann gilt $l_1 + l_2 \in R_0$ und

$$1 - G(x) \sim x^{-\alpha}\{l_1(x) + l_2(x)\}, \quad \textit{für } x \to \infty,$$

d. h., G ist vom Pareto-Typ mit dem gleichen Index α.

Beweis Seien X_1, X_2 unabhängig mit V.F. F_1, F_2 bzw., seien $\overline{F}_j = 1 - F_j$, für $j = 1, 2$, und sei noch $x > 0$. Dann gilt

$$\{X_1 > x\} \cup \{X_2 > x\} \subset \{X_1 + X_2 > x\},$$

somit gilt

$$\mathsf{P}[X_1 + X_2 > x] \geq \mathsf{P}[X_1 > x] + \mathsf{P}[X_2 > x] - \mathsf{P}[X_1 > x]\mathsf{P}[X_2 > x]$$

und somit gilt

$$\overline{G}(x) \geq \{\overline{F_1}(x) + \overline{F_2}(x)\} \left\{1 - \frac{\overline{F_1}(x)\overline{F_2}(x)}{\overline{F_1}(x) + \overline{F_2}(x)}\right\}.$$

Man beweist einfach, dass

$$r_2(x) \overset{\text{def}}{=} \frac{\overline{F_1}(x)\overline{F_2}(x)}{\overline{F_1}(x) + \overline{F_2}(x)} = \mathrm{o}(1), \text{ für } x \to \infty.$$

Für $0 < \delta < \frac{1}{2}$,

$$\{X_1 + X_2 > x\} \subset \{X_1 > (1-\delta)x\} \cup \{X_2 > (1-\delta)x\} \cup \{X_1 > \delta x, X_2 > \delta x\}$$

somit

$$\begin{aligned}\overline{G}(x) &\leq \overline{F_1}((1-\delta)x) + \overline{F_2}((1-\delta)x) + \overline{F_1}(\delta x)\overline{F_2}(\delta x) \\ &= \{\overline{F_1}((1-\delta)x) + \overline{F_2}((1-\delta)x)\} \left\{1 + \frac{\overline{F_1}(\delta x)\overline{F_2}(\delta x)}{\overline{F_1}((1-\delta)x) + \overline{F_2}((1-\delta)x)}\right\}.\end{aligned}$$

Man beweist einfach, dass

$$r_2(x) \overset{\text{def}}{=} \frac{\overline{F_1}(\delta x)\overline{F_2}(\delta x)}{\overline{F_1}((1-\delta)x) + \overline{F_2}((1-\delta)x)} = \mathrm{o}(1), \text{ für } x \to \infty.$$

Aus

$$\frac{\overline{G}(x)}{\overline{F_1}(x) + \overline{F_2}(x)} \geq 1 - r_1(x)$$

folgt

$$\liminf_{x\to\infty} \frac{\overline{G}(x)}{\overline{F_1}(x) + \overline{F_2}(x)} \geq 1.$$

Wir haben

$$\overline{F_1}((1-\delta)x) + \overline{F_2}((1-\delta)x) \sim (1-\delta)^{-\alpha}\{\overline{F_1}(x) + \overline{F_2}(x)\}, \text{ für } x \to \infty,$$

und

$$\frac{\overline{G}(x)}{\overline{F_1}((1-\delta)x) + \overline{F_2}((1-\delta)x)} \leq 1 + r_2(x).$$

Daraus folgt

$$\limsup_{x\to\infty} \frac{\overline{G}(x)}{\overline{F_1}(x) + \overline{F_2}(x)} \leq (1-\delta)^{-\alpha}.$$

Schließlich erhalten wir für $\delta \to 0$,

$$1 \leq \liminf_{x\to\infty} \frac{\overline{G}(x)}{\overline{F_1}(x) + \overline{F_2}(x)} \leq \limsup_{x\to\infty} \frac{\overline{G}(x)}{\overline{F_1}(x) + \overline{F_2}(x)} \leq 1.$$

Es ist einfach zu beweisen, dass $l_1, l_2 \in R_0 \implies l_1 + l_2 \in R_0$, und damit ist der Satz bewiesen. □

Definition 2.35 (Faltungspotenz einer V.F.)
Seien F und G zwei V.F. über $\mathbb{R}$, $x \in \mathbb{R}$ und $F * G(x) = \int_{\mathbb{R}} F(x-y)\mathrm{d}G(y)$ die Faltung von F und G. Dann ist die n-te Faltungspotenz von F gegeben durch

$$F^{*n}(x) = \int_{\mathbb{R}} F^{*(n-1)}(x-y)\mathrm{d}F(y), \ \textit{für } n = 1, 2, \ldots,$$

wobei $F^{*0} = \Delta$, d. h. zur Dirac V.F. gleich ist.

Daraus folgt für $n = 1, 2, \ldots$,

$$F^{*n} = \underbrace{F * \ldots * F}_{n-\text{ mal}}.$$

Korollar 2.36
Sei F eine V.F. vom Pareto-Typ mit Index $\alpha > 0$ und $l \in R_0$, d. h. eine Funktion mit langsamer Variation, sodass $1 - F(x) = x^{-\alpha} l(x), \forall x > 0$. Dann

$$1 - F^{*n}(x) \sim n\{1 - F(x)\}, \ \textit{für } x \to \infty, \ \textit{und } n = 1, 2, \ldots.$$

Beweis Sei $n \geq 2$, und nehmen wir an, dass

$$1 - F^{*(n-1)}(x) \sim (n-1)[1 - F(x)], \text{ für } x \to \infty.$$

Damit gilt

$$1 - F^{*(n-1)}(x) \sim (n-1)x^{-\alpha}l(x), \text{ für } x \to \infty.$$

Aus dem Satz 2.34 folgt

$$1 - F^{*n}(x) \sim x^{-\alpha}[(n-1)l(x) + l(x)] = nx^{-\alpha}l(x) \sim n[1 - F(x)], \text{ für } x \to \infty.$$

□

Seien $X_1, \dots, X_n$ i. i. d. vom Pareto-Typ, $M_n = \max\{X_1, \dots, X_n\}$ und $S_n = \sum_{i=1}^n X_i$. Dann gilt, für $x \to \infty$,

$$\mathsf{P}[S_n > x] = 1 - F^{*n}(x) \sim n[1 - F(x)]$$

und

$$\mathsf{P}[M_n > x] = 1 - F^n(x) = [1 - F(x)] \underbrace{\sum_{k=0}^{n-1} F^k(x)}_{\xrightarrow{x\to\infty} n} \sim n[1 - F(x)].$$

Damit gilt das folgende Korollar:

Korollar 2.37
Wenn F vom Pareto-Typ ist, dann gilt

$$\mathsf{P}[S_n > x] \sim \mathsf{P}[M_n > x], \text{ für } x \to \infty, \tag{2.11}$$

für $n = 1, 2, \dots$.

Die Verteilungen, für welche das obige Korollar gilt, sind die Verteilungen der subexponentiellen Klasse. Sie erfüllen damit

$$\lim_{x\to\infty} \frac{1 - F^{*n}(x)}{1 - F(x)} = n, \text{ für } n = 2, 3, \dots. \tag{2.12}$$

Hier kann man beweisen, dass, wenn die Gl. (2.12) für ein $n = 2, 3, \dots$ gilt, sie dann auch für jedes $n = 2, 3, \dots$ gilt: siehe Aufgabe 2.6.26. Damit können wir die subexponentielle Klasse von Verteilungen wie folgt definieren.

Definition 2.38 (Subexponentielle Klasse)
Eine Verlust-Verteilung gehört zur subexponentiellen Klasse, wenn ihre V.F. F die Gleichung

$$\lim_{x\to\infty} \frac{1 - F^{*n}(x)}{1 - F(x)} = n, \quad \textit{für ein } n = 2, 3, \ldots$$

erfüllt.

Offensichtlich bilden die Verteilungen vom Pareto-Typ eine Teilklasse der subexponentiellen Klasse. Wir haben gesehen, dass die subexponentielle Klasse durch (2.11) charakterisiert ist. Eine andere wichtige Eigenschaft lautet:

Satz 2.39
Wenn $\mathrm{ex}(x) \overset{x\to\infty}{\longrightarrow} \infty$ *gilt, dann gehört die entsprechende Verlust-Verteilung zur subexponentiellen Klasse.*

Beispiele 2.40

- Einige Verlust-Verteilungen in der subexponentiellen Klasse sind: Loggamma, Lognormal, Pareto, Weibull(τ, λ), mit $\lambda > 0$, $\tau \in (0, 1)$, Burr.
- Einige Verlust-Verteilungen, die nicht zur subexponentiellen Klasse gehören, sind: Exponential, Gamma, Weibull(τ, λ) mit $\tau \geq 1$.

Satz 2.41
Wenn $\overline{F}$ *die Überlebensfunktion einer Verlust-Verteilung der subexponentiellen Klasse ist, dann gilt*

$$\forall y > 0, \lim_{x\to\infty} \frac{\overline{F}(x-y)}{\overline{F}(x)} = 1.$$

Beweis Seien $0 < y \leq x$, dann

$$\begin{aligned}
\frac{\overline{F^{*2}}(x)}{\overline{F}(x)} &= 1 + \frac{F(x) - F^{*2}(x)}{\overline{F}(x)} \\
&= 1 + \frac{\int_0^x \mathrm{d}F(t) - \int_0^x F(x-t)\mathrm{d}F(t)}{\overline{F}(x)} \\
&= 1 + \underbrace{\int_0^y \underbrace{\frac{\overline{F}(x-t)}{\overline{F}(x)}}_{\geq 1} \mathrm{d}F(t)}_{\geq F(y)} + \underbrace{\int_y^x \underbrace{\frac{\overline{F}(x-t)}{\overline{F}(x)}}_{\geq \frac{\overline{F}(x-y)}{\overline{F}(x)}} \mathrm{d}F(t)}_{\geq \frac{\overline{F}(x-y)}{\overline{F}(x)}[F(x)-F(y)]}.
\end{aligned}$$

Daraus folgt

$$\frac{\overline{F}(x-y)}{\overline{F}(x)} \leq \Bigg\{ \underbrace{\frac{\overline{F^{*2}}(x)}{\overline{F}(x)}}_{\stackrel{x\to\infty}{\longrightarrow} 2} -1 - F(y)\Bigg\} \{\underbrace{F(x)}_{\stackrel{x\to\infty}{\longrightarrow} 1} - F(y)\}^{-1} \stackrel{x\to\infty}{\longrightarrow} 1.$$

Aus $\overline{F}(x-y)/\overline{F}(x) \geq 1$ folgt dieser Satz. □

Ein allgemeines Lemma der asymptotischen Analyse lautet:

Lemma 2.42

Seien f eine reelle Funktion und $\delta \in \mathbb{R}$. Dann gilt es, $f \in R_\delta$, genau dann, wenn $\exists z \in \mathbb{R}_+^*$ und $\exists\, c, g : \mathbb{R}_+ \to \mathbb{R}$, sodass $c(x) \stackrel{x\to\infty}{\longrightarrow} c_0$ für ein $c_0 \in \mathbb{R}_+^*$ und $g(x) \stackrel{x\to\infty}{\longrightarrow} \delta$, für welche gilt

$$f(x) = c(x) \exp\left\{\int_z^x \frac{g(u)}{u} \mathrm{d}u\right\}, \forall x \geq z.$$

Satz 2.43

Wenn die Verlust-V.F. F zur subexponentiellen Klasse gehört, dann gilt

$$\forall \varepsilon > 0, \lim_{x\to\infty} \mathrm{e}^{\varepsilon x}\{1 - F(x)\} = \infty.$$

Beweis Sei F eine Verlust-V.F. der subexponentiellen Klasse, dann folgt es aus Satz 2.41, dass

$$\begin{aligned}\lim_{x\to\infty} \frac{\overline{F}(x-y)}{\overline{F}(x)} = 1, \forall y > 0 &\Longleftrightarrow \lim_{x\to\infty} \frac{\overline{F}(\log x - \log z)}{\overline{F}(\log x)} = 1, \forall z > 1 \\ &\Longleftrightarrow \lim_{x\to\infty} \frac{\overline{F} \circ \log(yx)}{\overline{F} \circ \log x} = 1, \forall\, 0 < y < 1 \\ &\Longleftrightarrow \overline{F} \circ \log \in R_0.\end{aligned}$$

Aus dem vorigen Lemma folgt $\exists\, c, g : \mathbb{R}_+ \to \mathbb{R}$ und $z > 0$, sodass, $\forall \varepsilon > 0$ und für $x \geq z$ groß genug,

$$\begin{aligned} x^\varepsilon \overline{F}(\log x) &= x^\varepsilon c(x) \exp\left\{\int_z^x \frac{g(u)}{u} \mathrm{d}u\right\} \\ &= z^\varepsilon c(x) \exp\left\{\varepsilon \int_z^x \frac{1}{u}\left(1 + \frac{g(u)}{\varepsilon}\right) \mathrm{d}u\right\} \\ &\geq z^\varepsilon c(x) \exp\left\{\varepsilon \int_z^{x_0} \frac{1}{u}\left(1 + \frac{g(u)}{\varepsilon}\right) \mathrm{d}u + \varepsilon a \frac{\log x}{\log x_0}\right\} \\ &\stackrel{x\to\infty}{\longrightarrow} \infty, \end{aligned}$$

gegeben $\exists x_0 \in (z, x)$, sodass $u \geq x_0 \Rightarrow g(u) > -\varepsilon/2$, und somit

$$a = \inf_{u \geq x_0} \left\{ 1 + \frac{g(u)}{\varepsilon} \right\} > 0.$$

Damit ist der Satz bewiesen. □

Folglich existiert auf keiner Umgebung von Null die m.e.F. einer subexponentiellen Verteilung. Sei F eine subexponentielle Verlust-V.F. und seien $y, \varepsilon > 0$, dann gilt

$$\int_y^\infty \mathrm{e}^{\varepsilon x} \mathrm{d}F(x) \geq \mathrm{e}^{\varepsilon y} \int_y^\infty \mathrm{d}F(x) = \mathrm{e}^{\varepsilon y}\{1 - F(y)\} \overset{y \to \infty}{\longrightarrow} \infty$$

und damit $M(\varepsilon) = \int_0^y \mathrm{e}^{\varepsilon x} \mathrm{d}F(x) = \infty$.

2.4.4 Fisher-Tippett-Grenzwertsatz

Der Fréchet-Grenzwertsatz 2.30 gibt die asymptotische Verteilung des Maximums von i. i. d. Z.V. mit Verteilung vom Pareto-Typ. Der nächste Satz enthält wieder die asymptotische Verteilung des Maximums von i.i.d. Z.V. unter einer allgemeineren Bedingung für das asymptotische Verhalten der Quantilen der individuellen Z.V.

Satz 2.44 (Fisher-Tippet-GrenzwertsatzFisher-Tippett-Grenzwertsatz für Maxima) *Seien $X_1, X_2, \ldots$ unabhängige Verluste mit stetiger V.F. F und seien die Quantilen $U(t) = F^{(-1)}(1 - 1/t)$, $\forall t \in [1, \infty)$. Wenn $\exists a : [1, \infty) \to \mathbb{R}_+$ und $\gamma \in \mathbb{R}$, sodass $\forall u > 0$,*

$$h_\gamma(u) \overset{\text{def}}{=} \lim_{t \to \infty} \frac{U(tu) - U(t)}{a(t)} = \begin{cases} \int_1^u v^{\gamma-1} dv = \frac{u^\gamma - 1}{\gamma}, & \text{wenn } \gamma \neq 0, \\ \lim_{\gamma \to 0} \frac{u^\gamma - 1}{\gamma} = \log u, & \text{wenn } \gamma = 0, \end{cases} \tag{2.13}$$

dann gilt $\exists \{a_n\}_{n \geq 1} \in \mathbb{R}_+^\infty$ und $\{b_n\}_{n \geq 1} \in \mathbb{R}^\infty$, sodass

$$\mathsf{P}\left[\frac{M_n - b_n}{a_n} \leq x\right] \overset{n \to \infty}{\longrightarrow} G_\gamma(x) \overset{\text{def}}{=} \begin{cases} \exp\left\{-(1 + \gamma x)^{-\frac{1}{\gamma}}\right\}, & \text{wenn } \gamma \neq 0, \\ \exp\{-\mathrm{e}^{-x}\}, & \text{wenn } \gamma = 0, \end{cases}$$

für $1 + \gamma x > 0$. Zudem ist G_γ die einzige nicht-degenerierte asymptotische V.F. von M_n.

Bemerkungen 2.45

- Genau wie beim Fréchet-Grenzwertsatz 2.30 betrifft die Bedingung (2.13) den Schwanz der Verlust-Verteilung.
- Die asymptotische V.F. G_γ ist die Extremwert-V.F. für $\gamma \neq 0$ und die Gumbel-V.F. für $\gamma = 0$.

Beweis Für jeden Stetigkeitspunkt $x \in \mathbb{R}$ von G ist

$$\mathsf{P}\left[\frac{M_n - b_n}{a_n} \leq x\right] \stackrel{n\to\infty}{\longrightarrow} G(x)$$

genau dann, wenn $\forall z : \mathbb{R} \to \mathbb{R}$ beschränkt und stetig,

$$\mathsf{E}\left[z\left(\frac{M_n - b_n}{a_n}\right)\right] \stackrel{n\to\infty}{\longrightarrow} \int_0^\infty z(v)\mathrm{d}G(v),$$

s. Lemma 8.33 im Appendix. Aus der Stetigkeit von F lässt sich der Erwartungswert wie folgt umschreiben,

$$\begin{aligned}
\mathsf{E}\left[z\left(\frac{M_n - b_n}{a_n}\right)\right] &= n\int_0^\infty z\left(\frac{x - b_n}{a_n}\right) F^{n-1}(x)\mathrm{d}F(x) \\
&= \int_0^n z\left(\frac{F^{(-1)}(1-\frac{v}{n})}{a_n}\right)\left(1-\frac{v}{n}\right)^{n-1}\mathrm{d}v \\
&= \int_0^n z\left(\frac{U(v^{-1}n) - U(n)}{a_n}\right)\left(1-\frac{v}{n}\right)^{n-1}\mathrm{d}v,
\end{aligned}$$

gegeben die Wahl $b_n = F^{(-1)}(1 - 1/n)$, für $n = 1, 2, \ldots$. Gegeben die Hypothese (2.13) mit $a_n = a(n)$ gilt

$$\begin{aligned}
\int_0^n z\left(\frac{U(v^{-1}n) - U(n)}{a_n}\right)\left(1-\frac{v}{n}\right)^{n-1}\mathrm{d}v &\stackrel{n\to\infty}{\longrightarrow} \int_0^\infty z\left(h_\gamma\left(\frac{1}{v}\right)\right)\mathrm{e}^{-v}\mathrm{d}v \\
&= -\int_0^\infty z\left(h_\gamma\left(\frac{1}{v}\right)\right)\mathrm{d}(\mathrm{e}^{-v}).
\end{aligned}$$

Wir betrachten die drei folgenden Fälle.

1. Wenn $\gamma > 0$, dann gilt

$$h_\gamma\left(\frac{1}{v}\right) = u \iff v = (1 + \gamma u)^{-\frac{1}{\gamma}},$$

$$v = \infty \Longrightarrow u = -\frac{1}{\gamma} \text{ und } v = 0 \Longrightarrow u = \infty.$$

Damit gilt

$$\mathsf{E}\left[z\left(\frac{M_n - b_n}{a_n}\right)\right] \stackrel{n\to\infty}{\longrightarrow} \int_{-\frac{1}{\gamma}}^\infty z(u)\mathrm{d}\left(\exp\left\{-(1+\gamma u)^{-\frac{1}{\gamma}}\right\}\right).$$

2. Wenn $\gamma = 0$, dann gilt

$$h_\gamma\left(\frac{1}{v}\right) = u \Longleftrightarrow v = \mathrm{e}^{-u},$$

$$v = \infty \Longrightarrow u = -\infty \text{ und } v = 0 \Longrightarrow u = \infty.$$

Damit gilt

$$\mathsf{E}\left[z\left(\frac{M_n - b_n}{a_n}\right)\right] \overset{n\to\infty}{\longrightarrow} \int_{-\infty}^{\infty} z(u)\mathrm{d}\left(\exp\left\{-\mathrm{e}^{-u}\right\}\right).$$

3. Wenn $\gamma < 0$, dann gilt

$$v = \infty \Longrightarrow u = -\infty \text{ und } v = 0 \Longrightarrow u = -\frac{1}{\gamma}.$$

Damit gilt

$$\mathsf{E}\left[z\left(\frac{M_n - b_n}{a_n}\right)\right] \overset{n\to\infty}{\longrightarrow} \int_{-\infty}^{-\frac{1}{\gamma}} z(u)\mathrm{d}\left(\exp\left\{-(1+\gamma u)^{-\frac{1}{\gamma}}\right\}\right).$$

□

Beispiele 2.46

- Seien $X_1, X_2, \ldots$ unabhängige Exponential(1)-verteilte Z.V. Dann gilt

$$F^{(-1)}(u) = -\log(1-u),\ U(t) = F^{(-1)}\left(1 - \frac{1}{t}\right) = \log t,$$

$$h_\gamma(u) = \lim_{t\to\infty} \frac{U(tu) - U(t)}{a(t)} = \lim_{t\to\infty} \frac{\log(u)}{a(t)} = \log u,$$

für $a(t) = 1$. Damit gilt für $a_n = a(n) = 1$, $b_n = U(n) = \log n$ und $\gamma = 0$,

$$\mathsf{P}\left[M_n - \log(n) \le x\right] \overset{n\to\infty}{\longrightarrow} G_0(x) = \exp\left\{-\mathrm{e}^{-x}\right\},\ \forall x \in \mathbb{R}.$$

Dieses Resultat lässt sich wie folgt direkt kontrollieren:

$$\begin{aligned}\mathsf{P}\left[M_n - \log n \le x\right] &= \mathsf{P}^n\left[X_1 \le x + \log n\right]\\ &= \left(1 - \frac{\mathrm{e}^{-x}}{n}\right)^n \overset{n\to\infty}{\longrightarrow} \exp\left\{-\mathrm{e}^{-x}\right\},\ \forall x \in \mathbb{R}.\end{aligned}$$

- Seien $X_1, X_2, \ldots$ unabhängige und Cauchy(0,1)-verteilte Z.V. Dann gilt

$$\lim_{x\to\infty} x\{1 - F(x)\} = \lim_{x\to\infty} \frac{f(x)}{x^{-2}} = \frac{1}{\pi} \Longrightarrow 1 - F(x) \sim \frac{1}{\pi x}, \text{ für } x \to \infty.$$

Daraus folgt

$$F^{(-1)}(u) \sim \frac{1}{\pi(1-u)}, \text{ für } u \to 1.$$

Damit gilt

$$U(t) = F^{(-1)}\left(1 - \frac{1}{t}\right) \sim \frac{t}{\pi}, \text{ für } t \to \infty,$$

$$h_\gamma(u) = \lim_{t\to\infty} \frac{U(tu) - U(t)}{a(t)} = \frac{1}{\pi} \lim_{t\to\infty} \frac{tu - t}{a(t)} = u - 1, \text{ für } a(t) = \frac{t}{\pi}.$$

Damit gilt für $a_n = a(n) = n/\pi$, $b_n = n/\pi$ und $\gamma = 1$,

$$\mathsf{P}\left[\frac{M_n - \frac{n}{\pi}}{\frac{n}{\pi}} \leq x\right] \overset{n\to\infty}{\longrightarrow} G_1(x) = \exp\left\{-(1+x)^{-1}\right\}, \forall x > -1.$$

Dieses Resultat lässt sich wie folgt direkt kontrollieren:

$$\begin{aligned} \mathsf{P}\left[M_n \leq \frac{n}{\pi}(x+1)\right] &= \mathsf{P}^n\left[X_1 \leq \frac{n}{\pi}(x+1)\right] \\ &\sim \left(1 - \frac{1}{n(1+x)}\right)^n \overset{n\to\infty}{\longrightarrow} \exp\left\{-(1+x)^{-1}\right\}, \forall x > -1. \end{aligned}$$

2.5 Risikomaße

Ein Risikomaß ist ein deterministischer Indikator der Quantifizierung der Ungewissheit eines individuellen oder aggregierten Verlustes. Ein klassisches und wichtiges Beispiel ist das Value-at-Risk (VaR), d. h. ein höheres Quantil der Verlust-Verteilung. Das VaR wird in Abschn. 2.5.2 vorgestellt. Ein mehr informatives Risikomaß ist das Tail-Value-at-Risk (TVaR). Das TVaR wird in Abschn. 2.5.3 definiert und vorgestellt. Es gibt andere wichtige oder praktische Beispiele von Risikomaßen. Die Eigenschaften, die ein Risikomaß erfüllen soll, führen zum Konzept von Kohärenz. Diese Kohärenz wird in Abschn. 2.5.1 vorgestellt.

2.5.1 Kohärentes Risikomaß

Wie erwähnt, ist ein Risikomaß ein deterministischer Indikator der Quantifizierung der Ungewissheit eines individuellen oder aggregierten Verlustes. Formell ist ein Risikomaß ein Operator $\rho : \mathcal{L}_p(\Omega) \to \mathbb{R}_+$, der das Kapital zum Schutz vor einem Verlust repräsentiert. Ein Risikomaß soll vier praktische Eigenschaften erfüllen und wird dann als kohärentes Risikomaß bezeichnet.

Definition 2.47 (Kohärentes Risikomaß)
Seien die Verlust-Z.V. $X, Y \in \mathcal{L}_p(\Omega)$. *Ein Risikomaß* $\rho : \mathcal{L}_p(\Omega) \to \mathbb{R}_+$ *heißt kohärent, wenn es die vier folgenden Eigenschaften erfüllt:*

1. $\rho(X+Y) \leq \rho(X) + \rho(Y)$, *d. h. Subadditivität;*
2. $X \leq Y$ f.s. $\Longrightarrow \rho(X) \leq \rho(Y)$, *d. h. Monotonie;*
3. $\rho(cX) = c\rho(X), \forall c > 0$, *d. h. positive Homogenität oder Skaleninvarianz;*
4. $\rho(c+X) = c + \rho(X), \forall c > 0$, *d. h. Translationsinvarianz.*

Diese vier Eigenschaften lassen sich entsprechend wie folgt interpretieren:

1. Die Zusammensetzung der Risiken ist von Vorteil, und in diesem Sinne erzeugt eine Versicherungsgesellschaft einen wirtschaftlichen Gewinn.
2. Die Ordnung zwischen zwei Verlusten muss gleich der Ordnung zwischen den entsprechenden Risiken sein.
3. Wenn ein Verlust vervielfacht wird, dann vervielfacht sich das Risiko entsprechend. Eine andere Interpretation dieser Skaleninvarianz ist, dass ein Wechsel von Währungen wirkungslos ist.
4. Bei der Einnahme eines bekannten Verlusts ändert sich das Risiko entsprechend. Eine Folge ist: $X = 0 \Rightarrow \rho(c) = c$.

Beispiel 2.48 (Standardabweichungsprinzip) Für $X \in \mathcal{L}_2(\Omega)$ sei $\rho(X) = \mu_X + c\sigma_X$, wobei $c > 0$, $\mu_X = \mathsf{E}[X]$ und $\sigma_X^2 = \mathsf{var}(X)$. Dann gelten

$$\rho(X+Y) = \mu_X + \mu_Y + c(\sigma_X^2 + \sigma_Y^2 + 2\sigma_{XY})^{\frac{1}{2}}$$

und

$$\rho(X) + \rho(Y) = \mu_X + \mu_Y + c(\sigma_X + \sigma_Y).$$

Daraus folgt

$$\begin{aligned}
&\rho(X+Y) \le \rho(X) + \rho(Y) \\
&\iff \mu_X + \mu_Y + c(\sigma_X^2 + \sigma_Y^2 + 2\sigma_{XY})^{\frac{1}{2}} \le \mu_X + \mu_Y + c(\sigma_X + \sigma_Y) \\
&\iff \frac{\sigma_{XY}}{\sigma_X \sigma_Y} \le 1,
\end{aligned}$$

und die letzte Aussage ist wahr. Somit ist Eigenschaft 1. der Definition 2.47 erfüllt. Die Eigenschaften 3. und 4. sind ebenfalls erfüllt, und wir zeigen, dass Eigenschaft 2. nicht erfüllt ist. Nehmen wir an, $\mathsf{P}[(X,Y) = (0{,}4)] = 0{,}25$ und $\mathsf{P}[(X,Y) = (4{,}4)] = 0{,}75$. Dann ist $\mu_X = 3$, $\sigma_X^2 = 3$, $\mu_Y = 4$, $\sigma_Y^2 = 0$ und mit $c = 1$, $\rho(X) \le \rho(Y) \Leftrightarrow 3 + \sqrt{3} \le 4$, was nicht stimmt. Damit ergibt das Standardabweichungsprinzip kein kohärentes Risikomaß.

2.5.2 Value-at-Risk

Wie schon erwähnt, ist das VaR ein Quantil der Verlust-Verteilung. In praktischen Situationen ist das VaR ein Quantil von hohem Niveau, z. B. 0.95 oder 0.99. Das VaR ist ein bekanntes und verwendetes Risikomaß, obwohl es kein kohärentes Risikomaß darstellt. Ein Quantil vom Niveau α oder ein α-tes Quantil einer Verteilung oder Z.V. mit V.F. F ist ein Wert q_α, der die Ungleichungen

$$F(q_\alpha-) \le \alpha \text{ und } F(q_\alpha) \ge \alpha$$

erfüllt, wobei $\alpha \in (0,1)$. Da ein Quantil nicht immer ein eindeutiger Wert ergibt, wird es oft mit der folgenden Konvention definiert. Gegeben sei die folgende verallgemeinerte caglad Umkehrfunktion, d. h.

$$F^{(-1)}(\alpha) \stackrel{\text{def}}{=} \inf\{x \in \mathbb{R} \,|\, F(x) \ge \alpha\}, \ \forall \alpha \in (0,1),$$

dann wird $q_\alpha \stackrel{\text{def}}{=} F^{(-1)}(\alpha)$ das α-te Quantil, $\forall \alpha \in (0,1)$.

Definition 2.49 (Value-at-Risk)
Das α-te VaR der Verlust-Z.V. X ist genau das α-te Quantil von X und wird mit $\mathrm{VaR}_\alpha(X)$ bezeichnet.

Das Value-at-Risk ist nicht subadditiv und somit nicht kohärent.

Beispiel 2.50 Sei die Verlust-Z.V. Z mit V.F. F_Z stetig, streng wachsend mit $F_Z(1) = 0{,}91$, $F_Z(90) = 0{,}95$ und $F_Z(100) = 0{,}96$, dann ist $\mathrm{VaR}_{0{,}95}(Z) = 90$. Seien noch

$$X = \begin{cases} Z, & \text{wenn } Z \le 100, \\ 0, & \text{wenn } Z > 100, \end{cases} \quad \text{und } Y = \begin{cases} 0, & \text{wenn } Z \le 100, \\ Z, & \text{wenn } Z > 100. \end{cases}$$

Damit ist $Z = X + Y$. Wir haben

$$F_X(1) = \mathsf{P}[Z \leq 1] + \mathsf{P}[Z > 100] = 0{,}91 + 0{,}04 = 0{,}95$$

und

$$F_X(1+\delta) = \mathsf{P}[Z \leq 1+\delta] + \mathsf{P}[Z > 100] = F_Z(1+\delta) + 0{,}04.$$

Somit ist F_X stetig und streng wachsend in 1 und $\mathrm{VaR}_{0,95}(X) = 1$. Ebenso haben wir $F_Y(0) = \mathsf{P}[Z \leq 100] = 0{,}96$, somit ist das Quantil zum Niveau 0,95 von Y $q_{Y0,95} \leq 0$ d. h. $\mathrm{VaR}_{0,95}(Y) \leq 0$. Folglich ist $\mathrm{VaR}_{0,95}(X) + \mathrm{VaR}_{0,95}(Y) \leq 1 < 90 = \mathrm{VaR}_{0,95}(Z) = \mathrm{VaR}_{0,95}(X+Y)$. Damit wurde gezeigt, dass das VaR nicht subadditiv und somit kein kohärentes Risikomaß ist.

2.5.3 Tail-Value-at-Risk

Die Konstruktion des TVaR basiert zum Großteil auf dem VaR. Das TVaR nutzt die Information der Verlust-Verteilung besser als das VaR. Zudem ist das TVaR ein kohärentes Risikomaß. Einige Synonyme von TVaR, die oft verwendet werden, sind: Expected Shortfall, Conditional Value-at-Risk und Conditional Tail Expectation.

Definition 2.51 (Tail-Value-at-Risk)
Das α-te Tail-Value-at-Risk (TVaR) der Verlust-Z.V. X ist

$$\mathrm{TVaR}_\alpha(X) = \mathsf{E}[X | X > q_\alpha],$$

wobei q_α das α-te Quantil von X ist, $\forall \alpha \in (0, 1)$.

Bemerkung 2.52 Sei F die V.F. der Verlust-Z.V. X und q_α das α-Quantil von F, $\forall \alpha \in (0, 1)$. Wenn F stetig an q_α ist, dann gilt

$$\mathrm{TVaR}_\alpha(X) = \frac{\int_{q_\alpha}^{\infty} x \mathrm{d}F(x)}{1 - F(q_\alpha)} = \frac{\int_{q_\alpha}^{\infty} x \mathrm{d}F(x)}{1 - \alpha}.$$

Bemerkung 2.53 Das TVaR ist kein ganz neues Konzept, weil es den folgenden Zusammenhang mit der Exzess-Funktion hat. Sei X eine Verlust-Z.V. mit dem α-ten Quantil q_α, dann gilt, $\forall \alpha \in (0, 1)$,

$$\mathrm{ex}(q_\alpha) = \mathsf{E}[X - q_\alpha | X > q_\alpha] = \mathrm{TVaR}_\alpha(X) - q_\alpha.$$

Resultat 2.54
Sei F die V.F. der Verlust-Z.V. X. Wenn F stetig und streng wachsend ist, dann, $\forall\alpha \in (0, 1)$, *gilt*

$$\text{TVaR}_\alpha(X) = \frac{\int_\alpha^1 \text{VaR}_u(X)\text{d}u}{1-\alpha},$$

d. h., dass $\text{TVaR}_\alpha(X)$ *der Mittelwert aller* $\text{VaR}_u(X)$, $\forall u \in [\alpha, 1)$, *ist.*

Beweis Es gilt, $\forall\alpha \in (0, 1)$,

$$\int_\alpha^1 F^{(-1)}(u)\text{d}u = \int_{q_\alpha}^\infty F^{(-1)}(F(x))\text{d}F(x) = \int_{q_\alpha}^\infty x\text{d}F(x).$$

□

Beispiele 2.55

- Seien $X \sim \mathcal{N}(\mu, \sigma^2)$ und $\alpha \in (0, 1)$. Dann gilt

$$\text{VaR}_\alpha(X) = \mu + \sigma\Phi^{(-1)}(\alpha).$$

Da Folgendes gilt

$$\int_a^\infty x\phi(x)\text{d}x = -\int_a^\infty \phi'(x)\text{d}x = \phi(a), \forall a > 0, \text{ und}$$
$$\frac{q_\alpha - \mu}{\sigma} = \Phi^{(-1)}(\alpha),$$

haben wir

$$\begin{aligned}\text{TVaR}_\alpha(X) &= \frac{\int_{q_\alpha}^\infty x\frac{1}{\sigma}\phi(\frac{x-\mu}{\sigma})\text{d}x}{1-\alpha} = \frac{1}{1-\alpha}\int_{\frac{q_\alpha-\mu}{\sigma}}^\infty (\mu+\sigma y)\phi(y)\text{d}y \\ &= \frac{1}{1-\alpha}\left\{\mu\left[1-\Phi\left(\frac{q_\alpha-\mu}{\sigma}\right)\right]+\sigma\phi\left(\frac{q_\alpha-\mu}{\sigma}\right)\right\} \\ &= \frac{1}{1-\alpha}\left\{\mu(1-\alpha)+\sigma\phi\left(\Phi^{(-1)}(\alpha)\right)\right\} \\ &= \mu + \frac{\sigma}{1-\alpha}\phi\left(\Phi^{(-1)}(\alpha)\right).\end{aligned}$$

- Seien $X \sim \text{Exponential}(\theta)$ und $\alpha \in (0, 1)$. Dann gilt

$$\mathrm{VaR}_\alpha(X) = -\frac{1}{\theta}\log(1-\alpha),$$
$$\mathrm{ex}(d) = \mathsf{E}[X-d|X>d] = \mathsf{E}[X] = \frac{1}{\theta} \text{ und somit}$$
$$\mathrm{TVaR}_\alpha(X) = -\frac{1}{\theta}\log(1-\alpha) + \frac{1}{\theta} = \frac{1}{\theta}\{1-\log(1-\alpha)\}.$$

- Seien X Pareto-verteilt mit V.F. $F(x) = 1-(1+x/\tau)^{-\alpha}$, $\forall x > 0$, für $\alpha, \tau > 0$, und $\beta \in (0,1)$. Dann gilt

$$\mathrm{VaR}_\beta(X) = \tau\left\{(1-\beta)^{-\frac{1}{\alpha}} - 1\right\},$$
$$\mathrm{ex}(q_\beta) = \frac{\int_{q_\beta}^\infty \overline{F}(x)\mathrm{d}x}{\overline{F}(q_\beta)} = \frac{\int_{q_\beta}^\infty (1+\frac{x}{\tau})\mathrm{d}x}{1-\beta}$$
$$= -\frac{1}{1-\beta}\tau\frac{(1-\frac{q_\beta}{\tau})^{1-\alpha}}{1-\alpha} = -\frac{1}{1-\beta}\tau\frac{(1-\beta)^{1-\frac{1}{\alpha}}}{1-\alpha}$$
$$= -\frac{\tau}{1-\alpha}(1-\beta)^{-\frac{1}{\alpha}} = -\frac{\tau}{1-\alpha}\left(\frac{\mathrm{VaR}_\beta(X)}{\tau}+1\right)$$
$$= -\frac{1}{1-\alpha}\left(\mathrm{VaR}_\beta(X)+\tau\right), \text{ wenn } \alpha > 1, \text{ und}$$
$$\mathrm{TVaR}_\beta(X) = \mathrm{VaR}_\beta(X) + \frac{1}{\alpha-1}(\mathrm{VaR}_\beta(X)+\tau)$$
$$= \frac{1}{\alpha-1}(\alpha\,\mathrm{VaR}_\beta(X)+\tau), \text{ wenn } \alpha > 1.$$

2.6 Aufgaben

Aufgabe 2.6.1 Sei X eine absolut stetige und (a, ∞)-wertige Z.V., wobei $a > 0$. Betrachten Sie für $b > 0$ die Transformation $g(x) = b - 1/x$.

(1) Was ist der Wertebereich der Z.V. $Y = g(X)$?
(2) Sei jetzt $X \sim \text{Pareto}(\alpha)$. Welche Verteilung hat Y, wenn man $b = 1$ und $\alpha = 1$ setzt?

Aufgabe 2.6.2 Vergleichen Sie den Schwanz der folgenden Paare von Z.V. (in Abhängigkeit der Parameter).

(1) Pareto(α_1) und Pareto(α_2).
(2) Exponential(λ) und Pareto(α).
(3) Gamma(α, β) und Pareto(α).
(4) Gamma(α, β) und Lognormal(μ, β).

Aufgabe 2.6.3

(1) Ist die Gamma-Verteilung eine IFR- oder eine DFR-Verteilung?
(2) Ist die Normal-Verteilung eine IFR- oder eine DFR-Verteilung?
(3) Ist die Pareto-Verteilung eine IFR- oder eine DFR-Verteilung?
(4) Welche diskrete Verteilung hat eine konstante Ausfallrate?

Aufgabe 2.6.4 Die Z.V. X hat die logistische Verteilung.

(1) Geben Sie die Verteilung von $Y = \mathrm{e}^{a+bX}$. Wie heißt diese Verteilung?
(2) Berechen Sie die Exzess-Funktion von Y im Fall $a = 0$ und $b = 1/2$.
(3) Beweisen Sie, dass die Verteilung von Y weder IMRL noch DMRL ist.
(4) Berechnen Sie die Grenzwerte der Exzess-Funktion und der momentanen Ausfallrate von Y, wenn das Argument dieser Funktionen gegen unendlich strebt.

Aufgabe 2.6.5 Beweisen Sie, dass für eine absolut stetige Verlust-V.F. F mit Ausfallrate h die folgende Gleichung gilt:

$$F(x) = 1 - \exp\left\{-\int_0^x h(t)\mathrm{d}t\right\}, \ \forall x > 0.$$

Aufgabe 2.6.6

(1) Prüfen Sie nach, ob die Gumbel-Verteilung gegeben durch $F(x) = \exp(-\mathrm{e}^{-x}), \forall x \in \mathbb{R}$, IFR oder DFR ist.
(2) Berechnen Sie für die Gamma(α, β)-Verteilung den folgenden Grenzwert der Ausfallrate, $\lim_{x\to\infty} h(x)$.

Aufgabe 2.6.7 Eine Funktion f ist genau dann konvex über $[r, s]$, wenn

$$f(\lambda r + \{1 - \lambda\}s) \leqslant \lambda f(r) + (1 - \lambda) f(s), \quad \forall \lambda \in [0, 1].$$

Diese Definition ist die synthetische Definition der Konvexität von f. (Die analytische Defintion ist $f''(x) \geq 0, \forall x \in (r, s)$.) Zeigen Sie die folgenden Resultate:

(1) f ist konvex über $[r, s]$ $\iff$ $f(x) - f(r) \leqslant \dfrac{x - r}{s - r}[f(s) - f(r)], \quad \forall x \in [r, s].$
(2) Eine wachsende konvexe Transformation einer konvexen Funktion ist selbst wieder eine konvexe Funktion.

Aufgabe 2.6.8 Jede der Städte A, B und C ist mit den beiden anderen verbunden. Die Verbindung zwischen A und B besitzt die Lebensdauer-V.F. F_{AB}. Die Verbindung zwischen A und C besitzt die Lebensdauer-V.F. F_{AC}. Die Verbindung zwischen B und C besitzt die Lebensdauer-V.F. F_{BC}. Das Verbindungsnetz gilt als ausgefallen, wenn mindestens eine Stadt isoliert ist. In allen anderen Fällen gilt es als nicht ausgefallen. Eine Ausfall-Versicherung wird untersucht.

(1) Geben Sie die Lebensdauer-V.F. F des Netzes. Beweisen Sie, dass F IFR ist, wenn

$$F_{AB}(x) = F_{AC}(x) = F_{BC}(x) = 1 - \mathrm{e}^{-\lambda x}, \ \forall x > 0.$$

(2) Untersuchen Sie, ob F IFR wäre, wenn

$$F_{AB}(x) = 1 - \mathrm{e}^{-\lambda x}, \ F_{AC}(x) = 1 - \mathrm{e}^{-2\lambda x}, \ F_{BC}(x) = 1 - \mathrm{e}^{-3/2\,\lambda x}, \ \forall x > 0.$$

Aufgabe 2.6.9 Beantworten Sie die folgenden Fragen für die einseitige Logistische-Verteilung.

(1) Berechnen Sie die Exzess-Funktion ex.
(2) Gehört diese Verteilung zur DMRL-Klasse?
(3) Beweisen, dass die (momentane) Ausfallrate h gegen 1 steigt.

Aufgabe 2.6.10 Die V.F. F einer Mischung von n Verteilungen ist eine gewichtete Summe von n einzelnen V.F., d.h. $F = \sum_{i=1}^{n} \alpha_i F_i$, wobei $\alpha_1, \ldots, \alpha_n > 0$ und $\sum_{i=1}^{n} \alpha_i = 1$. Sei nun F die V.F. einer Mischung von zwei exponentiellen V.F. F_1, F_2 mit zugehörigen Parametern $\lambda_1, \lambda_2 > 0$.

(1) Berechnen Sie die Exzess-Funktion dieser Mischung für $\lambda_1 = 1, \lambda_2 = 5$ und $\alpha_1 = 0,2$ sowie den Grenzwert $\lim_{x\to\infty} \mathrm{ex}(x)$.
(2) Handelt es sich um eine IMRL- oder um eine DMRL-Verteilung?
(3) Betrachten Sie jetzt eine allgemeine Mischung von exponentiellen Verteilungen. Ist sie IMRL oder DMRL?

Aufgabe 2.6.11 Für welche Werte von $c \in \mathbb{R}$ hat die Funktion $\exp \circ \log^c$ eine langsame Variation (zu ∞)? Für welche anderen Werte von c hat diese Funktion eine reguläre Variation mit Nicht-Nullen-Index?

Aufgabe 2.6.12

(1) Seien $X_1, X_2, \ldots$ unabhängige Z.V. mit V.F. F und $\{u_n\}_{n\geq 1} \in \mathbb{R}^\infty$, sodass

$$\lim_{n\to\infty} n[1 - F(u_n)] = \tau > 0.$$

Beweisen Sie (mit dem folgenden Hinweis), dass

$$\lim_{n\to\infty} \mathsf{P}[M_n \leq u_n] = \mathrm{e}^{-\tau}.$$

Diese Gleichung heißt Poisson-Approximation.
Hinweis Suchen Sie zuerst die exakte und eine asymptotische Verteilung von $B_n = \sum_{i=1}^{n} \mathbb{I}\{X_i > u_n\}$ und geben Sie dann eine asymptotische Approximation zur Wahrscheinlichkeit von

$$\{M_n \le u_n\} = \{B_n = 0\}.$$

(2) Kann man den Fréchet-Grenzwertsatz mit dieser Poisson-Approximation herleiten?

Aufgabe 2.6.13 Zeigen Sie die folgenden Resultate, die im Beweis des Satzes über die Abgeschlossenheit der Pareto-Typ-Verteilungen unter Faltung verwendet, aber nicht nachgewiesen wurden.

(1) $l_1, l_2 \in R_0 \Rightarrow l_1 + l_2 \in R_0$.
(2) $\lim\limits_{x\to\infty} \dfrac{\overline{F}_1(x)\,\overline{F}_2(x)}{\overline{F}_1(x) + \overline{F}_2(x)} = 0$, wobei $\overline{F}_j = 1 - F_j,\ j = 1, 2$.
(3) $\lim\limits_{x\to\infty} \dfrac{\overline{F}_1(\delta x)\,\overline{F}_2(\delta x)}{\overline{F}_1((1-\delta)x) + \overline{F}_2((1-\delta)x)} = 0$, wobei $\delta \in (0, \frac{1}{2})$.
Dabei wird in (3) vorausgesetzt, dass $\overline{F}_1, \overline{F}_2 \in R_{-\alpha}$.

Aufgabe 2.6.14

(1) Berechnen Sie die Exzess-Funktion der Pareto-Verteilung.
(2) Wie heißt die V.F. $F(x) = 1/(1 + \beta x^{-\alpha})$, $\forall x > 0$, und wobei $\alpha, \beta > 0$? Ist F vom Pareto-Typ? Wenn ja, geben Sie den Index der regulären Variation von $1 - F$ an. Zerlegen Sie $1 - F(x)$ in die Form $x^{-\alpha} l(x)$, wobei l eine Funktion mit langsamer Variation ist.
(3) Kann man die Exzess-Funktion von F analytisch berechnen? Für welche Werte von α ist sie endlich?
(4) Geben Sie für $x \to \infty$ eine asymptotische Approximation von $\mathrm{ex}(x)$ an.
(5) Gehört F zur subexponentiellen Klasse von Verteilungen? Im positiven Fall folgern Sie daraus, dass F keine momentenerzeugende Funktion hat. Steht dieses Resultat im Widerspruch zur Existenz der Exzess-Funktion für bestimmte Werte von α?

Aufgabe 2.6.15 Verteilungen von Summen, d. h. Faltungen, treten häufig bei aktuariellen Problemen auf. Im Allgemeinen lassen sich Faltungen nicht mit geschlossenen Formeln darstellen und daher auch nicht leicht numerisch berechnen. Dies ist eine ganz praktische (und leichte) Aufgabe zur Berechnung von berechenbaren Faltungen.

(1) Seien X_1, X_2, X_3 unabhängige diskrete Z.V. mit den Wahrscheinlichkeitsfunktionen f_1, f_2, f_3, deren Werte in der unten gezeigten Tabelle dargestellt sind. Berechnen Sie die Wahrscheinlichkeit von $\{X_1 + X_2 + X_3 = 5\}$.

k	$f_1(k)$	$f_2(k)$	$f_3(k)$
0	0,9	0,5	0,25
1	0,1	0,3	0,25
2	0	0,2	0,25
3	0	0	0,25

(2) Seien $X \sim$ Exponential(λ) und $Y \sim$ Gamma(α, λ), wobei $\alpha, \lambda > 0$. Berechnen Sie die Dichte von $Z = X + Y$.
(3) Wie ist die Summe von n i.i.d. exponentialverteilter Z.V. verteilt?
(4) Seien die unabhängige Z.V. $X \sim$ Uniform(0,1) und Y mit der Dichte

$$f_Y(y) = \begin{cases} y, & \text{wenn } 0 \leqslant y < 1, \\ 2 - y, & \text{wenn } 1 \leqslant y < 2, \\ 0, & \text{sonst.} \end{cases}$$

Berechnen Sie die Dichte von $X + Y$.

Aufgabe 2.6.16 Seien $X_1, X_2, \ldots$ unabhängig mit der Loggamma-Dichte

$$f(x) = \frac{\alpha^\beta}{\Gamma(\beta)}(\log x)^{\beta-1}x^{-\alpha-1}, \quad \forall x > 1,$$

wobei $\alpha, \beta > 0$. Geben Sie die asymptotische Verteilung von $M_n = \max\{X_1, \ldots, X_n\}$, für $n \to \infty$, an. Folgen Sie zu diesem Zweck den nächsten Teilaufgaben.

(1) Sei F die V.F. von f und sei $\bar{F} = 1 - F$. Beweisen Sie, dass

$$\bar{F}(x) \sim \bar{F}_a(x) = \frac{\alpha^{\beta-1}}{\Gamma(\beta)}(\log x)^{\beta-1}x^{-\alpha},$$

für $x \to \infty$.
(2) Sei $g^{(-1)}(u) = \inf\{x \in \mathbb{R} \mid g(x) \geq u\}$ für jede wachsende Funktion $g : \mathbb{R} \to \mathbb{R}$. Zeigen Sie, dass

$$F^{(-1)}\left(1 - \frac{1}{n}\right) = \left(\frac{1}{\bar{F}}\right)^{(-1)}\left(n\right).$$

(3) Beweisen Sie, dass

$$a_n = F_a^{(-1)}\left(1 - \frac{1}{n}\right) \iff \alpha \log a_n - (\beta - 1)\log\log a_n - \log\frac{\alpha^{\beta-1}}{\Gamma(\beta)} - \log n = 0. \tag{2.14}$$

(4) Gilt damit

$$\log a_n = \alpha^{-1}(\log n + \log r_n), \tag{2.15}$$

wobei $\log r_n = o(\log n)$, für $n \to \infty$?

(5) Ersetzen Sie (2.15) in (2.14). Geben Sie dann einen Ausdruck für $\log r_n$ an.

(6) Ersetzen Sie Ihren Ausdruck für $\log r_n$ in (2.15) und geben Sie dann einen Ausdruck für a_n.

(7) Wie lautet nun die asymptotische Verteilung von M_n?

Aufgabe 2.6.17

(1) Zeigen Sie, dass

$$\text{TVaR}_\alpha(X) = q_\alpha + \frac{\mathsf{E}[X] - \mathsf{E}[\min(X, q_\alpha)]}{1-\alpha}.$$

(2) Die Weibull(θ, τ)-Verteilung hat die Dichte

$$f(x) = \frac{\tau}{x}\left(\frac{x}{\theta}\right)^\tau \mathrm{e}^{-(\frac{x}{\theta})^\tau}, \quad \forall x > 0,$$

wobei $\theta, \tau > 0$. Bestimmen Sie den TVaR von Weibull(50, 0.5) zu einem Sicherheitsniveau von 99.9%.

Aufgabe 2.6.18 Betrachten Sie die Exponentialverteilung mit Parameter $\alpha = 500$ und eine Pareto-Verteilung mit Parameter $\alpha = 3$. Bestimmen Sie VaR und TVaR der beiden Verteilungen zu einem Sicherheitsniveau von 95%.

Aufgabe 2.6.19 Sei X eine absolut stetige Verteilung über $\mathbb{R}_+$ mit $\mathsf{P}[X \leq 0] = 0$. Wie üblich bezeichnet $h(x)$ die momentane Ausfallrate und $\text{ex}(x)$ die Exzess-Funktion zum Punkt $x > 0$. Zeigen Sie, dass

$$\frac{\mathrm{d}}{\mathrm{d}x}\mathsf{E}[X|X > x] = \text{ex}(x)h(x), \quad \forall x > 0.$$

Was können Sie somit über $\mathsf{E}[X|X > x]$ sagen?

Aufgabe 2.6.20 Beweisen Sie die folgende Aussage. Sei X eine Z.V. und $p > 0$. Dann

(i) $\mathsf{E}[|X|^p] = p\int_0^\infty x^{p-1}\mathsf{P}[|X| > x]\mathrm{d}x$ und

(ii) $\mathsf{E}[|X|^p] < \infty \Rightarrow \mathsf{P}[|X| > x] = o(x^{-p})$, für $x \to \infty$.

Aufgabe 2.6.21 Betrachten wir die Verlust-V.F. F mit der Dichte

$$f(x) = c\,\mathrm{e}^{-x^\alpha}, \quad \forall x \geq 0,$$

wobei $0 < \alpha < 1$ und

$$c = \left(\int_0^\infty e^{-x^\alpha} dx \right)^{-1}.$$

Beweisen Sie, dass alle Momente existieren und dass die m.e.F. über keine Umgebung vom Nullwert existiert. Gemäß dem Gewicht des rechten Schwanzes wurden fünf Kategorien von Verteilungen definiert. Gehört F einer dieser Kategorien?

Aufgabe 2.6.22 Seien $X_j \sim \text{Exponential}(j)$, für $j = 1, 2, 3$, unabhängig. Sei noch $S = X_1 + X_2 + X_3$. Berechnen Sie die Verteilung von S. Ist diese Verteilung light-tailed?
Hinweis Sie wissen, dass die Verteilung durch die m.e.F. charakterisiert ist. Benutzen Sie die Partialbruchzerlegung, um zu zeigen, dass, die m.e.F. von S wie eine Summe von bekannten m.e.F. schreiben lässt.

Aufgabe 2.6.23 Betrachten Sie die folgende Version der Pareto-V.F.,

$$F(x) = 1 - \left(1 + \frac{x}{\theta}\right)^{-\alpha}, \quad \forall x \geq 0,$$

wobei $\alpha, \theta > 0$. Berechnen Sie die Momente von F. Ist F light-tailed?

Aufgabe 2.6.24 Sei der Verlust-Z.V. X und, für $k = 1, 2, \ldots$, definiere die Funktion

$$\text{ex}(a; k) = \mathsf{E}[(X - a)^k \,|X > a], \quad \forall a \geq 0.$$

Für $k = 1$ ist diese Funktion gleich zur Exzess-Funktion

$$\text{ex}(a) = \mathsf{E}[(X - a) \,|X > a] = \frac{\int_a^\infty 1 - F(x) dx}{1 - F(a)}, \text{ wenn } F(a) < 1.$$

Definiere die linke Zensierung von X nach der Verschiebung von $d \geq 0$ Einheiten durch

$$(X - d)_+ = \max\{X - d, 0\}.$$

Definiere noch die rechte Trunkierung von X zum Niveau $d \geq 0$ durch

$$X \wedge d = \min\{X, d\}.$$

(1) Drücke $\mathsf{E}[(X - d)_+^k]$ nach $\text{ex}(d, k)$ aus.
(2) Berechne $(X - d)_+ + (X \wedge d)$ und gebe eine aktuarielle Interpretation.
(3) Beweise, dass $\mathsf{E}[(X \wedge d)^k] = k \int_0^d x^{k-1} (1 - F(x)) dx$.

Aufgabe 2.6.25 Zeige die zwei folgenden Resultate.

Resultat 2.56
Für jede Verlust-V.F. F und für $n = 1, 2, \ldots$,

$$\liminf_{x\to\infty} \frac{1 - F^{*n}(x)}{1 - F(x)} \geq n.$$

Hinweis Vergleiche die Summe S_n und das Maximum M_n von $X_1, \ldots, X_n$, die unabhängige Z.V. mit V.F. F sind.

Resultat 2.57
Wenn für ein $n > 2$,

$$\limsup_{x\to\infty} \frac{1 - F^{*n}(x)}{1 - F(x)} \leq n,$$

dann

$$\limsup_{x\to\infty} \frac{1 - F^{*2}(x)}{1 - F(x)} \leq 2.$$

Hinweis Zeige zuerst $F^{*(n+1)}(x) \leq F^{*n}(x)F(x), \forall x \geq 0$. Betrachte noch den folgenden Satz.

Satz 2.58
Wenn

$$\lim_{x\to\infty} \frac{1 - F^{*2}(x)}{1 - F(x)} = 2,$$

dann für $n = 3, 4, \ldots$,

$$\lim_{x\to\infty} \frac{1 - F^{*n}(x)}{1 - F(x)} = n. \tag{2.16}$$

Satz 2.58 zusammen mit Resultaten 2.56 und 2.57 besagt, dass, falls der Grenzwert (2.16) für mindestens ein $n \geq 2$ gilt, dann gilt er für $n = 2, 3, \ldots$.

Aufgabe 2.6.26 Beweisen Sie, dass, wenn die Verlust-V.F. F vom Pareto-Typ mit Index $\alpha > 0$ ist, dann $\mathsf{E}[X^p] = \infty, \forall p > \alpha$, wobei X die V.F. F hat.

Das folgende Resultat, das aus dem Beweis vom Satz 2.43 folgt, kann für den gefragten Beweis verwendet werden.

Resultat 2.59
Für jede langsam variierende Funktion $l \in R_0$ und $\forall \varepsilon > 0$ gilt

$$\lim_{x\to\infty} x^{\varepsilon} l(x) = \infty.$$

Aufgabe 2.6.27 Seien $X_1, \ldots, X_n$ unabhängige und Pareto-verteilte mit Parameter $\alpha > 0$ Z.V. Finden Sie mit dem Fisher-Tippet die asymptotische Verteilung von $(M_n - b_n)/a_n$, für $n \to \infty$, wobei $M_n = \max\{X_1, \ldots, X_n\}$, für geeignete Folge $\{a_n\}_{n\geq 1}$ und $\{b_n\}_{n\geq 1}$. Leiten Sie aus diesem Resultat die asymptotische Verteilung von $n^{-1/\alpha} M_n$ her.

Aufgabe 2.6.28 Wir betrachten die Ausfallrate der Verlust-Z.V. X mit V.F. F gegeben durch

$$H(x, u) = \frac{F(x+u) - F(x)}{1 - F(x)} = \mathsf{P}[X \leq x + u | X > x], \ \forall x, u > 0.$$

Für jedes feste $x \geq 0$ ist $H(x, \cdot)$ eine V.F. über $\mathbb{R}_+$. Ihre Überlebensfunktion zum Punkt $u \geq 0$ ist

$$\bar{H}(x, u) = 1 - H(x, u) = \mathsf{P}[X > x + u | X > x]$$

und wird Überlebensrate genannt. Wir definieren die Klasse der Verlust-V.F. mit Überlebensrate asymptotisch gleich 1 oder „asymptotically one survival rate" (AOSR) durch alle Verlust-V.F., die

$$\bar{H}(x, u) \xrightarrow{x \to \infty} 1, \quad \forall u > 0,$$

erfüllen.

(1) Geben Sie eine aktuarielle Interpretation zur AOSR Klasse. Sind AOSR-V.F. heavy-tailed?
(2) Beweisen Sie, dass, wenn F zur subexponentiellen Klasse (SE) gehört, dann ist F auch AOSR, viz. SE $\subset$ AOSR.
Hinweis Verwenden Sie Satz 2.41.
(3) Mit der Hilfe von (2) kann man wie folgt bestimmen, ob die Verlust-V.F. F nicht zur subexponentiellen Klasse gehört:

$$F \notin \text{AOSR} \implies F \notin \text{SE}.$$

Wenden Sie diesen Test auf zwei nicht-subexponentielle Verlustverteilungen an.

Aufgabe 2.6.29 Beweisen Sie, dass das Risikomaß VaR monoton, positiv homogen d. h. skaleninvariant und translationsinvariant ist.

Aufgabe 2.6.30

(1) Beweisen Sie, dass das Risikomaß TVaR positiv homogenen und translationsinvariant ist. Damit gilt, $\forall \alpha \in (0, 1)$,

$$\text{TVaR}_\alpha(\mu + \sigma X) = \mu + \sigma\, \text{TVaR}_\alpha(X), \ \forall \mu \in \mathbb{R}, \sigma > 0.$$

(2) Mit der Hilfe von (1) berechnen Sie $\mathrm{TVaR}_\alpha(X)$ für $X \sim \mathcal{N}(\mu, \sigma^2)$, wobei $\mu \in \mathbb{R}$ und $\sigma > 0$.
Hinweis Es gilt

$$\int_a^\infty x \frac{\mathrm{e}^{-\frac{x^2}{2}}}{\sqrt{2\pi}} \mathrm{d}x = -\frac{\mathrm{e}^{-\frac{x^2}{2}}}{\sqrt{2\pi}}\Bigg|_a^\infty = \frac{\mathrm{e}^{-\frac{a^2}{2}}}{\sqrt{2\pi}}, \quad \text{i.e.} \quad \int_a^\infty x\phi(x)\mathrm{d}x = \phi(a),$$

wobei ϕ die standard-normale Dichte bezeichnet.

(3) Mit der Hilfe von (1) berechnen Sie $\mathrm{TVaR}_\alpha(X)$, wobei $X = \mu + \sigma|Z|$, $\mu \in \mathbb{R}$, $\sigma > 0$ und $Z \sim \mathcal{N}(0, 1)$.

Aufgabe 2.6.31 Das folgende Resultat gibt eine mathematische Formulierung der intuitiven Idee, dass TVaR das Risiko nach dem Niveau von VaR fasst.

Resultat
Sei $\alpha \in (0, 1)$ und $X \in \mathcal{L}_1(\Omega)$ mit V.F. F, die stetig und (streng) wachsend ist. Dann

$$\mathrm{TVaR}_\alpha(X) = \mathrm{VaR}_\alpha(X) + \frac{1}{1-\alpha}\mathsf{E}[(X - \mathrm{VaR}_\alpha(X))_+].$$

Beweisen Sie dieses Resultat.

Zählprozesse und zusammengesetzte Prozesse 3

3.1 Einleitung

Stochastische Prozesse stellen einen sehr wichtigen Bereich in der Wahrscheinlichkeitstheorie dar. Sie spielen eine wesentliche Rolle in allen angewandten Wissenschaften, in welchen dynamische stochastische Modelle eingesetzt werden: in der Meteorologie, in der Biologie, in den Finanzwissenschaften, in der aktuariellen Risikotheorie usw. So werden in aktuariellen Modellen Zählprozesse für die dynamische Aufzählung von Schäden in der Zeit verwendet. Für die dynamische Auswertung des Gesamtschadensbetrages in der Zeit werden zusammengesetzte Prozesse eingesetzt. Risikoprozesse sind wichtig für die dynamische Auswertung der finanziellen Reserven der Versicherung in der Zeit. In Abschn. 3.2 wird die allgemeine Konstruktion eines stochastischen Prozesses zusammengefasst, anschließend werden allgemeine und wichtige Charakterisierungen und Definitionen gegeben. Abschn. 3.3 zeigt Geburtsprozesse, die die Markov-Eigenschaft erfüllen und eine wichtige Klasse von Zählprozessen bilden. Dazu gehören die binomialen und die negativ-binomialen Prozesse mit Ansteckung sowie der homogene und der inhomogene Poisson-Prozess. In Abschn. 3.4 werden die zusammengesetzte Prozesse für den Gesamtschadensbetrag eingeführt. Eine gründliche Analyse des Poisson-Prozesses wird in Abschn. 3.5 vorgenommen. In der Literatur lassen sich maßtheoretische Aspekte z. B. in Shiryayev (1984) finden, Geburtsprozesse werden z. B. auch in Bühlmann (1970), Klugman et al. (2008) oder Grandell (1997) dargestellt, und eine vollständige Präsentation der Poisson-Prozesse findet man bei z. B. Mikosch (2009).

R. Gatto, *Stochastische Modelle der aktuariellen Risikotheorie,* Masterclass,
https://doi.org/10.1007/978-3-662-60924-8_3

3.2 Allgemeine Definitionen

In diesem Abschnitt werden wichtige Definitionen und grundlegende Konzepte der Theorie der stochastischen Prozesse vorgestellt. Sei $n \in \mathbb{N}^*$. Die Borel'sche σ-Algebra von $\mathbb{R}^n$ ist die kleinste σ-Algebra von $\mathbb{R}^n$, die alle $B_1 \times \ldots \times B_n$ enthält, wobei $B_1, \ldots, B_n \in \mathcal{B}(\mathbb{R})$, d. h. Borel'sche Menge von $\mathbb{R}$ sind. Sei T eine Teilmenge von $\mathbb{R}_+$ (z. B. $[0, 1]$, $\mathbb{R}_+$ oder $\mathbb{N}$). Dann bezeichnet $\mathbb{R}^T$ den Raum von Funktionen

$$\begin{aligned} x : T &\to \mathbb{R} \\ t &\mapsto x_t. \end{aligned}$$

Seien $t_1 < \ldots < t_n \in T$ und $B^{(n)} \in \mathcal{B}(\mathbb{R}^n)$. Dann ist

$$\mathcal{C}_{t_1,\ldots,t_n}(B^{(n)}) \stackrel{\text{def}}{=} \left\{ x \in \mathbb{R}^T \middle| (x_{t_1}, \ldots, x_{t_n}) \in B^{(n)} \right\}$$

ein Zylinder in $\mathbb{R}^T$ mit Basis in $\mathbb{R}^n$. Die kleinste σ-Algebra, die alle solche Zylindermengen enthält, ist die zylindrische σ-Algebra von $\mathbb{R}^T$ und bei $\mathcal{B}(\mathbb{R}^T)$ bezeichnet. Man möchte ein Wahrscheinlichkeitsmaß über $(\mathbb{R}^T, \mathcal{B}(\mathbb{R}^T))$ definieren.

Sei die Klasse von endlich-dimensionalen Wahrscheinlichkeitsmaßen (f. d. d., für „finite dimensional distributions") $\{\mathsf{P}_{t_1,\ldots,t_n}\}_{t_1<\ldots<t_n \in T, n \in \mathbb{N}^*}$ über $(\mathbb{R}^n, \mathcal{B}(\mathbb{R}^n))$, $\forall n \in \mathbb{N}^*$, mit entsprechenden V. F. $\{F_{t_1,\ldots,t_n}\}_{t_1<\ldots<t_n \in T, n \in \mathbb{N}^*}$. Diese Klasse von Verteilungen heißt konsistent, wenn

$$\lim_{x_k \to \infty} F_{t_1,\ldots,t_k,\ldots,t_n}(x_1, \ldots, x_k, \ldots, x_n) = F_{t_1,\ldots,t_{k-1},t_{k+1},\ldots,t_n}(x_1, \ldots, x_{k-1}, x_{x+1}, x_n), \tag{3.1}$$

$\forall t_1 < \ldots < t_k < \ldots < t_n \in T, x_1, \ldots, x_k, \ldots, x_n \in \mathbb{R}$, $\forall k \leq n$, und $n \in \mathbb{N}^*$.

Satz 3.1 (Erweiterungssatz von Kolmogorov)
Seien die f. d. d. $\{\mathsf{P}_{t_1,\ldots,t_n}\}_{t_1<\ldots<t_n \in T}$ *über* $(\mathbb{R}^n, \mathcal{B}(\mathbb{R}^n))$, $\forall n \in \mathbb{N}^*$, *die das Konsistenzkriterium* (3.1) *erfüllen. Dann existiert ein eindeutiges Wahrscheinlichkeitsmaß* P *über* $(\mathbb{R}^T, \mathcal{B}(\mathbb{R}^T))$, *sodass gilt*

$$\mathsf{P}\left[\mathcal{C}_{t_1,\ldots,t_n}(B^{(n)})\right] = \mathsf{P}_{t_1,\ldots,t_n}\left[B^{(n)}\right],$$

$\forall t_1 < \ldots < t_n \in T,\ B^{(n)} \in \mathcal{B}(\mathbb{R}^n)$ und $n \in \mathbb{N}^*$.

Nachdem wir gesehen haben, wie wir ein Wahrscheinlichkeitsmaß über $\mathbb{R}^T$ erhalten können, definieren wir einen stochastischen Prozess als zufälliges Element über $\mathbb{R}^T$.

Definition 3.2 (Stochastischer Prozess)
Ein $\mathbb{R}$-wertiger stochastischer Prozess mit Zeitraum $T \subset \mathbb{R}$ ist eine messbare Abbildung

$$X : (\Omega, \mathcal{F}) \to \left(\mathbb{R}^T, \mathcal{B}\left(\mathbb{R}^T\right)\right).$$

Seien $t \in T$ und $p_t : \mathbb{R}^T \to \mathbb{R}$ die Projektion auf die Komponente t von $\mathbb{R}^T$. Dann ist $X_t \stackrel{\text{def}}{=} p_t(X)$ eine Z. V. Umgekehrt bildet jede geordnete Menge von Z. V.

$$X_t : (\Omega, \mathcal{F}) \to (\mathbb{R}, \mathcal{B}(\mathbb{R})), \ \forall t \in T,$$

ein stochastischer Prozess.

Definition 3.3 (Verteilung eines stochastischen Prozesses)
Die Verteilung des stochastischen Prozesses X über $(\Omega, \mathcal{F}, \mathsf{P})$ ist gegeben durch

$$\mathsf{P}_X[B] = \mathsf{P}[X \in B], \ \forall B \in \mathcal{B}\left(\mathbb{R}^T\right).$$

Definition 3.4 (Unabhängige stochastische Prozesse)
Die stochastische Prozesse $X^{(1)}, \ldots, X^{(n)}$ über $(\Omega, \mathcal{F}, \mathsf{P})$ sind unabhängig, wenn gilt

$$\mathsf{P}\left[X^{(1)} \in B_1, \ldots, X^{(n)} \in B_n\right] = \mathsf{P}\left[X^{(1)} \in B_1\right] \cdot \ldots \cdot \mathsf{P}\left[X^{(n)} \in B_n\right],$$

$\forall B_1, \ldots B_n \in \mathcal{B}\left(\mathbb{R}^T\right)$.

Definition 3.5 (Endlich-dimensionale Verteilungen)
Die f. d. d. des stochastischen Prozesses X über $(\Omega, \mathcal{F}, \mathsf{P})$ sind gegeben durch

$$\mathsf{P}_{X,t_1,\ldots,t_n}\left[B^{(n)}\right] = \mathsf{P}\left[(X_{t_1}, \ldots, X_{t_n}) \in B^{(n)}\right],$$

$\forall t_1 < \ldots < t_n \in T, \ B^{(n)} \in \mathcal{B}(\mathbb{R}^n)$ und $n \in \mathbb{N}^*$.

Der folgende wichtige Satz behauptet, dass ein stochastischer Prozess durch die Kenntnis einer Klasse von f. d. d. vollständig bestimmt sein kann.

Satz 3.6 (Kolmogorov-Existenz eines stochastischen Prozesses)
Sei die Klasse von Wahrscheinlichkeitsmassen $\{\mathsf{P}_{t_1,\ldots,t_n}\}_{t_1<\ldots<t_n \in T, n \in \mathbb{N}^*}$ über $(\mathbb{R}^n, \mathcal{B}(\mathbb{R}^n))$, $\forall n \in \mathbb{N}^*$, mit entsprechenden V. F. $\{F_{t_1,\ldots,t_n}\}_{t_1<\ldots<t_n \in T, n \in \mathbb{N}^*}$, die das Konsistenz-Kriterium (3.1) erfüllen. Dann existieren ein Wahrscheinlichkeitsraum $(\Omega, \mathcal{F}, \mathsf{P})$ und ein über ihn definiert stochastischer Prozess $X = \{X_t\}_{t \in T}$, sodass

$$\mathsf{P}\left[(X_{t_1}, \ldots, X_{t_n}) \in B^{(n)}\right] = \mathsf{P}_{t_1,\ldots,t_n}\left[B^{(n)}\right], \tag{3.2}$$

$\forall t_1 < \ldots < t_n \in T,\ B^{(n)} \in \mathcal{B}(\mathbb{R}^n)$ und $n \in \mathbb{N}^*$.

Beispiel 3.7 (Wiener-Maß) Sei

$$\phi_t(y|x) = \frac{1}{\sqrt{2\pi t}} \exp\left\{-\frac{1}{2t}(y-x)^2\right\}, \ \forall x, y \in \mathbb{R} \text{ und } t > 0.$$

Dann $\forall x, y, z \in \mathbb{R}$ und $s, t > 0$ haben wir

$$\int_{-\infty}^{\infty} \phi_s(y|x)\phi_t(z|y)\mathrm{d}y = \phi_{s+t}(z|y) \tag{3.3}$$

$$\iff \int_{-\infty}^{\infty} \frac{1}{\sqrt{2\pi s}} \exp\left\{-\frac{1}{2s}u^2\right\} \frac{1}{\sqrt{2\pi t}} \exp\left\{-\frac{1}{2t}\{(z-x)-u\}^2\right\} du =$$
$$\frac{1}{\sqrt{2\pi(s+t)}} \exp\left\{-\frac{1}{2(s+t)}(z-x)^2\right\} \iff \mathcal{N}(0,s) + \mathcal{N}(x,t) \sim \mathcal{N}(x, s+t).$$

Sei F_θ eine V.F. mit Skalar- oder Vektor-Parameter $\theta \in \Theta$. Wenn

$$F_{\theta_1} * F_{\theta_2} = F_{\theta_1+\theta_2}, \ \forall \theta_1, \theta_2 \in \Theta, \tag{3.4}$$

dann bildet $\{F_\theta\}_{\theta\in\Theta}$ eine Faltungshalbgruppe: die Halbgruppe auf dem Raum der V.F. mit der Faltung als innere zweistellige Verknüpfung. Wenn $\boldsymbol{\theta} = (\mu, \sigma^2)$, $\Theta = \mathbb{R} \times \mathbb{R}_+^*$ und $F_{\boldsymbol{\theta}}$ die normale V.F. mit Erwartungswert μ und Varianz σ^2 ist, dann gilt (3.4). Folglich und wegen der Äquivalenzen oben gilt (3.3). Das Wiener-Maß ist definiert durch
$\mathsf{P}_{t_1,t_2,\ldots,t_n}[I_1 \times I_2 \times \ldots \times I_n] =$

$$\int_{x_1\in I_1} \int_{x_2\in I_2} \cdots \int_{x_n\in I_n} \phi_{t_1}(x_1|0)\phi_{t_2-t_1}(x_2|x_1) \ldots \phi_{t_n-t_{n-1}}(x_n|x_{n-1})\mathrm{d}x_1\mathrm{d}x_2 \ldots \mathrm{d}x_n,$$

wobei $I_1, I_2, \ldots, I_n$ beliebige Intervalle von $\mathbb{R}$ sind, $0 \le t_1 < t_2 < \ldots < t_n$ und $n \in \mathbb{N}^*$ beliebig sind. Eigenschaft (3.3) lässt sich wie folgt umschreiben,

$$\int_{-\infty}^{\infty} \phi_{t_k-t_{k-1}}(x_k|x_{k-1})\phi_{t_{k+1}-t_k}(x_{k+1}|x_k)\mathrm{d}x_k = \phi_{t_{k+1}-t_{k-1}}(x_{k+1}|x_{k-1}),$$

und daraus folgt, dass

$$\mathsf{P}_{t_1,\ldots,t_k,\ldots,t_n}[I_1 \times \ldots \times I_k \times \ldots \times I_n] = \mathsf{P}_{t_1,\ldots,t_{k-1},t_{k+1},\ldots,t_n}[I_1 \times \ldots \times I_{k-1} \times I_{k+1} \times \ldots \times I_n],$$

für alle Zeiten, Intervalle und Indize k. Damit ist das Wiener-Maß konsistent im Sinn von (3.1) und der stochastische Prozess X, der (3.2) für $T = \mathbb{R}_+$ erfüllt, heißt Wiener-Prozess. Er wird in Definition 4.8 vorgestellt.

Zwei wichtige Eigenschaften von stochastischen Prozessen sind die Unabhängigkeit und die Stationarität der Zuwächse.

Definition 3.8 (Stationäre Zuwächse)
Ein stochastischer Prozess $\{X_t\}_{t\in T}$ *hat stationäre Zuwächse, wenn die Verteilung von* $X_t - X_s$ *von* s *und* t *nur durch* $t-s$ *abhängig ist,* $\forall s < t \in T$.

Definition 3.9 (Unabhängige Zuwächse)
Ein stochastischer Prozess $\{X_t\}_{t\in T}$ *hat unabhängige Zuwächse, wenn* $\forall s_1 < t_1 \le s_2 < t_2 \le \ldots \le s_k < t_k \in T$ *und* $k \in \mathbb{N}^*$ *gilt, dass* $X_{t_1} - X_{s_1}, X_{t_2} - X_{s_2}, \ldots, X_{t_k} - X_{s_k}$ *unabhängig sind.*

Definition 3.10 (Markov-Prozess)
$\{X_t\}_{t\in T}$ *ist ein Markov-Prozess, wenn gilt*

$$\mathsf{P}[X_t \in B | X_s = x_s, X_{r_k} = x_{r_k}, \ldots, X_{r_1} = x_{r_1}] = \mathsf{P}[X_t \in B | X_s = x_s],$$

$\forall x_{r_1}, \ldots, x_{r_k}, x_s \in \mathbb{R}, r_1 < \ldots < r_k < s < t \in T, k \in \mathbb{N}^*$ *und* $B \in \mathcal{B}(\mathbb{R})$.

Ein Synonym für „Markov-Prozess mit dem Zeitraum T“ ist „Markov-Kette mit stetiger Zeit“, falls T ein Intervall von $\mathbb{R}_+$ ist, und „Markov-Kette“, falls $T = \mathbb{N}$. Ein Prozess mit unabhängigen Zuwächsen muss ein Markov-Prozess sein, aber ein Markov-Prozess muss nicht unbedingt unabhängige Zuwächse besitzen. Die Klasse der Markov-Prozesse ist sehr groß und enthält viele wichtige stochastische Prozesse.

Beispiel 3.11 (Irrfahrt) Eine Irrfahrt oder eine Zufallsbewegung ist wie folgt definiert. Seien $Y_1, Y_2, \ldots$ i. i. d. und $\{-1, 1\}$-wertige Z. V., wobei $p = \mathsf{P}[Y_1 = 1] \in (0, 1)$ und damit $\mathsf{P}[Y_1 = -1] = 1 - p$. Für $Y_0 \stackrel{\text{def}}{=} 0$ ist $X_n = \sum_{k=0}^{n} Y_k$, für $n = 0, 1, \ldots$, eine Irrfahrt mit Anfangspunkt 0. Offensichtlich sind die Zuwächse unabhängig, und damit ist die Irrfahrt ein einfacher Markov-Prozess. Manchmal hat die Irrfahrt die folgende breitere Definition. Sie ist ein stochastischer Prozess in diskreter Zeit mit i. i. d. Zuwächsen auf jeder Zeiteinheit.

Definition 3.12 (Zählprozess)
Ein Zählprozess mit Zeitraum $T = \mathbb{R}_+$ *ist ein* $\mathbb{N}$*-wertiger Prozess* $\{N_t\}_{t\ge 0}$, *welcher außerdem die folgende Eigenschaft erfüllt:*

$$N_s \le N_t \text{ f. s.}, \forall 0 \le s \le t < \infty.$$

Eine wichtige Klasse von Zählprozessen sind die Erneuerungsprozesse.

Definition 3.13 (Erneuerungsprozess)
Seien $D_1, D_2, \ldots$ *positive und i. i. d. Z. V., sei* $T_n = \sum_{i=0}^{n} D_i$, *wobei* $D_0 \stackrel{\text{def}}{=} 0$, *und sei* $N_t = \max\{n \geq 0 | T_n \leq t\}, \forall t \geq 0$. *Dann heißt jeder der drei stochastischen Prozesse* $\{D_n\}_{n\geq 1}$, $\{T_n\}_{n\geq 1}$ *und der Zählprozess* $\{N_t\}_{t\geq 0}$ *Erneuerungsprozess.*

Sei Δ die V.F. der Dirac-Verteilung auf $(\mathbb{R}, \mathcal{B}(\mathbb{R}))$ mit Maß 1 über 0, s. Appendix 8.7. Gegeben die stochastischen Prozesse der oberen Definition sei G die V.F. von D_1, dann $\forall t \geq 0, n \in \mathbb{N}$, gilt

$$G_n(t) \stackrel{\text{def}}{=} \mathsf{P}[T_n \leq t] = G^{*n}(t), \tag{3.5}$$

wobei $G^{*0} = \Delta$,

$$\mathsf{P}[N_t \geq n] = G_n(t) \tag{3.6}$$

und

$$\mathsf{P}[N_t = n] = \mathsf{P}[N_t \geq n] - \mathsf{P}[N_t \geq n+1] = G_n(t) - G_{n+1}(t). \tag{3.7}$$

Im Folgenden betrachten wir nur Markov-Prozesse und Zählprozesse mit dem Zeitraum $T = \mathbb{R}_+$. Wie schon erwähnt, ist die Markov-Eigenschaft schwächer als die Unabängigkeit der Zuwächse. Intuitiv wird die folgende realistische Hypothese berücksichtigt. Die Anzahl der Schäden der Vergangenheit wird tatsächlich die Anzahl künftiger Schäden irgendwie beeinflussen. Aber die genauen Zeiten der vergangenen Schäden sind unbedeutend.

Die Verteilung eines Markov-Prozesses lässt sich durch ihre Übergangswahrscheinlichkeiten vollständig bestimmen. Für einen Markov-Zählprozess sind die Übergangswahrscheinlichkeiten gegeben durch

$$p_{k,k+n}(s,t) \stackrel{\text{def}}{=} \mathsf{P}[N_t - N_s = n | N_s = k], \forall s \leq t, k, n = 0, 1, \ldots.$$

Man kann zeigen, dass diese Übergangswahrscheinlichkeiten die folgende Chapman-Kolmogorov-Gleichung erfüllen:

$$p_{k,k+n}(s,t) = \sum_{i=0}^{n} p_{k,k+i}(s,\tau) p_{k+i,k+n}(\tau,t), \quad \forall s \leq \tau \leq t \text{ und } k, n = 0, 1, \ldots.$$

Definition 3.14 (Homogener und inhomogener Prozess)
Wenn $p_{k,k+n}(s,t)$ *von* s *und* t *nur durch* $t - s$ *abhängig ist,* $\forall s \leq t, k, n = 0, 1, \ldots$, *dann ist der Markov-Zählprozess homogen, andernfalls ist er inhomogen.*

Bemerkung 3.15 Man soll beachten, dass die Homogenität eine bedingte Eigenschaft der Zuwächse ist, wobei die Stationarität ohne Bedingtheit die gleiche ist.

Angenommen $N_0 = 0$, so ist

$$p_n(t) \stackrel{\text{def}}{=} \mathsf{P}[N_t = n] = p_{0,n}(0,t), \ \forall t > 0, \ n = 0, 1, \ldots.$$

Seien $0 \le s \le t$ und $n = 0, 1, \ldots$. Wir haben auch

$$\begin{aligned}\mathsf{P}[N_t - N_s = n] &= \sum_{k=0}^{\infty} \mathsf{P}[N_t - N_s = n | N_s = k]\mathsf{P}[N_s = k] \\ &= \sum_{k=0}^{\infty} p_{k,k+n}(s,t) p_k(s).\end{aligned}$$

Wenn der Prozess stationäre Zuwächse hat, dann gilt noch

$$p_n(t-s) = \sum_{k=0}^{\infty} p_{k,k+n}(s,t) p_k(s).$$

3.3 Geburtsprozesse

Eine andere wichtige Klasse von Markov-Zählprozessen ist die Klasse der Geburtsprozesse. Die allgemeine Definition und eine allgemeine rekursive Formel für die Übergangswahrscheinlichkeiten werden in Abschn. 3.3.1 gegeben. Der Poisson-Prozess wird in Abschn. 3.3.2 als wichtiger Geburtsprozess in Abschn. 3.3.2 eingeführt. Andere wichtige Geburtsprozesse sind die Prozesse mit Ansteckung. Sie werden in Abschn. 3.3.3 vorgestellt.

3.3.1 Allgemeine Definition und Formel

Eine wichtige Klasse von Markov-Zählprozessen ist die Klasse der Geburtsprozesse.

Definition 3.16 (Geburtsprozess)
Der Markov-Zählprozess $\{N_t\}_{t \ge 0}$ ist ein inhomogener Geburtsprozess, wenn die Übergangswahrscheinlichkeiten die folgende Form haben:

$$p_{k,k+n}(t, t+h) = \mathsf{P}[N_{t+h} - N_t = n | N_t = k] = \begin{cases} 1 - \lambda_k(t)h + o(h), & \text{wenn } n = 0, \\ \lambda_k(t)h + o(h), & \text{wenn } n = 1, \\ o(h), & \text{wenn } n > 1, \end{cases}$$

$\forall t > 0$, für $k = 0, 1, \ldots$ und für $h \to 0$, wobei

$$\begin{aligned}\lambda_k : \mathbb{R}_+ &\to \mathbb{R}_+ \\ t &\mapsto \lambda_k(t)\end{aligned} \tag{3.8}$$

nichtnegativ und stetig ist, für $k = 0, 1, \ldots$. Diese Funktionen heißenÜbergangsintensitätsfunktionen.

Jede Klasse von nichtnegativen und stetigen Funktionen (3.8), die die Bedingung

$$\sum_{k=n}^{\infty} \left(\max_{0 \leq s < t} \lambda_k(s) \right)^{-1} = \infty, \ \forall t > 0, n \in \mathbb{N}, \tag{3.9}$$

erfüllen, ist die Klasse der Übergangsintensitätsfunktionen eines Geburtsprozesses.

Bemerkungen 3.17

- Da die Summe in (3.9) mit steigenden Werten von t oder von n fällt, soll man tatsächlich verstehen, dass die Divergenz in (3.9) für willkürlich große Werte von t und von n erforderlich ist. Es folgt daraus, dass die Bedingung (3.9) das Wachstum der Übergangsintensitätsfunktionen kontrollieren.
- Natürlich gilt

$$\lambda_k(t) = \lim_{h \to 0} \frac{p_{k,k+1}(t, t+h)}{h}, \ \text{für } k = 0, 1, \ldots \text{ und } \forall t \geq 0.$$

- Wenn $\lambda_0(t), \lambda_1(t), \ldots$ unabhängig von t sind, $\forall t \geq 0$, dann haben wir einen homogenen Geburtsprozess.
- Wenn $\lambda_0(t) = \lambda_1(t) = \ldots$, $\forall t \geq 0$, dann haben wir einen Prozess mit unabhängigen Zuwächsen.

Satz 3.18 (Rekursive Formel der Übergangswahrscheinlichkeiten)
Die Übergangswahrscheinlichkeiten $p_{k,k+n}(s,t), \forall\, 0 \leq s \leq t$ und für $k, n = 0, 1, \ldots$, eines inhomogenen Geburtsprozesses mit den Anfangswerten

$$p_{k,k}(s, s) = 1 \; und \; p_{k,k+n}(s, s) = 0, \ \forall s \geq 0, \ f\ddot{u}r \; k = 0, 1, \ldots, \ n = 1, 2, \ldots,$$

nehmen die folgende rekursive Formel an:

$$p_{k,k}(s,t) = \exp\left\{ -\int_s^t \lambda_k(x) \mathrm{d}x \right\},$$

$$p_{k,k+n}(s,t) = \int_s^t \lambda_{k+n-1}(y) p_{k,k+n-1}(s,y) \exp\left\{ -\int_y^t \lambda_{k+n}(x) \mathrm{d}x \right\} \mathrm{d}y,$$

$\forall\, 0 \leq s \leq t$ und für $k = 0, 1, \ldots$ und $n = 1, 2, \ldots$.

3.3.2 Einführung zum Poisson-Prozess

Der Poisson-Prozess ist der einfachste und auch der wichtigste Zählprozess. In diesem Abschnitt wird der Poisson-Prozess als spezieller Fall des Geburtsprozesses eingeführt. Die Übergangswahrscheinlichkeiten werden mit Satz 3.18 berechnet. Da der Poisson-Prozess eine sehr wichtige Rolle in den Modellen der Versicherung spielt, wird er in Abschn. 3.5 noch ausführlicher dargestellt.

Sei die Konstante $\lambda > 0$. Der homogene Poisson-Prozess ist definiert als Geburtsprozess mit $\lambda_0(t) = \lambda_1(t) = \ldots = \lambda$, $\forall t \geq 0$. Die Konstante λ wird Intensität des Prozesses genannt.

Satz 3.1 (Homogener Poisson-Prozess)
Für den homogenen Poisson-Prozess mit Intensität $\lambda > 0$ gilt

$$p_n(t) = \mathrm{e}^{-\lambda t}\frac{(\lambda t)^n}{n!}, \ \forall\, t > 0 \textit{ und für } n = 0, 1, \ldots.$$

Beweis Zuerst beweisen wir, dass der Prozess die Übergangswahrscheinlichkeiten

$$p_{k,k+n}(s,t) = \mathrm{e}^{-\lambda(t-s)}\frac{\{\lambda(t-s)\}^n}{n!},$$

$\forall\, 0 \leq s \leq t, k, n = 0, 1, \ldots$, besitzt. Diese Formel folgt aus einer direkten Anwendung von Satz 3.18. Sie ist trivial für $n = 0$, und angenommen, sie gilt auch für $n-1$, $n \geq 1$, dann, $\forall\, 0 \leq s \leq t$, gilt

$$\begin{aligned} p_{k,k+n}(s,t) &= \int_s^t \lambda \mathrm{e}^{-\lambda(y-s)}\frac{\{\lambda(y-s)\}^{n-1}}{(n-1)!}\exp\left\{-\int_y^t \lambda \mathrm{d}x\right\}\mathrm{d}y \\ &= \frac{\lambda^n \mathrm{e}^{-\lambda(t-s)}}{(n-1)!}\int_s^y (y-s)^{n-1}\mathrm{d}y \\ &= \frac{\lambda^n \mathrm{e}^{-\lambda(t-s)}}{(n-1)!}\frac{(t-s)^n}{n}. \end{aligned}$$

Dann haben wir

$$p_{k,k+n}(s,t) = p_{0,n}(s,t) = p_{0,n}(0,t-s) = p_n(t-s), \forall\, 0 \leq s \leq t,\ k, n = 0, 1, \ldots.$$

□

Wir betrachten jetzt den Fall, dass, $\forall t \geq 0, \lambda_0(t) = \lambda_1(t) = \ldots = \lambda(t)$ gilt. Der inhomogene Poisson-Prozess ist definiert als Geburtsprozess mit $\lambda_0(t) = \lambda_1(t) = \ldots = \lambda(t)$, $\forall t \geq 0$. Die Funktion $\lambda : \mathbb{R}_+ \to \mathbb{R}_+$ wird Intensitätsfunktion des inhomogenen Poisson-Prozesses genannt.

Satz 3.20 (Inhomogener Poisson-Prozess)
Der inhomogene Poisson-Prozess mit Intensitätsfunktion $\lambda : \mathbb{R}_+ \to \mathbb{R}_+$ *ist definiert durch die Übergangswahrscheinlichkeiten*

$$p_{0,n}(s,t) = p_{k,k+n}(s,t) = \exp\left\{-\int_s^t \lambda(x)\mathrm{d}x\right\} \frac{\left\{\int_s^t \lambda(x)\mathrm{d}x\right\}^n}{n!}, \tag{3.10}$$

$\forall\, 0 \leq s \leq t$ und für $k, n = 0, 1, \ldots$.

Bemerkung 3.21 Die Zuwächse sind nicht mehr stationär, aber immer noch unabhängig.

3.3.3 Prozesse mit Ansteckung: binomiale und negativ-binomiale Prozesse

In diesem Abschnitt wird eine weitere wichtige und praktische Teilklasse der Geburtsprozesse betrachtet: die Klasse von Prozessen mit (linearer) Ansteckung. Genau werden die Übergangsintensitätsfunktionen der folgenden Form berücksichtigt. Für $\alpha \geq 0$ und $\beta \neq 0$,

$$\lambda_k(t) = \begin{cases} \alpha + \beta k, & \text{wenn } \alpha + \beta k \geq 0, \\ 0, & \text{sonst,} \end{cases} \tag{3.11}$$

für $k = 0, 1, \ldots$. Da diese Übergangsintensitätsfunktionen unabhängig von t sind, sind die entsprechenden stochastischen Prozesse homogen. Diese Prozesse beinhalten eine lineare Ansteckung. Die Ansteckung wird positiv genannt, falls $\beta > 0$, und negativ, falls $\beta < 0$. Im positiven Fall wird die Wahrscheinlichkeit eines künftigen Schadens als Funktion der vergangenen Schäden zunehmen. Im negativen Fall wird diese Wahrscheinlichkeit abnehmen.

Satz 3.22 (Übergangswahrscheinlichkeiten des Prozesses mit Ansteckung)
Der Geburtsprozess mit Übergangsintensitätsfunktionen (3.11) *wird durch die folgenden Übergangswahrscheinlichkeiten definiert:*

$$p_{k,k+n}(s,t) = \binom{\frac{\alpha}{\beta} + k + n - 1}{n} \mathrm{e}^{-(\alpha+\beta k)(t-s)} \left\{1 - \mathrm{e}^{-\beta(t-s)}\right\}^n, \tag{3.12}$$

für $k, n = 0, 1, \ldots$ *mit* k*, sodass* $\alpha + \beta k \geq 0$*, und* $\forall\, 0 \leq s \leq t$.

Der binomiale Koeffizient im Satz 3.22 wird wie üblich definiert durch

$$\binom{x}{k} = \begin{cases} \frac{[x]_k}{k!}, & \text{wenn } k = 1, 2, \ldots, \\ 1, & \text{wenn } k = 0, \\ 0, & \text{wenn } k = -1, -2, \ldots, \end{cases} \qquad \forall x \in \mathbb{R}.$$

Beweis Seien $k = 0, 1, \ldots,$ sodass $\alpha + \beta k \geq 0$ und $0 \leq s \leq t$. Der Satz gilt ganz trivial für $n = 0$, und wir nehmen an, dass er für ein $n \geq 0$ gilt. Dann gilt

$$\begin{aligned} p_{k,k+n+1}(s,t) &= \int_s^t \{\alpha + \beta(k+n)\} p_{k,k+n}(s,y) \exp\left\{-\int_y^t [\alpha + \beta(k+n+1)]\mathrm{d}x\right\} \mathrm{d}y \\ &= \binom{\frac{\alpha}{\beta}+k+n}{n+1}(n+1)\beta \int_s^t \mathrm{e}^{-(\alpha+\beta k)(y-s)} \left\{1 - \mathrm{e}^{-\beta(y-s)}\right\}^n \cdot \\ &\quad \mathrm{e}^{-\{\alpha+\beta(k+n+1)\}(t-y)} \mathrm{d}y \\ &= \binom{\frac{\alpha}{\beta}+k+n}{n+1}(n+1)\beta \mathrm{e}^{-(\alpha+\beta k)(t-s)} \int_s^t \left\{1 - \mathrm{e}^{-\beta(y-s)}\right\}^n \cdot \\ &\quad \mathrm{e}^{-\beta(n+1)(t-s)} \mathrm{d}y \\ &= \binom{\frac{\alpha}{\beta}+k+n}{n+1} \mathrm{e}^{-(\alpha+\beta k)(t-s)} \left[\left\{\mathrm{e}^{-\beta(t-y)} - \mathrm{e}^{-\beta(t-s)}\right\}^{n+1}\right]_s^t. \end{aligned}$$

□

Wenn $\beta > 0$, dann ist die Übergangswahrscheinlichkeit (3.12) eine der negativen binomialen Verteilungen. Die negativen binomialen Wahrscheinlichkeiten sind gegeben durch

$$\binom{k+\alpha-1}{k}\left(\frac{1}{1+\beta}\right)^{\alpha}\left(\frac{\beta}{1+\beta}\right)^{k}, \quad \text{für } k = 0, 1, \ldots,$$

wobei $\alpha, \beta > 0$. In unserer Situation haben wir

$$p_{k,k+n}(s,t) = \binom{\frac{\alpha}{\beta}+k+n-1}{n}\left\{\mathrm{e}^{-\beta(t-s)}\right\}^{\frac{\alpha}{\beta}+k}\left\{1 - \mathrm{e}^{-\beta(t-s)}\right\}^n.$$

Damit haben wir den negativen binomialen Prozess konstruiert. Ein praktisches Beispiel ist das folgende: Ein Autofahrer mit Unfällen in der Vergangenheit hat eine höhere Tendenz für zukünftige Unfälle, und deshalb kann die Anzahl seiner Schadensbeträge als negative Binomialverteilung genommen werden.

Wenn $\beta < 0$, dann ist die Übergangswahrscheinlichkeit (3.12) eine der Binomialverteilungen. Wir haben

$$\lambda_k(t) = \alpha + \beta k \geq 0 \Longrightarrow k \leq -\frac{\alpha}{\beta}.$$

Es wird außerdem angenommen, dass $-\alpha/\beta \in \mathbb{N}^*$. Es folgt aus $\lambda_k(t) = 0$, für $k = -\alpha/\beta, -\alpha/\beta + 1, \ldots, \forall t \geq 0$, dass die Bedingung (3.9) erfüllt ist. Die Darstellung in Form der Binomialverteilung der Übergangswahrscheinlichkeit (3.12) lässt sich wie folgt beweisen:

$$
\begin{aligned}
p_{k,k+n}(s,t) &= \binom{\frac{\alpha}{\beta}+k+n-1}{n} e^{-(\alpha+\beta k)(t-s)} \left\{1-e^{-\beta(t-s)}\right\}^n \\
&= \frac{\prod_{j=0}^{n-1}(\frac{\alpha}{\beta}+k+j)}{n!} e^{-\{\alpha+\beta(n+k)\}(t-s)} \left\{1-e^{-\beta(t-s)}\right\}^n \\
&= \frac{(-1)^n \prod_{j=0}^{n-1}(\frac{\alpha}{\beta}+k+j)}{n!} e^{\beta(t-s)(-\frac{\alpha}{\beta}-n-k)} \left\{1-e^{-\beta(t-s)}\right\}^n \\
&= \frac{\prod_{j=0}^{n-1}(-\frac{\alpha}{\beta}-k-j)}{n!} \left\{e^{\beta(t-s)}\right\}^{-\frac{\alpha}{\beta}-n-k} \left\{1-e^{-\beta(t-s)}\right\}^n \\
&= \binom{-\frac{\alpha}{\beta}-k}{n} \left\{e^{\beta(t-s)}\right\}^{-\frac{\alpha}{\beta}-n-k} \left\{1-e^{-\beta(t-s)}\right\}^n .
\end{aligned}
$$

Die letzte Darstellung ist offenbar eine binomiale Wahrscheinlichkeit, wenn $k < -\alpha/\beta$. Wenn $k = -\alpha/\beta$, dann ist

$$
\binom{\frac{\alpha}{\beta}+k+n-1}{n} = \binom{n-1}{n} = 0, \text{ für } n = 1, 2, \ldots,
$$

d. h., es können nicht mehr als $-\alpha/\beta$ Schäden vorkommen. Damit haben wir einen binomialen Prozess.

Definition 3.23 (**$(a, b, 0)$-Verteilung**)
Die $\mathbb{N}$-wertige Verteilung mit den Wahrscheinlichkeiten $\{p_k\}_{k\geq 0}$ gehört zur $(a, b, 0)$-Klasse von Verteilungen, wenn

$$
\exists a, b \in \mathbb{R} \text{ sodass } \frac{p_k}{p_{k-1}} = a + \frac{b}{k}, \quad \textit{für } k = 1, 2, \ldots .
$$

Die einzigen $(a, b, 0)$-Verteilungen sind die Poisson-, die binomialen und die negativ-binomialen Verteilungen. Genau diese drei Verteilungen haben wir für unsere Geburtsprozesse gefunden: Die drei betrachteten Typen von Geburtsprozessen, d. h. der Poisson-, der binomiale und negativ-binomiale Prozess, geben eine praktische Begründung für die Verwendung von $(a, b, 0)$-Verteilungen beim Auftreten von Schadensbeträgen.

3.4 Zusammengesetzte Prozesse

Zusammengesetzte Prozesse sind Prozesse von Zufallssummen, d. h. von Summen mit einem Zählprozess als Anzahl von Summanden. In der Versicherungsmathematik wird ein zusammengesetzter Prozess auch Gesamtschadensprozess genannt, weil er den Gesamtschadensbetrag eines Portfolios von homogenen Risiken darstellt.

Definition 3.24 (Zusammengesetzter Prozess)
Sei $\{N_t\}_{t\geq 0}$ *ein Zählprozess und* $X_1, X_2, \ldots$ *i. i. d. Verlust-Z. V., die unabhängig vom Zählprozess sind. Dann heißt*

$$Z_t = \sum_{k=0}^{N_t} X_k, \forall t \geq 0, \tag{3.13}$$

zusammengesetzter Prozess, wobei $X_0 \stackrel{\text{def}}{=} 0$.

Wie der ursprüngliche Zählprozess ist der zusammengesetzte Prozess auch ein Sprungprozess. Aber die Sprünge sind nicht mehr einheitlich, sondern zufällig und genau durch $X_1, X_2, \ldots$ gegeben. Sei $t \geq 0$. Mit den Regeln des bedingten Erwartungswertes (s. Appendix 8.6) lassen sich Erwartungswert und Varianz von Z_t wie folgt berechnen:

$$\mathsf{E}[Z_t] = \mathsf{E}[\mathsf{E}[Z_t|N_t]] = \mathsf{E}[N_t\mathsf{E}[X_1]] = \mathsf{E}[N_t]\mathsf{E}[X_1]$$

und

$$\begin{aligned}\mathsf{var}(Z_t) &= \mathsf{E}[\mathsf{var}(Z_t|N_t)] + \mathsf{var}(\mathsf{E}[Z_t|N_t]) \\ &= \mathsf{E}[N_t\mathsf{var}(X_1)] + \mathsf{var}(N_t\mathsf{E}[X_1]) \\ &= \mathsf{E}[N_t]\mathsf{var}(X_1) + \mathsf{var}(N_t)\mathsf{E}^2[X_1].\end{aligned}$$

Ebenfalls lässt sich die m. e. F. von Z_t wie folgt berechnen:

$$\begin{aligned}M_{Z_t}(v) &= \mathsf{E}\left[e^{vZ_t}\right] = \mathsf{E}\left[\mathsf{E}[e^{vZ_t}|N_t]\right] \\ &= \mathsf{E}\left[\left(\mathsf{E}\left[e^{vX_1}\right]\right)^{N_t}\right] \\ &= \mathsf{E}\left[\exp\left\{\log \mathsf{E}\left[e^{vX_1}\right] N_t\right\}\right] \\ &= M_{N_t}(\log M_X(v)),\end{aligned}$$

wobei $M_X(v) = \mathsf{E}[e^{vX_1}]$ und $M_{N_t}(v) = \mathsf{E}[e^{vN_t}]$ die m. e. F. von X_1 und N_t sind und $v \in \mathbb{R}$. Alternativ lassen sich die Momente von Z_t wie folgt herleiten.

$$\begin{aligned}\mathsf{E}[Z_t] &= M'_{Z_t}(0) \\ &= M'_{N_t}(\log M_X(0))\frac{M'_X(0)}{M_X(0)} \\ &= \mathsf{E}[N_t]\mathsf{E}[X_1], \\ \mathsf{E}[Z_t^2] &= M''_{Z_t}(0) \\ &= M''_{N_t}(\log M_X(0))\left\{\frac{M'_X(0)}{M_X(0)}\right\}^2\end{aligned}$$

$$
\begin{aligned}
&+ M'_{N_t}(\log M_X(0)) \frac{M''_X(0) M_X(0) - \{M'_X(0)\}^2}{M_X^2(0)} \\
&= M''_{N_t}(0)\{M'_X(0)\}^2 + M'_{N_t}(0) M''_X(0) - M'_{N_t}(0)\{M'_X(0)\}^2 \\
&= \mathsf{E}[N_t^2]\mathsf{E}^2[X_1] + \mathsf{E}[N_t]\mathsf{E}[X_1^2] - \mathsf{E}[N_t]\mathsf{E}^2[X_1].
\end{aligned}
$$

Im Allgemeinen kann man den k-ten Moment von Z_t als Produkte und Summen der ersten k Momente von N_t und X_1 ausdrücken.

Beispiel 3.25 Im homogenen zusammengesetzten Poisson-Prozess ist $\{N_t\}_{t \geq 0}$ ein homogener Poisson-Prozess. Sei $t \geq 0$. Damit ist $N_t \sim$ Poisson (λt), für ein $\lambda > 0$. Die Verlust-Verteilung von X_1 ist beliebig. Damit gilt

$$
\begin{aligned}
\mathsf{E}[N_t] &= \mathsf{var}(N_t) = \lambda t, \\
\mathsf{var}(Z_t) &= \lambda t \mathsf{E}^2[X_1] + \lambda t \mathsf{var}(X_1) = \lambda t \mathsf{E}[X_1^2], \\
M_{N_t}(v) &= \sum_{k=0}^{\infty} \mathrm{e}^{vk} \mathrm{e}^{-\lambda t} \frac{(\lambda t)^k}{k!} = \exp\{\lambda t[\mathrm{e}^v - 1]\}, \ \forall v \in \mathbb{R}, \ \text{und} \\
M_{Z_t}(v) &= M_{N_t}(\log M_X(v)) = \exp\{\lambda t[M_X(v) - 1]\},
\end{aligned}
$$

$\forall v \in \mathbb{R}$, für welche $M_X(v)$ existiert. Jede Z. V. oder Verteilung mit der oberen m. e. F. wird eine zusammengesetzte Poisson-Z. V. oder -Verteilung genannt.

Die subexponentielle Klasse von Verteilungen ist in Definition 2.38 gegeben. Falls die Summanden eine subexponentielle Verteilung besitzen, lässt sich eine asymptotische Verteilung des zusammengesetzten Prozesses an jedem Zeitpunkt wie folgt bestimmen.

Resultat 3.26
Sei der zusammengesetzte Prozess (3.13), *wobei die Summanden eine Verlust-V. F. F in der subexponentiellen Klasse besitzen. Dann gilt $\forall t > 0$,*

$$
\mathsf{P}[Z_t > x] \sim \mathsf{E}[N_t]\{1 - F(x)\}, \ \textit{für} \ x \to \infty.
$$

Beweis Sei $t > 0$, dann gilt

$$
\begin{aligned}
\frac{\mathsf{P}[Z_t > x]}{1 - F(x)} &= \sum_{n=0}^{\infty} \mathsf{P}[N_t = n] \frac{1 - F^{*n}(x)}{1 - F(x)} \\
&\stackrel{x \to \infty}{\longrightarrow} \sum_{n=0}^{\infty} \mathsf{P}[N_t = n] n \\
&= \mathsf{E}[N_t].
\end{aligned}
$$

□

In diesem Fall sieht man, dass $\mathsf{P}[Z_t > x] \stackrel{x\to\infty}{\longrightarrow} 0$ und die Konvergenz langsamer als bei der normalen Approximation ist. Die normale Approximation sowie andere asymptotische Resultate für zusammengesetzte Summen sind im Abschn. 7.4 vorgestellt.

Jede Summe von unabhängigen zusammengesetzten Poisson-Z. V. bleibt eine zusammengesetzte Poisson-Z. V. Diese Algebraische Abgeschlossenheit der zusammengesetzten Poisson-Verteilung unter der Faltung ist in Satz 3.27 gegeben.

Satz 3.27 (Faltung von zusammengesetzten Poisson-Verteilungen)
Seien $Z_1, \ldots, Z_m$ unabhängige zusammengesetzte Poisson-Verluste, wobei F_j die individuelle Verlust-V. F. und $\lambda_j > 0$ der Poisson-Parameter von Z_j sind, für $j = 1, \ldots, m$. Dann ist $Z = Z_1 + \ldots + Z_m$ wieder eine zusammengesetzte Poisson-verteilte Z. V., wobei ihr Poisson-Parameter $\lambda = \lambda_1 + \ldots + \lambda_m$ und ihre individuelle Verlust-V. F.

$$F(x) = \frac{\lambda_1}{\lambda} F_1(x) + \ldots + \frac{\lambda_m}{\lambda} F_m(x), \ \forall x \in \mathbb{R}_+,$$

sind.

Beweis Wenn die m. e. F. der zusammengesetzten Z. V. Z_j bei M_{Z_j} und die m. e. F. der Verlust-V. F. F_j bei M_j notiert sind, dann gilt

$$M_{Z_j}(v) = \exp\{\lambda_1[M_j(v) - 1]\},$$

$\forall v \in \mathbb{R}$, sodass $M_j(v) < \infty$, für $j = 1, \ldots, m$. Damit ist die m. e. F. von Z gegeben durch

$$\begin{aligned} M_Z(v) &= M_{Z_1}(v) \cdot \ldots \cdot M_{Z_m}(v) \\ &= \exp\{\lambda_1[M_1(v) - 1]\} \cdot \ldots \cdot \exp\{\lambda_m[M_m(v) - 1]\} \\ &= \exp\left\{\lambda\left[\frac{\lambda_1}{\lambda} M_1(v) + \ldots + \frac{\lambda_m}{\lambda} M_m(v) - 1\right]\right\} \\ &= \exp\{\lambda[M(v) - 1]\}, \end{aligned} \tag{3.14}$$

$\forall v \in \mathbb{R}$, sodass $M_j(v) < \infty$, für $j = 1, \ldots, m$, wobei

$$M = \frac{\lambda_1}{\lambda} M_1 + \ldots + \frac{\lambda_m}{\lambda} M_m.$$

Diese Funktion M ist die m. e. F. der V. F. F. Durch (3.14) wird gezeigt, dass M_Z die m. e. F. einer zusammengesetzten Poisson-Z. V. ist. □

Praktisch bedeutet dieser Satz, dass die Zusammensetzung von zusammengesetzten Poisson-Portfolios von Risiken wieder ein zusammengesetztes Poisson-Portfolio ergibt.

3.5 Poisson-Prozesse

Der Poisson-Prozess wurde in Abschn. 3.3.2 und der zusammengesetzte Poisson-Prozess in Abschn. 3.4 eingeführt. In diesem Abschnitt werden weitere Eigenschaften und Erweiterungen zum Poisson-Prozess vorgestellt. Zu diesem Abschnitt gehören zuerst die Eigenschaften des Poisson-Prozesses, s. Abschn. 3.5.1, der gemischte Poisson-Prozess, s. Abschn. 3.5.2, der Poisson Shot-Noise-Prozess, s. Abschn. 3.5.3, und das Poisson-random Measure, s. Abschn. 3.5.4.

3.5.1 Eigenschaften des Poisson-Prozesses

Ein Poisson-Prozess lässt sich statt über die Anzahl von Ereignissen auch über die Zeitpunkte dieser Ereignisse oder die Zeitdauer dazwischen charakterisieren.

Definition 3.28 (Ereigniszeit)
Für $n \in \mathbb{N}$ sind die Ereigniszeiten oder Ereigniszeitpunkte des Poisson-Prozesses $\{N_t\}_{t\geq 0}$ gegeben durch

$$T_n = \inf \{t \geq 0 \mid N_t \geqslant n\}, \text{ für } n = 0, 1, \ldots .$$

Umgekehrt lässt sich aus $\{T_n\}_{n\in\mathbb{N}}$ auch wieder der Zählprozess zurückgewinnen,

$$N_t = \max \{n \geq 0 \mid T_n \leqslant t\}, \ \forall t \geq 0. \tag{3.15}$$

Definition 3.29 (Zwischenereigniszeit)
Für einen homogenen Poisson-Prozess $\{N_t\}_{t\geq 0}$ mit zugehörigen Ereigniszeiten $\{T_n\}_{n\geq 0}$ sind die Zeitintervalle zwischen den Ereignissen gegeben durch

$$D_n = T_n - T_{n-1}, \text{ für } n = 1, 2, \ldots .$$

Jeder der drei Prozesse $\{N_t\}_{t\geqslant 0}$, $\{T_n\}_{n\in\mathbb{N}}$ und $\{D_n\}_{n\in\mathbb{N}^*}$ wird homogener Poisson-Prozess genannt. Aus den Sätzen 3.30 und 3.31 folgt, dass wir drei Erneuerungsprozesse gemäß Definition 3.13 haben.

Satz 3.30 (Verteilung der Zwischenereigniszeiten)
Sei $\{N_t\}_{t\geqslant 0}$ ein homogener Poisson-Prozess mit Intensität $\lambda > 0$ mit den Zwischenereigniszeiten $\{D_n\}_{n\in\mathbb{N}}$, s. Definition 3.29. Dann sind $D_1, D_2, \ldots$ unabhängig und Exponential(λ)-verteilte Z. V.

Beweis Seien $t, t_1 > 0$, dann gilt

$$\begin{aligned} \mathsf{P}[D_1 > t] &= \mathsf{P}[N_t = 0] = \mathrm{e}^{-\lambda t} \qquad \text{und} \\ \mathsf{P}[D_2 > t \mid D_1 = t_1] &= \mathsf{P}[N_{t_1+t} - N_{t_1} = 0 \mid N_{t_1} = 1] \\ &= \mathsf{P}[N_{t_1+t} - N_{t_1} = 0] \\ &= \mathsf{P}[N_t = 0] = \mathrm{e}^{-\lambda t}. \end{aligned}$$

Somit ist D_2 unabhängig von D_1 und gleichverteilt. Allgemein ist dann für ein $n \geqslant 1$ und $t, d_1, \ldots, d_n > 0$,

$$\begin{aligned} \mathsf{P}[D_{n+1} > t \mid D_1 = d_1, \ldots, D_n = d_n] &= \mathsf{P}[N_{t_n+t} - N_{t_n} = 0 \mid N_{t_n} = n] \\ &= \mathsf{P}[N_{t_n+t} - N_{t_n} = 0] \\ &= \mathsf{P}[N_t = 0] = \mathrm{e}^{-\lambda t}, \end{aligned}$$

wobei $t_n = d_1 + \ldots + d_n$. □

Die Umkehrung von Satz 3.30 wird in Satz 3.31 gegeben.

Satz 3.31 (Erweiterungssatz von Kolmogorov)
Sei $\{D_n\}_{n\in\mathbb{N}^*}$ eine Folge unabhängiger Exponential(λ)*-verteilter Z. V. und sei der stochastische Prozess $\{N_t\}_{t\geq 0}$ definiert aus* (3.15) *und aus den Definitionen* 3.28 *und* 3.29. *Dann ist $\{N_t\}_{t\geq 0}$ ein homogener Poisson-Prozess mit Intensität $\lambda > 0$.*

Beweis Sei $t \geq 0$ und $n \in \mathbb{N}^*$. Es wird nur bewiesen, dass $N_t \sim \text{Poisson}(\lambda t)$. Aus den vorhergehenden Definitionen folgt unmittelbar

$$\begin{aligned} \mathsf{P}[N_t = 0] &= \mathsf{P}[T_1 > t] = \mathrm{e}^{-\lambda t}, \\ \mathsf{P}[N_t = n] &= \mathsf{P}[T_n \leqslant t,\ T_{n+1} > t] \qquad \text{und} \\ T_{n+1} &= T_n + D_{n+1}. \end{aligned}$$

Die gemeinsame Dichte von (T_n, D_{n+1}) ist wegen ihrer Unabhängigkeit gegeben durch

$$h(y, u) = \frac{\lambda^n}{\Gamma(n)} \mathrm{e}^{-\lambda y} y^{n-1} \lambda \mathrm{e}^{-\lambda u}, \ \forall u, y > 0.$$

Sei $A_t = \{(y, u) \in \mathbb{R}_+^2 \mid 0 < y < t,\ t - y < u < \infty\}$, dann gilt

$$\mathsf{P}[N_t = n] = \int_{A_t} h(y, u) \mathrm{d}y \mathrm{d}u = \mathrm{e}^{-\lambda t} \frac{(\lambda t)^n}{n!},$$

d.h. also $N_t \sim \text{Poisson}(\lambda t)$. □

Definition 3.32 (Erwartungswertfunktion)
Für einen inhomogenen Poisson-Prozess $\{N_t\}_{t\geq 0}$ *mit Intensitätsfunktion* $\lambda : \mathbb{R}_+ \to \mathbb{R}_+$ *lautet die Erwartungswertfunktion*

$$\Lambda(t) \stackrel{\text{def}}{=} \mathsf{E}[N_t] = \int_0^t \lambda(u)\mathrm{d}u,\ \forall t > 0. \tag{3.16}$$

Aus (3.10) folgt direkt

$$\mathsf{P}[N_{t+s} - N_t = j] = \frac{\{\Lambda(t+s) - \Lambda(t)\}^j}{j!}\,\mathrm{e}^{-\{\Lambda(t+s)-\Lambda(t)\}},$$

für $j = 0, 1, \ldots$ und $\forall s, t \geq 0$. Es ist klar, dass ein homogener Poisson-Prozess ein Spezialfall eines inhomogenen Poisson-Prozesses ist, und zwar mit $\lambda(t) = \lambda$ und $\Lambda(t) = \lambda t,\ \forall t \geq 0$. Ist Λ die Erwartungswertfunktion (3.16) eines Poisson-Prozesses, so bezeichnet

$$\Omega(u) = \inf\{t \geqslant 0 \mid \Lambda(t) \geqslant u\},\ \forall u \geq 0,$$

die caglad Umkehrfunktion von Λ. Es gilt

$$\Lambda(\Omega(u)) = u \quad \forall u \geqslant 0,$$

aber im Allgemeinen (wegen möglicher Flachstellen von Λ)

$$\exists t \geq 0,\ \text{sodass}\ \Omega(\Lambda(t)) \neq t.$$

Satz 3.33
Sei $\{N_\Lambda(t)\}_{t\geqslant 0}$ *ein inhomogener Poisson-Prozess mit Erwartungswertfunktion* Λ, sei $T_{\Lambda,k}$ *die k-te Ereigniszeit,* $k \in \mathbb{N}^*$, *und sei* $T_{\Lambda,0} \stackrel{\text{def}}{=} 0$. *Dann bestimmen*

$$N_t \stackrel{\text{def}}{=} N_\Lambda(\Omega(t)),\ t \geqslant 0, \quad \textit{und} \quad T_k \stackrel{\text{def}}{=} \Lambda(T_{\Lambda,k}), \ \textit{für}\ k = 0, 1, \ldots,$$

einen homogenen Poisson-Prozess mit Intensität 1.

Beweis
Seien $0 \leq s < t$ und $k = 0, 1, \ldots,$ dann gilt

$$\begin{aligned}\{N_\Lambda(t) < k\} = \left\{T_{\Lambda,k} > t\right\} &\iff \{N_\Lambda(\Omega(t)) < k\} = \left\{T_{\Lambda,k} > \Omega(t)\right\}\\ &\iff \{N_t < k\} = \{T_k > t\}.\end{aligned}$$

Damit ist $\{N_t\}_{t\geq 0}$ ein Zählprozess, und $\{T_n\}_{n\geq 0}$ sind die entsprechenden Ereigniszeiten. Die Monotonie von Ω impliziert, dass

$$(0,s)\cap(s,t)=\emptyset \iff (0,\Omega(s))\cap(\Omega(s),\Omega(t))=\emptyset.$$

Somit sind die Zuwächse $N_t - N_s = N_\Lambda(\Omega(t)) - N_\Lambda(\Omega(s))$ und $N_s = N_\Lambda(\Omega(s))$ unabhängig. Zudem gilt

$$\begin{aligned} N_{t+s} - N_t &= N_\Lambda(\Omega(t+s)) - N_\Lambda(\Omega(t)) \\ &\sim \text{Poisson}\big(\underbrace{\Lambda[\Omega(t+s)]}_{=t+s} - \underbrace{\Lambda[\Omega(t)]}_{=t}\big) \\ &\sim \text{Poisson}(s). \end{aligned}$$

Die Zuwächse sind also stationär. □

Die Tatsache, dass $\Omega(T_k) = T_{\Lambda,k}$ f. s., für $k = 0, 1, \ldots$ lässt sich für die Simulation von Poisson-Prozessen ausnutzen. Die Hauptschritte des Algorithmus lauten:

Algorithmus 3.34 (Inversionsmethode zur Simulation des Poisson-Prozesses)

- Erzeuge der Realisierungen $D_1, D_2, \ldots$ der Exponential(1)-verteilten Z. V.
- Setze $T_n = \sum_{i=1}^n D_i$, für $n = 1, 2, \ldots$.
- Setze $T_{\Lambda,1} = \Omega(T_1)$, $T_{\Lambda,2} = \Omega(T_2), \ldots$, die die Ereigniszeiten des inhomogenen Poisson-Prozesses sind.

Bemerkung 3.35 Sei $t > 0$. $N_t = N_\Lambda(\Omega(t))$ impliziert wegen der Definition von Ω, dass

$$N_{\Lambda(t)} = N_\Lambda(\Omega(\Lambda(t))) = \begin{cases} N_\Lambda(t), & \text{wenn } \Lambda \text{ wachsend an } t \text{ ist,} \\ N_\Lambda(t) \text{ f. s.,} & \text{wenn } \Lambda \text{ konstant an } t \text{ ist.} \end{cases}$$

Hier ist „wachsend“ im strengen Fall gemeint. Damit ist jeder inhomogene Poisson-Prozess ein homogener Poisson-Prozess nach einer Transformation der Zeit. Die Zeit-Indizes $\Lambda(t)$, $\forall t \geq 0$, des homogenen Poisson-Prozesses werden operationelle Zeiten genannt.

Seien jetzt $t \geq 0$ und $\lambda(t) = \sum_{i=1}^m \lambda_i(t)$, wobei $\lambda_1(t), \ldots, \lambda_m(t)$ die Intensitätsfunktionen von m unabhängigen Poisson-Prozessen sind. Dann ist die Zusammensetzung bzw. die Summe oder die Überlagerung dieser m Prozesse selbst ein Poisson-Prozess mit Intensitätsfunktion $\lambda(t)$. Die Zusammensetzung dieser m Prozesse erhält man mit dem folgenden Algorithmus.

Algorithmus 3.36 (Zusammensetzungsmethode zur Simulation des Poisson-Prozesses)

- Erzeuge $T^{(1)}, \ldots, T^{(m)}$, die ersten Ereigniszeiten der m Prozesse mit den Intensitätsfunktionen $\lambda_1, \ldots, \lambda_m$.
- Für $k = 1, 2, \ldots$,
  - Setze $T_k = \min\{T^{(1)}, \ldots, T^{(m)}\}$;
  - Setze $j = \underset{1 \leqslant i \leqslant m}{\operatorname{argmin}}\{T^{(i)}\}$;
  - Ersetze $T^{(j)}$ in $(T^{(1)}, \ldots, T^{(m)})$ durch die nächste Ereigniszeit des j-ten Prozesses.
- $\{T_k\}_{k \geq 1}$ ergibt die erzeugten Ereigniszeiten des Prozesses mit Intensitätsfunktion λ.

Bemerkung 3.37
Die Zusammensetzungsmethode ist eine Entwicklung des folgenden Algorithmus.

- Erzeuge die (ungeordneten) Ereigniszeiten
$$\{\tilde{T}_k\}_{k \geqslant 1} = \left\{T_1^{(1)}, T_2^{(1)}, \ldots, T_1^{(2)}, T_2^{(2)}, \ldots, T_1^{(m)}, T_2^{(m)}, \ldots\right\}$$
aller m Prozesse, wobei $T_1^{(j)}, T_2^{(j)}, \ldots$ die Ereigniszeiten der j-ten Prozess sind, für $j = 1, \ldots, m$.
- Berechne $\tilde{T}_{(1)} \leq \tilde{T}_{(2)} \leq \ldots$, die die geordnete Werte $\tilde{T}_1, \tilde{T}_2, \ldots$ sind.
- Setze $T_j = \tilde{T}_{(j)}$, für $j = 1, 2, \ldots$, die die erzeugten Ereigniszeiten des Prozesses mit Intensitätsfunktion λ sind.

Der Nachteil dieses Algorithmus besteht in der Komplexität der Sortierung.

Satz 3.38 (Dichten der Ereigniszeiten und der Zwischenereigniszeiten)
Seien $\{T_{\Lambda,k}\}_{k \geq 0}$ die Ereigniszeiten eines Poisson-Prozesses mit Intensitätfunktion λ und Erwartungswertfunktion Λ. Dann gilt das Folgende:

1. *Die geordneten ersten n Ereigniszeiten dieses Prozesses $(T_{\Lambda,1}, \ldots, T_{\Lambda,n})$ haben die gemeinsame Dichte*
$$f_{T_\Lambda}(t_1, \ldots, t_n) = \mathrm{e}^{-\Lambda(t_n)} \prod_{i=1}^{n} \lambda(t_i)\, \mathbb{I}\{0 < t_1 < \ldots < t_n\},$$
$\forall t_1, \ldots, t_n \in \mathbb{R}$.

2. *Die Zwischenereigniszeiten* $\big(D_{\Lambda,1}, \ldots, D_{\Lambda,n}\big) \stackrel{\text{def}}{=} (T_{\Lambda,1}, T_{\Lambda,2} - T_{\Lambda,1}, \ldots, T_{\Lambda,n} - T_{\Lambda,n-1})$ *haben die gemeinsame Dichte*

$$f_{D_\Lambda}(d_1, \ldots, d_n) = \mathrm{e}^{-\Lambda(d_1+\ldots+d_n)} \prod_{i=1}^{n} \lambda(d_1 + \ldots + d_n)\, \mathsf{I}\{d_1, \ldots, d_n > 0\},$$

$\forall d_1, \ldots, d_n \in \mathbb{R}$.

Beweis Sei

$$\begin{aligned} g\colon \mathbb{R}_+^n &\to \mathbb{R}_+^n,\\ (d_1, \ldots, d_n) &\mapsto (d_1, d_1 + d_2, \ldots, d_1 + \ldots + d_n). \end{aligned}$$

Dann ist die Umkehrfunktion

$$\begin{aligned} g^{(-1)}\colon \mathbb{R}_+^n &\to \mathbb{R}_+^n,\\ (t_1, \ldots, t_n) &\mapsto (t_1, t_2 - t_1, \ldots, t_n - t_{n-1}). \end{aligned}$$

Die Jacobi-Matrix von g ist gegeben durch

$$J = \left(\frac{\partial g_i}{\partial d_j}\right)_{i,j=1,\ldots,n} = \begin{pmatrix} 1 & 0 & \ldots & 0\\ 1 & 1 & \ddots & \vdots\\ \vdots & \vdots & \ddots & 0\\ 1 & 1 & \ldots & 1 \end{pmatrix}$$

und damit $|\det J| = 1$.

1. Seien $t_1, \ldots, t_n \in \mathbb{R}$. Die gemeinsame Dichte von $(T_1, \ldots, T_n) = \big(\Lambda(T_{\Lambda,1}), \ldots, \Lambda(T_{\Lambda,n})\big)$ ist wegen des Transformationssatzes mit der oberen Jacobi-Matrix gegeben durch

$$\begin{aligned} f_T(t_1, \ldots, t_n) &= f_D(t_1, t_2 - t_1, \ldots, t_n - t_{n-1})\\ &= \mathrm{e}^{-t_1}\, \mathrm{e}^{-t_2+t_1} \ldots \mathrm{e}^{-t_n+t_{n-1}}\, \mathsf{I}\{0 < t_1 < \ldots < t_n\}\\ &= \mathrm{e}^{-t_n}\, \mathsf{I}\{0 < t_1 < \ldots < t_n\}, \end{aligned}$$

wobei f_D die Dichte von $(T_1, T_2 - T_1, \ldots, T_n - T_{n-1})$ ist. Entsprechend folgt

$$\begin{aligned} F_{T_\Lambda}(t_1, \ldots, t_n) &\stackrel{\text{def}}{=} \mathsf{P}[T_{\Lambda,1} \leqslant t_1, \ldots, T_{\Lambda,n} \leqslant t_n]\\ &= \mathsf{P}[\Lambda(T_{\Lambda,1}) \leqslant \Lambda(t_1), \ldots, \Lambda(T_{\Lambda,n}) \leqslant \Lambda(t_n)]\\ &= \mathsf{P}[T_1 \leqslant \Lambda(t_1), \ldots, T_n \leqslant \Lambda(t_n)]\\ &= \int_0^{\Lambda(t_n)} \ldots \int_0^{\Lambda(t_1)} \mathrm{e}^{-s_n}\, \mathsf{I}\{0 < s_1 < \ldots < s_n\} \mathrm{d}s_1 \ldots \mathrm{d}s_n. \end{aligned}$$

Damit ergibt sich aus der Stetigkeit von λ (welche die Differenzierbarkeit von Λ impliziert) die Dichte

$$\begin{aligned}\frac{\partial^n}{\partial t_1 \ldots \partial t_n} F_{T_\Lambda}(t_1, \ldots, t_n) &= \mathrm{e}^{-\Lambda(t_n)} \prod_{i=1}^{n} \Lambda'(t_i)\, \mathrm{I}\{0 < \Lambda(t_1) < \ldots \Lambda(t_n)\} \\ &= \mathrm{e}^{-\Lambda(t_n)} \prod_{i=1}^{n} \lambda(t_i)\, \mathrm{I}\{0 < t_1 < \ldots < t_n\}.\end{aligned}$$

2. Seien $d_1, \ldots, d_n \in \mathbb{R}$. Nach Definition von $\{D_{\Lambda,n}\}_{n\geqslant 1}$ folgt direkt wegen des Transformationssatzes mit der oberen Jacobi-Matrix

$$\begin{aligned}f_{D_\Lambda}(d_1, \ldots, d_n) &= f_{T_\Lambda}(d_1, d_1 + d_2, \ldots, d_1 + \ldots + d_n) \\ &= \mathrm{e}^{-\Lambda(d_1+\ldots+d_n)} \prod_{i=1}^{n} \lambda(d_1 + \ldots + d_n)\, \mathrm{I}\{d_1, \ldots, d_n > 0\}.\end{aligned}$$

□

Bemerkung 3.39 $\lambda(t) = \lambda$ für fast alle $t > 0$ ist äquivalent zu

$$f_{D_\Lambda}(d_1, \ldots, d_n) = \prod_{i=1}^{n} \lambda\, \mathrm{e}^{-\lambda d_i}\, \mathrm{I}\{d_i > 0\}, \ \forall d_1, \ldots, d_n \in \mathbb{R}.$$

Das bedeutet, dass die Zwischenereigniszeiten $\{D_n\}_{n\geqslant 1}$ nur im homogenen Fall i. i. d. sind.

Nach den vorangegangenen Resultaten werden von nun an (falls nicht anders vermerkt) mit $\{N_t\}_{t\geqslant 0}$ und $\{T_k\}_{k\geqslant 1}$ sowohl homogene als auch inhomogene Poisson-Prozesse bezeichnet.

Lemma 3.40
Seien $X_1, \ldots, X_n$ unabhängig mit Dichte f und $X_{(1)} \leq \ldots \leq X_{(n)}$ geordnete Werte. Die Dichte von $(X_{(1)}, \ldots, X_{(n)})$ ist gegeben durch

$$n! \prod_{i=1}^{n} f(x_i)\, \mathrm{I}\{x_1 < \ldots < x_n\}, \ \forall x_1, \ldots, x_n \in \mathbb{R}.$$

Bemerkung 3.41 Sei $\Omega_X = \{X_{(1)} < \ldots < X_{(n)}\} = \{X_i \neq X_j, \text{ für } 1 \leqslant i < j \leqslant n\}$. Dann ist für $i \neq j \in \{1, \ldots, n\}$

$$\mathsf{P}[X_i = X_j] = \mathsf{E}\big[\mathsf{P}[X_i = X_j \mid X_j]\big] = \int_{-\infty}^{\infty} \mathsf{P}\{X_i = x\}\, f(x)\mathrm{d}x = 0.$$

Damit gilt

$$1 - \mathsf{P}[\Omega_X] = \mathsf{P}\Big[\bigcup_{1 \leqslant i < j \leqslant n} \{X_i = X_j\}\Big] \leqslant \sum_{1 \leqslant i < j \leqslant n} \mathsf{P}\big[X_i = X_j\big] = 0,$$

d. h. $\mathsf{P}[\Omega_X] = 1$.

Beweis Sei P_n die Menge aller Permutationen von $\{1, \ldots, n\}$, $\mathbf{p} = (p_1, \ldots, p_n) \in P_n$ eine feste Permutation und $\mathbf{X_p} \stackrel{\text{def}}{=} (X_{p_1}, \ldots, X_{p_n})$. Alternativ wird auch $(X_{\mathbf{p},1}, \ldots, X_{\mathbf{p},n}) \stackrel{\text{def}}{=} \mathbf{X_p}$ notiert. Die Inverstransformation von $(x_1, \ldots, x_n) \mapsto (x_{(1)}, \ldots, x_{(n)})$ ist mehrwertig und nimmt höchstens $n!$ verschiedene Werte an, falls die Argumente $x_1, \ldots, x_n \in \mathbb{R}$ verschieden sind. Für eine feste Permutation $\mathbf{x_p} = (x_{p_1}, \ldots, x_{p_n})$ von $\mathbf{x} = (x_1, \ldots, x_n)$ ist die Inverstransformation bijektiv.

Seien nun $x_1, \ldots, x_n \in \mathbb{R}$, dann gilt

$$\begin{aligned}
&\mathsf{P}[X_{(1)} \leqslant x_1, \ldots, X_{(n)} \leqslant x_n] \\
&= \sum_{\mathbf{q} \in P_n} \mathsf{P}[\{X_{\mathbf{q},(1)} \leqslant x_1, \ldots, X_{\mathbf{q},(n)} \leqslant x_n\} \cap \Omega_X] \\
&= n!\mathsf{P}[\{X_{\mathbf{p},(1)} \leqslant x_1, \ldots, X_{\mathbf{p},(n)} \leqslant x_n\} \cap \Omega_X] \\
&= n!\mathsf{P}[\{X_{p_1} \leqslant x_1, \ldots, X_{p_n} \leqslant x_n\} \cap \{X_{p_1} \leqslant \ldots \leqslant X_{p_n}\} \cap \Omega_X] \\
&= n! \int_{-\infty}^{x_n} \ldots \int_{-\infty}^{x_1} f(y_1) \ldots f(y_n)\, \mathsf{I}\{y_1 < \ldots < y_n\} \mathrm{d}y_1 \ldots \mathrm{d}y_n.
\end{aligned}$$

□

Satz 3.42

Sei $\{N_t\}_{t \geq 0}$ ein Poisson-Prozess mit stetiger Intensitätsfunktion λ und Erwartungswertfunktion Λ, und seien $0 < T_1 < T_2 < \ldots$ die zugehörigen Ereigniszeitpunkte. Außerdem seien $Y_1, \ldots, Y_n$ unabhängige Z. V. und unabhängig von $\{N_t\}_{t \geq 0}$ mit der Dichte

$$f_Y(x) = \frac{\lambda(x)}{\Lambda(t)}, \quad \forall x \in [0, t], \text{ wobei } t > 0.$$

Dann gilt $\forall t > 0$ und für $n = 1, 2 \ldots$, dass

$$(T_1, \ldots, T_{N_t}) \mid \{N_t = n\} \sim \big(Y_{(1)}, \ldots, Y_{(n)}\big),$$

wobei $Y_{(1)} \leq \ldots \leq Y_{(n)}$ die geordnete $Y_1, \ldots, Y_n$ sind. Das bedeutet, $(T_1, \ldots, T_{N_t}) \mid \{N_t = n\}$ hat die Dichte

$$f_{T|N_t}(t_1, \ldots, t_n \mid n) = \frac{n!}{\Lambda^n(t)} \prod_{i=1}^{n} \lambda(t_i)\, \mathsf{I}\{0 < t_1 < \ldots < t_n < t\}, \ \forall t_1, \ldots, t_n \in \mathbb{R}.$$

Beweis Seien $0 < t_1 < \ldots < t_n < t$ und $h_1, \ldots, h_n > 0$ derart, dass $(t_i, t_i + h_i)$, für $i = 1, \ldots, n$, disjunkte Teilintervalle von $[0, t]$ bilden. Dann gilt

$$
\begin{aligned}
p_n &\stackrel{\text{def}}{=} \mathsf{P}[T_1 \in (t_1, t_1 + h_1], \ldots, T_n \in (t_n, t_n + h_n], N_t = n] \\
&= \mathsf{P}[N_{t_1} = 0]\mathsf{P}[N_{t_1+h_1} - N_{t_1} = 1] \\
&\quad \cdot \mathsf{P}[N_{t_2} - N_{t_1+h_1} = 0]\mathsf{P}[N_{t_2+h_2} - N_{t_2} = 1] \ldots \mathsf{P}[N_{t_n} - N_{t_{n-1}+h_{n-1}} = 0] \\
&\quad \cdot \mathsf{P}[N_{t_n+h_n} - N_{t_n} = 1]\mathsf{P}[N_t - N_{t_n+h_n} = 0] \\
&= \mathrm{e}^{-\Lambda(t_1)} \, [\Lambda(t_1 + h_1) - \Lambda(t_1)] \, \mathrm{e}^{-\Lambda(t_1+h_1)+\Lambda(t_1)} \\
&\quad \cdot \mathrm{e}^{-\Lambda(t_2)+\Lambda(t_1+h_1)} \, [\Lambda(t_2 + h_2) - \Lambda(t_2)] \, \mathrm{e}^{-\Lambda(t_2+h_2)+\Lambda(t_2)} \ldots \mathrm{e}^{-\Lambda(t_n)+\Lambda(t_{n-1}+h_{n-1})} \\
&\quad \cdot [\Lambda(t_n + h_n) - \Lambda(t_n)] \, \mathrm{e}^{-\Lambda(t_n+h_n)+\Lambda(t_n)} \, \mathrm{e}^{-\Lambda(t)+\Lambda(t_n+h_n)} \\
&= \prod_{i=1}^{n} [\Lambda(t_i + h_i) - \Lambda(t_i)] \, \mathrm{e}^{-\Lambda(t)}.
\end{aligned}
$$

Die Dichte erhält man aus dem Grenzwert

$$
\begin{aligned}
\lim_{h_1,\ldots,h_n \downarrow 0} \frac{p_n}{\mathsf{P}[N_t = n] \, h_1 \ldots h_n} &= \frac{n!}{\Lambda^n(t)} \prod_{i=1}^{n} \lim_{h_1,\ldots,h_n \downarrow 0} \frac{\Lambda(t_i + h_i) - \Lambda(t_i)}{h_i} \\
&= \frac{n!}{\Lambda^n(t)} \prod_{i=1}^{n} \lambda(t_i).
\end{aligned}
$$

Die Indikatorfunktion, die im Satz zusätzlich auftritt, folgt direkt aus der Wahl der Intervalle. Dasselbe Resultat erhielte man auch für die Intervalle $(t_i - h_i, t_i]$, mit entsprechender Wahl der Zeitpunkte, für $i = 1, \ldots, n$. □

Beispiel (Homogener Poisson-Prozess) Sei $t > 0$. Wenn $\lambda(x) = \lambda > 0$, $\forall x \geq 0$, dann ist

$$
f_{T \mid N_t}(t_1, \ldots, t_n \mid n) = \frac{n!}{t^n} \, \mathsf{I}\{0 < t_1 < \ldots < t_n < t\}, \ \forall t_1, \ldots, t_n \in \mathbb{R},
$$

welches der Dichte von $\big(U_{(1)}, \ldots, U_{(n)}\big)$ entspricht, wobei $U_1, \ldots, U_n$ unabhängig und Uniform$(0, t)$-verteilt sind. Man sieht, dass der Wert von λ hier unwesentlich ist.

Beispiel 3.43 Sei $g\colon \mathbb{R}_+^n \to \mathbb{R}$ symmetrisch, sodass $\forall x_1, \ldots, x_n \in \mathbb{R}$, $g(x_1, \ldots, x_n) = g(x_{i_1}, \ldots, x_{i_n})$ für alle Permutationen $(i_1, \ldots, i_n)$ von $\{1, \ldots, n\}$, d. h. $\forall (i_1, \ldots, i_n) \in P_n$. Dann gilt gemäß Satz 3.42 mit geeigneter Wahl einer solchen Permutation

$$
g(T_1, \ldots, T_{N_t}) \mid \{N_t = n\} \sim g(Y_{(1)}, \ldots, Y_{(n)}) = g(Y_1, \ldots, Y_n).
$$

3.5.2 Gemischter Poisson-Prozess

Wir betrachten den stochastischen Zählprozess $\{N_t\}_{t\geq 0}$ abhängig von einer absolut stetigen Z. V. Θ im folgenden Sinne:

$$\mathsf{P}[N_t = n|\Theta = \theta] = \mathrm{e}^{-\theta t}\frac{(\theta t)^n}{n!}, \quad \text{für } n = 0, 1, \dots, \ \forall t, \theta > 0.$$

Gegeben $\Theta = \theta$, für ein $\theta > 0$, ist $\{N_t\}_{t\geq 0}$ ein homogener Poisson-Prozess mit fester Intensität θ. Die Z. V. Θ heißt Risikocharakteristik oder Misch-Z. V. Diese Situation entspricht den Modellen der Bayes-Statistik, wobei die Parameter keine deterministischen Werte, sondern Z. V. sind. Eine elementare Berechnung zeigt, daß $\mathsf{var}(N_t) > \mathsf{E}[N_t]$, $\forall t > 0$. Diese Eigenschaft heißt Überdispersion und kann eine wichtige Rolle bei Anwendungen spielen. Bei der Poisson-Verteilung sind Erwartungswert und Varianz identisch, doch diese Eigenschaft wird nicht immer durch die beobachteten Daten verifiziert. Die Verteilung von Θ heißt in der Bayes-Statistik Misch- oder A-priori-Verteilung. Ihre Dichte ist die Misch- oder A-priori-Dichte und wird hier als g notiert. In der Praxis werden oft die folgenden Misch-Verteilungen ausgewählt: die Gamma-, die lognormalen und die inversen Normalverteilungen. Wählt man die Gamma-Misch-Verteilung, dann ist die gemischte Poisson-Verteilung eine negative Binomialverteilung. Im Folgenden seien $n, k \in \mathbb{N}$ und $0 \leq s < t$. Damit gilt

$$p_n(t) = \mathsf{P}[N_t = n] = \int_0^\infty \mathrm{e}^{-\theta t}\frac{(\theta t)^n}{n!}g(\theta)\mathrm{d}\theta.$$

Die A-posteriori-Dichte von Θ wird gegeben durch

$$\begin{aligned} g_{s,k}(\theta) &= \mathsf{P}[\Theta \in (\theta, \theta + \mathrm{d}\theta)\,|N_s = k] \\ &= \mathsf{P}[N_s = k\,|\Theta \in (\theta, \theta + \mathrm{d}\theta)]\frac{\mathsf{P}[\Theta \in (\theta, \theta + \mathrm{d}\theta)]}{\mathsf{P}[N_s = k]} \\ &= \mathrm{e}^{-\theta s}\frac{(\theta s)^k}{k!}\frac{g(\theta)}{p_k(s)}\mathrm{d}\theta. \end{aligned} \tag{3.17}$$

Man kann die Übergangswahrscheinlichkeiten wie folgt darstellen:

$$\begin{aligned} p_{k,k+n}(s,t) &= \mathsf{P}[N_t - N_s = n\,|N_s = k] \\ &= \int_0^\infty \mathsf{P}[N_t - N_s = n, \Theta \in (\theta, \theta + \mathrm{d}\theta)\,|N_s = k] \\ &= \int_0^\infty \mathsf{P}[N_t - N_s, N_s = k\,|\Theta = \theta]\frac{g(\theta)}{p_k(s)}\mathrm{d}\theta \\ &= \int_0^\infty \mathsf{P}[N_t - N_s\,|\Theta = \theta]\mathsf{P}[N_s = k\,|\Theta = \theta]\frac{g(\theta)}{p_k(s)}\mathrm{d}\theta \\ &= \int_0^\infty \mathrm{e}^{-\theta(t-s)}\frac{\{\theta(t-s)\}^n}{n!}g_{s,k}(\theta)\mathrm{d}\theta. \end{aligned} \tag{3.18}$$

Dieser letzte Ausdruck ist eine Mischung aus einer Poisson- und der A-posteriori-Verteilung und läßt sich noch wie folgt vereinfachen:

$$\begin{aligned} p_{k,k+n}(s,t) &= \frac{s^k(t-s)^n}{k!n!p_k(s)} \int_0^\infty \mathrm{e}^{-\theta t}\theta^{k+n} g(\theta)\mathrm{d}\theta \\ &= \binom{k+n}{n}\left(\frac{s}{t}\right)^k\left(1-\frac{s}{t}\right)^n \frac{1}{p_k(s)} \int_0^\infty \mathrm{e}^{-\theta t}\frac{\theta^{k+n}}{(k+n)!} g(\theta)\mathrm{d}\theta \\ &= \binom{k+n}{n}\left(\frac{s}{t}\right)^k\left(1-\frac{s}{t}\right)^n \frac{p_{k+n}(t)}{p_k(s)}. \end{aligned} \tag{3.19}$$

Im Allgemeinen ist dieser letzte Ausdruck von k abhängig, und damit besitzt $\{N_t\}_{t\geq 0}$ abhängige Zuwächse. Diese Zuwächse sind aber stationär, weil

$$\mathsf{P}[N_t - N_s = n] = \int_0^\infty \mathrm{e}^{-\theta(t-s)}\frac{\{\theta(t-s)\}^n}{n!} g(\theta)\mathrm{d}\theta$$

von s und t nur durch $t-s$ abhängig ist. Aus (3.19) folgt direkt, daß

$$\begin{aligned} \mathsf{P}[N_s = k \mid N_t = k+n] &= p_{k,k+n}(s,t)\frac{p_k(s)}{p_{k+n}(t)} \\ &= \binom{k+n}{n}\left(\frac{s}{t}\right)^k\left(1-\frac{s}{t}\right)^n \end{aligned}$$

genau wie beim homogenen Poisson-Prozess ist, s. Satz 3.42.

Beispiel 3.44 (Polya-Prozess) Sei $\Theta \sim \text{Gamma}(\rho,\sigma)$, wobei $\rho,\sigma > 0$, und seien $k,n \in \mathbb{N}$ und $0 \leq s < t$. Dann folgt aus (3.17)

$$g_{s,k}(\theta) = \frac{(s+\sigma)^{k+\rho}}{\Gamma(k+\rho)}\theta^{k+\rho-1}\mathrm{e}^{-(s+\sigma)\theta}, \ \forall\theta > 0.$$

Aus dieser Formel und aus (3.18) folgt die Übergangswahrscheinlichkeit

$$\begin{aligned} p_{k,k+n}(s,t) &= \frac{(s+\sigma)^{k+\rho}}{\Gamma(k+r)}\frac{(t-s)^n}{n!}\int_0^\infty \mathrm{e}^{-(t+\sigma)\theta}\theta^{k+n+\rho-1}\mathrm{d}\theta \\ &= \frac{(s+\sigma)^{k+\rho}}{\Gamma(k+r)}\frac{(t-s)^n}{n!}\frac{\Gamma(k+n+\rho)}{(t+\sigma)^{k+n+\rho}} \\ &= \binom{k+n+\rho-1}{n}\left(\frac{s+\sigma}{t+\sigma}\right)\left(\frac{t-s}{t+\sigma}\right), \end{aligned}$$

die einer negativen binomialen Wahrscheinlichkeitsfunktion an der Stelle n entspricht.

3.5.3 Poisson-Shot-Noise-Prozess

Dieser spezielle zusammengesetze Poisson-Prozess ist wie folgt definiert:

Definition 3.45 (Shot-Noise-Poisson-Prozess)
Sei $\{N_t\}_{t\geq 0}$ ein Poisson-Prozess mit zugehörigen Ereigniszeiten $0 < T_1 < T_2 < \ldots$. Für eine fallende messbare Funktion $h\colon \mathbb{R}_+ \to \mathbb{R}_+$ ist

$$Z_t = \sum_{i=1}^{N_t} h(t - T_i), \text{ auf } \{N_t \geqslant 1\}, \ \forall t > 0,$$

ein Shot-Noise-Poisson-Prozess.

Ursprünglich wurde dieser Prozess für den elektrischen Strom angewendet: Elektronen treffen zu den Zeitpunkten $T_1, T_2, \ldots$ ein und liefern einen Strom, dessen Stärke über die Zeit durch die Funktion h gegeben ist.

Dieses Modell lässt sich verallgemeinern zu

$$Z_t = \sum_{i=1}^{N_t} X_i \, h(t - T_i), \text{ auf } \{N_t \geqslant 1\}, \ \forall t \geq 0,$$

wobei $X_1, X_2, \ldots$ i.i.d. und unabhängig von den Zeitpunkten $T_1, T_2, \ldots$ sind.

Beispiele 3.46 Sei $t > 0$.

- Für $h(s) = \mathbb{I}\{s \geqslant 0\}$, $\forall s \geq 0$, erhält man die Gesamtschadenslast eines zusammengesetzten Poisson-Prozesses in $[0, t]$.
- Eine wachsende Funktion h mit $h(s) \overset{s\to\infty}{\longrightarrow} 1$ lässt sich als Verzögerung in der Schadensverrechnung interpretieren.
- Wird beispielsweise zum Zeitpunkt T_i ein Betrag der Höhe X_i mit einem festen Zinssatz $r > 0$ investiert, für $i = 1, 2 \ldots$, definiert

  $$\sum_{i=1}^{N_t} \mathrm{e}^{r(t-T_i)} X_i \text{ auf } \{N_t \geq 1\},$$

  den Gesamtschadenswert zum Zeitpunkt t, während

  $$V_t = \sum_{i=1}^{N_t} \mathrm{e}^{-r(t-T_i)} X_i, \text{ auf } \{N_t \geqslant 1\},$$

  den effektiven Gesamtschadenswert der abgezinsten einmaligen Rückerstattung zum Zeitpunkt t darstellt.

Satz 3.47

Seien $X_1, X_2, \ldots$ i. i. d. und vom Poisson-Prozess $\{N_t\}_{t\geq 0}$ mit Ereigniszeiten $T_1, T_2, \ldots$ unabhängig. Für $g\colon \mathbb{R}^2 \to \mathbb{R}$ gilt dann, $\forall t > 0$ und auf $\{N_t \geqslant 1\}$,

$$Z_t = \sum_{i=1}^{N_t} g(T_i, X_i) \sim \sum_{i=1}^{N_t} g(Y_i, X_i),$$

wobei $Y_1, Y_2, \ldots$ eine Folge unabhängiger Z. V. mit Dichte

$$f_Y(x) = \frac{\lambda(x)}{\Lambda(t)}, \quad \forall x \in [0, t],$$

ist, die sowohl von $\{N_t\}_{t\geq 0}$ als auch von $X_1, X_2, \ldots$ unabhängig ist.

Beweis Seien $n \geqslant 1$, $t > 0$ und $x \in \mathbb{R}$. Mit Satz 3.42 gilt dann

$$\begin{aligned} p &\stackrel{\text{def}}{=} \mathsf{P}\left[\sum_{i=1}^{N_t} g(T_i, X_i) \leqslant x \middle| N_t = n\right] \\ &= \mathsf{P}\left[\sum_{i=1}^{n} g(Y_{(i)}, X_i) \leqslant x\right] \\ &= \mathsf{P}\left[\sum_{i=1}^{n} g(Y_{(i)}, X_{p_i}) \leqslant x\right], \end{aligned}$$

wobei $(p_1, \ldots, p_n)$ eine beliebige Permutation von $\{1, \ldots, n\}$ ist. Wählt man jetzt die Permutation $(p_1, \ldots, p_n)$ derart, dass $(Y_{p_1}, \ldots, Y_{p_n}) = (Y_{(1)}, \ldots, Y_{(n)})$, so ergibt sich

$$\begin{aligned} p &= \mathsf{P}\left[\sum_{i=1}^{n} g(Y_i, X_i) \leqslant x\right] \\ &= \mathsf{P}\left[\sum_{i=1}^{N_t} g(Y_i, X_i) \leqslant x \middle| N_t = n\right], \end{aligned}$$

weil $\{N_t\}_{t\geq 0}$ von $X_1, X_2, \ldots$ und von $Y_1, Y_2, \ldots$ unabhängig ist. Somit folgt insbesondere

$$\mathsf{P}\left[\sum_{i=1}^{N_t} g(T_i, X_i) \leqslant x,\ N_t \geqslant 1\right] = \mathsf{P}\left[\sum_{i=1}^{N_t} g(Y_i, X_i) \leqslant x,\ N_t \geqslant 1\right].$$

□

Beispiel (Shot-Noise, Fortsetzung) Auf $\{N_t \geqslant 1\}$ gilt wegen Satz 3.47:

$$V_t = \sum_{i=1}^{N_t} \mathrm{e}^{-r(t-T_i)} X_i \sim \sum_{i=1}^{N_t} \mathrm{e}^{-r(t-Y_i)} X_i, \ \forall t \geq 0.$$

3.5.4 Poisson-random Measures

Seien $\{K_t\}_{t\geqslant 0}$ ein Poisson-Prozess mit Erwartungswertfunktion Λ und $\{T_n\}_{n\in\mathbb{N}^*}$ der zugehörige Prozess der Ereigniszeiten. Außerdem seien $X_1, X_2, \ldots > 0$ unabhängige Schadensbeträge mit Verlust-V. F. F. Das Ziel ist es jetzt, neue Poisson-Prozesse mithilfe von (X_i, T_i), für $i = 1, \ldots, n$, zu konstruieren. Dazu definiert man zunächst den stochastischen Prozess

$$N(x,t) = \sum_{i=1}^{\infty} \mathsf{I}\{X_i \leqslant x,\ T_i \leqslant t\} = \begin{cases} \sum_{i=1}^{K_t} \mathsf{I}\{X_i \leqslant x\}, & \text{falls } K_t \geqslant 1, \\ 0, & \text{sonst,} \end{cases} \tag{3.20}$$

$\forall t, x \geq 0$.

Resultat 3.48 *Seien $t, x \geq 0$ und $N(x,t)$ in* (3.20) *definiert. Dann gilt*

$$N(x,t) \sim \text{Poisson}\big(F(x)\,\Lambda(t)\big).$$

Beweis Seien $t, x \geq 0$. Die Verteilung von $N(x,t)$ wird wie folgt mit der c. F. bestimmt,

$$\begin{aligned} \mathsf{E}\Big[\mathrm{e}^{\mathrm{i}vN(x,t)}\Big] &= \mathsf{E}\Big[\mathsf{E}\Big[\exp\Big\{\mathrm{i}v \sum_{j=1}^{K_t} \mathsf{I}\{X_j \leqslant x\}\,\mathsf{I}\{K_t \geq 1\}\Big\} \mid K_t\Big]\Big] \\ &= \mathsf{E}\Big[\mathsf{E}^{K_t}\Big[\exp\big(\mathrm{i}v\,\mathsf{I}\{X_1 \leqslant x\}\big)\Big]\Big] \\ &= \mathsf{E}\Big[\big(1 - F(x) + \mathrm{e}^{\mathrm{i}v} F(x)\big)^{K_t}\Big] \\ &= \mathrm{e}^{-\Lambda(t)F(x)(1-\mathrm{e}^{\mathrm{i}v})}, \end{aligned}$$

$\forall v \in \mathbb{R}$. □

Von nun an wird zur Vereinfachung folgende zweideutige Notation eingeführt.

Notation $\forall x, t \geq 0, h, s > 0$ definieren wir

$$N\big[(x, x+h] \times (t, t+s]\big] = \sum_{i=1}^{\infty} \mathsf{I}\{X_i \in (x, x+h],\ T_i \in (t, t+s]\}, \tag{3.21}$$

$$F[(x, x+h]] = F(x+h) - F(x), \tag{3.22}$$

$$\Lambda[(t, t+s]] = \Lambda(t+s) - \Lambda(s). \tag{3.23}$$

Die folgenden beiden Aussagen im Satz 3.49 lassen sich in gleicher Weise mithilfe der c. F. zeigen.

Satz 3.49
Seien $x, t \geq 0$, $h, s > 0$ *und* N, F, Λ *laut* (3.21), (3.22) *und* (3.23). *Dann gilt:*

1. $N\big[(x, x+h] \times (t, t+s]\big] \sim \text{Poisson}\big(F(x, x+h]\ \Lambda(t, t+s]\big)$;
2. *für alle disjunkte Rechtecke* $R_i \overset{\text{def}}{=} (x_i, x_i + h_i] \times (t_i, t_i + s_i]$, *für* $i = 1, \ldots, n$, *sind* $N[R_i]$, *für* $i = 1, \ldots, n$, *unabhängig.*

Aus diesem Satz und aus dem Maßerweiterungssatz (von Carathéodory) definiert $\{F[(x, x+h]]\ \Lambda[(t, t+s]]\}_{x,t \geq 0, h,s>0}$ ein eindeutiges Maß γ auf $E \overset{\text{def}}{=} (0, \infty)^2$ mit seiner Borel-σ-Algebra, d. h. auf $(E, \mathcal{B}(E))$. Dieses Maß γ heißt Produktmaß. Wenn z. B. $\{K_t\}_{t\geq 0}$ ein homogener Poisson-Prozess ist und F eine uniforme V. F., dann ist γ das Lebesgue-Maß.

Mit diesen Definitionen und Resultaten können wir ein Poisson-random Measure (P. r. M.) wie die folgende Verallgemeinerung eines Poisson-Prozesses definieren. Wieder aus dem Maßerweiterungssatz existiert der folgende Prozess.

Definition 3.50 (Poisson-random Measure)
Der verallgemeinerte stochastische Prozess $\{N[B]\}_{B \in \mathcal{B}(E)}$, *für welchen*

- *Punkt* 1 *und* 2 *von Satz* 3.49 *mit* γ *anstatt* $F \cdot \Gamma$ *und* $\forall B \in \mathcal{B}(E)$ *anstatt Rechtecke erfüllt sind,*
- *Wenn* $\exists B \in \mathcal{B}(E)$, *sodass* $\gamma[B] = \infty$, *dann* $N[B] \overset{\text{def}}{=} \infty$,

ist ein Poisson-Prozess oder ein P. r. M. mit mittlerem Maß γ, *notiert mit* $\text{PRM}(\gamma)$.

Aus Punkt 1 von Satz 3.49 folgt

$$N[B] = \sum_{i=1}^{\infty} \mathsf{I}\{(X_i, T_i) \in B\} \sim \text{Poisson}\,(\gamma[B])\,,\ \forall B \in \mathcal{B}(E).$$

Beispiel 3.51 Seien $u \geq 0$ und $0 \leq s < t$, dann stellt $N\big[(u, \infty) \times (s, t]\big]$ die Anzahl Schäden, deren Betrag im Zeitintervall $(s, t]$ einen Schwellenwert u überschreitet, dar. Diese

Anzahl ist wegen Punkt 2 von Satz 3.49 unabhängig von der Anzahl Schäden mit kleinerem Betrag als u in demselben Zeitabschnitt.

Nun möchte man den Poisson-Prozess $\{K_t\}_{t\geq 0}$ mit Ereigniszeiten $\{T_k\}_{k\geq 1}$ vom Zeitraum $E \stackrel{\text{def}}{=} (0,\infty)$ mit Borel-σ-Algebra $\mathcal{E} \stackrel{\text{def}}{=} \mathcal{B}(\tilde{E})$ auf eine beliebige Teilmenge $\tilde{E} \subset \mathbb{R}$ mit Borel-σ-Algebra $\tilde{\mathcal{E}} \stackrel{\text{def}}{=} \mathcal{B}(\tilde{E})$ verallgemeinern.

Satz 3.52
Seien $(E,\mathcal{E})$ und $(\tilde{E},\tilde{\mathcal{E}})$ *zwei messbare Räume,* $\psi : (E,\mathcal{E}) \to (\tilde{E},\tilde{\mathcal{E}})$ *eine Funktion und sei* $\{N[B]\}_{B\in\mathcal{E}}$ *ein* PRM(ν) *auf* $(E,\mathcal{E})$. *Dann definiert*

$$N_\psi[B] = \sum_{i=1}^{\infty} \mathrm{I}\{\psi(T_i) \in B\}, \quad \forall\, B \in \tilde{\mathcal{E}},$$

ein PRM($\nu \circ \psi^{(-1)}$) *auf* $(\tilde{E},\tilde{\mathcal{E}})$, *wobei* $\{T_k\}_{k\geq 1}$ *die Ereigniszeiten des* PRM(ν) *auf* $(E,\mathcal{E})$ *sind.*

Beweis Wir haben

$$N_\psi[B] = \sum_{i=1}^{\infty} \mathrm{I}\{T_i \in \psi^{(-1)}(B)\} = N[\psi^{(-1)}(B)], \ \forall B \in \tilde{\mathcal{E}},$$

wobei wegen der Messbarkeit $\psi^{(-1)}(B) = \{t \in E \mid \psi(t) \in B\} \in \tilde{\mathcal{E}}$. Somit ist

$$N_\psi[B] \sim \text{Poisson}(\nu \circ \psi^{(-1)}(B)), \ \forall B \in \tilde{\mathcal{E}}.$$

Seien $B_1,\ldots,B_n \in \tilde{\mathcal{E}}$ disjunkt, dann sind auch $\psi^{(-1)}(B_1),\ldots,\psi^{-1}(B_n) \in \mathcal{E}$ disjunkt. Also sind die Komponenten von

$$(N_\psi[B_1],\ldots,N_\psi[B_n]) = (N[\psi^{(-1)}(B_1)],\ldots,N[\psi^{(-1)}(B_n)])$$

unabhängig. □

Beispiele 3.53

- $\{K_t\}_{t\geq 0}$ definiert einen homogenen Poisson-Prozess mit Intensität $\lambda > 0$ auf $E = \mathbb{R}_+$ mit Ereigniszeiten $\{T_k\}_{k\geq 0}$. Gegeben seien die Transformationen $\psi_1(t) = \log t$ und $\psi_2(t) = \mathrm{e}^t, \forall t \in E$, sowie die Räume $\tilde{E}_1 = \mathbb{R}$ und $\tilde{E}_2 = [1,\infty)$. Die Stetigkeit impliziert die Messbarkeit. Die Verteilungen der transformierten Prozesse sind dann gegeben durch

$$\begin{aligned}
N_{\psi_1}[(a,b]] &= \sum_{i=1}^{\infty} \mathsf{I}\{T_i \in \psi_1^{(-1)}((a,b])\} \\
&= \sum_{i=1}^{\infty} \mathsf{I}\{T_i \in (\mathrm{e}^a, \mathrm{e}^b]\} \\
&\sim \text{Poisson}\big(\lambda[\mathrm{e}^b - \mathrm{e}^a]\big), \quad \forall (a,b] \subset \tilde{E}_1,
\end{aligned}$$

und

$$\begin{aligned}
N_{\psi_2}[(a,b]] &= \sum_{i=1}^{\infty} \mathsf{I}\{T_i \in \psi_2^{(-1)}((a,b])\} \\
&= \sum_{i=1}^{\infty} \mathsf{I}\{T_i \in (\log a, \log b]\} \\
&\sim \text{Poisson}\Big(\lambda \log \frac{a}{b}\Big), \quad (a,b] \subset \tilde{E}_2.
\end{aligned}$$

Im Fall der zweiten Transformation ist zu beachten, dass $N_{\psi_2}[(ca, cb]] \sim N_{\psi_2}[(a,b]]$, $\forall c \geqslant 1$. Das bedeutet, dass in $(a,b]$ durchschnittlich gleich viele Punkte fallen wie in das Intervall $(ca, cb]$, das zwar viel länger, aber auch viel weiter weg vom Ursprung sein kann.

- $\{K_t\}_{t\geq 0}$ definiert einen Poisson-Prozess auf $\mathbb{R}_+^*$ mit Ereigniszeiten $\{T_k\}_{k\geq 0}$, und X_1, $X_2, \ldots$ sind unabhängige Z.V. mit V.F. F über $\mathbb{R}$. Dann definieren (X_k, T_k), für $k = 1, 2, \ldots$, ein P.r.M. auf $E = \mathbb{R} \times \mathbb{R}_+^*$ mit dem mittleren Maß ν, welches dem Produktmaß des Maßes von F mit $\lambda \cdot L$ entspricht, wobei L das Lebesgue-Maß ist. Die Transformationsfunktion

$$\begin{aligned}
\psi\colon (E, \mathcal{E}) &\to (\tilde{E}, \tilde{\mathcal{E}}), \\
(x, t) &\mapsto t^{-\frac{1}{\alpha}}(\cos(2\pi x), \sin(2\pi x)),
\end{aligned}$$

ist für $\alpha \neq 0$ stetig und damit messbar. Folglich definiert $\{\psi(X_k, T_k)\}_{k\geq 1}$ ein P. r. M. auf $\tilde{E}$ mit mittlerem Maß $\nu \circ \psi^{(-1)}$.

- **Ungemeldete Schäden** Eine wichtige Anwendung gilt für den Fall, dass aus verschiedenen Gründen die Schäden erst mit Verzögerung bei der Versicherung gemeldet werden. Dieser Umstand soll jetzt mithilfe eines Poisson-random Measures modelliert werden. Seien $\{T_k\}_{k\geq 1}$ die Schadenszeiten des Poisson-Zählprozesses $\{K_t\}_{t\geq 0}$ mit der Erwartungswertfunktion Λ. Seien noch $V_1, V_2, \ldots$ unabhängige positive Z. V. mit V. F. G und sodass $\mathsf{E}[V_1] < \infty$. Diese letzte Z. V. sind die Verzögerungen. Damit sind $T_k + V_k$, für $k = 1, 2, \ldots$, die Zeitpunkte der Schadensmeldungen. Seien $E = (0, \infty)^2$ und $\mathcal{E} = \mathcal{B}(E)$. Dann definieren (V_k, T_k), für $k = 1, \ldots, n$, ein P. r. M. auf $(E, \mathcal{E})$. Wenn wir die Maße von G und Λ wieder als G und Λ notieren, dann ist das P. r. M. mittlere Maß ν gleich dem Produktmaß von G und Λ, d. h. $\nu = G \times \Lambda$. Sei $t > 0$. Die Anzahl gemeldeter Schäden im Zeitintervall $(0, t]$ ist

$$K_t^* = \sum_{i=1}^{K_t} \mathsf{I}\{T_i + V_i \leqslant t\} = \sum_{i=1}^{\infty} \mathsf{I}\{T_i + V_i \leqslant t\},$$

und, gegeben $(\tilde{E}, \tilde{\mathcal{E}}) = ((0, \infty), \mathcal{B}((0, \infty))$, ist die Transformation

$$\begin{aligned} \psi\colon (E, \mathcal{E}) &\to (\tilde{E}, \tilde{\mathcal{E}}), \\ (v, t) &\mapsto v + t, \end{aligned}$$

offensichtlich messbar. Dann ist $\{N_\psi[B]\}_{B \in \tilde{\mathcal{E}}}$ ein PRM$(\nu \circ \psi^{(-1)})$ und $K_t^* = N_\psi[(0, t]]$. Zudem gilt

$$\begin{aligned} \nu_\psi[(0, t]] &\overset{\text{def}}{=} \nu[\psi^{(-1)}(0, t]] \\ &= (G \times \Lambda)[\{(v, s) \mid v + s \leqslant t\}] \\ &= \int_0^t \int_0^{t-s} \mathrm{d}G(v)\mathrm{d}\Lambda(s) \\ &= \int_0^t G(t - s)\mathrm{d}\Lambda(s). \end{aligned}$$

Im homogenen Fall $\Lambda[B] = \lambda L[B]$, wobei L das Lebesgue-Maß ist, gilt dann

$$\begin{aligned} \nu_\psi[(0, t]] &= \lambda \int_0^t \mathrm{d}G(s) \\ &= \lambda \left(t - \int_0^t [1 - G(s)]\mathrm{d}s \right) \\ &\sim \lambda(t - \mathsf{E}[V_1]), \quad \text{für } t \to \infty. \end{aligned}$$

Der inhomogene Poisson-Prozess $\{K_t^*\}_{t \geq 0}$ hat also nach einer gewissen Zeit näherungsweise stationäre Zuwächse, weil $\forall h > 0$,

$$\begin{aligned} \mathsf{E}\left[N_\psi[(t, t + h]]\right] &= \mathsf{E}\left[N_\psi[(0, t + h]]\right] - \mathsf{E}\left[N_\psi[(0, t]]\right] \\ &\sim \lambda(t + h - \mathsf{E}[V_1]) - \lambda(t - \mathsf{E}[V_1]) \\ &\sim \lambda h, \quad \text{für } t \to \infty. \end{aligned}$$

Das bedeutet, dass die Verzögerungen in diesem Modell asymptotisch vernachlässigbar sind.

3.6 Aufgaben

Aufgabe 3.6.1 In der Feuerversicherung haben wir ein Portfolio mit einer großen Anzahl von versicherten individuellen Wohnungen oder Häusern, d. h. Risiken. Hier ist die Wahrscheinlichkeit eines individuellen Brandes sehr klein. Durchschnittlich haben wir in diesem

Portfolio fünf Fälle von Feuer pro Monat beobachtet, und diese Unfälle erscheinen in einer homogenen Weise. Unter diesen Umständen beantworten Sie die folgenden Fragen mit approximierten Werten.

(1) Wie viele Fälle von Feuer treten während einer Dauer von fünf Monaten durchschnittlich ein?
(2) Wie hoch ist die Wahrscheinlichkeit, keinen Fall von Feuer während zwei Monaten zu beobachten?
(3) Welche ist die durchschnittliche Zeit, die zwei aufeinanderfolgende Fälle von Feuer trennt?

Aufgabe 3.6.2 Wir betrachten eine versicherte Einheit, die ab dem Zeitpunkt $t = 0$ einem Schadensrisiko unterliegt, das sich folgendermaßen beschreiben lässt: Gegeben, dass im Zeitintervall $(0, t]$ kein Schaden stattgefunden hat, ist die Wahrscheinlichkeit, dass ein Schaden im Zeitintervall $(t, t + \mathrm{d}t)$ eintritt, gegeben durch $a\,\mathrm{d}t$, wobei $a > 0, \forall t \geq 0$. Außerdem bezeichne F die V.F. der Wartezeit bis zum ersten Schaden.

(1) Drücken Sie das Ereignis „in $(0, t]$ hat sich kein Schaden ereignet" und dessen Wahrscheinlichkeit aus.
(2) Finden Sie einen Ausdruck der oben beschriebenen Wahrscheinlichkeit $a\mathrm{d}t$ bezüglich F und der Dichte $f = F'$.
(3) Bestimmen Sie F und f aus a.
(4) Berechnen Sie die Wahrscheinlichkeit, dass die versicherte Einheit nie von einem Schaden betroffen ist.

Aufgabe 3.6.3 Wir betrachten einen homogenen Poisson-Prozess, wobei T_n den Zeitablauf von 0 bis zur Zeit des n-ten Schadens und N_t die Anzahl Schäden im Zeitintervall $[0, t]$ darstellen.

(1) Beweisen Sie, dass $\mathsf{P}[T_n > t] = \sum_{i=0}^{n-1} \mathsf{P}[N_t = i]$.
(2) Gegeben $\mathsf{P}[N_t = k] = (at)^k/k!\,\mathrm{e}^{-at}$, für $k = 0, 1, \ldots$, leiten Sie mithilfe von (1) die Dichte von T_n her.

Aufgabe 3.6.4 Berechnen Sie die Übergangswahrscheinlichkeiten $p_{k,k+n}(s, t)$, $\forall k, n = 0, 1, \ldots, 0 < s < t$, mit der Integralformel für Geburtsprozesse, falls die Übergangsintensitätsfunktionen durch $\lambda_0(t) = \lambda_1(t) = \ldots, \forall t \geq 0$ gegeben sind.

Aufgabe 3.6.5 In einer Feuerversicherung geht man davon aus, dass die Schadensfälle einem inhomogenen Poisson-Prozess folgen. Die Intensitätsfunktion ist gegeben durch

$$\lambda(t) = a + b\cos\left(\frac{2\pi}{365}t\right), \quad \forall t > 0,$$

wobei $a > b > 0$. Die Zeiteinheit ist der Tag. Was ist die durchschnittliche Zeitdauer bis zum ersten Feuer?

Aufgabe 3.6.6 Gegeben seien die unabhängigen Poisson-Prozesse $\{N_t^{(1)}\}_{t\geq 0}, \ldots, \{N_t^{(m)}\}_{t\geq 0}$ mit Intensitätsfunktionen $\lambda_1, \ldots, \lambda_m$. Zeigen Sie, dass $\{N_t^{(1)} + \ldots + N_t^{(m)}\}_{t\geq 0}$ ein Poisson-Prozess ist und geben Sie dessen Intensitätsfunktion an.

Aufgabe 3.6.7 Sei $\{N_t\}_{t\geq 0}$ ein inhomogener Poisson-Prozess mit Erwartungswertfunktion Λ. Seien noch $0 \leqslant s < t$. Zeigen Sie, dass

$$\mathsf{P}\left[N_s = k \mid N_t = n\right] = \begin{cases} \binom{n}{k}\left(\frac{\Lambda(s)}{\Lambda(t)}\right)^k \left(1 - \frac{\Lambda(s)}{\Lambda(t)}\right)^{n-k}, & \text{falls } 0 \leqslant k \leqslant n, \\ 0, & \text{falls } k > n. \end{cases}$$

Das heißt, für $n = 1, 2, \ldots$,

$$N_s \mid N_t = n \sim \text{Binomial}\left(n, \frac{\Lambda(s)}{\Lambda(t)}\right).$$

Aufgabe 3.6.8 Sei $\{N_t\}_{t\geq 0}$ ein inhomogener Poisson-Prozess mit stetiger Intensitätsfunktion λ und Erwartungswertfunktion Λ. Zeigen Sie, dass für $0 \leqslant t_1 < t < t_2$ die folgende Gleichung gilt,

$$\begin{aligned} \lim_{h\downarrow 0} \mathsf{P}[N(t_1 - h, t - h) = 0, N(t - h, t) = 1, N(t, t_2) = 0 \mid N(t - h, t) > 0] \\ = \mathrm{e}^{-[\Lambda(t_2) - \Lambda(t_1)]}, \end{aligned}$$

wobei $N(a, b) = N_b - N_a$ die Anzahl Ereignisse im Zeitintervall $(a, b]$ ist, $\forall 0 \leq a < b$.

Aufgabe 3.6.9 Wir betrachten den gemischten Poisson-Prozess $\{N_t\}_{t\geq 0}$, wobei die Risikocharakteristik Θ die folgende diskrete Verteilung besitzt, $\mathsf{P}[\Theta = \theta_1] = \mathsf{P}[\Theta = \theta_2] = 1/2$, wobei $\theta_1, \theta_2 > 0$, $\theta_1 \neq \theta_2$. Leiten Sie die m. e. F., den Erwartungswert und die Varianz von N_t, $\forall t > 0$, her.

Aufgabe 3.6.10 Seien $U_1, \ldots, U_n$ unabhängig und Uniform$(0, 1)$-verteilte Z. V. Außerdem bezeichne $\{T_n\}_{n\geq 1}$ die Schadenszeiten eines Poisson-Prozesses.

(1) Zeigen Sie für den homogenen Fall mit konstanter Intensität λ, dass

$$\left(U_{(1)}, \ldots, U_{(n)}\right) \sim \left(\frac{T_1}{T_{n+1}}, \ldots, \frac{T_n}{T_{n+1}}\right).$$

(2) Zeigen Sie für den inhomogenen Fall mit Intensitätsfunktion λ, dass

$$\left(U_{(1)}, \ldots, U_{(n)}\right) \sim \left(\frac{\Lambda(T_1)}{\Lambda(T_{n+1})}, \ldots, \frac{\Lambda(T_n)}{\Lambda(T_{n+1})}\right).$$

Aufgabe 3.6.11 Seien $D_1, \ldots, D_n$ unabhängig und Exponential(λ)-verteilte Z. V. mit $\lambda > 0$. Zeigen Sie, dass sich die Ordnungsstatistik folgendermaßen darstellen lässt:

$$\left(D_{(1)}, \ldots, D_{(n)}\right) \sim \left(\frac{D_n}{n}, \frac{D_n}{n} + \frac{D_{n-1}}{n-1}, \ldots, \frac{D_n}{n} + \frac{D_{n-1}}{n-1} + \ldots + \frac{D_1}{1}\right).$$

Aufgabe 3.6.12 Wir betrachten $Z = \sum_{i=0}^{N} X_i$, wobei $X_0 = 0$ und $X_1, X_2, \ldots$ Exponential(1) Z. V. sind. Zudem sind diese Z. V. von N unabhängig und $\mathsf{P}[N = n] = (1 - p)^n p$, für $n = 0, 1, \ldots$, wobei $p \in (0, 1)$.

(1) Berechnen Sie die m. e. F. von Z_1.
(2) Drücken Sie diese m. e. F. als Linearkombination der m. e. F. von 0 und der m. e. F. einer Exponential(1)-Z. V. aus.
(3) Leiten Sie daraus die Verteilung von Z her.

Aufgabe 3.6.13 Finden Sie die Verteilung von $Z = \sum_{i=1}^{N} X_i$, wobei die Z. V. $X_1, X_2, \ldots$ unabhängig, $\mathcal{N}(\mu, \sigma^2)$-verteilt und unabhängig von N sind. Zudem gilt $\mathsf{P}[N = n] = (1 - p)^{n-1} p$, für $n = 1, 2, \ldots$ wobei $p \in (0, 1)$.

Aufgabe 3.6.14 Wir betrachten eine zusammengesetzte Summe mit Anzahl von Schäden N mit der Verteilung $\mathsf{P}[N = n] = (1/5)^n 4/5,\ n = 0,1,\ldots$. Die Einzelschadensbeträge $X_1, X_2, \ldots$ sind unabhängig und jede Z. V. hat die Wahrscheinlichkeitsfunktion $f(1) = 0{,}5,\ f(2) = 0{,}4,\ f(3) = 0{,}1$. Wir nehmen an, dass N und $X_1, X_2, \ldots$ unabhängig sind. Berechnen Sie die Wahrscheinlichkeitsfunktion von Z an den Werten 0 und 3.

Aufgabe 3.6.15 Wir betrachten eine zusammengesetzte Summe, wobei die Anzahl von Schäden N, die während dieser Periode eingetreten sind, durch die Wahrscheinlichkeitsfunktion

$$\mathsf{P}[N = n] = \binom{n+2}{n} \frac{1}{2^{n+3}}, \text{ für } n = 0, 1, \ldots,$$

definiert wird. Seien $X_1, X_2, \ldots$ unabhängige Einzelschadensbeträge mit der Dichte $f(x) = \mathrm{e}^{-x},\ \forall x \geq 0$. Wir nehmen an, dass N und $X_1, X_2, \ldots$ unabhängig sind. Berechnen Sie den Erwartungswert und die Varianz für die Gesamtschadenslast $\sum_{i=0}^{N} X_i$, wobei $X_0 = 0$.

Aufgabe 3.6.16 Für einen homogenen Poisson-Prozess $\{N_t\}_{t\geq 0}$ und die zugehörigen Schadenszeitpunkte $\{T_n\}_{n\geq 1}$ betrachten Sie für $t > 0$ den abgezinsten Gesamtschadensbetrag

$$U_t = \sum_{i=1}^{N_t} \mathrm{e}^{-rT_i} X_i$$

auf $\{N_t \geq 1\}$, wobei $r > 0$ ein Zinssatz ist.

(1) Berechnen Sie für den Fall $r = 0$ den Erwartungswert und die Varianz von U_t.
(2) Zeigen Sie, dass U_t die gleiche Verteilung hat wie

$$\mathrm{e}^{-rt} \sum_{i=1}^{N_t} \mathrm{e}^{rT_i} X_i.$$

Aufgabe 3.6.17 Sei $\{N_t\}_{t\geq 0}$ ein homogener Poisson-Prozess mit Ereigniszeiten $\{T_n\}_{n\geq 1}$ und Intensität λ.

(1) Zeigen Sie, dass $\{\sqrt{T_n}\}_{n\geq 1}$ und $\{T_n^2\}_{n\geq 1}$ Poisson-Prozesse auf $[0, \infty)$ definieren, und berechnen Sie ihre Erwartungswertfunktionen.
(2) Seien $\{N_t^{(1)}\}_{t\geq 0}$ und $\{N_t^{(2)}\}_{t\geq 0}$ Poisson-Prozesse auf $[0, \infty)$ mit Erwartungswertfunktionen $\Lambda_1(t) = \sqrt{t}$ und $\Lambda_2(t) = t^2, \forall t \geq 0$ und Ereigniszeiten $\{T_n^{(1)}\}_{n\geq 1}$ und $\{T_n^{(2)}\}_{n\geq 1}$. Zeigen Sie, dass $\{N_{t^2}^{(1)}\}_{t\geq 0}$ und $\{N_{\sqrt{t}}^{(2)}\}_{t\geq 0}$ Poisson-Prozesse auf $[0, \infty)$ und gleichverteilt sind.
(3) Zeigen Sie, dass der Prozess

$$N_t^{(3)} = \text{card}\left\{n \geqslant 1 \mid \mathrm{e}^{T_n} \leqslant t + 1\right\}, \ \forall t \geqslant 0,$$

ein Poisson-Prozess ist, und berechnen Sie seine Erwartungswertfunktion.

Aufgabe 3.6.18 Seien $\{T_n\}_{n\geq 0}$ die Ereigniszeiten eines homogenen Poisson-Prozesses auf $[0, \infty)$ und seien $X_1, X_2, \ldots$ unabhängig mit Verlust-V.F. F. Sei noch

$$M\left[(s, t] \times (a, b]\right] \stackrel{\text{def}}{=} \text{card}\{n \geqslant 1 \mid T_n \in (s, t],\ X_i \in (a, b]\},\ \forall 0 \leq s < t,\ 0 \leq a < b.$$

Zeigen Sie, dass $M[\Delta_1]$ und $M[\Delta_2]$ unabhängig sind, wenn $\Delta_i = (s_i, t_i] \times (a_i, b_i]$ mit $0 \leq s_i < t_i$ und $0 \leq a_i < b_i$, für $i = 1, 2$, disjunkt sind.

Aufgabe 3.6.19 Sei $\{N_t\}_{t\geq 0}$ ein homogener Poisson-Prozess mit Intensität $\lambda > 0$. Sei noch der Schätzer von λ $\hat{\lambda}_t = N_t/t$, $\forall t > 0$. Beweisen Sie die folgenden asymptotischen Resultate:

(1) $\sqrt{t}\dfrac{\hat{\lambda}_t - \lambda}{\sqrt{\lambda}} \xrightarrow{\mathrm{d}} \mathcal{N}(0,1)$, für $t \to \infty$;

(2) $\hat{\lambda}_t = \lambda + \mathrm{O_P}(t^{-1/2})$, für $t \to \infty$.

Das folgende Lemma kann hilfreich sein.

Lemma Sei der stochastische Prozess $\{Y_t\}_{t \geq 0}$. Wenn eine Z. V. Y, sodass $Y_t \xrightarrow{\mathrm{d}} Y$ existiert, dann gilt $Y_t = \mathrm{O_P}(1)$.

Notation $Y_t = \mathrm{O_P}(X_t)$, für $t \to \infty$, bezeichnet

$$\forall \varepsilon > 0,\ \exists c_\varepsilon, t_\varepsilon > 0,\ \text{sodass } t > t_\varepsilon \Longrightarrow \mathsf{P}\left[|Y_t| < c_\varepsilon\, |X_t|\right] > 1 - \varepsilon.$$

Aufgabe 3.6.20 Wir betrachten den gemischten zusammengesetzten Poisson-Prozess $\{Z_t\}_{t \geq 0}$, wobei $Z_t = \sum_{i=0}^{N_t} X_i$, $X_0 \overset{\text{def}}{=} 0$ und $X_1, X_2, \ldots$ i. i. d. und unabhängig von $\{N_t\}_{t \geq 0}$ sind. Die Risikocharakteristik des Zählprozesses ist Θ und sie besitzt die inverse Gauß'sche Verteilung, d. h., Θ hat die Dichte

$$\frac{\alpha}{\sqrt{2\pi\beta}}\theta^{-\frac{3}{2}} \exp\left\{-\frac{(\beta\theta - \alpha)^2}{2\beta\theta}\right\},\ \forall \theta > 0,$$

und die m. e. F.

$$M_\Theta(v) = \exp\left\{\alpha\left(1 - \sqrt{1 - \frac{2v}{\beta}}\right)\right\},$$

wobei $\alpha, \beta > 0$.

(1) Berechnen Sie den Erwartungswert und die Varianz von Θ sowie den Erwartungswert, die Varianz und die m. e. F. von N_t, $\forall t > 0$.
(2) Berechnen Sie die m. e. F. von Z_t, wenn X_1 die Exponential-Verteilung mit Erwartungswert μ hat, $\forall t > 0$.

Bemerkung Der Zählprozess $\{N_t\}_{t \geq 0}$ heißt Poisson-inverser Gauß'scher Prozess.

Aufgabe 3.6.21 Seien Θ eine positive Z. V. mit der Dichte h und $\{N_t\}_{t \geq 0}$ ein gemischter Poisson-Prozess in dem Sinne, dass gegeben $\Theta = \theta > 0$ $\{N_t\}_{t \geq 0}$ ein inhomogener Poisson-Prozess mit der Intensitätsfunktion $\theta\psi(t)$, $\forall t \geq 0$ ist. Wir definieren noch $\Psi(t) = \int_0^t \psi(x)\mathrm{d}x$, $\forall t \geq 0$. Seien $k, n \in \mathbb{N}$ und $0 \leq s < t$.

(1) Geben Sie die Dichte von Θ gegeben $N_s = k$, notiert $h_{s,k}$ an.
(2) Drücken Sie $p_{k,k+n}(s,t)$ als Intergral bezüglich $h_{s,k}$ aus.
(3) Drücken Sie $p_{k,k+n}(s,t)$ als Funktion von $p_{k+n}(t)/p_k(s)$ aus.
(4) Geben Sie $\mathsf{P}[N_s = k | N_t = n + k]$ an.

Aufgabe 3.6.22 Seien $k, n \in \mathbb{N}$ und $0 \leq s < t$. Seien g eine Wahrscheinlichkeitsdichte über $\mathbb{R}_+$ und

$$\tau_k(t) = \int_0^\infty \theta^k \mathrm{e}^{-\theta t} g(\theta) \mathrm{d}\theta.$$

Seien noch die Übergangsintensitätsfunktionen

$$\lambda_k(t) = \frac{\tau_{k+1}(t)}{\tau_k(t)}. \tag{3.24}$$

Die Übergangswahrscheinlichkeiten der Mischung eines homogenen Poisson-Prozesses (mit jeder Mischungsdichte) sind gegeben in (3.19).

(1) Beweisen Sie, dass, wenn die Mischungsdichte g ist, dann gilt

$$p_{k,k+n}(s,t) = \frac{1}{n!}(t-s)^n \frac{\tau_{k+n}(t)}{\tau_k(s)}.$$

(2) Beweisen Sie, dass $\tau_k'(t) = -\tau_{k+1}(t)$ und

$$\exp\left\{-\int_s^t \lambda_k(s) ds\right\} = \frac{\tau_k(t)}{\tau_k(s)}.$$

(3) Beweisen Sie, dass (3.19) zusammen mit (3.24) die rekursive Integral-Gleichungen der Übergangswahrscheinlichkeiten eines Geburtsprozesses von Satz 3.18 erfüllen.

Aufgabe 3.6.23 Sei $\{K_t\}_{t\geq 0}$ ein Poisson-Prozess mit Parameter λ. Weiter haben wir unabhängige Zufallsvariablen $X_1, X_2, \ldots$ mit Verlust-V.F. F, die auch unabhängig von $\{K_t\}_{t\geq 0}$ sind. Wir definieren den zusammengesetzten Verlust der r-übersteigenden Schäden als

$$Z_t(r) = \sum_{i=0}^{K_t} (X_i - r) \mathrm{I}\{X_i > r\} = \sum_{i=0}^{K_t(r)} (X_{I_i} - r), \quad \text{für } r > 0,$$

wobei X_{I_i} der i-te r-übersteigende Schadensbetrag ist, für $i = 1, 2 \ldots, K_t(r)$ die Anzahl von solchen Beträgen im Zeitintervall $[0, t]$ ist und $X_0 = I_0 = 0$. Dann sind $X_{I_1}, X_{I_2}, \ldots$ unabhängig mit V.F. $\mathsf{P}[X_1 \leq x \mid X_1 > r]$. Wir definieren $D_i(r) = X_{I_i} - r$, $i = 1, 2, \ldots$. Die V.F. von $D_1(r)$ ist

$$F_r(x) = \frac{F(x+r) - F(r)}{1 - F(r)}, \quad \forall x \geq 0.$$

Zeigen Sie nun, dass

$$P(Z_t(r) \le z) = \sum_{i=0}^{\infty} \frac{(\lambda_r t)^i}{i!} \mathrm{e}^{-\lambda_r t} F_r^{*i}(z), \ \forall z \ge 0,$$

wobei $\lambda_r = \lambda\{1 - F(r)\}$.

Aufgabe 3.6.24 Betrachten Sie ein Segment der Länge $n \in \mathbb{N}^*$ und $0 < \tau < n$. Es wird angenommen, dass n Tropfen unabhängig und gleichverteilt über das Segment fallen.

(1) Welche ist die Wahrscheinlichkeit, dass genau $k \in \mathbb{N}$ Tropfen über ein festes Segment der Länge τ fallen?
(2) Geben Sie den Grenzwert für $n \to \infty$ der Wahrscheinlichkeit der Frage 1?

Aufgabe 3.6.25 Seien $D_1, D_2, \ldots$ unabhängige Z. V. mit der V. F. F und Dichte f über $\mathbb{R}_+$. Diese Z. V. lassen sich als Zeiten zwischen aufeinanderfolgenden Schäden interpretieren. Die Z. V. $T_j = D_1 + \ldots + D_j$ wird die Zeit des j-ten Schadens, für $j = 1, 2, \ldots$. Zudem definieren wir für jede Zeit $t \ge 0$ die ganzzahlige Z. V. N_t als die Anzahl von Schäden, die während des Zeitintervalls $[0, t]$ auftreten, d. h.

$$N_t = \max\{k \in \mathbb{N} \mid T_k \le t\} = \sum_{j=1}^{\infty} \mathrm{I}\{T_j \le t\}.$$

(1) Seien $0 \le s < t$, und $j \in \mathbb{N}$. Drücke die Wahrscheinlichkeit eines Schadens zwischen den Zeiten t und $t + \mathrm{d}t$, gegeben $N_t = j$ und $T_j = s$, nach der Ausfallrate und nach der momentanen Ausfallrate von F aus.
(2) Was ist die Wahrscheinlichkeit in (1), wenn F die exponentielle V. F. ist?

Aufgabe 3.6.26 Sei

$$S = \sum_{n=0}^{N} X_n,$$

wobei $X_1, X_2, \ldots$ gleichverteilt sind, $N, X_1, X_2, \ldots$ unabhängig sind und $X_0 = 0$.

(1) Falls X_1 gleichverteilt über $(0, 1)$ ist und N Bernoulli-verteilt mit Parameter $p \in (0, 1)$ ist, bestimmen Sie die m. e. F. von S zum Punkt 1, d. h. $M_S(1)$.
(2) Falls X_1 normalverteilt mit Erwartungswert $\mu = 3$ und Varianz $\sigma^2 = 1$ ist und N Bernoulli verteilt mit Parameter $p = 0{,}6$ ist, bestimmen Sie die m. e. F. von S, d. h. M_S.
(3) Falls X_1 die Verteilung $\mathsf{P}[X_1 = 10] = \mathsf{P}[X_1 = 20] = 0{,}5$ besitzt und $N \sim$Binomial $(10, 0{,}6)$, bestimmen Sie M_S.

Aufgabe 3.6.27 Sei der zusammengesetze Prozess

$$S = \sum_{n=0}^{N} X_n,$$

wobei $\mathsf{P}[N = n] = \mathrm{e}^{-1}(n!)^{-1}$, für $n = 0, 1, 2, \ldots$, die Dichte von jeder Z. V. $X_1, X_2, \ldots$ gegeben durch $f_X(x) = \mathrm{e}^{-x}$, $\forall x \geq 0$, ist und wobei $X_1, X_2, \ldots, N$ unabhängig sind.

(1) Welche Verteilung hat N?
(2) Welche Verteilung hat X?
(3) Geben Sie die m. e. F. von S, viz. M_S.

Aufgabe 3.6.28 Wir definieren die V. F. der Gamma(α, 1) Z. V. durch

$$G_\alpha(x) = \frac{1}{\Gamma(\alpha)} \int_0^x \mathrm{e}^{-t} t^{\alpha-1} \mathrm{d}t, \ \forall x \geq 0,$$

wobei $\alpha > 0$. Wir definieren noch die Funktionen

$$e_n(x) = \sum_{i=0}^{n} \frac{x^i}{i!}, \ \forall x \geq 0 \text{ und für } n = 0, 1, 2, \ldots.$$

(1) Beweisen Sie per Induktion die Formel

$$G_n(x) = 1 - e_{n-1}(x)\mathrm{e}^{-x}, \quad \text{für } n = 1, 2, 3, \ldots.$$

(2) Geben Sie eine explizite Formel für die V. F. von

$$Z = \sum_{i=0}^{N} X_i,$$

wobei $N \sim$ Poisson(λ), $X_0 = 0$, $X_i \sim$Exponential($1/\mu$), für $i = 1, 2, \ldots$, $\mu > 0$ und alle Z. V. unabhängig sind.
Hinweis Man beweist leicht, dass

$$S_n = \sum_{i=1}^{n} X_i \sim \text{Gamma}\left(n, \frac{1}{\mu}\right).$$

Zudem gilt

$$\mathsf{P}[\text{Gamma}(\alpha, \beta) \leq x] = \mathsf{P}[\text{Gamma}(\alpha, 1) \leq \beta x], \ \forall x \geq 0.$$

(3) Geben Sie $\mathsf{P}[Z = 0]$.

Aufgabe 3.6.29 Sei der zusammengesetzte Verlust

$$Z = \sum_{n=0}^{N} X_n,$$

wobei: N negativ binomial-verteilt ist, d. h.

$$\mathsf{P}[N = n] = \binom{n+r-1}{n} p^r (1-p)^n, \quad \text{für } n = 0, 1, \ldots,$$

mit $p \in (0, 1)$ und $r > 0$, $X_0 = 0$, $X_1, X_2, \ldots$ i. i. d Verluste und von N unabhängig sind. Definieren wir noch

$$\mu_n = \mathsf{E}[X_1^n], \quad \text{für } n = 1, 2, \ldots,$$

und M_Z und K_Z die m. e. F. und k. e. F. von Z. Es gelten

$$\mathsf{E}[Z^k] = \frac{\mathrm{d}^k}{\mathrm{d}v^k} M_Z(v)\Big|_{v=0}, \quad \text{für } k = 1, 2, \ldots,$$

$$\mathsf{E}[Z - \mathsf{E}[Z]] = 0, \quad \mathsf{E}[(Z - \mathsf{E}[Z])^2] = \frac{\mathrm{d}^2}{\mathrm{d}v^2} K_Z(v)\Big|_{v=0} \text{ und } \mathsf{E}[(Z - \mathsf{E}[Z])^3] = \frac{\mathrm{d}^3}{\mathrm{d}v^3} K_Z(v)\Big|_{v=0}.$$

Zudem ist die m. e. F. von N gegeben durch

$$M_N(v) = \frac{p^r}{[1 - (1-p)e^v]^r}, \quad \forall v \in \mathbb{R}.$$

(1) Berechnen Sie K_Z bezüglich $M_X(v)$.
(2) Berechnen Sie $\mathsf{E}[(Z - \mathsf{E}[Z])^3]$.

Aufgabe 3.6.30 (1) Beweisen Sie das folgende Resultat.

Resultat 3.54
Sei $\{Z_k\}_{k \geq 1}$ ein zusammengesetzter negativ-binomialer Verlustprozess mit diskreter Zeit, d. h.

$$Z_k = \sum_{n=0}^{N_k} X_n, \quad \text{für } k = 1, 2, \ldots,$$

wobei für $n = 0, 1, \ldots,$

$$\mathsf{P}[N_k = n] = \binom{n+r-1}{n} p_k^r q_k^n, \quad \text{mit } r > 0,\ p_k \in (0, 1),\ q_k = 1 - p_k, \quad \text{für } k = 1, 2, \ldots,$$

und wobei $X_0 = 0$ *und* $X_1, X_2, \ldots$ *i. i. d., light-tailed und unabhängig von N sind. Notieren wir* $p = p_1$ *und* $q = q_1$. *Nehmen wir an, dass*

$$\frac{q_k}{p_k} = k\frac{q}{p}, \quad \textit{für } k = 1, 2, \ldots.$$

Mit light-tailed ist gemeint, dass die k. e. F. von X_1, *notiert* M_X, *über eine Umgebung von 0 definiert ist. Dann gilt*

$$\frac{Z_k}{\mathsf{E}[Z_k]} \xrightarrow{\text{d}} \text{Gamma}(r, r), \textit{ für } k \to \infty.$$

Hinweis Untersuchen Sie die Konvergenz der m. e. F. von $Z_k/\mathsf{E}[Z_k]$. Definieren Sie $\mu_j = \mathsf{E}[X_1^j]$, für $j = 1, 2, \ldots$. Verwenden Sie die Taylor-Entwicklung der m. e. F. von X_1, notiert K_X.

(2) Berechnen Sie die Varianz von $Z_k/\mathsf{E}[Z_k]$ sowie ihren Grenzwert für $k \to \infty$.
(3) Mit der Hilfe von Resultat 3.54 geben Sie Approximationen für $\text{VaR}_{0.95}(Z_{10})$ und $\text{VaR}_{0.99}(Z_{10})$, wenn $r = 1/2$.

Aufgabe 3.6.31 Seien Z_1, Z_2, Z_3 unabhängige zusammengesetze Poisson-Z. V. mit den Poisson-Parametern $\lambda_1 = 2, \lambda_2 = 4, \lambda_3 = 5$.Geben Sie die Verteilung von $Z = Z_1 + Z_2 + Z_3$.

Aufgabe 3.6.32 Seien

$$Z_j = \sum_{n=0}^{N_j} X_n^{(j)}, \quad \text{für } j = 1, 2, 3,$$

wobei $N_j \sim \text{Poisson}(\lambda_j)$, für $j = 1, 2, 3$, mit Parametern $\lambda_1 = 3/2, \lambda_2 = 3/2, \lambda_3 = 3$, wobei $X_0^{(j)} = 0$, für $j = 1, 2, 3$,

$$f_1(1) = \mathsf{P}[X_1^{(1)} = 1] = 0{,}2, \quad f_1(2) = \mathsf{P}[X_1^{(1)} = 2] = 0{,}5, \quad f_1(3) = \mathsf{P}[X_1^{(1)} = 3] = 0{,}3,$$
$$f_2(1) = \mathsf{P}[X_1^{(2)} = 1] = 0{,}7, \quad f_2(2) = \mathsf{P}[X_1^{(2)} = 2] = 0{,}3,$$
$$f_3(1) = \mathsf{P}[X_1^{(3)} = 1] = 0{,}5, \quad f_3(2) = \mathsf{P}[X_1^{(3)} = 2] = 0{,}5$$

und wobei alle Z. V. unabhängig sind. Die Summe $Z = Z_1 + Z_2 + Z_3$ lässt sich noch als

$$Z = \sum_{n=0}^{N} X_n$$

schreiben, wobei $X_0 = 0, X_1, X_2, \ldots$ i. i. d. und unbhängig von N sind.

(1) Welche Verteilung hat N?
(2) Geben Sie eine Formel für die Wahrscheinlichkeitsfunktion von X_1, die f notiert wird.
(3) Berechenen Sie $f(1)$, $f(2)$, $f(3)$.
(4) Sei $f_Z(j) = \mathsf{P}[Z = j]$, für $j = 0, 1, 2, \ldots$. Berechnen Sie $f_Z(0)$, $f_Z(1)$, $f_Z(2)$. Geben Sie die Resultate in der Form $x\mathrm{e}^{-6}$.
(5) Berechnen Sie $\mathsf{P}[Z \leq 2]$. Geben Sie das Resultat in der Form $x\mathrm{e}^{-6}$.

Risikoprozess und Ruintheorie 4

4.1 Einleitung

Wie schon in Abschn. 1.1 erwähnt, kann ein typisches Versicherungsphänomen als finanzieller Behälter mit einem deterministischen Zufluss und einem zufälligen Abfluss dargestellt werden, s. Abb. 1.1. Falls die Prämien zu niedrig wären oder ein außerordentlich großer Schaden stattgefunden hätte, würde der Pegel dieses Behälters unter null sinken. Dieses Ereignis wird kurz Ruin genannt. Während der Risikoprozess ein dynamisches Modell für den Pegel dieses Behälters ist, bezeichnet die Ruintheorie alle theoretischen Resultate, die zu Approximationen oder zu exakten Formeln für die Wahrscheinlichkeit des Ruins führen. Abschn. 4.1.1 enthält die Definitionen und Komponenten des Risikoprozesses. Abschn. 4.1.2 gibt die Definitionen der Ruinwahrscheinlichkeiten im endlichen und im unendlichen Zeithorizont. Abschn. 4.1.3 stellt einige wichtige Verallgemeinerungen des Standard-Poisson-Risikoprozesses vor. Einige grundlegende Resultate werden in Abschn. 4.2 dargestellt, Zusammenhänge mit der Warteschlangentheorie zeigt Abschn. 4.3, die Integrodifferentialgleichung zur Ruinwahrscheinlichkeit wird in Abschn. 4.4 hergeleitet, Abschn. 4.5 stellt den Anpassungskoeffizient und seine Eigenschaften vor, eine Analyse des ersten Resultats unter der Initialreserve sowie eine verallgemeinerte Integrodifferentialgleichung zeigt Abschn. 4.6, die zusammengesetzte geometrische Darstellung des maximal angehäuften Verlustes zeigt Abschn. 4.7, und schließlich werden in Abschn. 4.8 asymptotische Approximationen sowie numerische Methoden für die Abschätzung der Ruinwahrscheinlichkeit vorgestellt. In der Literatur zu diesem Kapitel geben Bowers et al. (1997) eine leichte und kurze Einführung zum klassischen Risikoprozess; umfangreiche Referenzen sind z. B. Asmussen und Albrecher (2010) und Rolski et al. (1999). Der in diesem Kapitel analysierte Risikoprozess ist ein einfaches Beispiel für einen Lévy-Prozess. In den letzten Jahren hat es viele Entwicklungen in der Theorie der Lévy-Prozesse und insbesondere im Zusammenhang mit ihrer Anwendung in der Finanz und der Versicherung gegeben.

R. Gatto, *Stochastische Modelle der aktuariellen Risikotheorie*, Masterclass,
https://doi.org/10.1007/978-3-662-60924-8_4

Eine Referenz zu Lévy-Prozessen ist Applebaum (2004). Der Risikoprozess gehört zur allgemeinen Gruppe der Speicherprozessen. Speciherprozesse bilden eine wichtige Familie von stochatischen Modellen für: Warteschlangen, Vorräte, Dämme, Datenkommunikation und Versicherungsrisiko. Eine Einheitliche Präsemtion von diesen Speicherprozesse ist Prabhu (1997). Die Value-at-Ruin und die Tail-Value-at-Ruin der Definition 4.4 stammen von Gatto und Baumgartner (2013). Diese zwei dynamischen Risikomaße lassen sich mit den Programmen von Baumgartner und Gatto (2012) effizient berechnen. Als Referenz für die asymptotische Approximationen der Ruinwahrscheinlichkeit von Abschn. 4.8.1 und 4.8.2 sei auf Asmussen und Albrecher (2010) hingewiesen. In Aufgabe 4.9.12 soll ein numerisches Approximationsverfahren konstruiert werden, das eine obere und eine untere Schranke beliebig nahe zur Ruinwahrscheinlichkeit berechnet. Dieses Verfahren wird bei Dufresne und Gerber (1989) für den klassischen Risikoprozess vorgeschlagen und für den gestörten Risikoprozess (4.10) bei Gatto und Mosimann (2012) verallgemeinert.

4.1.1 Die Komponente des Risikoprozesses

Der Risikoprozess besitzt folgende Komponenten: Man betrachtet zuerst die verursachten individuellen Schäden. Die individuellen Schadensbeträge oder Einzelschadensbeträge werden als i. i. d. Verlust-Z. V. von $\mathcal{L}_1(\Omega)$ vorausgesetzt und $X_1, X_2, \ldots$ notiert. Die Anzahl von Schäden, die im Zeitintervall $[0, t]$ eintreten, für $t > 0$, wird als N_t notiert. Der Prozess $\{N_t\}_{t\geq 0}$ ist damit ein Zählprozess und wird hier ein homogener Poisson-Prozess. Seine Intensität wird $\lambda > 0$ notiert. Die stochastische Komponente des Risikoprozesses ist dann ein zusammengesetzter Prozess, wobei die Summanden die Einzelschadensbeträge sind und die Anzahl der Summanden durch den unabhängigen Zählprozess gegeben ist. Damit definieren wir

$$Z_t = \sum_{i=0}^{N_t} X_i, \ \forall t \geq 0, \text{ mit } X_0 \stackrel{\text{def}}{=} 0.$$

Die Prämienintensität oder der Prämiensatz in der Zeit ist durch die Konstante $c > 0$, das Anfangskapital durch die Konstante $r_0 \geq 0$ gegeben.

Mit diesen Definitionen können wir den Risikoprozess definieren als

$$Y_t = r_0 + ct - Z_t, \ \forall t \geq 0. \tag{4.1}$$

Wie im Abb. 1.1 gezeigt, sind die Pfade dieses Prozesses f. s. cadlag-Funktionen. Dieses berühmte stochastische Modell wird oft Cramér-Lundberg-Risikoprozess, klassischer Risikoprozess oder noch (zusammengesetzter) Poisson-Risikoprozess genannt. Es wurde in 1903 von F. Lundberg eingeführt und ca. 1930 bei H. Cramér wieder berücksichtigt. Einige weitere Größen lauten: Wir notieren bei F die V. F. und bei f die Dichte der Einzelschadensbeträge. $M_X(v) \stackrel{\text{def}}{=} \mathsf{E}[\mathrm{e}^{vX_1}]$ ist zudem die m. e. F., $\mu \stackrel{\text{def}}{=} \mathsf{E}[X_1] < \infty$ und $\mu_2 \stackrel{\text{def}}{=} \mathsf{E}[X_1^2]$, falls es existiert. Die Schadenszeiten sind $T_1 < T_2 < \ldots$ und $D_n = T_n - T_{n-1}$, für $n = 1, 2, \ldots$, wobei $T_0 \stackrel{\text{def}}{=} 0$. Im Erneuerungsprozess (und somit auch im homogenen Poisson-Prozess) sind $D_1, D_2, \ldots$ i. i. d. In diesem Fall definieren wir die Konstante

$$\rho = \frac{\mathsf{E}[X_1]}{\mathsf{E}[D_1]} \tag{4.2}$$

und noch den Sicherheitszuschlag als

$$\beta = \frac{c - \rho}{\rho}. \tag{4.3}$$

Die Konstante ρ stellt den asymptotischen (für $t \to \infty$) mittleren Schadensbetrag pro Zeiteinheit dar und ist mit der mittleren Prämie pro Zeiteinheit c zu vergleichen. Der Sicherheitszuschlag β gibt diesen Vergleich aber noch standardisiert durch ρ, und aus diesem Grund wird β manchmal relativer Sicherheitszuschlag genannt. Im homogenen Poisson-Prozess mit Intensität $\lambda > 0$ haben wir offensichtlich

$$\beta = \frac{c}{\lambda\mu} - 1.$$

4.1.2 Ruinwahrscheinlichkeiten

Zwei zentrale Größen des Risikoprozesses und der Ruintheorie lauten:

Definition 4.1 (Ruinwahrscheinlichkeit im unendlichen Zeithorizont)
Die Ruinwahrscheinlichkeit im unendlichen Zeithorizont des Risikoprozesses (4.1) *ist gegeben durch*

$$\psi(r_0) = \mathsf{P}\left[\inf_{t \geq 0} Y_t < 0\right]. \tag{4.4}$$

Sein Komplement heißt Überlebenswahrscheinlichkeit im unendlichen Zeithorizont und ist gegeben durch

$$R(r_0) = 1 - \psi(r_0).$$

Diese Ruinwahrscheinlichkeit ist die Wahrscheinlichkeit, dass der Risikoprozess jemals unter den Null-Pegel fallen wird. Dieses Ereignis heißt Ruin. Die Ruinwahrscheinlichkeit im unendlichen Zeithorizont, kurz als Ruinwahrscheinlichkeit bezeichnet, wird die wichtigste Größe in diesem Kapitel sein.

Definition 4.2 (Ruinwahrscheinlichkeit im endlichen Zeithorizont)
Die Ruinwahrscheinlichkeit im endlichen Zeithorizont $[0, t^\dagger]$, *für* $t^\dagger > 0$, *ist gegeben durch*

$$\psi(r_0; t^\dagger) = \mathsf{P}\left[\inf_{0 \le t \le t^\dagger} Y_t < 0\right]. \tag{4.5}$$

Sein Komplement heißt Überlebenswahrscheinlichkeit im endlichen Zeithorizont und ist gegeben durch

$$R(r_0; t^\dagger) = 1 - \psi(r_0; t^\dagger).$$

Diese Ruinwahrscheinlichkeit ist die Wahrscheinlichkeit, dass der Risikoprozess vor Zeitpunkt $t^\dagger$ unter den Null-Pegel fallen wird. Der Ruinzeitpunkt T ist folgendermaßen definiert:

$$T = \begin{cases} \inf\{t \ge 0 | Y_t < 0\}, & \text{wenn dieser Wert existiert,} \\ \infty, & \text{sonst.} \end{cases}$$

Für unseren Risikoprozess gelten dann

$$\psi(r_0; t^\dagger) = \mathsf{P}[T < t^\dagger], \ \forall t^\dagger \in (0, \infty)$$

und

$$\psi(r_0) = \lim_{t^\dagger \to \infty} \mathsf{P}[T < t^\dagger] = \mathsf{P}[T < \infty].$$

Dann definieren wir den angehäuften Verlustprozess durch

$$L_t = Z_t - ct = r_0 - Y_t, \ \forall t \ge 0. \tag{4.6}$$

Das Supremum von $\{L_t\}_{t \ge 0}$ im endlichen Zeithorizont $[0, t^\dagger]$ wird maximal angehäufter Verlust zum endlichen Zeithorizont $t^\dagger$ genannt und ist gegeben durch

$$S_{t^\dagger} = \sup_{0 \le t \le t^\dagger} \{L_t\}, \ \forall t^\dagger \in (0, \infty). \tag{4.7}$$

Der maximal angehäufte Verlust im unendlichen Zeithorizont ist

$$S = \sup_{t \ge 0} \{L_t\}. \tag{4.8}$$

Das folgende Resultat besagt, dass die Überlebenswahrscheinlichkeit im $\begin{cases} \text{endlichen} \\ \text{unendlichen} \end{cases}$ Zeithorizont gleich der V. F. von $\begin{cases} S_{t^\dagger} \\ S \end{cases}$ ist.

Resultat 4.3
Sei $t^\dagger \in (0, \infty)$. *Dann gilt*

$$R(r_0; t^\dagger) = \mathsf{P}[S_{t^\dagger} \leq r_0], \ \forall r_0 \geq 0,$$

mit dem speziellen Wert $R(0; t^\dagger) = \mathsf{P}[S_{t^\dagger} = 0]$. *Es gilt auch*

$$R(r_0) = \mathsf{P}[S \leq r_0], \ \forall r_0 \geq 0,$$

mit dem speziellen Wert $R(0) = \mathsf{P}[S = 0]$.

Beweis Das Resultat folgt aus (4.4) und (4.5). Die Details im endlichen Zeithorizont lauten: Seien $r_0 \geq 0$ und $t^\dagger \in (0, \infty)$, dann gilt

$$\begin{aligned} R(r_0; t^\dagger) &= 1 - \psi(r_0; t^\dagger) \\ &= \mathsf{P}[Y_t \geq 0, \forall t \in [0, t^\dagger]] \\ &= \mathsf{P}[Z_t - ct \leq r_0, \forall t \in [0, t^\dagger]] \\ &= \mathsf{P}[S_{t^\dagger} \leq r_0]. \end{aligned}$$

Zudem gilt $Z_t - ct\big|_{t=0} = 0 \Longrightarrow S_{t^\dagger} \geq 0$ und daraus folgt

$$R(0; t^\dagger) = \mathsf{P}[S_{t^\dagger} \leq 0] = \mathsf{P}[S_{t^\dagger} = 0].$$

Damit besitzt $S_{t^\dagger}$ für $R(0, t^\dagger) > 1$ eine positive Wahrscheinlichkeit an der Stelle 0. □

Die Versicherung will ihre Prämienintensität und ihr Anfangskapital derart bestimmen, dass diese Ruinwahrscheinlichkeiten klein sind. In Abschn. 2.5 wurden Risikomaße eingeführt, die zu einem Einzelschadensbetrag oder zu einem Gesamtschadensbetrag zu einem einzigen Zeitpunkt verwendbar sind. Wir möchten jetzt alternative Risikomaße vorstellen, die das Risiko über einen ganzen Zeithorizont zeigen können. Dieser Zeithorizont kann endlich oder unendlich sein. Das folgende Risikomaß gibt das minimal benötigte Anfangskapital, um eine Ruinwahrscheinlichkeit kleiner als oder gleich einem festen und kleinen Schwellenwert zu erhalten. Die folgende Definition gibt eine Erweiterung der VaR, s. Abschn. 2.5.2, die die Dynamik des Risikoprozesses über den unendlichen Zeithorizont berücksichtigt.

Definition 4.4 (Value-at-Ruin)
Seien der Risikoprozess (4.1) *und seine Ruinwahrscheinlichkeit* $\psi(r_0) = \mathsf{P}[T < \infty]$. *Die assoziierte Value-at-Ruin zum Niveau* $\varepsilon \in (0, 1)$ *ist gegeben durch*

$$\mathrm{VaRu}(\varepsilon) = \inf\{x \geq 0 \mid \psi(x) \leq \varepsilon\}.$$

Obwohl die VaRu ein intuitives Risikomaß im unendlichen Zeithorizont darstellt, ist sie nicht subadditiv im Sinne der Definition 2.47, also nicht kohärent. In Analogie zum TvaR können wir ein kohärentes Risikomaß der VaRu durch Berücksichtigung des folgenden erwarteten maximalen Verlusts erhalten. Der maximale angehäufte Verlust ist als S notiert, s. (4.7), und $\psi(r_0) = \mathsf{P}[S > r_0]$, s. Resultat 4.3. In Anlehnung an den TVaR, s. Abschn. 2.5.2, können wir den folgenden bedingten Erwartungswert von S anstatt des Quantiles von S betrachten. Daraus folgt das nächste Risikomaß.

Definition 4.5 (Tail-Value-at-Ruin)
Seien der Risikoprozess (4.1), *seine Ruinwahrscheinlichkeit* $\psi(r_0) = \mathsf{P}[T < \infty]$ *und seine* VaRu(ε), *d. h. seine VaRu zum Niveau* ε. *Die assoziierte Tail-Value-at-Ruin (TVaRu) zum Niveau* $\varepsilon \in (0, 1)$ *ist gegeben durch*

$$\text{TVaRu}(\varepsilon) = \mathsf{E}[S \mid S > \text{VaRu}(\varepsilon)],$$

wobei S *der maximal angehäufte Verlust zum unendlichen Zeithorizont ist, s.* (4.8).

Damit stammen VaRu und TVaRu aus der Dynamik des Reserve-Prozesses über den unendlichen Zeithorizont. Die analogen Risikomaße lassen sich auch über den endlichen Zeithorizont wie folgt definieren. Definition 4.6 gibt das minimale benötigte Anfangskapital, um eine Ruinwahrscheinlichkeit im endlichen Zeithorizont kleiner als oder gleich einem festen und kleinen Schwellenwert zu erhalten.

Definition 4.6 (Value-at-Ruin im endlichen Zeithorizont)
Seien der Risikoprozess (4.1) *und seine Ruinwahrscheinlichkeit im endlichen Zeithorizont* $\psi(r_0; t^\dagger) = \mathsf{P}[T < t^\dagger]$, *für ein* $t^\dagger \in (0, \infty)$. *Die assoziierte VaRu im endlichen Zeithorizont zum Niveau* $\varepsilon \in (0, 1)$ *ist gegeben durch*

$$\text{VaRu}(\varepsilon; t^\dagger) = \inf\left\{x \geq 0 \mid \psi(x; t^\dagger) \leq \varepsilon\right\}.$$

Analog zum unendlichen Horizont-Fall lässt sich die TVaRu auch im endlichen Zeithorizont wie folgt definieren.

Definition 4.7 (Tail-Value-at-Ruin im endlichen Zeithorizont)
Seien der Risikoprozess (4.1) *und seine VaRu im endlichen Zeithorizont* VaRu($\varepsilon; t^\dagger$), *für* $t^\dagger \in (0, \infty)$ *und* $\varepsilon \in (0, 1)$. *Die assoziierte TVaRu im endlichen Zeithorizont ist gegeben durch*

$$\text{TVaRu}(\varepsilon; t^\dagger) = \mathsf{E}[S_t^\dagger \mid S_t{}^\dagger > \text{VaRu}(\varepsilon; t^\dagger)],$$

wobei $S_t^\dagger$ *der maximal angehäufte Verlust zum endlichen Zeithorizont* $t^\dagger$ *ist, s.* (4.7).

4.1.3 Verallgemeinerte Risikoprozesse

Der Cramér-Lundberg-Risikoprozess (4.1) ist der einfachste Risikoprozess und setzt oft eine Vereinfachung der Realität durch. Aus diesem Grund hat man einige verallgemeinerte Versionen des Modells (4.1) definiert. Diese Risikoprozesse bieten eine höhere Flexibilität und sind damit näher an der wirtschaftlichen Situation der Versicherung. Die Literatur über die Verallgemeinerungen des Cramér-Lundberg-Risikoprozesses (4.1) ist mittlerweile sehr umfangreich geworden. Wir stellen hier kurz einige Beispiele von erweiterten oder alternativen Modellen vor. Zuerst werden zwei wichtige stochastische Prozesse eingeführt: der Wiener- und der Lévy-Prozess. Diese stochastischen Prozesse werden dann verwendet, um erweiterte Risikoprozesse zu bestimmen.

Der erste wichtige stochastische Prozess ist der Wiener-Prozess. Er wird wie folgt definiert.

Definition 4.8 (Wiener-Prozess)
Der stochastische Prozess $\{W_t\}_{t\geq 0}$ wird Wiener-Prozess genannt, wenn er die folgenden Eigenschaften erfüllt:

1. $W_0 = 0$ *f. s.*;
2. *seine Zuwächse sind unabhängig;*
3. $W_t - W_s \sim \mathcal{N}(0, t-s), \forall\, 0 \leq s < t$;
4. *die Pfade von* $\{W_t\}_{t\geq 0}$ *sind stetig f. s.*

Der Wiener-Prozess wird auch Brown'sche Bewegung genannt. Die ursprünglichen berühmten Anwendungen dieses Prozesses betrafen die Modellierungen der folgenden Situationen: die Wärmebewegung von Teilchen in Flüssigkeiten durch den Botaniker R. Brown 1827, die Börsen-Werte durch L. Bachelier um 1900 und die Bewegungen von Molekülen in einem Gas durch A. Einstein 1905. Im Jahr 1925 wurde die mathematische Definition der Brown'schen Bewegung von N. Wiener formell geschrieben. Dieser Prozess ist einer der wichtigsten stochastischen Prozesse und hat viele wichtige Eigenschaften wie u. a. die Selbstähnlichkeit. Der Wiener-Prozess ist der Grenzwert der Irrfahrt im folgenden Sinne. Gemäß Beispiel 3.11 seien $Y_1, Y_2, \ldots$ i. i. d., $\{-1, 1\}$-wertige und mit $\mathsf{P}[Y_1 = 1] = \mathsf{P}[Y_1 = -1] = 1/2$. Hier wird angenommen, dass in der k-ten Zeiteinheit der Prozess die Sprunghöhe ρY_k besitzt, für $k = 1, 2, \ldots$, wobei $\rho > 0$. Der Wert der Zeiteinheit ist gleich $\tau > 0$. Damit ist die Position der Irrfahrt zur Zeit $t > 0$ gegeben durch

$$W_{\tau,t} = \rho \sum_{k=0}^{\lfloor \frac{t}{\tau} \rfloor} Y_k,$$

wobei $Y_0 \stackrel{\text{def}}{=} 0$. Dann gilt $\mathsf{E}[W_{\tau,t}] = 0$. Es wird vorausgesetzt, dass ρ eine wachsende Funktion von τ ist, sodass $\rho^2 \sim \tau$, für $\tau \to 0$. Daraus folgt

$$\mathsf{var}(W_{\tau,t}) = \rho^2 \left\lfloor \frac{t}{\tau} \right\rfloor \sim \tau \left\lfloor \frac{t}{\tau} \right\rfloor \longrightarrow t, \text{ für } \tau \to 0.$$

Aus dem zentralen Grenzwertsatz gilt, für $\tau \to 0$,

$$\frac{W_{\rho,t}}{\rho^2 \left\lfloor \frac{t}{\tau} \right\rfloor} \xrightarrow{\mathrm{d}} \mathcal{N}(0,1) \iff \frac{W_{\rho,t}}{t} \xrightarrow{\mathrm{d}} \mathcal{N}(0,1) \iff W_{\rho,t} \xrightarrow{\mathrm{d}} W_t.$$

Der Wiener-Prozess ergibt sich aus dem Wiener-Maß und aus dem Kolmogorov-Existenz Satz vom Abschn. 3.2. Damit bildet er einer Faltungshalbgruppe im Sinn von (3.4), weil

$$\underbrace{W_{s+t}}_{\sim\mathcal{N}(0,s+t)} \sim \underbrace{W_s}_{\sim\mathcal{N}(s,0)} + \underbrace{W_{s+t} - W_s}_{\sim\mathcal{N}(0,t)}, \ \forall s,t \geq 0,$$

wobei die drei oberen normalen Z. V. unabhängig sind.

Allerdings ergibt sich eine Faltungshalbgruppe aus jedem stochastischen Prozess mit unabhängigen und stationären Zuwächsen und mit Anfangswert Null. Dies führt uns zu einer großen Klasse von stochastichen Prozessen: die Klasse der Lévy-Prozesse. Sie wird wie folgt definiert.

Definition 4.9 (Lévy-Prozess)
Der stochastische Prozess $\{X_t\}_{t\geq 0}$ wird Lévy-Prozess genannt, wenn er die folgenden Eigenschaften erfüllt:

1. $X_0 = 0$ *f. s.;*
2. *seine Zuwächse sind unabhängig und stationär;*
3. $\{X_t\}_{t\geq 0}$ *ist überall stochastisch stetig, d. h.*

$$\forall t \geq 0,\ \varepsilon > 0,\ \lim_{h\to 0} \mathsf{P}[|X_{t+h} - X_t| > \varepsilon] = 0.$$

Selbstverständlich ist die stochastische Stetigkeit eine schwache Voraussetzung, die die f. s. Stetigkeit der Pfade nicht impliziert. Die Pfade eines Lévy-Prozesses sind o. E. d. A. cadlag f. s. und besitzen entweder endlich oder unendlich viele Sprünge pro Zeiteinheit. Einige Standardbeispiele sind die folgenden: der sklalierte Wiener-Prozess mit Drift, d. h. $\{\nu t + \tau W_t\}_{t\geq 0}$, der homogene Poisson-Prozess, der homogene zusammengesetzte Poisson-Prozess sowie der sklalierte Wiener-Prozess mit Drift plus der homogene zusammengesetzte Poisson-Prozess. Eine wichtige Charakterisierung ist die unbeschränkte Teilbarkeit. Eine Z. V. heißt unbeschränkt teilbar, wenn sie als Summe von n i. i. d. Z. V. zerlegt werden kann, für $n = 1, 2, \ldots$. Die entsprechende Verteilung wird auch als unbeschränkt teilbar bezeichnet.

Resultat 4.10
Wenn $\{X_t\}_{t\geq 0}$ ein Lévy-Prozess ist, dann ist X_t unbeschränkt teilbar, $\forall t > 0$.

Beweis Seien $t > 0$ und $n = 1, 2, \ldots$. Dann gilt

$$X_t = \underbrace{X_0 + X_{\frac{t}{n}}}_{\stackrel{\text{def}}{=} R_{1,n}} \underbrace{-X_{\frac{t}{n}} + X_{\frac{2t}{n}}}_{\stackrel{\text{def}}{=} R_{2,n}} - \ldots \underbrace{-X_{\frac{(n-1)t}{n}} + X_t}_{\stackrel{\text{def}}{=} R_{n,n}}.$$

Aus den Eigenschaften 1. und 2. der Definition des Lévy-Prozesses sind $R_{1,n}, \ldots, R_{n,n}$ i. i. d. □

Die folgende Lévy-Khintchine-Darstellung gibt die c.F. einer unbeschränkt teilbaren Verteilung. Ein Lévy-Maß ν über $(\mathbb{R}^*, \mathcal{B}(\mathbb{R}^*))$ erfüllt $\int_{\mathbb{R}^*} \min\{1, x^2\} \mathrm{d}\nu(x) < \infty$.

Satz 4.11 (Lévy-Khintchine-Darstellung)
Sei Q *ein Wahrscheinlichkeitsmaß über* $(\mathbb{R}, \mathcal{B}(\mathbb{R}))$. Q *ist unbeschränkt teilbar genau dann, wenn* $\exists b \in \mathbb{R}, a \geq 0$, ν *ein Lévy-Maß über* $\mathbb{R}^*$, *sodass* $\forall v \in \mathbb{R}$, $\int_{\mathbb{R}} \mathrm{e}^{\mathrm{i}vx} \mathrm{d}Q(x) = \mathrm{e}^{\eta(v)}$, *wobei*

$$\eta(v) = \mathrm{i}bv - \frac{1}{2}av^2 + \int_{\mathbb{R}^*} \left(\mathrm{e}^{\mathrm{i}vx} - 1 - \mathrm{i}vx\, \mathrm{I}\{x \in (-1, 1)\}\right) \mathrm{d}\nu(x).$$

Die Funktion η heißt charakteristischer Exponent. Aus Resultat 4.10 und der Lévy-Khintchine-Darstellung folgt, dass, wenn $\{X_t\}_{t \geq 0}$ ein Lévy-Prozess ist, dann gilt für einen charakteristischen Exponent η

$$\mathsf{E}\left[\mathrm{e}^{\mathrm{i}vX_t}\right] = \mathrm{e}^{t\eta(v)}, \ \forall t \geq 0. \tag{4.9}$$

Beispiele 4.12

- **Gestörter Risikoprozess** Der gestörte Risikoprozess entspricht dem Cramér-Lundberg-Modell (4.1) plus einem zufälligem Geräusch. In der realen Welt gibt es gewisse kleine Unsicherheiten auf der Seite der Prämien-Einnahme und auf der Seite der Schadenserstattung. Diese Unsicherheiten oder Fluktuationen gleichen sich durchschnittlich aus. Damit wird dieses Geräusch mit einem Wiener-Prozess modelliert, und dieser Wiener-Prozess wird zum Risikoprozess (4.1) addiert. Das ergibt den gestörten Risikoprozess

  $$Y_t = r_0 + ct - Z_t + \tau W_t, \ \forall t \geq 0, \tag{4.10}$$

  wobei $\tau > 0$ und $\{W_t\}_{t \geq 0}$ ein Wiener-Prozess ist. Zwei Pfade dieses gestörten Risikoprozesses werden in Abb. 4.1 gezeigt. Sie sind cadlag, obwohl diese Eigenschaft hier nicht gezeigt wird. In beiden Grafiken sind die Schadenszeitpunkte deutlich identifizierbar, weil die Skala der Oszillationen viel kleiner als die Skala der Einzelschadensbeträge ist. Man sieht auch, dass Ruin auf zwei verschiedenen Weisen eintreten kann. In der oberen Grafik ist Ruin wegen eines Sprunges eingetreten, d. h. wegen eines Schadensbetrages.

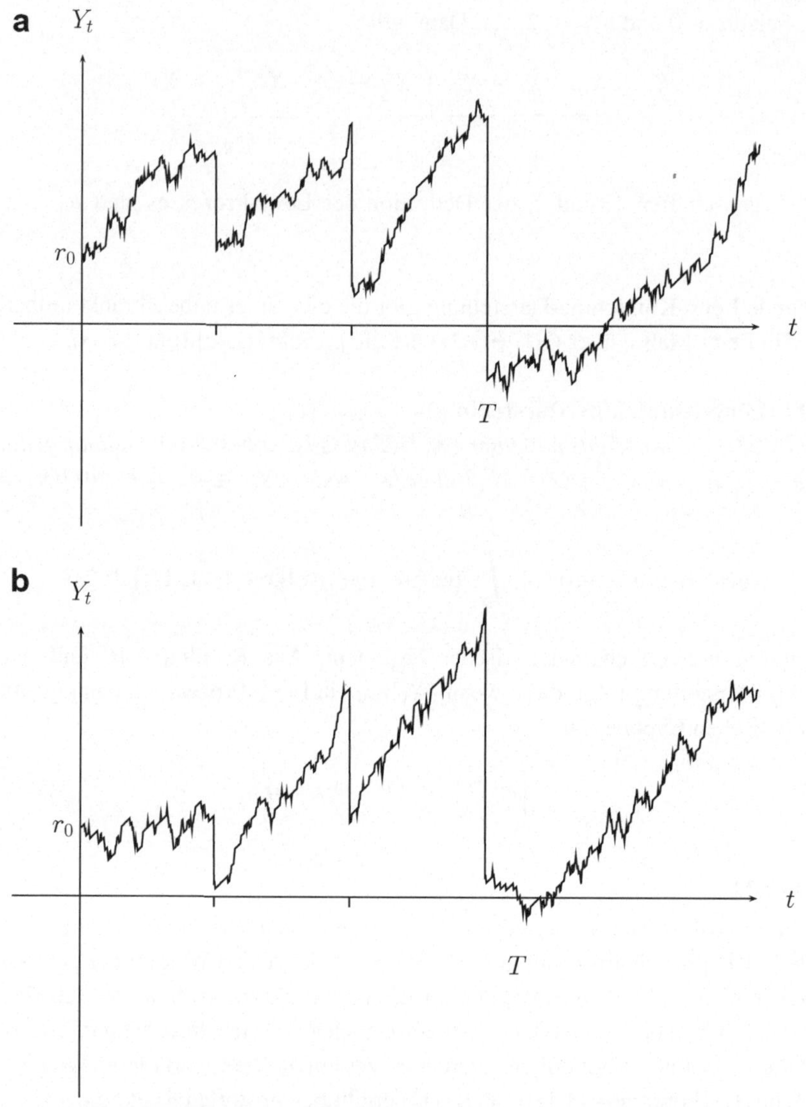

Abb. 4.1 Zwei Pfade des gestörten Risikoprozesses mit den Ruinzeiten. Ruin tritt wegen eines Sprunges, d. h. eines Schadens, ein (**a** Grafik), und Ruin wegen Oszillation (**b** Grafik)

In der unteren Grafik ist Ruin wegen Oszillation oder Geräusch eingetreten. Ruin durch Schadensbetrag ist oft gravierender als Ruin durch Oszillation: Das Defizit zur Ruinzeit ist positiv im ersten Fall und genau null im zweiten Fall.

- **Lévy-Risikoprozess** Im Lévy-Risikoprozess ist der Verlustprozess ein allgemeiner Lévy-Prozess wie in Definition 4.9 gegeben. Das ist eine Verallgemeinerung des obigen gestörten Risikoprozesses. Ein Vorteil liegt in der höheren Flexibilität dieser breiten Klasse von Prozessen. Damit wird es möglich, den zusammengesetzten Verlustprozess direkt zu modellieren, ohne spezifische Auswahlen für Einzelschadensbetrag und Anzahl von Schäden zu geben.

- **Abgezinster Risikoprozess** Der abgezinste Risikoprozess ist die nächste praktische Verallgemeinerung des klassischen Risikoprozesses. Sei r ein fester Zinssatz, dann ist die abgezinste Version von (4.1) gegeben durch

$$Y_t = Y_0 + ct + r\int_0^t Y_s \mathrm{d}s - Z_t, \ \forall t \geq 0.$$

- **Stochastisch abgezinster Risikoprozess** Wenn der Zinssatz wichtige Schwankungen in der Zeit besitzt und ein stochastischer Prozess $\{R_t\}_{t\geq 0}$ für diese Fluktuationen des Zinssatzes zur Verfügung steht, dann kann man den obigen abgezinsten Risikoprozess wie folgt verallgemeinern:

$$Y_t = Y_0 + ct + \underbrace{\int_0^t Y_s \mathrm{d}R_s}_{\substack{\text{stochastisches}\\ \text{Integral}}} - Z_t, \ \forall t \geq 0.$$

In diesem Risikoprozess kommt ein stochastisches Integral vor. Wenn $\{R_t\}_{t\geq 0}$ einen Wiener-Prozess beinhaltet, dann wäre dieses Integral als Ito-Integral definiert.

- **Inhomogener Poisson-Risikoprozess** Ein alternatives Modell ist der inhomogene Poisson-Risikoprozess. Er ist wieder in (4.1) gegeben, aber der Zählprozess ist jetzt ein inhomogener Poisson-Prozess mit Intensitätsfunktion $\lambda(t)$, $\forall t \geq 0$, s. Abschn. 3.3.2.
- **Cox-Risikoprozess** Der vorige inhomogene Poisson-Risikoprozess lässt sich zur Situation verallgemeinern, bei der $\{\lambda(t)\}_{t\geq 0}$ ein stochastischer Prozess ist. Ein Poisson-Prozess mit stochastischer Intensitätsfunktion heißt doppelt stochastischer Poisson-Prozess oder Cox-Prozess. Falls diese stochastische Intensitätsfunktion nur eine Z. V. ist, dann ist der Zählprozess ein gemischter Poisson-Prozess wie in Abschn. 3.5.2 vorgestellt.

4.2 Einige grundlegende Resultate

Dieser Abschnitt stellt einige grundlegende Resultate zur Analyse des Risikoprozesses vor. Zunächst wird für den Erneuerungsprozess bewiesen, dass ein negativer Sicherheitszuschlag den Ruin f. s. impliziert. Die Methode des Beweises basiert nur auf der Berücksichtigung des Risikoprozesses bei Schadenszeiten. Zweitens werden Grenzwerte des Verlustprozesses im Poisson-Fall hergeleitet, und mit diesen Resultaten wird auf andere Weise bewiesen, dass ein negativer oder Null-Sicherheitszuschlag den Ruin f. s. impliziert. Endlich wird die asymptotische Verteilung des standardisierten Verlustprozesses im Poisson-Fall hergeleitet. In diesen Beweisen wird ein einheitlicher Prämiensatz betrachtet und, wie in der folgenden Bemerkung begründet, diese Vereinfachung ist o. E. d. A. erlaubt.

Bemerkung 4.13 Man könnte o. E. d. A. $c = 1$ im Risikoprozess (4.1) betrachten. Sei

$$\tilde{Y}_t \overset{\text{def}}{=} Y_{\frac{t}{c}} = r_0 + t + Z_{\frac{t}{c}}, \quad \forall t \geq 0.$$

Dann gelten

$$\mathsf{P}\left[\inf_{t\geq 0} \tilde{Y}_t < 0\right] = \mathsf{P}\left[\inf_{t\geq 0} Y_t < 0\right] = \psi(r_0)$$

und

$$\mathsf{P}\left[\inf_{0\leq t\leq t^\dagger} \tilde{Y}_t < 0\right] = \mathsf{P}\left[\inf_{0\leq t\leq t^\dagger} Y_{\frac{t}{c}} < 0\right] = \mathsf{P}\left[\inf_{0\leq t\leq \frac{t^\dagger}{c}} Y_t < 0\right] = \psi\left(r_0; \frac{t^\dagger}{c}\right).$$

Im Erneuerungsprozess gelten $\mathsf{P}[N_t \geq n] = G^{*n}(t)$ und damit $\mathsf{P}[N_{t/c} \geq n] = G^{*n}(t/c)$, für $n = 0, 1, \ldots$ und $\forall t \geq 0$, wobei G die V. F. der Zeit zwischen zwei folgenden Schäden ist, s. (3.5), (3.6) und (3.7). Wenn $\{Y_t\}_{t\geq 0}$ ein Erneuerungsrisikoprozess mit Zwischenschäden V. F. G ist, dann ist $\{\tilde{Y}_t\}_{t\geq 0}$ ein ähnlicher Erneuerungsrisikoprozess, aber mit skalierten Zwischenschäden V. F. $G(\cdot/c)$.

Wenn z. B. $\{Y_t\}_{t\geq 0}$ ein zusammengesetzter Poisson-Prozess mit Parameter λ ist, dann ist $\{\tilde{Y}_t\}_{t\geq 0}$ wieder ein zusammengesetzter Poisson-Prozess, aber mit Parameter λ/c. Im unendlichen Zeithorizont kann man 1 als Prämienintensität und λ/c als Poisson-Parameter betrachten. Im endlichen Zeithorizont dagegen muss man noch $t^\dagger/c$ anstatt $t^\dagger$ als Zeithorizont berücksichtigen.

Im Erneuerungsprozess tritt Ruin f. s. ein, falls $\beta < 0$. Diese Aussage lässt sich einfach beweisen, wenn der Risikoprozess durch einen Prozess in diskreter Zeit ersetzt wird. Dieser Prozess in diskreter Zeit ist der Risikoprozess in allen Schadenszeiten und heißt Skelett.

Satz 4.14
Sei der Risikoprozess (4.1), *wobei* $\{N_t\}_{t\geq 0}$ *ein Erneuerungsprozess ist und* $c = 1$. *Seien* ρ *in* (4.2) *und der Sicherheitszuschlag* β *in* (4.3) *gegeben. Dann tritt Ruin f. s. ein, falls* $\beta < 0$.

Beweis Seien $V_i = D_i - X_i$, für $i = 1, 2, \ldots$ und

$$C_n = r_0 + T_n - \sum_{i=1}^{n} X_i = r_0 + \sum_{i=1}^{n} V_i,$$

für $n = 1, 2, \ldots$. Dann wird das Skelett des Prozesses $\{Y_t\}_{t\geq 0}$ durch $C_n = Y_{T_n}$, für $n = 1, 2, \ldots$, gegeben. Damit gilt

$$\begin{aligned}\beta < 0 &\Longrightarrow \mathsf{E}[V_1] < 0\\ &\Longrightarrow \sum_{i=1}^{n} V_i \xrightarrow{\text{as}} -\infty\\ &\Longrightarrow C_n \xrightarrow{\text{as}} -\infty\\ &\Longrightarrow Y_{T_n} \xrightarrow{\text{as}} -\infty\\ &\Longrightarrow \inf_{n\geq 1} Y_{T_n} < 0 \text{ f. s.}\\ &\Longrightarrow \text{Ruin tritt f. s. ein.}\end{aligned}$$

□

Das folgende Lemma zur Diskretisierung des Verlustprozesses wird im Beweis von Satz 4.16 verwendet.

Lemma 4.15 (Diskretisierung des Verlustprozesses)
Sei ein beliebiger Verlustprozess in der Form (4.6) *mit* $c = 1$, *d. h.* $L_t = Z_t - t$, $\forall t \geq 0$. *Dann gilt* $\forall n \in \mathbb{N}$, $h > 0$ *und* $t \in [nh, (n+1)h]$, *dass* $L_{nh} - h \leq L_t \leq L_{(n+1)h} + h$.

Beweis Seien $r, s \geq 0$. $L_{r+s} - L_r$ ist minimal in $[r, r+s]$, wenn es keine Schadensbeträge in dem Intervall gibt und dann ist das Minimum $-s$. Somit ist $L_{r+s} \geq L_r - s$. Jetzt gilt für $t = nh + s$ und $s \in [0, h]$, $L_t \geq L_{nh} - s \geq L_{nh} - h$. Die obere Schranke ist ähnlich zu berechnen. □

Satz 4.16 gilt, wenn der Verlustprozess ein Lévy-Prozess ist, s. Definition 4.9. Der Poisson-Verlustprozess ist ein einfacher Lévy-Prozess.

Satz 4.16 (Grenzwerte des Lévy-Verlustprozesses)
Sei ein Verlustprozess $\{L_t\}_{t\geq 0} = \{Z_t - t\}_{t\geq 0}$ *mit unabhängigen und stationären Zuwächsen. Dann gelten die folgenden Aussagen:*

1. $\dfrac{L_t}{t} \xrightarrow{\text{as}} \rho - 1, \forall \beta \in \mathbb{R}$.
2. $\beta < 0 \Longrightarrow L_t \xrightarrow{\text{as}} \infty$.
3. $\beta > 0 \Longrightarrow L_t \xrightarrow{\text{as}} -\infty$.
4. $\beta = 0 \Longrightarrow \liminf_{t\to\infty} L_t = -\infty$ *f. s. und* $\limsup_{t\to\infty} L_t = \infty$ *f. s.*

Beweis 1. Sei $h > 0$, dann ist $\{L_{nh}\}_{n\geq 0}$ eine Zufallsbewegung oder eine Irrfahrt, d. h. ein stochastischer Prozess in diskreter Zeit, wobei die Zuwächse jeder Zeiteinheit i. i. d. sind, s. Beispiel 3.11. Daraus folgt

$$\frac{L_{nh}}{n} \xrightarrow{\text{as}} (\rho - 1)h,$$

wobei $L_h, L_{2h} - L_h, \ldots$ i. i. d. sind. Dann gilt:

$$\begin{aligned}
\liminf_{t\to\infty} \frac{L_t}{t} &= \lim_{n\to\infty} \inf_{t\geq nh} \frac{L_t}{t} \\
&= \lim_{n\to\infty} \inf_{k\geq n} \inf_{kh\leq t\leq (k+1)h} \frac{L_t}{t} \\
&= \liminf_{n\to\infty} \inf_{nh\leq t\leq (n+1)h} \frac{L_t}{t} \\
&\geq \liminf_{n\to\infty} \frac{L_{nh}-h}{(n+1)h} \mathsf{I}\{L_{nh}\geq h\} + \frac{L_{nh}-h}{nh} \mathsf{I}\{L_{nh}< h\} \\
&= \liminf_{n\to\infty} \frac{L_{nh}-h}{nh} \\
&= \frac{1}{h} \liminf_{n\to\infty} \frac{L_{nh}}{n} = \rho - 1, \quad \text{f. s.},
\end{aligned}$$

wobei die Ungleichung aus dem Lemma 4.15 folgt. Man kann ähnlich zeigen, dass

$$\limsup_{t\to\infty} \frac{L_t}{t} \leq \rho - 1, \quad \text{f. s.}$$

2. und 3. sind triviale Folgerungen aus 1, gegeben $\beta = 1/\rho - 1$.
4. Ein Standardresultat der Zufallsbewegung ist, dass

$$\liminf_{n\to\infty} L_{nh} = -\infty \ \text{f.s. und} \ \limsup_{n\to\infty} L_{nh} = \infty \ \text{f. s.}$$

□

Das Hauptziel von Satz 4.16 liegt im Beweis des folgenden Korollars:

Korollar 4.17
Sei der Verlustprozess $L_t = Z_t - t$, $\forall t \geq 0$, mit unabhängigen und stationären Zuwächsen und mit $c = 1$. Sei $r_0 \geq 0$, dann ist $\psi(r_0) \begin{cases} = 1, & \textit{wenn } \beta \leq 0, \\ < 1, & \textit{wenn } \beta > 0. \end{cases}$

Beweis Der maximal angehäufte Verlust ist durch $S = \sup_{t\geq 0} L_t$ gegeben.

Wenn $\beta < 0$, dann ist nach Satz 4.16 *2.* $S = \infty$ f. s. Damit ist $\psi(r_0) = \mathsf{P}[S > r_0] = \mathsf{P}[\infty > r_0] = 1$.

Wenn $\beta = 0$, dann ist nach Satz 4.16 *4.* $S \geq \limsup_{t\to\infty} L_t = \infty$ f. s. Damit ist $\psi(r_0) = 1$.

Wenn $\beta > 0$, dann reicht es aus $\psi(r_0) \leq \psi(0)$ zu beweisen, dass $\psi(0) = \mathsf{P}[S > 0] < 1$. Wir beweisen bei Widerspruch, dass es so sein muss. Somit wird $\mathsf{P}[S > 0] = 1$ angenommen und ein Widerspruch gesucht. $\mathsf{P}[S > 0] = 1$ impliziert umgehend, dass $\{L_t\}_{t \geq 0}$ sicher einmal die Nulllinie von unten nach oben f. s. kreuzt. Sei jetzt T_1 die erste Zeit, in der die Nulllinie von unten gekreuzt wird. Dann kreuzt nach Satz 4.16 3. offenbar $\{L_t\}_{t \geq T_1}$ die Nulllinie von oben nach unten f. s. Sei jetzt S_1 die erste Zeit, in der die Nulllinie von oben gekreuzt wird. Dann kreuzt aus $\mathsf{P}[S > 0] = 1$, $\{L_t\}_{t \geq S_1}$ die Nulllinie von unten f. s. Zum Schluss finden wir, dass durch Wiederholen dieses Vorgehens $\{L_t\}_{t \geq 0}$ die Nulllinie unendlich oft kreuzen würde. Aber dies widerspricht $L_t \xrightarrow{\text{as}} -\infty$ und daraus folgt der gesuchte Widerspruch. □

Wir schließen diesen Abschnitt mit dem Satz 4.18 über die punktweise asymptotische Verteilung des Verlustprozesses im Poisson-Fall.

Satz 4.18 (Asymptotische Verteilung des Poisson-Verlustprozesses)
Sei der homogene Poisson-Verlustprozess $L_t = Z_t - t$, $\forall t \geq 0$, wobei die Intensität des Poisson-Prozesses $\lambda > 0$ ist, $\mu_2 = \mathsf{E}[X_1^2]$ und $c = 1$, dann gilt

$$U_t \stackrel{\text{def}}{=} t^{-\frac{1}{2}}\{L_t - t(\rho - 1)\} \xrightarrow{\text{d}} \mathcal{N}(0, \lambda\mu_2).$$

Beweis Sei $h > 0$. Da $\{L_t\}_{t \geq 0}$ ein Lévy-Prozess ist, folgt, dass $\{L_{nh}\}_{n \geq 0}$ eine Zufallsbewegung mit $\mathsf{var}(L_h) = \lambda\mu_2 h$ ist. Daraus folgt $U_{nh} \xrightarrow{\text{d}} \mathcal{N}(0, \lambda\mu_2)$. Damit gilt der Satz für $t \in \{nh\}_{n \in \mathbb{N}}$. Seien $n \in \mathbb{N}$ und $t_n \in [nh, (n+1)h]$, dann-folgt aus dem Lemma 4.15, dass

$$\begin{aligned} R_n &= t_n^{-\frac{1}{2}}\{L_{nh} - h - t_n(\rho - 1)\} \\ &\leq t_n^{-\frac{1}{2}}\{L_{t_n} - t_n(\rho - 1)\} \\ &= U_{t_n} \end{aligned}$$

und

$$\begin{aligned} U_{t_n} &\leq t_n^{-\frac{1}{2}}\{L_{(n+1)h} + h - t_n(\rho - 1)\} \\ &= S_n. \end{aligned}$$

Aus diesen Resultaten folgen $R_n \xrightarrow{\text{d}} \mathcal{N}(0, \lambda\mu_2)$ und $S_n \xrightarrow{\text{d}} \mathcal{N}(0, \lambda\mu_2)$. Daraus folgt

$$\forall x \in \mathbb{R}, \quad \underbrace{\mathsf{P}[S_n \leq x]}_{\xrightarrow{n\to\infty} \Phi\left(\frac{x}{\sqrt{\lambda\mu_2}}\right)} \leq \mathsf{P}[U_{t_n} \leq x] \leq \underbrace{\mathsf{P}[R_n \leq x]}_{\xrightarrow{n\to\infty} \Phi\left(\frac{x}{\sqrt{\lambda\mu_2}}\right)}.$$

Somit gilt $U_{t_n} \xrightarrow{\text{d}} \mathcal{N}(0, \lambda\mu_2)$. □

4.3 Zusammenhänge mit der Warteschlangentheorie

Die Warteschlangentheorie ist die stochastische Analyse von Systemen, in welchen Aufträge von Kunden bei Bedienungsstationen (Server) bearbeitet werden. Sie informiert über wichtige Charakterisierungen des Systems wie z. B. mittlere Wartezeit, Anzahl Kunden in der Schlange, leere Perioden usw. Wir betrachten ein System mit einem einzigen Server und unter der FIFO-Disziplin, d. h. mit der „first in first out“-Regel, bei der der Kunde gemäß der Ankunftsordnung bedient wird. Wir definieren die folgende Z. V.

- Y_n ist die Zeit zwischen der Ankunft des $n-1$-ten und des n-ten Kunden, für $n = 2, 3, \ldots$, und Y_1 ist die Ankunftszeit des ersten Kunden im leeren System.
- U_n ist die Bedienungszeit des n-ten Kunden, für $n = 1, \ldots$. $U_1, U_2, \ldots$ sind i. i. d. vorausgesetzt.
- W_n ist die Wartezeit des n-ten Kunden, d. h. die Zeit zwischen Ankunft und Bedienung, für $n = 1, 2, \ldots$. Damit gilt $W_1 = 0$.
- Q_t ist die Länge der Warteschlange zur Zeit t, d. h. die Anzahl von Kunden im System zur Zeit t, $\forall t \geq 0$. Damit gilt $Q_0 = 0$.
- V_t ist die Auslastung zur Zeit t, d. h. die benötigte Zeit für das Ausleeren des Systems zur Zeit t, d. h. die virtuelle Wartezeit zur Zeit t, $\forall t \geq 0$.

Damit bezeichnet $W_n + U_n$ die Aufenthaltsdauer des n-ten Kunden, und da W_n und U_n unabhängig sind, ist die Verteilung dieser Aufenthaltsdauer eine Faltung, für $n = 1, 2, \ldots$.

Wir betrachten $Y_1, Y_2, \ldots$ als i. i. d. Z. V. Die Leistung der Warteschlange lässt sich durch die folgende Traffic-Intensität messen:

$$\tau \stackrel{\text{def}}{=} \frac{\mathsf{E}[U_1]}{\mathsf{E}[Y_1]}.$$

Intuitiv gibt es für t groß zirka $t/\mathsf{E}[Y_1]$ Ankünfte und zirka $t/\mathsf{E}[U_1]$ Dienstleistungen, und damit ist τ der Quotient dieser Größen. Wir unterscheiden die zwei folgenden Fälle.

- Falls $\tau > 1$, dann gibt es tendenziell mehr Ankünfte als Dienstleistungen, und die Länge der Warteschlange Q_t steigt tendenziell mit t.
- Falls $\tau < 1$, dann gibt es tendenziell weniger Ankünfte als Dienstleistungen, die Warteschlange wird tendenziell ausgeleert und wieder aufgefüllt, und daraus folgt ein typisches zyklisches Verhalten von $\{Q_t\}_{t\geq 0}$.

Jetzt betrachten wir wieder den Risikoprozess mit $c = 1$ o. E. d. A. (s. die erste Bemerkung in Abschn. 4.2). Wenn $Y_1, Y_2, \ldots$ unabhängige und Exponential(λ)-Z. V. sind und U_1 die V. F. F besitzt, dann ist die obere Traffic-Intensität τ genau gleich dem in (4.2) definierten Parameter ρ des Risikoprozesses. In diesem Fall gilt eine wichtige Dualität zwischen dem Auslastungsprozess $\{V_t\}_{t\geq 0}$ und dem Risikoprozess. Insbesondere kann man beweisen, dass für $\rho < 1$ und $\forall r_0, t^\dagger \geq 0$ gilt:

$$\mathsf{P}\left[\sup_{0\leq t\leq t^\dagger} L_t > r_0\right] = \mathsf{P}[V_{t^\dagger} > r_0],$$

d. h.

$$\mathsf{P}[V_{t^\dagger} > r_0] = \mathsf{P}[T \leq t^\dagger], \quad \text{d. h.} \quad \mathsf{P}[V_{t^\dagger} > r_0] = \psi(r_0; t^\dagger).$$

Da der Sicherheitszuschlag β inverse proportional zu ρ variert, werden asymptotische Approximationen für $\beta \to 0$ als „heavy-traffic" bezeichnet und asymptotische Approximationen für $\beta \to \infty$ als „light-traffic".

4.4 Integrodifferentialgleichung zur Ruinwahrscheinlichkeit

In diesem Abschnitt wird ausschließlich der Poisson-Prozess betrachtet. Das Ziel ist, eine Integrodifferentialgleichung zur Ruinwahrscheinlichkeit im unendlichen Zeithorizont $\psi(r_0)$ als Funktion der Variable $r_0 \geq 0$ herzuleiten. Aus der Definition 3.16 folgt die infinitesimale Darstellung der Poisson-Wahrscheinlichkeit

$$\mathsf{P}[N_h = k] = \begin{cases} 1 - \lambda h + \mathrm{o}(h), & \text{wenn } k = 0, \\ \lambda h + \mathrm{o}(h), & \text{wenn } k = 1, \\ \mathrm{o}(h), & \text{wenn } k \geq 2, \end{cases} \quad \text{für } h \to 0. \tag{4.11}$$

Angenommen, wir haben einen Schaden in $[0, h]$, für $h > 0$, dann gibt es folgende Fälle:

- $X_1 \leq r_0 \Longrightarrow$ kein Ruin in $[0, h]$;
- $r_0 < X_1 \leq r_0 + ch \Longrightarrow \exists s \in (0, h]$, sodass Ruin sicher in $[0, s)$ und unmöglich in $[s, h]$;
- $X_1 > r_0 + ch \Longrightarrow$ Ruin sicher in $[0, h]$.

Diese Situationen lassen sich mithilfe der Abb. 4.2 schildern. Man sieht auch, dass für $X_1 = x \in (r_0, r_0 + ch]$ gilt $r_0 + cs = x \Leftrightarrow s = s(x) = (x - r_0)/c$. Aus der obigen Zerlegung lässt sich die folgende asymptotische Integralgleichung direkt finden,

$$\begin{aligned} \psi(r_0) = (1 - \lambda h)\psi(r_0 + ch) + \lambda h \Bigg\{ & \int_0^{r_0} \psi(r_0 + ch - x)\mathrm{d}F(x) \\ & + \int_{r_0}^{r_0+ch} \left[\int_0^{s(x)} \frac{\lambda \mathrm{e}^{-\lambda t}}{1 - \mathrm{e}^{-\lambda h}}\mathrm{d}t + \int_{s(x)}^{h} \psi(r_0 + ct - x)\frac{\lambda \mathrm{e}^{-\lambda t}}{1 - \mathrm{e}^{-\lambda h}}\mathrm{d}t \right] \mathrm{d}F(x) \\ & + \int_{r_0+ch}^{\infty} \mathrm{d}F(x) \Bigg\} + \mathrm{o}(h), \quad \text{für } h \to \infty. \end{aligned}$$

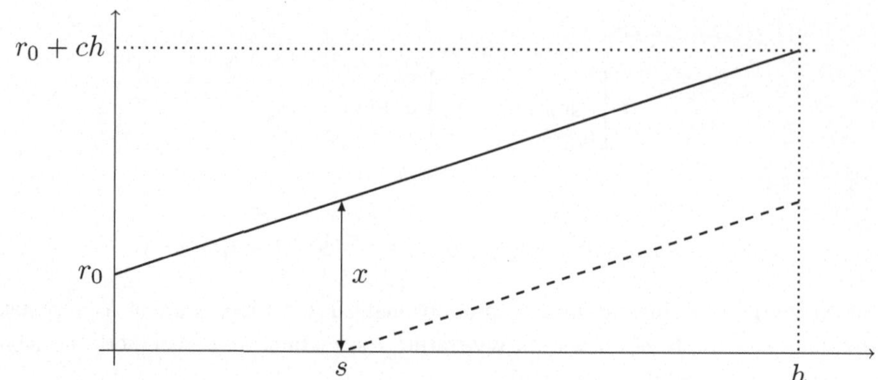

Abb. 4.2 Der Risikoprozess über ein kleines Zeitintervall $[0, h]$. Wenn $X_1 = x \in [r_0, r_0 + ch]$, dann tritt Ruin sicher während $[0, s)$ ein, kann aber nicht mehr während $[s, h]$ eintreten

Die obige Gleichung ist äquivalent zu

$$\psi(r_0) - \psi(r_0 + ch) = -\lambda h \Big\{ \psi(r_0 + ch) - \int_0^{r_0} \ldots \mathrm{d}F(x) - \int_{r_0}^{r_0+ch} \ldots \mathrm{d}F(x) \\ - [1 - F(r_0 + ch)] \Big\} + \mathrm{o}(h), \text{ für } h \to \infty.$$

Unter der Voraussetzung, dass ψ ableitbar ist, erhält man durch den Grenzübergang

$$\psi'(r_0) = \frac{\lambda}{c} \left\{ \psi(r_0) - \int_0^{r_0} \psi(r_0 - x)\mathrm{d}F(x) - [1 - F(r_0)] \right\}. \tag{4.12}$$

Dies stellt die Integrodifferentialgleichung für die Ruinwahrscheinlichkeit ψ dar.

Diese Integrodifferentialgleichung lässt sich exakt lösen, wenn die Einzelschadensverteilung eine lineare Kombination von exponentiellen Verteilungen oder eine Gamma-Verteilung ist. Mithilfe von Hilfsfunktionen und durch wiederholte Ableitungen lässt sich (4.12) in eine lineare Differentialgleichung der 2. Ordnung $y''(x) + by'(x) + cy(x) = 0$ umformen. Die Lösung dieser Differentialgleichung ist ein Standardresultat und wird in Appendix 8.8.1 gegeben. Die genaue Methode wird dann im nächsten Beispiel illustriert.

Beispiele 4.19 (Berechnung der Ruinwahrscheinlichkeit durch ihre Integrodifferentialgleichung)
Die Integrodifferentialgleichung (4.12) lässt sich für die Überlebenswahrscheinlichkeit $R(r_0) = 1 - \psi(r_0)$ wie folgt schreiben:

$$R'(r_0) = \frac{\lambda}{c} R(r_0) - \frac{\lambda}{c} \int_0^{r_0} R(r_0 - x)\mathrm{d}F(x).$$

Wir betrachten die lineare Kombination von exponentiellen Verteilungen mit der Dichte

$$f(x) = \mathrm{e}^{-3x} + \frac{10}{3}\mathrm{e}^{-5x}, \ \forall x > 0.$$

Damit gilt $\mu = 11/45$. Wir haben auch

$$\beta = \frac{4}{11} \text{ und } \frac{c}{\lambda} = \mu(1+\beta) = \frac{1}{3}.$$

Damit haben wir

$$R'(u) = 3R(u) - 3\int_0^u R(u-x)\left(\mathrm{e}^{-3x} + \frac{10}{3}\mathrm{e}^{-5x}\right)\mathrm{d}x.$$

Wir definieren die Hilfsfunktion

$$g_n(u) = \int_0^u \mathrm{e}^{ny} R(y)\mathrm{d}y,$$

woraus $g_n'(u) = \mathrm{e}^{nu} R(u)$, für $n = 1, 2, \ldots$, folgt. Damit gelten

$$\begin{aligned}
R'(u) &= 3R(u) - 3\mathrm{e}^{-3u} g_3(u) - 10\mathrm{e}^{-5u} g_5(u), \\
R''(u) &= 3R'(u) + 9\mathrm{e}^{-3u} g_3(u) - 3R(u) + 50\mathrm{e}^{-5u} g_5(u) - 10R(u) \\
&= 3R'(u) - 13R(u) + 9\mathrm{e}^{-3u} g_3(u) + 5 \cdot 10\mathrm{e}^{-5u} g_5(u) \\
&= 3R'(u) - 13R(u) + 9\mathrm{e}^{-3u} g_3(u) + 5[-R'(u) + 3R(u) - 3\mathrm{e}^{-3u} g_3(u)] \\
&= -2R'(u) + 2R(u) - 6\mathrm{e}^{-3u} g_3(u) \quad \text{und} \\
R'''(u) &= -2R''(u) + 2R'(u) + 3 \cdot 6\mathrm{e}^{-3u} g_3(u) - 6R(u) \\
&= -2R''(u) + 2R'(u) + 3[-R''(u) - 2R'(u) + 2R(u)] - 6R(u) \\
&= -5R''(u) - 4R'(u).
\end{aligned}$$

Daraus folgt

$$R'''(u) + 5R''(u) + 4R'(u) = 0.$$

Im Satz über Differentialgleichungen der 2. Ordnung in Appendix 8.8.1 wird die Lösung von $R'''(x) + bR''(x) + cR'(x) = 0$ durch $R'(x) = a_1\mathrm{e}^{r_1 x} + a_2\mathrm{e}^{r_2 x}$ gegeben, wobei $a_1, a_2 \in \mathbb{R}$ und $r_1 \neq r_2 \in \mathbb{R}$ die Lösungen von $r^2 + br + c = 0$ sind. Aus $r^2 + 5r + 4 = 0$ folgt $r_1 = -1$ und $r_2 = -4$. So ist $R(u)$ die Lösung von $R'(u) = a_1\mathrm{e}^{-u} + a_2\mathrm{e}^{-4u}$. Mit den Randbedingungen

$$R(0) = \frac{\beta}{1+\beta} = \frac{4}{15} \text{ und } R(\infty) \stackrel{\text{def}}{=} \lim_{u\to\infty} R(u) = 1$$

ergibt sich

$$R'(0) = 3R(0) = \frac{4}{5} \Longrightarrow a_1 + a_2 = \frac{4}{5}$$

$$R(u) = -a_1 \mathrm{e}^{-u} - \frac{a_2}{4}\mathrm{e}^{-4u} + a_3 \Longrightarrow R(\infty) = a_3 \Longrightarrow a_3 = 1$$

$$R(0) = -a_1 - \frac{a_2}{4} + 1 = \frac{4}{15} \Longrightarrow a_1 + \frac{a_2}{4} = \frac{11}{15}$$

Somit ist $a_1 = 32/45$, $a_2 = 4/45$ und

$$R(u) = 1 - \frac{32}{45}\mathrm{e}^{-u} - \frac{1}{45}\mathrm{e}^{-4u}.$$

4.5 Anpassungskoeffizient

Eine zentrale Größe im Risikoprozess ist der Anpassungskoeffizient, alternativ auch als Lundberg-Exponent bezeichnet. Auch in diesem Abschnitt wird ausschließlich der Poisson-Prozess betrachtet.

Definition 4.20 (Anpassungskoeffizient)
Der Anpassungskoeffizient r ist die positive Lösung in v von

$$\mathsf{E}\left[\mathrm{e}^{vL_1}\right] = 1, \tag{4.13}$$

falls sie existiert, wobei L_1 der Verlustprozess $L_t = Z_t - ct$ zur Zeit $t = 1$ ist.

Im Folgenden bezeichnet $M_U(v) = \mathsf{E}[\mathrm{e}^{vU}]$ die m. e. F. der beliebigen Z. V. U. Zudem wird $\mathsf{E}[\mathrm{e}^{vX_1}]$ bei M_X notiert, weil der Index 1 irrelevant ist. Wenn wir $M_{L_t}(v) = 1$ für ein $t > 0$ lösen, dann erhalten wir

$$\begin{aligned} M_{L_t}(v) &= M_{Z_t - ct}(v) = \mathrm{e}^{-vct} M_{Z_t}(v) = \mathrm{e}^{-vct} \exp\{\lambda t[M_X(v) - 1]\} = 1 \\ &\Longleftrightarrow \lambda[M_X(v) - 1] = vc \Longleftrightarrow \\ M_X(v) &= 1 + v(1+\beta)\mu. \end{aligned} \tag{4.14}$$

Diese letzte Gleichung ist von t unabhängig. Die positive Lösung dieser Gleichung ist in Abb. 4.3 dargestellt. Mit ihr sieht man direkt, dass

$$\frac{\partial r}{\partial \beta} > 0,$$

falls r und diese Ableitung existieren.

Eine hinreichende Bedingung für die Existenz des Anpassungskoeffizienten lautet: Nehmen wir $M''_X(v) > 0$ an und damit ist M_X eine strikt konvexe Funktion. Die Steigung von M_X beim Nullpunkt ist $M_X(0) = \mu < (1+\beta)\mu$ für $\beta > 0$. Eine hinreichende Bedingung

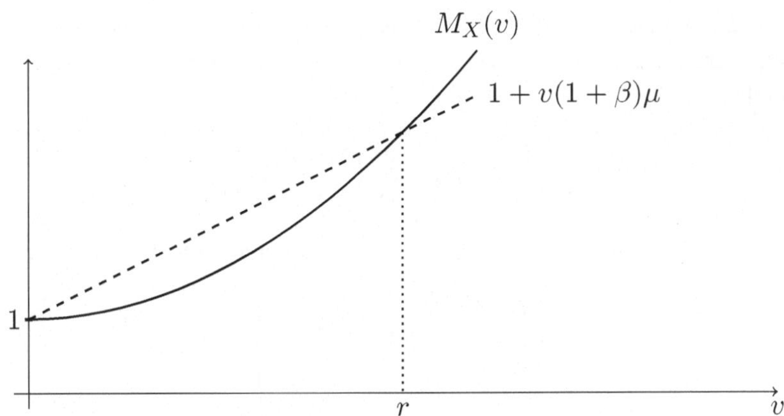

Abb. 4.3 Die m. e. F. von X_1 (durchgezogene Linie), die Gerade der Definition des Anpassungskoeffizienten (gestrichelt) und der Anpassungskoeffizient

für die Existenz von r ist die sogenannte Steilheit von M_X, d. h.

$$\exists \gamma \in (0, \infty), \text{ sodass } M_X(v) < \infty, \ \forall v < \gamma, \text{ und } \lim_{v \to \gamma, \, v < \gamma} M_X(v) = \infty. \tag{4.15}$$

Diese Steilheitsbedingung wurde auf Abschn. 2.1.2 zur Charakterisierung einer Klasse von light-tailed Verlust-Verteilungen eingesetzt.

Beispiele 4.21 (Erlang-Modell) Der Poisson-Risikoprozess mit Exponential-verteilten Schadensbeträgen heißt Erlang-Modell. Aus $\mu = \mathsf{E}[X_1]$ folgt $X_1 \sim \text{Exponential}(1/\mu)$. Daraus folgt auch $M_X(v) = 1/(1-\mu v)$, $\forall v < 1/\mu$. Die Steilheitsbedingung (4.15) ist damit erfüllt:

$$\lim_{v \to \frac{1}{\mu}} \frac{1}{1 - \mu v} = \infty.$$

Somit existiert der Anpassungskoeffizient r. Er ist die Lösung in v von

$$\frac{1}{1 - \mu v} = 1 + v(1+\beta)\mu,$$

d. h.

$$r = \frac{\beta}{\mu(1+\beta)} = \frac{1}{\mu} - \frac{\lambda}{c}.$$

Im folgenden Beispiel existiert der Anpassungskoeffizient nur unter einer Bedingung bezüglich der Parameter der Einzelschadensverteilung.

Beispiele 4.22 (Inverse normale Einzelschadenverteilung) Wir betrachten den Poisson-Risikoprozess mit der inversen normalen Einzelschadensverteilung, wobei die Dichte gegeben ist durch

$$f(x) = \sqrt{\frac{\theta}{2\pi x^3}} \exp\left\{-\frac{\theta}{2x}\left(\frac{x-\mu}{\mu}\right)^2\right\}, \forall x > 0,$$

wobei $\mu > 0$ ihr Erwartungswert ist und $\theta > 0$. Man kann die folgende m. e. F. berechnen:

$$M_X(v) = \exp\left\{\frac{\theta}{\mu}\left[1 - \sqrt{1 - 2\frac{\mu^2}{\theta}v}\right]\right\}, \forall v \leq \frac{1}{2}\frac{\theta}{\mu^2}.$$

Hier ist es klar, dass die Steilheitsbedingung (4.15) unerfüllt ist,

$$\lim_{v \to \frac{1}{2}\frac{\theta}{\mu^2}} \exp\left\{\frac{\theta}{\mu}\left[1 - \sqrt{1 - 2\frac{\mu^2}{\theta}v}\right]\right\} = \mathrm{e}^{\frac{\theta}{\mu}} < \infty.$$

Damit kann die Gleichung

$$\exp\left\{\frac{\theta}{\mu}\left[1 - \sqrt{1 - 2\frac{\mu^2}{\theta}v}\right]\right\} = 1 + v(1+\beta)\mu$$

eine oder keine positive Lösung besitzen, wie in Abb. 4.4 gezeigt. Für $v = \theta/(2\mu^2)$ ergibt die obige Gleichung

$$\mathrm{e}^{\frac{\theta}{\mu}} = 1 + \frac{\theta}{2\mu^2}(1+\beta)\mu \Longleftrightarrow \beta = 2\frac{\mu}{\theta}\left(\mathrm{e}^{\frac{\theta}{\mu}} - 1\right) - 1.$$

Somit existiert die positive Lösung d. h. der Anpassungskoeffizient im Fall

$$\beta < 2\frac{\mu}{\theta}\left(\mathrm{e}^{\frac{\theta}{\mu}} - 1\right) - 1$$

und nur in diesem Fall.

Satz 4.23 gibt eine explizite Formel für die Ruinwahrscheinlichkeit.

Satz 4.23 (Exakte Formel für die Ruinwahrscheinlichkeit)
Sei der Poisson-Risikoprozess (4.1), *für welchen der Anpassungskoeffizient r existiert, dann gilt,* $\forall r_0 \geq 0$,

$$\psi(r_0) = \frac{\mathrm{e}^{-rr_0}}{\mathsf{E}[\exp\{-rY_T\}|T < \infty]}.$$

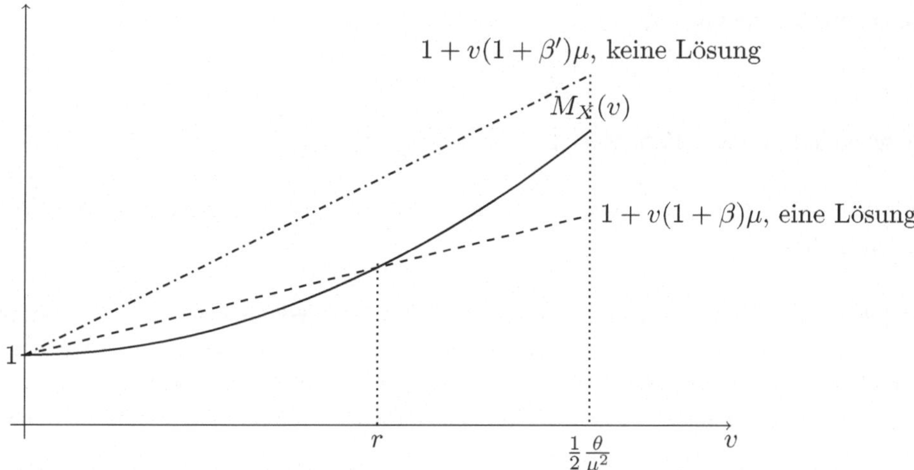

Abb. 4.4 Die m. e. F. der inversen Normalverteilung (durchgezogene Linie) und zwei Geraden der Definition des Anpassungskoeffizienten mit Parametern β (gestrichelt) und β' (gepunktet und gestrichelt), wobei $\beta < \beta'$. Die Gerade mit β schneidet die m. e. F. und bestimmt den Anpassungskoeffizienten. Das gilt für die Gerade mit β' nicht

Dieser Satz lässt sich z. B. mit der Martingaltheorie zusammen mit der Lundberg-Konjugation beweisen (s. Abschn. 6.3.2 für die Lundberg-Konjugation). Im Allgemeinen ist die Formel dieses Satzes allerdings ungeeignet für numerische Auswertungen. Eine Ausnahme bildet das Erlang-Modell, s. Beispiel 4.26. Mit der Formel aus Satz 4.23 kann man jedoch andere Eigenschaften herleiten. Da $r > 0$, wenn es existiert, und $Y_T < 0$, über $\{T < \infty\}$ folgt unmittelbar dieses wichtige Resultat.

Korollar 4.24 (Lundberg-Ungleichung)
Sei der Poisson-Risikoprozess (4.1)*, für welchen der Anpassungskoeffizient r existiert, dann gilt*

$$\psi(r_0) \leq \mathrm{e}^{-rr_0}, \quad \forall r_0 \geq 0.$$

Bemerkung 4.25 Im Poisson-Risikoprozess (4.1) sei $X(r_0)$ der Einzelschadensbetrag, der zum Ruin führt, dann gilt $X(r_0) \in \mathcal{L}_1(\{T < \infty\})$ und $-Y_T \leq X(r_0)$ über $\{T < \infty\}$. Damit gilt die majorisierte Konvergenz, und falls r und $\partial r / \partial \beta$ existieren, dann ist

$$\begin{aligned} \frac{\partial r}{\partial \beta} > 0 &\Longrightarrow \lim_{\beta \downarrow 0} r = 0 \\ &\Longrightarrow \lim_{\beta \downarrow 0} \psi(r_0) = \lim_{r \downarrow 0} \frac{\mathrm{e}^{-rr_0}}{\mathsf{E}[\exp\{-rY_T\} | T < \infty]} = 1. \end{aligned}$$

Zudem gilt für λ und μ fest, dass $\beta' < \beta \Rightarrow Y_t(\beta') < Y_t(\beta),\ \forall t \geq 0$. Schließlich gilt

$$\psi(r_0) = 1, \forall \beta \leq 0,$$

wie schon in Korollar 4.17 festgestellt.

Im Allgemeinen kann der Erwartungswert nicht explizit berechnet werden, im Erlang-Modell ist dies jedoch möglich.

Beispiele 4.26 (Ruinwahrscheinlichkeit im Erlang-Modell) Sei die Z. V. $X \sim$ Exponential$(1/\mu)$ vom Prozess $\{Z_t\}_{t\geq 0}$ unabhängig. Sei $C(r_0) = Y_{T-}$ das Resultat vor T und über $\{T < \infty\}$ definiert. Sei $X(r_0)$ der Einzelschadensbetrag, der zum Ruin führt, über $\{T < \infty\}$ definiert. Gegeben $T < \infty$, $C(r_0)$ gilt $X(r_0) \sim X|\{X > C(r_0)\}$. Sei $y > 0$, dann gilt

$$\begin{aligned} \mathsf{P}[Y_T < -y|T < \infty] &= \mathsf{P}[X(r_0) > C(r_0) + y|T < \infty] \\ &= \mathsf{E}[\mathsf{P}[X(r_0) > C(r_0) + y|C(r_0), T < \infty]|T < \infty] \\ &= \mathsf{E}[\mathsf{P}[X > C(r_0) + y|X > C(r_0), C(r_0), T < \infty]|T < \infty] \\ &= \mathsf{P}[X > y] = \mathrm{e}^{-\frac{y}{\mu}}, \end{aligned}$$

aus der Gedächtnislosigkeit der exponentiellen Verteilung, s. (2.6). Diese Situation zeigt Abb. 4.5. Mit diesem Resultat haben wir

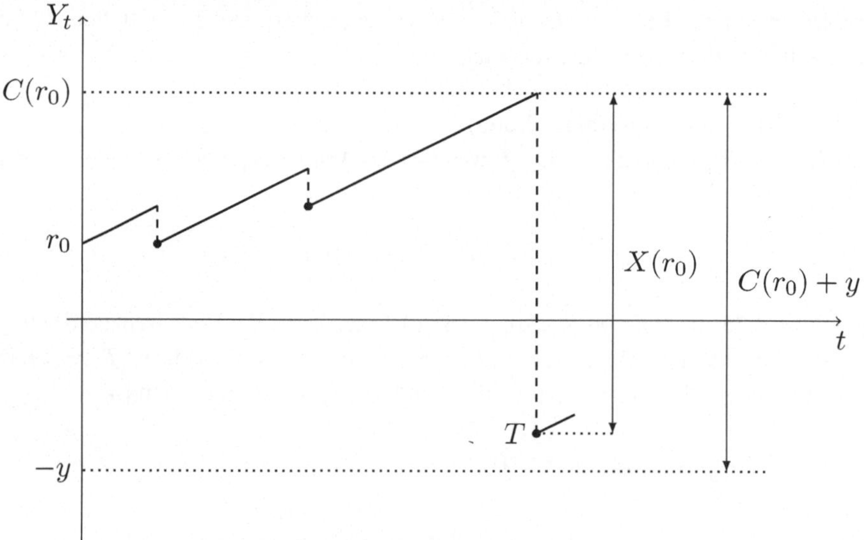

Abb. 4.5 Ein Pfad des Risikoprozesses zur Illustration von $\mathsf{P}[X(r_0) > C(r_0) + y \mid C(r_0), T < \infty]$

$$\begin{aligned}\mathsf{E}[\exp\{-rY_T\}|T<\infty] &= \int_0^\infty e^{ry}\frac{1}{\mu}e^{-\frac{y}{\mu}}dy\\ &= \frac{1}{\mu}\int_0^\infty e^{-(\frac{1}{\mu}-r)y}dy\\ &= \frac{\frac{1}{\mu}}{\frac{1}{\mu}-r} = \frac{1}{1-r\mu},\end{aligned}$$

weil $r = 1/\mu - \lambda/c < 1/\mu$. Daraus folgt die exakte Formel

$$\psi(r_0) = \frac{e^{-rr_0}}{\frac{1}{1-r\mu}} = \frac{e^{-\frac{\beta}{\mu(1+\beta)}r_0}}{1+\beta}. \tag{4.16}$$

4.6 Erstes Resultat unter der Initialreserve

Wir beginnen mit dem folgenden Satz:

Satz 4.27
Sei ein Poisson-Risikoprozess (4.1) *mit* $r_0 = 0$, *dann gilt* $\forall y \geq 0$,

$$\mathsf{P}[Y_T < -y|T<\infty]\psi(0) = \frac{\lambda}{c}\int_y^\infty \{1-F(x)\}dx.$$

Eine alternative Formulierung dieses Satzes lautet: Wenn $r_0 = 0$, dann $\forall y \geq 0$ gilt

$$\mathsf{P}[-y-dy < Y_T < -y, T<\infty] = \frac{\lambda}{c}\{1-F(y)\}dy. \tag{4.17}$$

Die Anwendung des obigen Satzes mit $y = 0$ ergibt

$$\mathsf{P}[Y_T < 0|T<\infty] = \frac{\lambda}{c}\int_y^\infty \{1-F(x)\}dx.$$

Damit erhalten wir

$$\mathsf{P}[T<\infty] = \frac{\lambda\mu}{c}, \text{ d. h. } \psi(0) = \frac{1}{1+\beta}.$$

Satz 4.27 geht aus Lemma 4.28 mit der Wahl $w(u) = \mathsf{I}\{u < -y\}$ hervor.

Lemma 4.28
Sei der Poisson-Risikoprozess (4.1), *sei* $w : (\mathbb{R}_-^*, \mathcal{B}(\mathbb{R}_-^*)) \to (\mathbb{R}_+, \mathcal{B}(\mathbb{R}_+))$ *eine messbare und beschränkte Funktion und sei* $\Psi(r_0; w) = \mathsf{E}[w(Y_T)\mathsf{I}\{T<\infty\}]$, *dann gilt die folgende Integralgleichung:*

$$\Psi(r_0; w) = \Psi(0; w) + \frac{\lambda}{c}\left\{\int_0^{r_0} \Psi(u; w)[1 - F(r_0 - u)]\mathrm{d}u \right.$$
$$\left. - \int_0^{\infty} w(-u)[F(u + r_0) - F(u)]\mathrm{d}u\right\}, \tag{4.18}$$

wobei

$$\Psi(0; w) = \frac{\lambda}{c}\int_0^{\infty} w(-u)\{1 - F(u)\}\mathrm{d}u, \tag{4.19}$$

sowie die folgende Integrodifferentialgleichung

$$\Psi'(r_0; w) = \frac{\lambda}{c}\left\{\Psi(r_0; w) - \int_0^{r_0} \Psi(r_0 - x; w)\mathrm{d}F(x) - \int_{r_0}^{\infty} w(r_0 - x)\mathrm{d}F(x)\right\}. \tag{4.20}$$

Beweis Aus der infinitesimalen Darstellung der Poisson-Wahrscheinlichkeit (4.11) folgt, dass für $h > 0$ klein

$$\begin{aligned}\Psi(r_0; w) &= \mathsf{E}[w(Y_T)\mathsf{I}\{T < \infty\}] \\ &= \mathsf{E}[w(Y_T)\mathsf{I}\{T < \infty\} \mid N_h = 0]\{1 - \lambda h + \mathrm{o}(h)\} \\ &\quad + \mathsf{E}[w(Y_T)\mathsf{I}\{T < \infty\} \mid N_h = 1]\{\lambda h + \mathrm{o}(h)\} \\ &\quad + \mathsf{E}[w(Y_T)\mathsf{I}\{T < \infty\} \mid N_h > 1]\,\mathrm{o}(h),\end{aligned}$$

für $h \to 0$. Seien $x > 0$ und

$$\begin{aligned} g(x, h) &\stackrel{\text{def}}{=} \mathsf{E}[w(Y_T)\mathsf{I}\{T < \infty\} \mid N_h = 1, X_1 = x] \\ &= \begin{cases} \Psi(r_0 + ch - x; w), & \text{wenn } x \le r_0, \\ b(x, h), & \text{wenn } r_0 < x \le r_0 + ch, \\ \mathsf{E}[w(Y_T) \mid N_h = 1, X_1 = x], & \text{wenn } r_0 + ch < x, \end{cases}\end{aligned}$$

für eine beschränkte Funktion b. Die drei obigen Fälle folgen direkt aus den drei entsprechenden Situationen: Während des Zeitintervalls $[0, h]$ geht der Risikoprozess nicht, eventuell oder sicher unter die Nulllinie; s. Abb. 4.2. Daraus folgt:

$$\begin{aligned}\mathsf{E}[g(X_1, h)] &= \int_0^{r_0} \Psi(r_0 + ch - x; w)\mathrm{d}F(x) + \int_{r_0}^{r_0 + cs} b(x, h)\mathrm{d}F(x) \\ &\quad + \int_{r_0 + ch}^{\infty} \mathsf{E}[w(Y_T) \mid N_h = 1, X_1 = x]\mathrm{d}F(x) \\ &\xrightarrow{h \to 0} \int_0^{r_0} \Psi(r_0 - x; w)\mathrm{d}F(x) + \int_{r_0}^{\infty} w(r_0 - x)\mathrm{d}F(x),\end{aligned}$$

weil b eine beschränkte Funktion ist. Mit diesen Resultaten und da w beschränkt ist, erhalten wir

$$\Psi(r_0; w) = (1 - \lambda h)\Psi(r_0 + ch; w) + \lambda h \mathsf{E}[g(X_1, h)] + \mathrm{o}(h),$$

d. h.

$$\frac{\Psi(r_0 + ch; w) - \Psi(r_0; w)}{ch} - \frac{\lambda}{c}\Psi(r_0 + ch; w) + \frac{\lambda}{c}\mathsf{E}[g(X_1, h)] + \mathrm{o}(1) = 0.$$

Wenn $h \to 0$ erhalten wir

$$\Psi'(r_0; w) - \frac{\lambda}{c}\Psi(r_0; w) + \frac{\lambda}{c}\left\{\int_0^{r_0} \Psi(r_0 - x; w)\mathrm{d}F(x) + \int_{r_0}^{\infty} w(r_0 - x)\mathrm{d}F(x)\right\} = 0,$$

d. h. die gewünschte Integrodifferentialgleichung.

Die Integralgleichung folgt direkt aus Integration. Dabei können die folgenden Bemerkungen hilfreich sein. Das linke Integral in (4.20) integriert von 0 bis $z > 0$ ergibt

$$\begin{aligned}
\int_0^z \int_0^{r_0} \Psi(r_0 - x; w)\mathrm{d}F(x)\mathrm{d}r_0 &= \int_0^z \int_x^z \Psi(r - x; w)\mathrm{d}r_0\mathrm{d}F(x) \\
&= -\int_0^z F(x)\mathrm{d}\left\{\int_x^z \Psi(r_0 - x; w)\mathrm{d}r_0\right\} \\
&= \int_0^z F(x)\Psi(z - x; w)\mathrm{d}x \\
&= \int_0^z \Psi(u; w)F(z - u)\mathrm{d}u,
\end{aligned}$$

wobei die vorletzte Gleichung aus partieller Integration folgt. Beim Setzen $z = r_0$ erkennt man ein Integral von (4.18). Das rechte Integral in (4.20) integriert von 0 bis $z > 0$ ergibt

$$\begin{aligned}
\int_0^z \int_{r_0}^{\infty} w(r_0 - x)\mathrm{d}F(x)\mathrm{d}r_0 &= \int_0^z \int_0^{\infty} w(-u)\mathrm{d}F(r_0 + u)\mathrm{d}r_0 \\
&= \int_0^{\infty} w(-u)\,\mathrm{d}\left\{\int_0^z F(r_0 + u)\mathrm{d}r_0\right\} \\
&= \int_0^{\infty} w(-u)[F(z + u) - F(u)]\mathrm{d}u.
\end{aligned}$$

Beim Setzen $z = r_0$ erkennt man ein Integral von (4.18). Schlussendlich folgt (4.19) aus (4.18) für $r_0 \to \infty$. □

Falls $w(u) = 1, \forall u < 0$, dann gilt $\Psi(r_0; w) = \psi(r_0)$ und die Integrodifferentialgleichung des Lemmas 4.28 ergibt genau (4.12).

Die Ruinzeit ohne Anfangskapital ist analog zur ersten Zeit unter Anfangskapital des Risikoprozesses mit beliebigem Anfangskapital.

Definition 4.29 (Erste Zeit unter Anfangskapital)
Die erste Zeit unter dem Niveau r_0 *ist*

$$T(0) = \begin{cases} \inf\{t \geq 0 \,|\, Y_t < r_0\}, & \textit{wenn dieser Wert existiert,} \\ \infty, & \textit{sonst.} \end{cases}$$

Offensichtlich folgt aus (4.17), dass, $\forall r_0, y \geq 0$,

$$\mathsf{P}[r_0 - y - \mathrm{d}y < Y_{T(0)} < r_0 - y, T(0) < \infty] = \frac{\lambda}{c}\{1 - F(y)\}\mathrm{d}y. \tag{4.21}$$

Sei die Z. V.

$$R_1 \stackrel{\text{def}}{=} r_0 - Y_{T(0)} = Z_{T(0)} - cT(0) = L_{T(0)} \tag{4.22}$$

über $\{T(0) < \infty\}$ definiert. Diese Z. V. wird erste Leiter-Höhe genannt. Es gilt $\forall y \geq 0$,

$$y < r_0 - Y_t < y + \mathrm{d}y \Longleftrightarrow r_0 - y - \mathrm{d}y < Y_t < r_0 - y.$$

Mit dieser Äquivalenz und mit (4.21) ist die (bedingte) Dichte von R_1 gegeben durch

$$\begin{aligned} f_R(y)\mathrm{d}y &= \mathsf{P}[r_0 - y - \mathrm{d}y < Y_{T(0)} < r_0 - y | T(0) < \infty] \\ &= \mathsf{P}[r_0 - y - \mathrm{d}y < Y_{T(0)} < r_0 - y, T(0) < \infty]\{\mathsf{P}[T(0) < \infty]\}^{-1} \\ &= \frac{\frac{1}{\mu(1+\beta)}[1 - F(y)]\mathrm{d}y}{\frac{1}{1+\beta}} = \frac{1}{\mu}[1 - F(y)]\mathrm{d}y, \ \forall y \geq 0. \end{aligned}$$

Die m. e. F. von R_1 ist dann

$$\begin{aligned} M_R(v) &= \frac{1}{\mu}\int_0^\infty \mathrm{e}^{vy}[1 - F(y)]\mathrm{d}y \\ &= \frac{1}{\mu}\left[\frac{\mathrm{e}^{vy}}{v}[1 - F(y)]\right]_0^\infty + \frac{1}{\mu}\int_0^\infty \frac{\mathrm{e}^{vy}}{v} f(y)\mathrm{d}y \\ &= \frac{1}{\mu v}[M_X(v) - 1], \end{aligned} \tag{4.23}$$

$\forall v \in (-\infty, \gamma)\backslash\{0\}$. Für solche v ist $\mathrm{e}^{vy}[1 - F(y)] \stackrel{y \to \infty}{\longrightarrow} 0$ erfüllt. Der Grund ist klar:

$$\forall v \in (0, \gamma), M_X(v) < \infty \Longrightarrow \mathrm{e}^{vy}\int_y^\infty \mathrm{d}F(x) \leq \int_y^\infty \mathrm{e}^{vx}\mathrm{d}F(x) \stackrel{y \to \infty}{\longrightarrow} 0.$$

Würde als Gegenbeispiel F zur subexponentiellen Klasse gehören, dann gilt

$$\lim_{y \to \infty} \mathrm{e}^{vy}[1 - F(y)] = \infty, \forall v > 0.$$

Beispiele 4.30 (Erlang-Modell) Sei $X_1 \sim \text{Exponential}(1/\mu)$, dann gilt

$$f_R(y)\mathrm{d}y = \frac{1}{\mu}\mathrm{e}^{-\frac{y}{\mu}}\mathrm{d}y, \ \forall y \geq 0,$$

i.e. $R_1 \sim X_1$.

4.7 Maximal angehäufter Verlust

Die zentrale Größe dieses Abschnittes ist der maximal angehäufte Verlust S. In Abschn. 4.7.1 wird die m. e. F. von S durch eine Zerlegung von S als Zufallssumme von i. i. d. Z. V. mit geometrisch-verteiltem Summationsindex hergeleitet. Abschn. 4.7.2 stellt eine Methode zur Inversion dieser m. e. F. für den Fall vor, dass die Einzelschadensbeträge eine lineare Kombination von exponentiellen Verteilungen besitzen. Dies ist eine klassische Methode zur Analyse von Laplace-Transformationen und basiert auf der Partialbruchzerlegung. Darauf folgt eine exakte analytische Formel zur Berechnung der Ruinwahrscheinlichkeit im Poisson-Risikoprozess (4.1), wobei die Einzelschadensbeträge eine lineare Kombination von exponentiellen Verteilungen besitzen.

4.7.1 Zusammengesetzte geometrische Darstellung

Zunächst wird an die folgende zentrale Größe erinnert: $S = \sup_{t\geq 0}\{Z_t - ct\} = \sup_{t\geq 0}\{r_0 - Y_t\}$ ist der maximal angehäufte Verlust und $R = 1 - \psi$ ist die Überlebenswahrscheinlichkeit, die gleich der V. F. der maximal angehäufte Verlust S ist, d. h.

$$R(r_0) = \mathsf{P}[S \leq r_0], \ \forall r_0 \geq 0,$$

mit dem speziellen Wert $R(0) = \mathsf{P}[S = 0]$.

Satz 4.31 (Momentenerzeugende Funktion des maximal angehäuften Verlustes) Im Poisson-Risikoprozess (4.1) ist die m. e. F. des maximal angehäuften Verlust gegeben durch

$$M_S(v) = \frac{\beta\mu v}{1 + (1+\beta)\mu v - M_X(v)},$$

$\forall v \in (-\infty, \gamma)\backslash\{0\}$, sodass $M_R(v) < 1 + \beta$.

Beweis Intuitiv kann man auf folgende Weise argumentieren: Da der zusammengesetzte Poisson-Prozess unabhängige und stationäre Zuwächse hat, kann der Zeitpunkt jedes Rekordes des Verlustprozesses als ein neuer Anfangspunkt des Verlustprozesses interpretiert werden. Diese Situation wird in Abb. 4.6 dargestellt. Mit Ausnahme des anfänglichen Werts zum

Zeitpunkt des Rekordes besitzt der neu gestartete Verlustprozess die gleiche Verteilung wie der gesamte Verlustprozess. Von jedem neuen Anfangspunkt an erscheint ein neuer Rekord mit Wahrscheinlichkeit $\mathsf{P}[S > 0] = 1 - \mathsf{P}[S = 0] = \psi(0)$. Die Anzahl von Rekorden im unendlichen Zeithorizont wird mit der Z. V. N notiert und es gilt $N \sim \text{Geometrisch}(p)$, wobei

$$p \overset{\text{def}}{=} 1 - \psi(0) = \frac{\beta}{1+\beta},$$

d. h.

$$\mathsf{P}[N = n] = (1-p)^n p = \beta \left(\frac{1}{1+\beta}\right)^{n+1}, \text{ für } n = 0, 1, \ldots. \tag{4.24}$$

Die Z. V. R_1 wurde schon in (4.22) als Höhe des ersten Rekordes, d. h. als erste Leiter-Höhe definiert. Wir können die Z. V. R_2 als Wert des zweiten Rekordes des Prozesses, $\{L_{T(0)+t} - R_1\}_{t \geq 0}$ definieren. Da dieser Prozess gleichverteilt als $\{L_t\}_{t \geq 0}$ ist, gilt $R_2 \sim R_1$. Durch dieses Vorgehen erhalten wir die sogenannten Leiter-Höhen $R_1, R_2, \ldots$, die i. i. d. und unabhängig von N über $\{T(0) < \infty\}$ sind. Diese Situation illustriert Abb. 4.6. Damit gilt die Zerlegung

$$S = \sum_{i=0}^{N} R_i, \tag{4.25}$$

wobei $R_0 \overset{\text{def}}{=} 0$. Wir haben noch

$$M_N(v) \overset{\text{def}}{=} \mathsf{E}[\mathrm{e}^{vN}] = \frac{p}{1-(1-p)\mathrm{e}^v},$$

$\forall v \in \mathbb{R}$, sodass $(1-p)\mathrm{e}^v < 1$. Aus $p = \beta/(1+\beta)$ folgt

$$M_N(v) = \frac{\frac{\beta}{1+\beta}}{1 - \frac{1}{1+\beta}\mathrm{e}^v} = \frac{\beta}{1+\beta-\mathrm{e}^v},$$

$\forall v < \log(1+\beta)$. Endlich haben wir

$$M_S(v) \overset{\text{def}}{=} \mathsf{E}[\mathrm{e}^{vS}] = M_N(\log\{M_R(v)\}) = \frac{\beta}{1+\beta-M_R(v)}, \tag{4.26}$$

$\forall v \in \mathbb{R}$, sodass $M_R(v) < 1+\beta$.

Aus (4.23) folgt

$$M_S(v) = \frac{\beta\mu v}{1+(1+\beta)\mu v - M_X(v)},$$

$\forall v \in (-\infty, \gamma)\backslash\{0\}$, sodass $M_R(v) < 1+\beta$. □

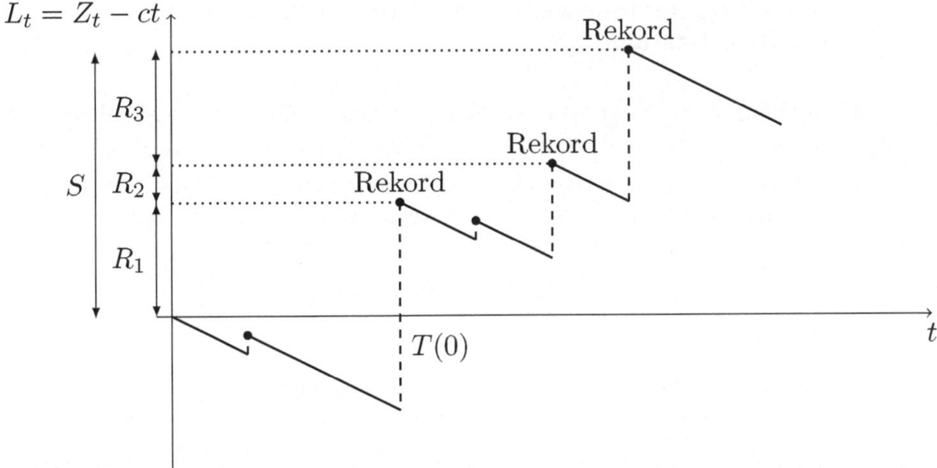

Abb. 4.6 Ein Pfad des Verlustprozesses $\{L_t\}_{t\geq 0}$ mit seinen Rekorden und die Zerlegung des maximal angehäuften Verlusts S als geometrische Summe von i. i. d. Leiter-Höhen $R_1, R_2, \ldots$

Bemerkung 4.32 Die Z. V. S besitzt einen absolut stetigen Teil und einen diskreten Teil mit positivem Maß an der Nullstelle. Genau ist dieses Maß $\mathsf{P}[S = 0] = \mathsf{P}[N = 0] = p = 1 - \psi(0) = \beta/(1+\beta)$. Für den Ausdruck der m. e. F. von S als Riemann-Integral muss dieser diskrete Teil wie folgt getrennt werden:

$$\begin{aligned} M_S(v) &= p + \{M_S(v) - p\} \\ &= \frac{\beta}{1+\beta} + \frac{(1+\beta)\beta\mu v - \beta\{1 + (1+\beta)\mu v - M_X(v)\}}{(1+\beta)\{1 + (1+\beta)\mu v - M_X(v)\}} \\ &= \frac{\beta}{1+\beta} + \frac{1}{1+\beta}\frac{\beta\{M_X(v) - 1\}}{1 + (1+\beta)\mu v - M_X(v)}. \end{aligned} \tag{4.27}$$

Anderseits

$$\begin{aligned} M_S(v) &= \mathrm{e}^{v0}\mathsf{P}[S = 0] + \int_0^\infty \mathrm{e}^{vu}\{-\psi'(u)\}\mathrm{d}u \\ &= \frac{\beta}{1+\beta} + \int_0^\infty \mathrm{e}^{vu}\{-\psi'(u)\}\mathrm{d}u. \end{aligned} \tag{4.28}$$

Beim Vergleich von (4.27) und (4.28) erfolgt die Laplace-Transformation der Funktion $-\psi'$:

$$\int_0^\infty \mathrm{e}^{vu}\{-\psi'(u)\}\mathrm{d}u = \frac{\beta}{1+\beta}\frac{M_X(v) - 1}{(1+\beta)\mu v - \{M_X(v) - 1\}}. \tag{4.29}$$

4.7.2 Berechnung der Ruinwahrscheinlichkeit durch Partialbruchzerlegung

In diesem Abschnitt wird gezeigt, wie sich die Ruinwahrscheinlichkeit $\psi(r_0)$ bei der Inversion der Laplace-Transformation (4.29) erhalten lässt. Diese Inversionsmethode ist nur möglich, wenn die Einzelschadensverteilung als lineare Kombination von exponentiellen Verteilungen gewählt wird. Dann wird die Einzelschadensdichte gegeben durch

$$f(x) = \sum_{j=1}^{m} a_j \beta_j \mathrm{e}^{-\beta_j x}, \ \forall x > 0,$$

wobei $\beta_1, \ldots, \beta_m > 0$ und $a_1, \ldots, a_m \in \mathbb{R}$ die Bedingungen $a_1 + \ldots + a_m = 1$ und $f(x) \geq 0, \forall x > 0$, erfüllen. Offensichtlich ist die entsprechende m. e. F. gegeben durch

$$M_X(v) = \sum_{j=1}^{m} a_j \frac{\beta_j}{\beta_j - v},$$

$\forall v < \min\{\beta_1, \ldots, \beta_m\}$. Damit haben wir

$$\int_0^\infty \mathrm{e}^{vu}\{-\psi'(u)\}\mathrm{d}u = \frac{\beta}{1+\beta} \frac{\sum_{j=1}^m a_j \frac{\beta_j}{\beta_j - v} - 1}{(1+\beta)\mu v \sum_{j=1}^m a_j \frac{\beta_j}{\beta_j - v} + 1}$$

$$= \frac{\beta}{1+\beta} \frac{\sum_{j=1}^m a_j \beta_j \prod_{k=1,\, k\neq j}^m (\beta_k - v) - \prod_{j=1}^m (\beta_j - v)}{(1+\beta)\mu v \prod_{j=1}^m (\beta_j - v) - \sum_{j=1}^m a_j \beta_j \prod_{k=1,\, k\neq j}^m (\beta_k - v) + \prod_{j=1}^m (\beta_j - v)}$$

und somit eine rationelle Funktion. Die Konstante im Zähler des zweiten Quotienten ist

$$\sum_{j=1}^m a_j \prod_{k=1}^m \beta_k - \prod_{j=1}^m \beta_j = 0.$$

Die Konstante im Nenner ist

$$-\sum_{j=1}^m a_j \prod_{k=1}^m \beta_k + \prod_{j=1}^m \beta_j = 0.$$

Somit gilt

$$\int_0^\infty \mathrm{e}^{vu}\{-\psi'(u)\}\mathrm{d}u = \frac{P_{m-1}(v)}{Q_m(v)},$$

wobei $P_{m-1}(v) = a_{m-1}v^{m-1} + \ldots + a_1 v + a_0$ und $Q_m(v) = v^m + b_{m-1}v^{m-1} + \ldots + b_1 v + b_0$. Wenn Q_m m einfache positive Wurzeln $r_1, \ldots, r_m$ hat, dann gilt die Darstellung

$$\int_0^{\infty} \mathrm{e}^{vu}\{-\psi'(u)\}\mathrm{d}u = \sum_{j=1}^{m} c_j \frac{r_j}{r_j - v}, \tag{4.30}$$

wobei

$$c_j = -\frac{P_{m-1}(r_j)}{r_j Q_m'(r_j)}, \text{ für } j = 1, \ldots, m.$$

Dieses Resultat folgt aus der Partialbruchzerlegung in Appendix 8.8.2.

Beispiele 4.33 Eine Illustration dieser Partialbruchzerlegung für den Fall $m = 3$ lautet folgendermaßen: Die m. e. F. M_X wird von $(-\infty, \gamma)$, wobei $\gamma = \min\{\beta_1, \beta_2, \beta_3\}$, zum Bereich $(-\infty, \max\{\beta_1, \beta_2, \beta_3\}) \setminus \{\beta_1, \beta_2, \beta_3\}$ analytisch fortgesetzt (und darf somit negativ sein). Diese analytische Fortsetzung von M_X wird als $\overline{M}_X$ notiert. Abb. 4.7 stellt diese Funktion dar, wobei die drei Schnittpunkte $0 < r_1 < r_2 < r_3$ von $\overline{M}_X(v)$ mit $1+(1+\beta)\mu v$ gezeigt werden. In dieser Illustrierung gilt $\beta_1 < \beta_2 < \beta_3$, und somit haben wir $\overline{M}_X(v) = M_X(v)$, $\forall v < \beta_1$. Daraus folgt, dass $r_1 = r$ der Anpassungskoeffizient ist.

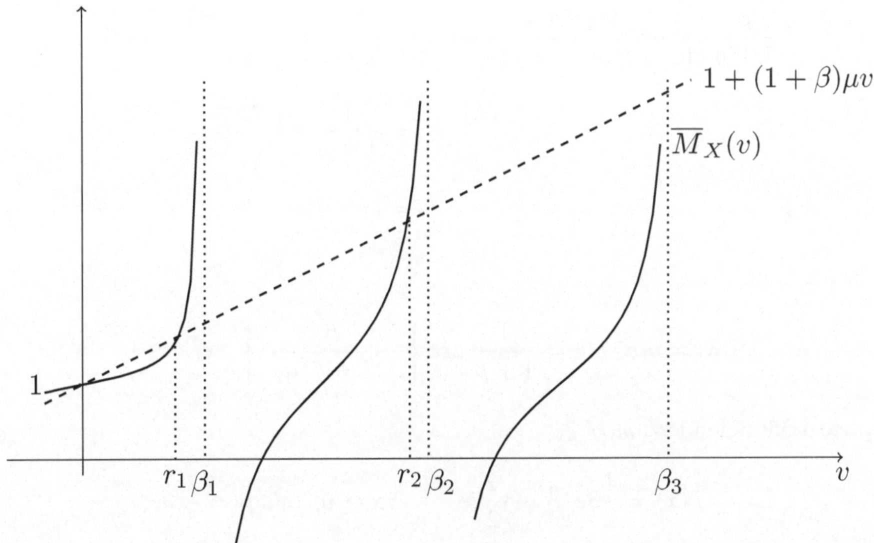

Abb. 4.7 Die analytische Fortsetzung der m. e. F. M_X notiert $\overline{M}_X$ (durchgezogene Linie), die Gerade der Definition des Anpassungskoeffizienten $1 + (1 + \beta)\mu v$ (gestrichelt) und die positiven Schnittpunkte $r_1 < r_2 < r_3$, wobei $r_1 = r$ der Anpassungskoeffizient ist

Aus (4.30) folgt direkt, dass

$$-\psi'(u) = \sum_{j=1}^{m} c_j r_j \mathrm{e}^{-r_j u}$$

und damit

$$\psi(u) = \sum_{j=1}^{m} c_j \mathrm{e}^{-r_j u} + k,$$

für eine Konstante k. Aber $\psi(\infty) \stackrel{\text{def}}{=} \lim_{u\to\infty} \psi(u) = 0 \Rightarrow k = 0$, und somit ist die Ruinwahrscheinlichkeit bestimmt.

Beispiele 4.34 Im einfachsten Fall, wobei $m = 1$, haben wir

$$f(x) = \frac{1}{\mu}\mathrm{e}^{-\frac{x}{\mu}}, \ \forall x > 0, \ \text{und } M_X(v) = \frac{1}{1-\mu v}, \ \forall\, v < \frac{1}{\mu}.$$

Damit gilt

$$\begin{aligned} \frac{\beta}{1+\beta}\frac{M_X(v)-1}{(1+\beta)\mu v - [M_X(v)-1]} &= \frac{\beta}{1+\beta}\frac{\frac{\mu v}{1-\mu v}}{(1+\beta)\mu v - \frac{\mu v}{1-\mu v}} \\ &= \frac{1}{1+\beta}\frac{\frac{\beta}{(1+\beta)\mu}}{\frac{\beta}{(1+\beta)\mu} - v} \\ &= c_1 \frac{r_1}{r_1 - v} \end{aligned}$$

und daraus folgt

$$\psi(r_0) = c_1 \mathrm{e}^{-r_1 r_0} = \frac{1}{1+\beta}\exp\left\{-\frac{\beta}{(1+\beta)\mu} r_0\right\}, \ \forall r_0 \geq 0.$$

Beispiele 4.35 Seien jetzt $m = 2$,

$$f(x) = \frac{1}{2}3\mathrm{e}^{-3x} + \frac{1}{2}7\mathrm{e}^{-7x}, \ \forall x \geq 0, \ \text{und } \beta = \frac{2}{5}.$$

Daraus folgt

$$\mu = \frac{1}{2}\frac{1}{3} + \frac{1}{2}\frac{1}{7} = \frac{5}{21} \ \text{und } M_X(v) = \frac{1}{2}\frac{3}{3-v} + \frac{1}{2}\frac{7}{7-v}, \ \forall v < 3.$$

Damit gilt

$$\begin{aligned}\frac{\beta}{1+\beta}\frac{M_X(v)-1}{(1+\beta)\mu v-[M_X(v)-1]} &= \frac{6}{7}\frac{5-v}{v^2-7v+6}\\ &= \frac{6}{7}\frac{5-v}{(1-v)(6-v)}\\ &= c_1\frac{1}{1-v}+c_2\frac{6}{6-v},\end{aligned}$$

$$c_1=\frac{24}{35},\ c_2=\frac{1}{35},\ r_1=1,\ r_2=6\text{ und }\psi(r_0)=\frac{24}{35}\mathrm{e}^{-r_0}+\frac{1}{35}\mathrm{e}^{-6r_0},\ \forall r_0\geq 0.$$

Bemerkung 4.36 Aus der Zerlegung des maximal angehäuften Verlustes als geometrische Summe (4.25) folgt die Faltungspotenz-Reihe- oder Neumann-Reihe-Darstellung der Überlebenswahrscheinlichkeit:

$$\begin{aligned}R(r_0) &= \mathsf{P}\left[\sum_{j=0}^{N}R_j\leq r_0\right]\\ &= \sum_{n=0}^{\infty}\mathsf{P}\left[\sum_{j=0}^{n}R_j\leq r_0\right]\psi^n(0)\{1-\psi(0)\}\\ &= \{1-\psi(0)\}\sum_{n=0}^{\infty}\psi^n(0)F_R^{*n}(r_0)\\ &= \frac{\beta}{1+\beta}\sum_{n=0}^{\infty}\frac{1}{(1+\beta)^n}F_R^{*n}(r_0),\end{aligned}\tag{4.31}$$

wobei $F_R(y)=\int_0^y\{1-F(x)\}\mathrm{d}x/\mu, \forall y/ge0$, die V.F. von R_1 ist. Dieser spezielle Fall einer Neumann-Reihe ist in der aktuariellen Literatur als Pollaczek-Khintchine-Formel bekannt. Im Allgemeinen lassen sich die Faltungspotenzen nicht einfach berechnen. Eine präzise Approximation zur Verteilung einer Summe von i. i. d. Z. V. basiert auf dem exponentiellen Maßwechsel und wird in Abschn. 7.5.2 vorgestellt. Diese Approximation ist anwendbar, wenn die Verteilung der Summanden light-tailed ist.

4.8 Allgemeine Methoden zur Berechnung der Ruinwahrscheinlichkeit

In Abschn. 4.7.2 haben wir eine exakte Formel für die Berechnung der Ruinwahrscheinlichkeit vorgestellt. Sie gilt, wenn die Einzelschadensverteilung eine lineare Kombination von exponentiellen Verteilungen darstellt. Für die Gamma-Einzelschadensverteilungen kann man auch die Ruinwahrscheinlichkeit exakt berechnen, und zwar durch Lösen der Integrodifferentialgleichung, wie dies zuvor in Abschn. 4.4 erklärt wurde. In diesem Abschnitt hier wird gezeigt, wie man die Ruinwahrscheinlichkeit mit allgemeineren Einzelschadensverteilungen berechnen kann. Die beiden ersten vorgestellten Formeln sind nicht exakt, sondern nur asymptotisch. Für jede dieser zwei asymptotischen Approximationen wird sich die Genauigkeit verbessern, wenn ein gegebener Parameter gegen einen bestimmten Wert strebt. In Abschn. 4.3 wurde die Dualität zwischen Risikoprozess und Auslastungsprozess der Warteschlagentheorie geschildert. Mit dieser Dualität im Hintergrund wird die asymptotische Approximation zur Ruinwahrscheinlichkeit für $\beta \to 0$ als heavy traffic und die asymptotische Approximation für $\beta \to \infty$ als light traffic bezeichnet. Diese Approximationen werden in den Abschn. 4.8.1 und 4.8.2 vorgestellt. Eine asymptotische Approximation für Einzelschadensverteilungen in der subexponentiellen Klasse wird ebenfalls in Abschn. 4.8.2 gezeigt. Abschn. 4.8.3 enthält eine numerische Methode zur Berechnung der Ruinwahrscheinlichkeit. Als Methode der stochastischen Simulation, d. h. als Monte-Carlo-Simulation, ist sie exakt in dem Sinne, dass die Genauigkeit beliebig groß werden kann (durch Erhöhen des Berechnungsaufwandes). Diese Simulationsmethode basiert auf dem dualen Auslastungsprozess der Warteschlagentheorie. In Abschn. 4.8.4 wird die Ruinwahrscheinlichkeit mit der schnellen Fourier-Transformation (FFT) berechnet. Die FFT von Cooley und Tukey (1965) ist eine exakte klassische numerische Methode. Diese Simulationsmethode basiert auf einem dualen Prozess als Auslastungsprozess in der Warteschlagentheorie.

4.8.1 Heavy-traffic-Approximation

Wie erwähnt, wird der Fall $\beta \to 0$ als heavy-traffic bezeichnet. Dieser Fall ist für den Konkurrenzmarkt relevant: Der Versicherer will wettbewerbliche Prämie anbieten, ohne dass sein Geschäft f. s. ruiniert wird.

Definition 4.37 (Heavy-traffic-Approximation)
Im Poisson-Risikoprozess (4.1) *mit* $c = 1$ *o. E. d. A. wird eine asymptotische Approximation für* $\beta \to 0$ *mit fester V. F.* F *als heavy-traffic bezeichnet. In diesem Fall gilt* $\beta \to 0 \Leftrightarrow \lambda \uparrow \overline{\lambda} \stackrel{\text{def}}{=} 1/\mu$.

Satz 4.38 (Value-at-Ruin)
Sei der Poisson-Risikoprozess (4.1) *mit* $c = 1$. *Falls* $X_1 \in \mathcal{L}_2(\Omega)$, *dann gilt*

$$(\overline{\lambda} - \lambda)S \xrightarrow{\text{d}} \text{Exponential}\left(\frac{2\mu^2}{\mu_2}\right), \textit{ für } \beta \to 0.$$

Beweis Aus (4.26) und gegeben $\rho = 1/(1 + \beta)$ haben wir

$$\begin{aligned} M_S((\overline{\lambda} - \lambda)v) &= \frac{1-\rho}{1-\rho M_R((\overline{\lambda}-\lambda)v)} \\ &= \frac{1-\rho}{1-\rho+\rho\{1-M_R((\overline{\lambda}-\lambda)v)\}}. \end{aligned}$$

Damit gilt für $\beta \to 0$

$$\begin{aligned} M_S((\overline{\lambda} - \lambda)v) &\sim \frac{1-\rho}{1-\rho-\rho(\overline{\lambda}-\lambda)\mu_R v} \\ &= \frac{1}{1-\lambda\mu_R v} \\ &\longrightarrow \frac{\mu}{\mu-\mu_R v} = \frac{\mu\mu_R^{-1}}{\mu\mu_R^{-1}-v}, \end{aligned}$$

wobei

$$\mu_R = \mathsf{E}[R_1] = \int_0^\infty x\frac{1}{\mu}[1-F(x)]\mathrm{d}x = \frac{\mu_2}{2\mu} \quad \text{und} \quad \frac{\mu}{\mu_R} = 2\frac{\mu^2}{\mu_2}.$$

□

Korollar 4.39 (Heavy-traffic-Approximation zur Ruinwahrscheinlichkeit)
Sei der Poisson-Risikoprozess (4.1) *mit* $c = 1$ *und* $X_1 \in \mathcal{L}_2(\Omega)$. *Falls* $\lambda \uparrow \overline{\lambda}$ *und* $\exists l > 0$, *sodass* $(\overline{\lambda} - \lambda)r_0 \to l$, *dann folgt*

$$\psi(r_0) \to \exp\left\{-2\frac{\mu^2}{\mu_2}l\right\}.$$

Beweis Wir haben

$$\psi(r_0) \sim \psi\left(\frac{l}{\overline{\lambda}-\lambda}\right) = \mathsf{P}\left[S > \frac{l}{\overline{\lambda}-\lambda}\right] = \mathsf{P}[(\overline{\lambda}-\lambda)S > l] \to \exp\left\{-2\frac{\mu^2}{\mu_2}l\right\},$$

für $\lambda \uparrow \overline{\lambda}$, wobei die asymptotische Äquivalenz aus der Hypothese und die Konvergenz aus Satz 4.38 folgt. □

Satz 4.40
Sei der Poisson-Risikoprozess (4.1) *mit* $c = 1$, *für welchen der Anpassungskoeffizient* r *existiert und* $X_1 \in \mathcal{L}_2(\Omega)$. *Dann gelten für* $\beta \to 0$

$$r \sim \frac{2\beta\mu}{\mu_2} \tag{4.32}$$

und

$$\zeta \stackrel{\text{def}}{=} \frac{\beta\mu}{M'_X(r) - \mu(1+\beta)} \to 1, \tag{4.33}$$

wobei ζ *die Cramér-Lundberg-Konstante ist. Diese Konstante ist auch in* (5.10) *gegeben.*

Beweis Da $\beta \to 0$, gilt $r \to 0$ und somit

$$\frac{1}{\lambda} = \frac{M_X(r) - 1}{r} \sim \frac{r\mu + \frac{1}{2}r^2\mu_2}{r} = \mu + \frac{1}{2}r\mu_2.$$

Daraus folgt

$$r \sim \frac{2}{\mu_2}\left(\frac{1}{\lambda} - \mu\right) = \frac{2\beta\mu}{\mu_2}.$$

Somit ist

$$\begin{aligned}\zeta &= \frac{\beta\mu}{M'_X(r) - \mu(1+\beta)} \sim \frac{\beta\mu}{\mu + r\mu_2 - \mu(1+\beta)}\\ &= \frac{\beta}{r\frac{\mu_2}{\mu} - \beta} \sim \frac{\beta}{2\beta - \beta} = 1.\end{aligned}$$

□

Die Cramér-Lundberg-Approximation zur Ruinwahrscheinlichkeit wird mit der Erneuerungstheorie bewiesen und ist in (5.9) gegeben, i.e. durch

$$\psi(r_0) = \zeta \mathrm{e}^{-rr_0}, \text{ für } r_0 \to \infty.$$

Jetzt können wir den Zusammenhang zwischen der Cramér-Lundberg-Approximation und der Heavy-Traffic-Approximation festlegen. Aus (4.32) folgt

$$\psi(r_0) \sim \exp\left\{-2\beta\frac{\mu}{\mu_2}r_0\right\}, \text{ für } r_0 \to \infty \text{ und } \beta \to 0.$$

Diese ist asymptotisch äquivalent zur Heavy-traffic-Approximation des Korollars 4.39, weil

$$-2\frac{\mu^2}{\mu_2}l \sim -2\frac{\mu^2}{\mu_2}(\overline{\lambda} - \lambda)r_0 = -2\frac{\mu^2}{\mu_2}\frac{1-\rho}{\mu}r_0 \sim -2\beta\frac{\mu}{\mu_2}r_0,$$

wegen

$$\beta = \frac{1}{\rho} - 1 \sim 1 - \rho, \text{ für } \rho \to 1.$$

4.8.2 Light-traffic-Approximation

Wie erwähnt, wird die Situation $\beta \to \infty$ als heavy-traffic bezeichnet.

Definition 4.41 (Light-traffic-Approximation)
Im Poisson-Risikoprozess (4.1) *mit* $c = 1$ *o. E. d. A. wird eine asymptotische Approximation für* $\beta \to \infty$ *mit fester V. F.* F *als light-traffic bezeichnet In diesem Fall gilt* $\beta \to \infty \Leftrightarrow \lambda \to 0$.

Satz 4.42 (Light-traffic-Approximation zur Ruinwahrscheinlichkeit)
Sei der Poisson-Risikoprozess (4.1) *mit* $c = 1$, *dann gilt*

$$\psi(r_0) \sim \lambda \mathsf{E}[X_1 - r_0; X_1 > r_0],\ für \beta \to \infty.$$

Beweis Der Anfangspunkt ist die Pollaczek-Khintchine-Formel (4.31),

$$\begin{aligned}\psi(r_0) &= (1-\rho)\sum_{n=0}^{\infty} \rho^n [1 - F_R^{*n}(r_0)] \\ &\sim \sum_{n=0}^{\infty} (\lambda\mu)^n [1 - F_R^{*n}(r_0)] \\ &\sim 1 - \Delta(r_0) + \lambda\mu[1 - F_R(r_0)] \\ &= \lambda \int_{r_0}^{\infty} [1 - F(x)]\mathrm{d}x,\end{aligned}$$

weil für β groß $\rho = \lambda\mu = 1/(1+\beta)$ klein wird. Dann folgt der Satz durch partielle Integration. □

Bemerkung 4.43 Diese Light-traffic-Approximation entspricht der folgenden Approximation der Ruinwahrscheinlichkeit beim ersten Schadensbetrag. Sei T_1 die Zeit des ersten Schadens, dann gilt (aufgrund von monotoner Konvergenz)

$$\begin{aligned}\mathsf{P}[X_1 - T_1 > r_0] &= \int_0^{\infty} \overline{F}(r_0 + s)\lambda \mathrm{e}^{-\lambda s}\mathrm{d}s \\ &\sim \lambda \int_0^{\infty} \overline{F}(r_0 + s)\mathrm{d}s, \text{ für } \lambda \to 0.\end{aligned}$$

Bemerkung 4.44 Nehmen wir an, dass die V. F. F_R zur subexponentiellen Klasse gehört. Dann gilt aus der Pollaczek-Khintchine-Formel (4.31), aus der Definition 2.38 der subexponentiellen Klasse und für $r_0 \to \infty$

$$\begin{aligned}\frac{\psi(r_0)}{1-F_R(r_0)} &= (1-\rho)\sum_{n=0}^{\infty}\rho^n \underbrace{\frac{1-F_R^{*n}(r_0)}{1-F_R(r_0)}}_{\sim n} \\ &\to \rho(1-\rho)\sum_{n=1}^{\infty} n\rho^{n-1} \\ &= \rho(1-\rho)\left(\sum_{n=0}^{\infty}\rho^n\right)' \\ &= \frac{\rho}{1-\rho} = \beta^{-1},\end{aligned}$$

weil $\beta > 0$ impliziert $0 < \rho < 1$ und somit auch die Konvergenz der geometrischen Reihe. Daraus folgt

$$\psi(r_0) \sim \frac{1}{\beta}\{1 - F_R(r_0)\}, \text{ für } r_0 \to \infty.$$

Für den Vergleich lässt sich die Light-traffic-Approximation wie folgt darstellen:

$$\psi(r_0) \sim \frac{1}{1+\beta}\{1 - F_R(r_0)\}, \text{ für } \beta \to \infty.$$

Für kleine Werte von β sind die zwei obigen asymptotischen Approximationen offensichtlich sehr unterschiedlich und sollen daher mit Vorsicht verwendet werden. Vor ihrer Anwendung ist es wichtig zu prüfen, ob die asymptotische Voraussetzung der realen Situation entspricht.

4.8.3 Berechnung durch die Simulation eines dualen Prozesses

Wenn die Einzelschadensverteilung keine lineare Kombination von exponentiellen Verteilungen ist, dann könnte man Ruinwahrscheinlichkeiten mithilfe der stochastischen Simulation berechnen. Sei der Prozess der maximal angehäuften Verluste $\{S_t\}_{t\geq 0}$ wie in (4.7) definiert und sei noch

$$V_t = L_t - \inf_{0\leq s\leq t}\{L_s\}, \quad \forall t > 0.$$

Sei $t > 0$. Dann gilt

$$V_t \sim \sup_{0\leq s\leq t}\{L_t - L_s\} \sim \sup_{0\leq s\leq t} L_{t-s} = S_t. \tag{4.34}$$

Seien $x \geq 0$, $G(x;t) = \mathsf{P}[V_t \leq x]$ und $G(x) = \lim_{t\to\infty} G(x,t)$ die stationäre V.F. von $\{V_t\}_{t\geq 0}$. Aus (4.34) und Resultat 4.3 folgt

$$1 - \psi(x; t) = G(x; t).$$

Damit gilt im Grenzfall $t \to \infty$,

$$\psi(x) = 1 - G(x).$$

Hiermit möchte man die stationäre Verteilung von $\{V_t\}_{t \geq 0}$ berechnen. Sei $D(x; t)$ die Dauer, während der $\{V_s\}_{0 \leq s \leq t}$ unter Niveau x läuft. Damit ist $D(x; t)$ das Lebesgue-Maß von $\{s \in [0, t) | V_s < x\}$. Wesentlich mit dem starken Gesetz der großen Zahlen, s. Satz 8.21 in Appendix, kann man beweisen, dass

$$\frac{D(x; t)}{t} \xrightarrow{\text{as}} G(x) = 1 - \psi(x), \text{ für } t \to \infty.$$

Für t groß wird somit $1 - D(r_0; t)/t$ eine Approximation zu $\psi(r_0)$ geben. Praktisch wird die Simulation eines einzelnen Pfades von $\{V_s\}_{s \in [0,t]}$ mit t groß die gewünschte Approximation liefern. Daraus folgt dieser Algorithmus.

Algorithmus 4.45 (Berechnung der Ruinwahrscheinlichkeit mit dualem Prozess)

- Erzeuge n Einzelschadensbeträgen $X_1, \ldots, X_n$ und n ersten Schadenzeiten $T_1 < \ldots < T_n$.
- Berechne $D_k \stackrel{\text{def}}{=} D(r_0, T_k)$, für $k = 1, \ldots, n$, wie folgt. Setze $D_1 = T_1$ und, für $k = 1, \ldots n - 1$, berechne

$$D_{k+1} = \begin{cases} D_k + T_{k+1} - T_k, & \text{wenn } V_{T_k} \leq r_0, \\ D_k + \left(T_{k+1} - T_k - \frac{V_{T_k} - r_0}{c}\right)_+, & \text{wenn } V_{T_k} > r_0. \end{cases}$$

- Berechne die Approximation zu $\psi(r_0)$ durch $1 - D_n/r_0$.

4.8.4 Berechnung mit der schnellen Fourier-Transformation

In diesem Abschnitt wird eine alternative Methode zur Berechnung der Ruinwahrscheinlichkeit vorgestellt. Sie basiert auf der FFT, einer klassischen Methode der numerischen Analyse für die Evaluation einer diskreten Fourier-Transformation oder einer diskreten Fourier-Rücktransformation. Im letzten Fall wird diese Methode inverse FFT genannt.

Die diskrete Fourier-Transformation $\varphi_{(n)}$ von $\{p_0, \ldots, p_{n-1}\}$ ist definiert als

$$\varphi_{(n)}(v) = \sum_{k=0}^{n-1} \mathrm{e}^{\mathrm{i}vk} p_k, \quad \forall v \in \mathbb{R}. \tag{4.35}$$

Die Kenntnis von (4.35) an den Punkten $v = v_j \stackrel{\text{def}}{=} 2\pi j/n,\ j = 0, \ldots, n-1$ ist für die Rekonstruktion von $\{p_0, \ldots, p_{n-1}\}$ hinreichend. Tatsächlich seien $\mathbf{p} = (p_0, \ldots, p_{n-1})^\top$, $\boldsymbol{\varphi} = (\varphi_0, \ldots, \varphi_{n-1})^\top \stackrel{\text{def}}{=} (\varphi_{(n)}(v_0), \varphi_{(n)}(v_1), \ldots, \varphi_{(n)}(v_{n-1}))^\top$ und $\mathbf{F} = \left(e^{ikv_j}\right)_{j,k=0,\ldots,n-1}$, die eine symmetrische Matrix der Dimension $n \times n$ ist. Dann haben wir $\boldsymbol{\varphi} = \mathbf{F}\mathbf{p}$. Für $j, k = 0, \ldots, n-1$ und $\forall v \in \mathbb{R}$ gilt

$$\sum_{l=0}^{n-1} \overline{e^{ilv_j}}\, e^{ikv_l} = \sum_{l=0}^{n-1} e^{i(v_k - v_j)l} = \begin{cases} \frac{e^{in(v_k - v_j)} - 1}{e^{i(v_k - v_j)} - 1} = 0, & \text{wenn } j \neq k, \\ n, & \text{wenn } j = k. \end{cases}$$

Damit ist $\overline{\mathbf{F}}\mathbf{F} = n\mathbf{I}$, wobei $\overline{\mathbf{F}}$ die Matrix der komplexen Konjugierten von $\mathbf{F}$ ist, und wir können $\mathbf{p}$ mit $\mathbf{p} = n^{-1}\overline{\mathbf{F}}\boldsymbol{\varphi}$ wiedererhalten. Daraus folgt, dass die diskrete Fourier-Rücktransformation von $\boldsymbol{\varphi}$ gegeben ist durch

$$p_k = \frac{1}{n} \sum_{j=0}^{n-1} e^{-iv_j k} \varphi_{(n)}(v_j), \quad \text{für } k = 0, \ldots, n-1. \tag{4.36}$$

Allerdings würde die Berechnung von Vektor $\mathbf{p}$ mit dieser inversen diskreten Fourier-Transformation $O(n^2)$ Operationen verlangen. Diese Zahl kann bis zu $O(n \log n)$ mittels folgendem inversen FFT-Algorithmus von Cooley und Tukey reduziert werden. Betrachten wir $n \in 2^{\mathbb{N}}$. Es folgt aus (4.36) dass, für $l = 0, \ldots, n/2 - 1$, gilt

$$\begin{aligned} p_{2l} &= \frac{1}{n} \sum_{j=0}^{n-1} e^{-iv_j 2l} \varphi_{(n)}(v_j) \\ &= \frac{1}{n} \sum_{j=0}^{\frac{n}{2}-1} \left\{ e^{-iv_j 2l} \varphi_{(n)}(v_j) + e^{-iv_{\frac{n}{2}+j} 2l} \varphi_{(n)}(v_{\frac{n}{2}+j}) \right\} \\ &= \frac{1}{n} \sum_{j=0}^{\frac{n}{2}-1} e^{-iv_j 2l} \left\{ \varphi_{(n)}(v_j) + \varphi_{(n)}(v_{\frac{n}{2}+j}) \right\} \end{aligned} \tag{4.37}$$

und aus ählichen Entwicklungen folgt auch

$$p_{2l+1} = \frac{1}{n} \sum_{j=0}^{\frac{n}{2}-1} e^{-iv_j (2l+1)} \left\{ \varphi_{(n)}(v_j) + \varphi_{(n)}(v_{\frac{n}{2}+j}) \right\}. \tag{4.38}$$

Die Transformationen (4.37) und (4.38) haben die Länge $n/2$. Da $n = 2^m$ vorausgesetzt ist, kann man m-mal sukzessiv die Transformationen in neue Transformationen mit halbierten Längen umwandeln, bis man m Transformationen der Länge eins erhält. Die Berechnung einer diskreten Fourier-Transformation der halben Länge braucht nur ein Viertel der komplexen Multiplikationen und Additionen der originalen Transformation. Schließlich werden für die Berechnung von $\mathbf{p}$ bei diesen Gruppierungen nur $O(n \log n)$ Operationen benötigt. Übrigens ist die FFT in vielen Programmen der numerischen Mathematik bereits enthalten.

Den folgenden Algorithmus erhält man durch die Anwendung dieser inversen FFT zusammen mit der Pollaczek-Khintchine-Formel (4.31).

Algorithmus 4.46 (Berechnung der Ruinwahrscheinlichkeit durch die FFT)

- Definiere die Wahrscheinlichkeiten
$$f_k = F_R\left(\frac{k+1}{n}u_{\max}\right) - F_R\left(\frac{k}{n}u_{\max}\right), \quad \text{für } k = 0, \ldots, n-1,$$
wobei $u_{\max}$ ein großer ausgewählter Wert ist, sodass $F_R(u_{\max}) \simeq 1$ ist und $n \in 2^{\mathbb{N}}$ auch ein großer Wert ist. (Damit wird die Diskretisierungseinheit $u_{\max}/n$.)
- Berechne die FFT von $\{f_0, \ldots, f_{n-1}\}$. Notiere diese transformierte Werte $\{\hat{f}_0, \ldots, \hat{f}_{n-1}\}$.
- Berechne
$$\varphi_j = q\sum_{m=0}^{\infty}(1-q)^m \hat{f}_j^m = \frac{q}{1-(1-q)\hat{f}_j}, \quad \text{für } j = 0, \ldots, n-1,$$
wobei $q = \beta/(1+\beta)$.
- Wende die inverse FFT auf $\{\varphi_0, \ldots, \varphi_{n-1}\}$ an. Notiere das Resultat $\{p_0, \ldots, p_{n-1}\}$. Berechne die Approximation an $\psi(j/n \; u_{\max})$ mit
$$\sum_{k=j}^{n-1} p_k, \quad \text{für } j = 1, \ldots, n-1.$$

Die Genaugigkeit, aber auch der Berechnungsaufwand dieses FFT-Algorithmus nehmen mit n zu.

4.9 Aufgaben

Aufgabe 4.9.1 Beweisen Sie die Aussage (4.9) über die c.F. der Elemente eines Lévy-Prozesses. Das folgende Resultat ist hilfreich.

Satz 4.47
Wenn der stochastische Prozess $\{X_t\}_{t\geq 0}$ stochastisch stetig auf jedem $t \geq 0$ ist, dann ist $t \mapsto \mathsf{E}[e^{ivX_t}]$ stetig über $\mathbb{R}_+$, $\forall v \in \mathbb{R}$.

Aufgabe 4.9.2 Finden Sie den charakteristischen Exponent für die folgenden Lévy-Prozesse: für den (homogenen) Poisson-Prozess, den Verlustprozess des Cramér-Lundberg-Risikoprozesses und den Verlustprozess des gestörten Risikoprozesses.

Aufgabe 4.9.3 Seien der zusammengesetzte Poisson-Risikoprozess mit der Einzelschadensbetragsdichte $f(x) = x\mathrm{e}^{-x}$, $x > 0$ und $\beta = 2$. Berechnen Sie die Ruinwahrscheinlichkeit durch Lösen der Integrodifferentialgleichung für die Überlebenswahrscheinlichkeit.

Aufgabe 4.9.4 Wir betrachten den zusammengesetzten Poisson-Risikoprozess.

(1) Geben Sie $\lim_{\beta \to 0} r(\beta)$ und $\lim_{\beta \to \infty} r(\beta)$ für den Fall, bei dem $\exists\ \gamma > 0$, sodass $\lim_{v \to \gamma,\, v < \gamma} M_X(v) = \infty$. Hier ist $r = r(\beta)$ der Anpassungskoeffizient als Funktion des Sicherheitszuschlags β.
(2) Beweisen Sie mithilfe von $\mathrm{e}^{vx} > 1 + vx + \frac{1}{2}(vx)^2$, $\forall\ x, v > 0$, dass $r < (2\beta\mu)/\mu_2$, wobei $\mu = \mathsf{E}[X_1]$ und $\mu_2 = \mathsf{E}[X_1^2]$.

(3) Für

$$\beta = \frac{2}{5} \text{ und } f(x) = \frac{3}{2}\,\mathrm{e}^{-3x} + \frac{7}{2}\mathrm{e}^{-7x},\ \forall x > 0,$$

berechnen Sie γ und r.
(4) Unter der Voraussetzung, dass X_1 die Wahrscheinlichkeitsfunktion $f(1) = 1/4$, $f(2) = 3/4$ hat und gegeben $r = \log\, 2$, berechnen Sie β.
(5) Beweisen Sie, dass der Anpassungskoeffizient die eindeutige Lösung in v von

$$\int_0^\infty \mathrm{e}^{vx}[1 - F(x)]\,\mathrm{d}x = \frac{c}{\lambda}$$

ist, wobei λ der Parameter des Poisson-Prozesses und c die Prämienintensität sind.

Aufgabe 4.9.5 Berechnen Sie die m. e. F. der inversen Normalverteilung.

Aufgabe 4.9.6

(1) Berechnen Sie im zusammengesetzten Poisson-Prozess, wobei alle Einzelschadensbeträge genau 2 sind, die m. e. F. von S.
(2) Gegeben ist die Ruinwahrscheinlichkeit $\psi(r_0) = 0{,}3\,\mathrm{e}^{-2r_0} + 0{,}2\,\mathrm{e}^{-4r_0} + 0{,}1\mathrm{e}^{-7r_0}$, $\forall r_0 \geq 0$. Berechnen Sie β und r.

Aufgabe 4.9.7 Berechnen Sie im zusammengesetzten Poisson-Prozess, wobei

$$f(x) = \frac{1}{3}\,\mathrm{e}^{-3x} + \frac{16}{3}\,\mathrm{e}^{-6x},\ \forall x \geq 0,$$

$\lambda = 3$ und $c = 1$, die folgenden Werte und Funktionen: $\mu,\ \beta,\ M_X,\ \psi(r_0)$.

Aufgabe 4.9.8 Berechnen Sie die Funktion f, die die folgende Laplace-Transformation besitzt:

$$\hat{f}(v) = \frac{v^3 + 3v^2 - 2v + 4}{v(v-1)(v-2)(v^2 + 4v + 3)}.$$

Aufgabe 4.9.9 Sei der Poisson-Risikoprozess mit m. e. F. der Einzelschäden M_X. Seien noch N die Anzahl der Rekordverluste bis zum Ruin und $R_1, R_2, \ldots$ die i. i. d. Leiter-Höhen.

(1) Approximieren Sie $\mathsf{E}[R_1]$, $\mathsf{E}[R_1^2]$ und $\mathsf{var}(R_1)$ mithilfe der Taylor-Eintwicklung des Grades drei um null von M_X.
(2) Finden Sie $\mathsf{E}[N]$ und $\mathsf{var}(N)$.
(3) Verwenden Sie die Resultate von oben, um $\mathsf{E}[S]$ und $\mathsf{var}(S)$ zu approximieren, wobei S der maximal angehäufte Verlust ist.

Aufgabe 4.9.10 Berechnen Sie für den zusammengesetzten Poisson-Prozess die m. e. F. von S für die folgenden Fälle:

(1) Die Verteilung der Einzelschäden ist eine Linearkombination von Exponentialverteilungen, wobei sich die Koeffizienten zu 1 summieren.
(2) Die Einzelschäden betragen f. s. $\mu > 0$.

Aufgabe 4.9.11
(1) Sei $Z \sim \mathcal{N}(0,1)$ und $X_t = \sqrt{t}\,Z,\ t \geq 0$. Ist $\{X_t\}_{t\geq 0}$ eine Brown'sche Bewegung?
(2) Seien $\{W_t\}_{t\geq 0}$ und $\{\tilde{W}_t\}_{t\geq 0}$ zwei unabhängige Brown'sche Bewegungen und sei

$$X_t = \rho\, W_t + \sqrt{1-\rho^2}\, \tilde{W}_t$$

mit $\rho \in [-1, 1],\ \forall t \geq 0$. Ist $\{X_t\}_{t\geq 0}$ eine Brown'sche Bewegung?
(3) Sei $\{W_t\}$ eine Brown'sche Bewegung. Dann definiert $S_t = \mu t + \sigma W_t,\ \forall t \geq 0$, eine Brown'sche Bewegung mit Drift $\mu \in \mathbb{R}$ und Volatilität $\sigma > 0$. Beweisen Sie, dass für $\mu > 0$, $\mathsf{P}[S_t < -c] > 0,\ \forall t, c > 0$ gilt.

Aufgabe 4.9.12 Da die Ruinwahrscheinlichkeit nur in Spezialfällen explizit berechnet werden kann, wird hier folgendes numerisches Approximationsverfahren konstruiert.

(1) Zeigen Sie, dass für die Ruinwahrscheinlichkeit durch

$$\mathsf{P}[S^{\mathrm{L}} \geq u] \leq \psi(u) \leq \mathsf{P}[S^{\mathrm{U}} > u], \ \forall u > 0, \tag{4.39}$$

eine untere und eine obere Schranke gegeben sind, wobei

$$S^{\mathrm{L}} = \lfloor R_1 \rfloor + \ldots + \lfloor R_N \rfloor \quad \text{und} \quad S^{\mathrm{U}} = \lceil R_1 \rceil + \ldots + \lceil R_N \rceil$$

Diskretisierungen von S sind und wobei

$$\lfloor x \rfloor = \max\{k \in \mathbb{Z} | k \leq x\} \quad \text{und} \quad \lceil x \rceil = \min\{k \in \mathbb{Z} | k \geq x\}, \ \forall x \in \mathbb{R},$$

die Ab- und Aufrundung der nächsten ganzen Zahl bezeichnen.

(2) Wenn f_i^{L} und f_i^{U}, für $i = 0, 1, \ldots$, die Wahrscheinlichkeitsfunktionen von S^{L} und S^{U} bezeichnen, zeigen Sie, dass die Ungleichungen (4.39) äquivalent sind zu

$$1 - \sum_{i=0}^{\lceil u \rceil - 1} f_i^{\mathrm{L}} \leq \psi(u) \leq 1 - \sum_{i=0}^{\lfloor u \rfloor} f_i^{\mathrm{U}}, \ \forall u > 0.$$

(3) Zeigen Sie, dass $N \sim (N-1) \mid (N \geq 1)$ für jede geometrisch verteilte Z. V. N gilt.

(4) Finden Sie mithilfe der Formel der totalen Wahrscheinlichkeit eine rekursive Berechnungsformel für f_i^{L}, für $i = 0, 1, \ldots$.

Hinweis Zerlegen Sie die Wahrscheinlichkeiten f_i^{L}, für $i = 0, 1, \ldots$, zuerst mit Bedingungen $N = 0$ und $N \geq 1$, und betrachten Sie dann die bedingte Verteilung gegeben $\lfloor L_1 \rfloor$. Benutzen Sie die Gedächtnislosigkeit der geometrischen Verteilung und die Wahrscheinlichkeitsfunktion $h_i^{\mathrm{L}} = \mathsf{P}[\lfloor L_1 \rfloor = i]$, für $i = 0, 1, \ldots$.

Analog könnte man auch eine Rekursionsformel für f_i^{U}, für $i = 0, 1, \ldots$, herleiten.

(4) Überlegen Sie in Anbetracht der vorgegangenen Resultate, wie dieses Verfahren so modifiziert werden kann, dass ψ mit beliebiger Genauigkeit zu approximieren ist.

Aufgabe 4.9.13 Zeigen Sie, als Komplement zum Beweis von Lemma 4.15, dass

$$L_t \leq L_{(n+1)h} + h, \quad \forall n \in \mathbb{N}, h > 0, t \in [nh, (n+1)h],$$

wobei $\{L_t\}_{t \geq 0}$ der Verlustprozess mit $c = 1$ ist.

Aufgabe 4.9.14 Zeigen Sie, als Komplement zum Beweis von Satz 4.18, dass

$$S_n = t_n^{-\frac{1}{2}} \left\{ L_{(n+1)h} + h - t_n(\rho - 1) \right\} \xrightarrow{\mathrm{d}} \mathcal{N}(0, \lambda \mu_2),$$

wobei $t_n \in [nh, (n+1)h]$, $\forall n \in \mathbb{N}$. Zudem sind $\{L_t\}_{t \geq 0}$ der Poisson-Verlustprozess mit $c = 1$ und Poisson-Parameter $\lambda > 0$, μ_2 das zweite Moment des Einzelschadenbetrags und ρ der Sicherheitszuschlag.

Aufgabe 4.9.15 Betrachten wir den Risikoprozess in diskreter Zeit

$$Y_n = r_0 + cn - S_n, \quad \text{für } n = 0, 1, 2, \ldots,$$

wobei $r_0 \geq 0$, $c > 0$,

$$S_n = W_0 + W_1 + \ldots + W_n, \quad \text{für } n = 0, 1, 2, \ldots,$$

und $W_0 = 0$, $W_1, W_2, \ldots$ i. i. d. sind mit $\mu = \mathsf{E}[W_1] < c$. Die Z. V. $W_1, W_2, \ldots$ stellen den Gesamtschadenbetrag über jede elementare Periode dar. Das folgende autoregressive Modell der ersten Ordnung (AR(1) genannt) stellt eine praktische Abschwächung der i. i. d. Annahme dar:

$$W_k = aW_{k-1} + U_k, \quad \text{für } k = 1, 2, \ldots,$$

wobei $U_1, U_2, \ldots$ i. i. d. sind, Erwartungswert 0 haben und $-1 < a < 1$.

(1) Ist die Auswahl $a = 0$ sinnvoll?
(2) Drücken Sie S_n als Summe von $U_1, \ldots, U_n$ und verwenden Sie den gefundenen Ausdruck um zu beweisen, dass

$$M_{S_n}(v) = \mathsf{E}[\mathrm{e}^{vS_n}] = \prod_{k=1}^{n} M_U\left(\frac{1-a^k}{1-a}v\right),$$

vorausgesetzt, dass $M_U(v) = \mathsf{E}[e^{vU_1}]$ $\forall v \in \mathbb{R}$ existiert.

Aufgabe 4.9.16 Bestimmen Sie die Ruinwahrscheinlichkeit des zusammengesetzten Poisson-Riskoprozesses mit Einzelschadendichte

$$f(x) = \mathrm{e}^{-2x} + 2\mathrm{e}^{-4x}, \quad \forall x \geq 0,$$

und mit Sicherheitszuschlag $\beta = 1/3$ mithilfe ihrer Integrodifferentialgleichung.

Aufgabe 4.9.17 Die Einzelschadenbeträge eines zusammengesetzen Poisson-Risikoprozesses sind alle gleich $\log 2$. Der Sicherheitszuschlag ist $\beta = (3 - \log 4)/\log 4$. Bestimmen Sie den Anpassungskoeffizient r.

Aufgabe 4.9.18 Zwei unabhängige zusammengesetzte Poisson-Risikoprozesse sind bei verschiedenen Versicherern zum gleichen Prämiensatz versichert. Die Risikoprozesse sind bis zum Anfangskapital identisch. Die Verteilung der Einzelschadensbeträgen ist exponentiell mit dem Erwartungswert $1/2$ für beide Prozesse. Der Sicherheitszuschlag für jeden Versicherer beträgt $\beta = 1$. Das Anfangskapital des ersten Versicherers beträgt $r_0 = \log 2$, während das Anfangskapitals des zweiten Versicherers $r_0 = \log 4$ beträgt. Bestimmen Sie die Wahrscheinlichkeit, dass mindestens ein Versicherer letztendlich ruiniert wird.

Erneuerungstheorie

5

5.1 Einleitung

Dieses Kapitel bietet eine kurze Einführung zur Erneuerungstheorie, die sich mit den bereits in Abschn. 3.1 vorgestellten Erneuerungsprozessen befasst. Neben ihrer wichtigen Anwendung in der Ruintheorie spielt die Erneuerungstheorie auch eine wesentliche Rolle in der allgemeinen Versicherungsmathematik und wird daher eigens in diesem Kapitel behandelt. In Abschn. 5.2 wird die Erneuerungsgleichung definiert und anhand von zwei wichtigen Beispielen (die Ruinwahrscheinlichkeit im Poisson-Prozess und die Geburtsrate in einem deterministischen Populationsmodell) veranschaulicht. Abschn. 5.3 enthält die Darstellung der Erneuerungsfunktion in der Form einer Neumann-Reihe. Grundlegende asymptotische Resultate werden in Abschn. 5.4 vorgestellt. Schließlich zeigt Abschn. 5.5 die asymptotische Lösung zur Erneuerungsgleichung mithilfe der exponentiellen Verschiebung mit der Cramér-Lundberg-Approximation zur Ruinwahrscheinlichkeit als Beispiel. Der Inhalt dieses Kapitels findet sich in der Literatur z. B. bei Feller (1971), Gerber (1979), Grimmett und Stirzaker (2001) und Asmussen (2003). Später im Kap. 7, Abschn. 7.4.2, werden asymptotische Resultate für Erneuerungsprozesse und für Summen, die durch Erneuerungsprozesse zusammengesetzt sind, vorgestellt.

5.2 Definitionen und Beispiele

Gemäß Definition 3.13 in Abschn. 3.1 heißt jede Folge von nicht-negativen i. i. d. Z. V. $\{Y_n\}_{n\geq 1}$ Erneuerungsprozess. Mit größerer Vollständigkeit gilt die folgende Definition.

R. Gatto, *Stochastische Modelle der aktuariellen Risikotheorie*, Masterclass,
https://doi.org/10.1007/978-3-662-60924-8_5

Definition 5.1 (Erneuerungsprozess)
Seien $0 \le S_0 \le S_1 \le \ldots$ *z. B. Ereigniszeiten eines Phänomens,* $Y_n = S_n - S_{n-1}$, *für* $n = 1, 2, \ldots$, *und* $Y_0 = S_0$. *Wenn*

- $Y_0, Y_1, \ldots$ *unabhängig sind,*
- $Y_1, Y_2, \ldots$ *identisch verteilt sind und*
- $\mathsf{P}[Y_n = 0] = 0$, *für* $n = 1, 2, \ldots$,

dann wird jeder der beiden Prozesse $\{Y_n\}_{n\ge 0}$ *und* $\{S_n\}_{n\ge 0}$ *Erneuerungsprozess genannt.*

Die zwei Prozesse $\{Y_n\}_{n\ge 0}$ und $\{S_n\}_{n\ge n}$ liefern zwei unterschiedliche Darstellungen des gleichen Phänomens. Die dritte Bedingung schließt simultane Ereignisse aus. Wenn $Y_0 = S_0 = 0$ gilt, dann heißt der Erneuerungsprozess gewöhnlich und sonst verzögert. In diesem Abschnitt werden ausschließlich gewöhnliche Erneuerungsprozesse analysiert. Damit gilt

$$S_n = \sum_{i=0}^{n} Y_i, n = 0, 1, \ldots, \quad \text{mit } Y_0 = 0, \quad \text{und}$$
$$K_t = \max\{k \ge 0 | S_k \le t\}, \ \forall t \ge 0.$$

Dann ist $\{K_t\}_{t\ge 0}$ eine andere Darstellung des gleichen Phänomens und heißt auch wieder Erneuerungsprozess. Seien $n = 0, 1, \ldots$ und $t \ge 0$. Dann gelten

$$G_n(t) \stackrel{\text{def}}{=} \mathsf{P}[S_n \le t] = G^{*n}(t), \text{ wobei } G(t) \stackrel{\text{def}}{=} \mathsf{P}[Y_1 \le t],$$

und

$$\mathsf{P}[K_t \ge n] = G_n(t)$$

und

$$\mathsf{P}[K_t = n] = \mathsf{P}[K_t \ge n] - \mathsf{P}[K_t \ge n + 1] = G_n(t) - G_{n+1}(t).$$

Beispiel 5.2 Sei $t \ge 0$ und $G(t) = \Phi((t - \mu)/\sigma)$, für $\mu, \sigma > 0$, sodass $G(0) = \Phi(-\mu/\sigma) \simeq 0$. Obwohl G eine V. F. über $\mathbb{R}$ ist, kann man den negativen Teil ignorieren, falls die letzte Bedingung erfüllt ist. In diesem Fall lässt sich die Verteilung von K_t wie folgt erhalten:

$$\begin{aligned}
\mathsf{P}[K_t \geq n] &= \Phi\left(\frac{t-n\mu}{\sqrt{n}\sigma}\right),\\
\mathsf{P}[K_t = n] &= \Phi\left(\frac{t-n\mu}{\sqrt{n}\sigma}\right) - \Phi\left(\frac{t-(n+1)\mu}{\sqrt{n+1}\sigma}\right), \text{ für } n = 1, 2, \ldots, \text{ mit}\\
\mathsf{P}[K_t = 0] &= 1 - \mathsf{P}[K_t \geq 1] = 1 - \Phi\left(\frac{t-\mu}{\sigma}\right).
\end{aligned}$$

Damit ist $\mathsf{P}[K_t = 0] \simeq 1$, falls $t = 0$.

Definition 5.3 (Erneuerungsfunktion)
Die Funktion $Z(t) = \mathsf{E}[K_t]$, $\forall t \geq 0$, heißt Erneuerungsfunktion.

Wir erinnern uns an ein elementares Resultat: Sei X eine $\mathbb{N}$-wertige Z. V. mit $p_n = \mathsf{P}[X = n]$, für $n = 0, 1, \ldots$, dann ist $\mathsf{E}[X] = \sum_{i=1}^{\infty} i p_i = \sum_{i=1}^{\infty} \sum_{j=1}^{\infty} p_j = \sum_{i=1}^{\infty} \mathsf{P}[X \geq i]$. Damit haben wir

$$\begin{aligned}
Z(t) &= \sum_{n=1}^{\infty} \mathsf{P}[K_t \geq n] = \sum_{n=1}^{\infty} G^{*n}(t) = G(t) + \sum_{n=2}^{\infty} G^{*n}(t)\\
&= G(t) + \sum_{n=1}^{\infty} \int_0^t G^{*n}(t-s)\mathrm{d}G(s)\\
&= G(t) + \int_0^t Z(t-s)\mathrm{d}G(s), \ \forall t \geq 0.
\end{aligned}$$

Die letzte Gleichung ist die Erneuerungsgleichung des Erneuerungsprozesses. Sie ist eine bestimmte gewöhnliche Erneuerungsgleichung. Eine allgemeine Form von Erneuerungsgleichungen lautet wie folgt:

Definition 5.4 (Erneuerungsgleichung)
Seien Z, G und h Funktionen über $\mathbb{R}_+$ definiert, wobei G die V. F. eines endlichen Maßes über $\mathbb{R}_+$ ist (d. h. G ist wachsend und $\lim_{t\to\infty} G(t) < \infty$). Dann heißt die Integralgleichung

$$Z(t) = h(t) + \int_0^t Z(t-s)\mathrm{d}G(s), \ \forall t \geq 0, \tag{5.1}$$

Erneuerungsgleichung.

$$\text{Wenn } G(\infty) \stackrel{\text{def}}{=} \lim_{t\to\infty} G(t) \begin{cases} < 1, \\ = 1, \\ > 1, \end{cases} \text{dann heißt die Erneuerungsgleichung} \begin{cases} \text{defektiv,} \\ \text{gewöhnlich,} \\ \text{exzessiv.} \end{cases}$$

Die Gl. (5.1) stellt eine spezielle Volterra-Integralgleichung der 2. Art dar.

Beispiel 5.5 (Poisson-Risikoprozess) Wir betrachten den Poisson-Cramér-Lundberg-Risikoprozess (4.1). Die Integrodifferentialgleichung zur Ruinwahrscheinlichkeit $\psi(r_0)$ als Funktion des Anfangskapitals r_0 wird in Abschn. 4.4 hergeleitet und ist gegeben in (4.12). Wir schreiben wieder diese Gleichung:

$$\psi'(u) = \frac{\lambda}{c}\left\{\psi(u) - \int_0^u \psi(u-y)\mathrm{d}F(y) - [1-F(u)]\right\}.$$

Durch Integration von 0 bis t, Substitution $x = u - y$ und durch das Vertauschen von $\int_0^t \int_0^u \mathrm{d}x du$ mit $\int_0^t \int_x^t du\mathrm{d}x$ erhält man die folgende Integralgleichung,

$$\psi(t) - \psi(0) = \frac{\lambda}{c}\left\{\int_0^t \psi(x)[1 - F(t-x)]\mathrm{d}x - \int_0^t [1 - F(x)]\mathrm{d}x\right\}.$$

Der folgende Anfangswert lässt sich für $t \to \infty$ erhalten,

$$\psi(0) = \frac{\lambda}{c}\int_0^\infty [1 - F(x)]\mathrm{d}x.$$

Damit lässt sich ψ in der Form einer Erneuerungsgleichung darstellen,

$$\psi(t) = \int_0^t \psi(t-x)\underbrace{\frac{\lambda}{c}[1 - F(x)]}_{=g(x)=G'(x)}\mathrm{d}x + \underbrace{\frac{\lambda}{c}\int_t^\infty [1 - F(x)]\mathrm{d}x}_{=h(t)}, \forall t \geq 0.$$

Eigentlich ist diese Integralgleichung ein spezieller Fall von Lemma 4.28. Es gilt

$$G(\infty) \overset{\text{def}}{=} \int_0^\infty g(x)\mathrm{d}x = \frac{\lambda\mu}{c} = \frac{1}{1+\beta}.$$

Damit gilt $\beta \begin{cases} > 0 \\ = 0 \\ < 0 \end{cases} \Longrightarrow$ die Erneuerungsgleichung ist $\begin{cases} \text{defektiv,} \\ \text{gewöhnlich,} \\ \text{exzessiv.} \end{cases}$

Da $\beta > 0$ vorausgesetzt ist, haben wir eine defektive Erneuerungsgleichung. Da $h \neq G$ lässt sich ψ nicht als Erneuerungsfunktion interpretieren. ($h(t) = 1/(1+\beta) - G(t), \forall t \geq 0$.)

Obwohl wir an stochastischen Modellen interessiert sind, ist das folgende deterministische Modell ein klassisches Beispiel einer Erneuerungsgleichung. Dieses demografische Modell wird häufig Lotka-Populationsmodell genannt und spielt bei der Lebensversicherung eine wichtige Rolle.

Beispiel 5.6 (Deterministisches Populationsmodell) Seien $t \in \mathbb{R}$ und $x > 0$. Wir betrachten eine beliebige Population und sind dabei am Wachstum von Weibchen in dieser Population interessiert. Es wird vorausgesetzt, dass es tendenziell so viele Weibchen wie Männchen gibt, und damit wird nur die Anzahl von Weibchen berücksichtigt. Wir definieren die folgende Größe.

- $Z(t)$: Rate von Weibchen-Geburten zur Zeit t, pro Zeiteinheit.
- $s(x)$: Überlebenswahrscheinlichkeit eines Weibchens zum Alter x.
- $\beta(x)$: Rate von Weibchen-Geburten eines überlebenden Weibchens zum Alter x, pro Zeiteinheit.

Damit gelten die folgenden Fakten. Es gibt $Z(t)\mathrm{d}t$ Weibchen-Geburten in $(t, t + \mathrm{d}t)$. Es gibt $\beta(x)\mathrm{d}t$ Weibchen-Geburten in $(t, t + \mathrm{d}t)$ eines überlebenden Weibchens zum Alter x. Weiter definieren wir die folgende Größe. Seien $t \in \mathbb{R}$ und $x \geq 0$.

- $g(x) = s(x)\beta(x)$: Rate von Weibchen-Geburten eines beliebigen Weibchens (d. h. überlebende oder nicht) zum Alter x, pro Zeiteinheit.

Damit ist $g(x)\mathrm{d}x$ die Anzahl von Weibchen-Geburten eines beliebigen Weibchens zwischen dem Alter x und $x + \mathrm{d}x$. Wir definieren noch das folgende Integral.

- $G(x) = \int_0^x g(y)\mathrm{d}y$: Anzahl Weibchen-Geburten eines beliebigen Weibchen zwischens dem Alter 0 und x.

Daraus folgt

$$G(\infty) \stackrel{\text{def}}{=} \lim_{x\to\infty} G(x) \begin{cases} > 1, & \text{Populationszunahme,} \\ = 1, & \text{Populationsausgleich,} \\ < 1, & \text{Populationsabnahme.} \end{cases}$$

Das Ziel ist es, aus $Z(t)$, $\forall t \leq 0$, eine Prognose für $Z(t)$, $\forall t > 0$, zu geben. $Z(t-x)\mathrm{d}x s(x)$ ist die Anzahl überlebender Weibchen in $(t - x - \mathrm{d}x, t - x)$ geboren und zur Zeit t. $Z(t-x)\mathrm{d}x s(x)\beta(x)$ ist die Rate von Weibchen-Geburten aller Weibchen in $(t-x-\mathrm{d}x, t-x)$ geboren und zur Zeit t, pro Zeiteinheit. Daraus folgt die Erneuerungsgleichung

$$\begin{aligned} Z(t) &= \int_0^\infty Z(t-x)s(x)\beta(x)\mathrm{d}x \\ &= \int_t^\infty Z(t-x)s(x)\beta(x)\mathrm{d}x + \int_0^t Z(t-x)s(x)\beta(x)\mathrm{d}x \\ &= \underbrace{\int_0^\infty Z(-y)s(y+t)\beta(y+t)\mathrm{d}y}_{=h(t)} + \int_0^t Z(t-x)g(x)\mathrm{d}x, \quad \forall t > 0. \end{aligned}$$

5.3 Neumann-Reihe-Darstellung und Laplace-Transformation der Erneuerungsfunktion

Betrachten wir die Erneuerungsgleichung (5.1) und nehmen wir an, dass die V.F. G die Dichte g besitzt. Wenn G ableitbar ist, dann gilt $g = G'$.

Definition 5.7 (Faltungspotenz einer allgemeineren Funktion)
Seien r und s zwei Funktionen über $\mathbb{R}$, $x \in \mathbb{R}$ und $r * s(x) = \int_{-\infty}^{\infty} r(x-y)s(y)\mathrm{d}y$ die Faltung von r und s. Dann ist die n-te Faltungspotenz von r $r^{*0} = \delta$ (die Dirac-Funktion) und

$$r^{*n}(x) = \int_{-\infty}^{\infty} r^{*(n-1)}(x-y)r(y)\mathrm{d}y, \quad \textit{für } n = 1, 2, \ldots$$

Gegeben diese Definition lässt sich die Erneuerungsgleichung in der folgenden Faltungsform schreiben:

$$Z = h + Z * g. \tag{5.2}$$

Durch Iterieren erhält man die folgende Entwicklung:

$$\begin{aligned}
Z &= h + (h + Z * g) * g \\
&= h + h * g + Z * g * g \\
&= h + h * g + h * g * g + Z * g * g * g \\
&= \ldots \\
&= \sum_{k=0}^{\infty} h * g^{*k} \\
&= h * \sum_{k=0}^{\infty} g^{*k}.
\end{aligned} \tag{5.3}$$

In (5.3) haben wir die Neumann-Reihe der Faltung an (der Funktion) g. Formal ist eine Neumann-Reihe eine geometrische Reihe eines (stetigen und linearen) Operators: Wenn dieser Operator als T und seine n-te Potenz als T^n notiert sind, für $n = 0, 1, \ldots$, wobei T^0 die Identität ist, dann ist $\sum_{n=0}^{\infty} T^n$ seine Neumann-Reihe.

Notation Sei die Funktion $f : \mathbb{R} \to \mathbb{R}$, dann ist $\hat{f}(v) = \int_0^{\infty} \mathrm{e}^{-vx} f(x)\mathrm{d}x$ ihre Laplace-Transformation, $\forall v \in \mathbb{R}$, sodass die Transformation konvergiert, s. Appendix 8.2.

Gemäß der obigen Notation ist die Laplace-Transformation von (5.2) gegeben durch

$$\hat{Z} = \hat{h} + \hat{Z}\hat{g}.$$

Das ist aber äquivalent zu

$$\hat{Z} = \frac{\hat{h}}{1 - \hat{g}}$$

und falls $|\hat{g}(v)| < 1, \forall v > 0$, dann konvergiert die geometrische Reihe

$$\hat{Z} = \hat{h} \sum_{k=0}^{\infty} \hat{g}^k.$$

Formal ist diese letzte Reihe die Laplace-Transformation von (5.3).

Beispiel 5.8 (Poisson-Risikoprozess, Fortsetzung) Für die Erneuerungsgleichung des Poisson-Risikoprozesses (4.1) gilt die Erneuerungsgleichung (5.1) mit $Z = \psi$,

$$h(t) = \frac{\lambda}{c} \int_t^{\infty} [1 - F(x)]\mathrm{d}x \text{ und } g(t) = \frac{\lambda}{c}[1 - F(t)], \ \forall t > 0.$$

Damit erhält man

$$\begin{aligned}
\hat{h}(v) &= \frac{\lambda}{c} \int_0^{\infty} \mathrm{e}^{-vt} \int_t^{\infty} [1 - F(x)]\mathrm{d}x\mathrm{d}t \\
&= \frac{1}{1+\beta} \int_0^{\infty} \mathrm{e}^{-vt}[1 - F_R(t)]\mathrm{d}t \\
&= \frac{1}{(1+\beta)v}[1 - \hat{f}_R(v)].
\end{aligned}$$

Die letzte Gleichung folgt aus dem folgenden allgemeinen Resultat. Für jede V.F. Q mit Dichte q, gilt

$$\hat{q}(v) = 1 - v \int_0^{\infty} \mathrm{e}^{-vx}[1 - Q(x)]\mathrm{d}x. \tag{5.4}$$

Wir erhalten noch

$$\begin{aligned}
\hat{g}(v) &= \frac{\lambda}{c} \int_0^{\infty} \mathrm{e}^{-vt}[1 - F(t)]\mathrm{d}t \\
&= \frac{1}{(1+\beta)\mu} \int_0^{\infty} \mathrm{e}^{-vt}[1 - F(t)]\mathrm{d}t \\
&= \frac{1}{1+\beta} \int_0^{\infty} \mathrm{e}^{-vt} f_R(t)\mathrm{d}t \\
&= \frac{1}{1+\beta} \hat{f}_R(v).
\end{aligned}$$

Daraus folgt

$$\hat{\psi}(v) = \frac{\hat{h}(v)}{1 - \hat{g}(v)} = \frac{1 - \hat{f}_R(v)}{(1+\beta)v - v\hat{f}_R(v)}.$$

Aus (5.4) folgt $\hat{f}_R(v) = 1/(\mu v)[1 - \hat{f}(v)]$ und damit auch die alternative Formel

$$\hat{\psi}(v) = \frac{1 - \mu v - \hat{f}(v)}{v\{1 - (1+\beta)\mu v - \hat{f}(v)\}}.$$

Wir haben auch

$$\begin{aligned}\int_0^\infty \mathrm{e}^{-vu}\psi'(u)\mathrm{d}u &= v\int_0^\infty \mathrm{e}^{-vu}\psi(u)\mathrm{d}u + \left[\mathrm{e}^{-vu}\psi(u)\right]_0^\infty \\ &= v\hat{\psi}(v) - \psi(0) \\ &= \frac{1 - \mu v - \hat{f}(v)}{1 - (1+\beta)\mu v - \hat{f}(v)} - \frac{1}{1+\beta} \\ &= \frac{\beta}{1+\beta}\frac{1 - \hat{f}(v)}{1 - (1+\beta)\mu v - \hat{f}(v)}.\end{aligned}$$

Dieses Resultat wurde auch mithilfe der geometrischen Summe-Darstellung des maximal angehäuften Verlustes in (4.29) gefunden.

5.4 Asymptotisches Verhalten

In Abschn. 5.4.1 werden asymptotische Resultate für den Erneuerungsprozess und in Abschn. 5.4.2 für die Erneuerungsfunktion vorgestellt. Der sogenannte elementare Erneuerungssatz wird bewiesen. Für seinen Beweis wird das Lemma von Wald, d. h. die Wald-Gleichung, vorgestellt. Zusammen mit dem fundamentalen Erneuerungssatz wird eine asymptotische Lösung zur Erneuerungsgleichung gezeigt. Die Anwendung zum Risikoprozess führt zur Cramér-Lundberg-Approximation. Die Anwendung zum deterministischen Populationsmodell wird ebenso vorgestellt.

5.4.1 Asymptotisches Verhalten des Erneuerungs-Zählprozesses

Im gewöhnlichen Erneuerungsprozess haben wir die nicht-negative i. i. d. Z. V. $Y_1, Y_2, \ldots$, $S_n = \sum_{i=0}^n Y_i$, für $n = 0, 1, \ldots$, wobei $Y_0 \stackrel{\text{def}}{=} 0$, und $K_t = \max\{k \geq 0 | S_k \leq t\}$, $\forall t \geq 0$. Sei nun $\nu = \mathsf{E}[Y_1] < \infty$. Aus dem starken Gesetz der großen Zahlen, viz. Satz 8.21, folgt $S_n/n \stackrel{\text{as}}{\longrightarrow} \nu$. Daraus folgt

$$S_n \stackrel{\text{as}}{\longrightarrow} \infty.$$

Daraus folgt auch, wenn $t < \infty$, dass $S_n \leq t$ f. s. höchstens für eine endliche Anzahl von Indizes n gilt. Damit gilt $K_t < \infty$ f. s. Dies gilt aber nicht mehr für $t \to \infty$.

Satz 5.9
Im gewöhnlichen Erneuerungsprozess gilt es, dass

$$K_t \xrightarrow{\text{as}} \infty, \quad \textit{für } t \to \infty.$$

Beweis Es folgt aus

$$\mathsf{P}\left[\lim_{t\to\infty} K_t < \infty\right] = \mathsf{P}\left[\bigcup_{n=1}^{\infty}\{Y_n = \infty\}\right] \leq \sum_{n=0}^{\infty} \mathsf{P}[Y_n = \infty] = 0,$$

dass

$$\mathsf{P}\left[\lim_{t\to\infty} K_t = \infty\right] = 1.$$

□

Satz 5.10 (Starkes Gesetz der großen Zahlen für Erneuerungsprozesse)
Im gewöhnlichen Erneuerungsprozess gilt

$$\frac{K_t}{t} \xrightarrow{\text{as}} \frac{1}{\nu}.$$

Beweis Sei $t > 0$, dann gilt

$$\frac{S_{K_t}}{K_t} \leq \frac{t}{K_t} < \frac{S_{K_t+1}}{K_t}.$$

Dann gilt aus Satz 5.9

$$\frac{S_{K_t}}{K_t} \xrightarrow{\text{as}} \nu$$

und

$$\frac{S_{K_t+1}}{K_t} = \underbrace{\frac{S_{K_t+1}}{K_t+1}}_{\xrightarrow{\text{as}}\nu} \underbrace{\frac{K_t+1}{K_t}}_{\xrightarrow{\text{as}}1}.$$

Damit gilt $t/K_t \xrightarrow{\text{as}} \nu$. □

Satz 7.22 im Kap. 7 gibt ein verallgemeinertes starkes Gesetz der großen Zahlen für Erneuerungsprozesse.

5.4.2 Asymptotisches Verhalten der Erneuerungsfunktion

Ein wichtiger Satz der Erneuerungstheorie ist der Folgende.

Satz 5.11 (Elementarer Erneuerungssatz)
Wenn $\mathsf{E}[Y_1] < \infty$, *dann gilt*

$$\lim_{t\to\infty} \frac{Z(t)}{t} = \frac{1}{\nu}.$$

Um diesen Satz zu beweisen, wird die diskrete Stoppzeit definiert und das Lemma von Wald gegeben, die beide besonders auch in der Wahrscheinlichkeitstheorie von Bedeutung sind.

Definition 5.12 (Stoppzeit)
Die $\mathbb{N}$*-wertige Z. V.* K *ist eine Stoppzeit des stochastischen Prozesses* $\{X_n\}_{n\geq 0}$ *mit diskreter Zeit, wenn* $\forall x_{n+1}, x_{n+2}, \ldots \in \mathbb{R}$, $\{K = n\}$ *von* $\{X_{n+1} \leq x_{n+1}\}, \{X_{n+2} \leq x_{n+2}\}, \ldots$ *unabhängig ist, für* $n = 0, 1, \ldots$

Die Stoppzeit eines stochastischen Prozesses mit stetiger Zeit wird in Definition 6.11 gegeben.

Beispiel 5.13 Seien $X_1, X_2, \ldots$ unabhängige Bernoulli(p)-verteilte Z. V., d. h. Indikatoren mit p als Wahrscheinlichkeit von 1. Seien noch $m \in \mathbb{N}$ und $X_0 \stackrel{\text{def}}{=} 0$. Dann sind

$$K = \min\left\{k \geq 0 \,\middle|\, \sum_{i=0}^{k} X_i = m\right\}$$

eine Stoppzeit und

$$K = \min\left\{k \geq 0 \,\middle|\, \sum_{i=1}^{k+1} X_i = m\right\}$$

keine Stoppzeit.

Mit dieser Definition können wir das wichtige Lemma von Wald vorstellen.

Lemma 5.14 (Wald)
Seien $X_1, X_2, \ldots \in \mathcal{L}_1(\Omega)$ *i. i. d.,* $X_0 \stackrel{\text{def}}{=} 0$ *und* K *eine Stoppzeit dieser Folge von Z. V. Dann gilt*

$$\mathsf{E}\left[\sum_{i=0}^{K} X_i\right] = \mathsf{E}[X_1]\mathsf{E}[K]. \tag{5.5}$$

Gl. (5.5) wird oft auch Wald-Gleichung genannt.

Beweis Sei $i \in \mathbb{N}^*$, dann ist $\{K \geq i\} = \{K \leq i-1\}^c$ von $\{X_i \geq x_i\}, \{X_{i+1} \leq x_{i+1}\}, \ldots$ unabhängig, $\forall x_i, x_{i+1}, \ldots \in \mathbb{R}$. Dann gilt

$$\mathsf{E}\left[\sum_{i=0}^{K} X_i\right] = \mathsf{E}\left[\sum_{i=1}^{\infty} X_i \mathsf{I}\{i \leq K\}\right] = \sum_{i=1}^{\infty} \mathsf{E}[X_i \mathsf{I}\{i \leq K\}]$$
$$= \sum_{i=1}^{\infty} \mathsf{E}[X_i]\mathsf{E}[\mathsf{I}\{i \leq K\}] = \mathsf{E}[X_1]\mathsf{E}[K],$$

falls der Umtausch zwischen Summe und Erwartungswert (in der zweiten oberen Gleichung) möglich ist. Jetzt kann man diesen Umtausch wie folgt beweisen. Für $n = 0, 1, \ldots$, seien

$$Y_n \stackrel{\text{def}}{=} \sum_{i=0}^{n} |X_i| \mathsf{I}\{i \leq K\} \leq Y \stackrel{\text{def}}{=} \sum_{i=0}^{\infty} |X_i| \mathsf{I}\{i \leq K\}.$$

Aus

$$Y_n \stackrel{n\to\infty}{\uparrow} Y$$

und aus dem monotonen Konvergenzsatz folgt $\mathsf{E}[Y] = \lim_{n\to\infty} \mathsf{E}[Y_n]$. Damit gilt

$$\mathsf{E}\left[\sum_{i=0}^{K} |X_i|\right] = \mathsf{E}[Y] = \lim_{n\to\infty} \mathsf{E}[Y_n] = \sum_{i=0}^{\infty} \mathsf{E}[|X_i|]\mathsf{E}[\mathsf{I}\{i \leq K\}] = \mathsf{E}[|X_1|]\mathsf{E}[K] < \infty$$

und so

$$\mathsf{E}\left[\left|\sum_{i=0}^{K} X_i\right|\right] \leq \mathsf{E}\left[\sum_{i=0}^{K} |X_i|\right] < \infty.$$

Der gewünschte Umtausch folgt aus dem Satz von Fubini. □

Beweis des elementaren Erneuerungssatzes Seien $t > 0$ und $V_t \stackrel{\text{def}}{=} T_{K_t+1} - t$ mit Werten in $(0, S_{K_t+1} - S_{K_t}]$. Diese Z. V. ist die restliche Zeit zum nächsten Ereignis zur Zeit t. Es gilt $S_{K_t+1} > t \Rightarrow \mathsf{E}[V_t] > 0$. Es gilt noch

$$\mathsf{E}[V_t] = \mathsf{E}\left[\sum_{i=1}^{K_t+1} Y_i - t\right] = \mathsf{E}[K_t + 1]\mathsf{E}[Y_1] - t = [Z(t) + 1]\nu - t.$$

Dies folgt aus dem Wald-Lemma, weil $K_t + 1$ eine Stoppzeit ist. (K_t ist keine Stoppzeit.) Damit gilt

$$[Z(t)+1]\nu > t \Longrightarrow \frac{Z(t)}{t} > \frac{1}{\nu} - \frac{1}{t} \Longrightarrow \liminf_{t\to\infty} \frac{Z(t)}{t} \geq \frac{1}{\nu}.$$

Sei $\tilde{Y}_i = \begin{cases} Y_i, & \text{wenn } Y_i \leq a, \\ a, & \text{wenn } Y_i > a, \end{cases}$, für $i = 1, 2, \ldots$, der gestutzte Erneuerungsprozess, wobei $a > 0$, und sei $\tilde{Y}_0 \stackrel{\text{def}}{=} 0$. Die Größen $\tilde{\nu}$, $\tilde{S}_k$, für $k = 0, 1, \ldots$, und $\tilde{K}_t$, $\tilde{V}_t$, $\tilde{Z}_t$, $\forall t \geq 0$, sind analog definiert. Wir haben $\mathsf{E}[\tilde{V}_t] \leq a$ und $\mathsf{E}[\tilde{V}_t] = [\tilde{Z}_t+1]\tilde{\nu}-t$, daraus folgt $[\tilde{Z}_t+1]\tilde{\nu} \leq t+a$ und so

$$\frac{\tilde{Z}_t}{t} \leq \frac{1}{\tilde{\nu}} + \frac{a}{\tilde{\nu}t} - \frac{1}{t}.$$

Es gilt noch

$$\sum_{i=0}^{k} \tilde{Y}_i \leq \sum_{i=0}^{k} Y_i, \text{ für } k = 0, 1, \ldots \Longrightarrow \tilde{K}_t \geq K_t,\ \forall t \geq 0 \Longrightarrow \mathsf{E}[\tilde{K}_t] \geq \mathsf{E}[K_t],\ \forall t \geq 0.$$

Damit gilt

$$\limsup_{t\to\infty} \frac{Z(t)}{t} \leq \limsup_{t\to\infty} \frac{\tilde{Z}(t)}{t} \leq \lim_{t\to\infty} \frac{1}{\tilde{\nu}} + \frac{a}{\tilde{\nu}t} - \frac{1}{t} = \frac{1}{\tilde{\nu}},$$

und damit gilt

$$\frac{1}{\nu} \leq \liminf_{t\to\infty} \frac{Z(t)}{t} \leq \limsup_{t\to\infty} \frac{Z(t)}{t} \leq \limsup_{t\to\infty} \frac{\tilde{Z}(t)}{t} \leq \frac{1}{\tilde{\nu}}.$$

Mit $\lim_{a\to\infty} \tilde{\nu} = \nu$ ist der Beweis geschlossen. □

Im Folgenden zeigen wir einen anderen wichtigen Satz der Erneuerungstheorie. Eine Verteilung heißt arithmetisch mit der Spanne $\delta > 0$, wenn sie Werte über $\{j\delta \mid j = 0, \pm 1, \ldots\}$ mit Wahrscheinlichkeit 1 annimmt und wenn δ der maximale Wert mit dieser Eigenschaft ist.

Satz 5.15 (Fundamentaler Erneuerungssatz)
Wenn die V. F. G nicht-arithmetisch ist, wenn $r : \mathbb{R}_+ \to \mathbb{R}_+$ fallend ist und $\int_0^\infty r(x)\mathrm{d}x < \infty$ erfüllt, dann gilt

$$\lim_{t\to\infty} \int_0^t r(t-x)\mathrm{d}Z(x) = \frac{1}{\nu} \int_0^\infty r(x)\mathrm{d}x,$$

wobei $\nu = \mathsf{E}[Y_1] < \infty$.

Beispiel 5.16 Sei $r(x) = \mathrm{I}\{0 \le x \le s\}$, $\forall x \ge 0$, wobei $0 < s < \infty$. Dann gilt

$$\begin{aligned}\lim_{t\to\infty}\{Z(t) - Z(t-s)\} &= \lim_{t\to\infty}\int_0^t \mathrm{I}\{t-s \le x \le t\}\mathrm{d}Z(x)\\ &= \lim_{t\to\infty}\int_0^t \mathrm{I}\{0 \le t-x \le s\}\mathrm{d}Z(x)\\ &= \frac{1}{\nu}\int_0^\infty \mathrm{I}\{0 \le x \le s\}\mathrm{d}x\\ &= \frac{s}{\nu}.\end{aligned}$$

Damit gilt

$$\lim_{t\to\infty}\frac{Z(t+s)-Z(t)}{s} = \frac{1}{\nu},$$

und wenn Z ableitbar ist, dann gilt

$$\lim_{t\to\infty}\lim_{s\to 0}\frac{Z(t+s)-Z(t)}{s} = \frac{1}{\nu}, \text{ i.e. } \lim_{t\to\infty} Z'(t) = \frac{1}{\nu}.$$

(Der elementare Erneuerungssatz gibt $Z(t) \sim 1/\nu\, t$, für $t \to \infty$. Dieses Resultat allein impliziert selbstverständlich nicht, dass $Z'(t) \to 1/\nu$, für $t \to \infty$.)

5.5 Asymptotische Lösung von Erneuerungsgleichungen exponentieller Verschiebung

Mit den Resultaten des Abschn. 5.4.2 können wir jetzt eine asymptotische Lösung zur Erneuerungsgleichung (5.1), d. h. zu $Z = h + Z * g$, bestimmen. Die Funktionen Z, G und h sind über $\mathbb{R}_+$ definiert, g ist die Dichte von G, und h wird fallend und $\int_0^\infty h(x)\mathrm{d}x < \infty$ erfüllen. Die exponentielle Verschiebung wird eingesetzt. Eine allgemeinere Einführung zum Maßwechsel und zum exponentiellen Maßwechsel folgt in Kap. 6.

Die gewöhnliche Erneuerungsgleichung wird zunächst betrachtet. In diesem Fall gilt $\lim_{t\to\infty} G(t) = 1$. Sei

$$U(t) = \sum_{n=1}^{\infty} G^{*n}(t)$$

die entsprechende Erneuerungsfunktion. Wenn $h = G$, dann gilt $Z = U$. Wenn U ableitbar ist und $u = U'$, dann gilt

$$u = g + u * g \tag{5.6}$$

über $\mathbb{R}_+$. Wenn U ableitbar ist, dann gilt $u(t) \stackrel{\text{def}}{=} U'(t) \stackrel{t\to\infty}{\longrightarrow} 1/\nu$, wobei $\nu = \int_0^\infty y dG(y) < \infty$, aus dem fundamentalen Erneuerungssatz 5.15, weil G eine eigentliche V.F. ist.

Satz 5.17
$Z_0 = h + h * u$ ist die Lösung der Erneuerungsgleichung $Z = h + Z * g$.

Man kann die zwei folgenden direkten Beweise geben.

Beweis 1 (Mit der Neumann-Reihe) Aus der Neumann-Reihe (5.3) folgt

$$Z = h * \sum_{k=0}^{\infty} g^{*k} = h + h * \sum_{k=1}^{\infty} g^{*k} = h + h * u.$$

□

Beweis 2 (Mit der Laplace-Transformation) Aus (5.6) folgt

$$\hat{u} = \hat{g} + \hat{u}\hat{g}, \text{ d. h. } \hat{g} = \frac{\hat{u}}{1 + \hat{u}}.$$

Aus (5.1) folgt

$$\hat{Z} = \hat{h} + \hat{Z}\hat{g}, \text{ d. h. } \hat{Z} = \frac{\hat{h}}{1 - \hat{g}}.$$

Damit gilt $\hat{Z} = \hat{h} + \hat{h}\hat{u}$. □

Bemerkung 5.18 Die Lösung Z_0 ist selbstverständlich eindeutig. Falls eine zweite Lösung Z_1 existieren würde, dann würde für $D \stackrel{\text{def}}{=} Z_0 - Z_1$ gelten, dass

$$D = h + Z_0 * g - h - Z_1 * g = D * g.$$

Aber diese Gleichung gilt für und nur für $g = \delta$, die Delta-Funktion, d. h. nicht für allgemeine Funktionen g.

Korollar 5.19 (Asymptotische Lösung zur gewöhnlichen Erneuerungsgleichung)
Falls $\lim_{t\to\infty} h(t) = 0$, *dann ist die asymptotische Lösung zur gewöhnlichen Erneuerungsgleichung* (5.1) *gegeben durch*

$$\lim_{t\to\infty} Z(t) = \frac{1}{\nu} \int_0^\infty h(s)\mathrm{d}s. \tag{5.7}$$

Beweis Es gilt

$$\lim_{t\to\infty} h(t) = 0 \Longrightarrow \lim_{t\to\infty} Z(t) = \lim_{t\to\infty} \int_0^t h(t-s)u(s)\mathrm{d}s.$$

Aus dem fundamentalen Erneuerungssatz ist dieser letzte Grenzwert äquivalent zu

$$\frac{1}{\nu}\int_0^\infty h(s)\mathrm{d}s.$$

□

Betrachten wir nun defektive und exzessive Erneuerungsgleichungen. Das defektive oder exzessive Maß wird durch eine exponentielle Verschiebung in ein geeignetes Maß, d. h. Wahrscheinlichkeitsmaß, verwandelt. Man kann dann die obige asymptotische Lösung zur gewöhnlichen Erneuerungsgleichung (5.7) verwenden. Schließlich wird man zur ursprünglichen Erneuerungsgleichung zurückkehren.

Satz 5.20 (Asymptotische Lösung zur ungewöhnlichen Erneuerungsgleichung) *Sei die defektive oder exzessive Erneuerungsgleichung* (5.1). *Sei der Parameter der exponentiellen Verschiebung r definiert als Lösung in v von*

$$\int_0^\infty \mathrm{e}^{vs} g(s)\mathrm{d}s = 1. \tag{5.8}$$

Sei noch die Konstante

$$\zeta = \frac{\int_0^\infty \mathrm{e}^{rs} h(s)\mathrm{d}s}{\int_0^\infty s\mathrm{e}^{rs} g(s)\mathrm{d}s}, \tag{5.9}$$

wobei beide Integrale im Zähler und im Nenner als endlich vorausgesetzt werden. Dann gilt

$$Z(t) \sim \zeta \mathrm{e}^{-rt},\ f\ddot{u}r\ t \to \infty. \tag{5.10}$$

Beweis Wenn die Erneuerungsgleichung (5.1) $\begin{cases}\text{defektiv}\\ \text{exzessiv}\end{cases}$ ist, dann gilt $r \begin{cases} > \\ < \end{cases} 0$. In allen Fällen $\tilde{g}(y) \overset{\text{def}}{=} \mathrm{e}^{ry} g(y)$, $\forall y \geq 0$, erfolgt eine Wahrscheinlichkeitsdichte. Sei $t > 0$. Die ungewöhnliche Erneuerungsgleichung

$$Z(t) = h(t) + \int_0^t Z(t-s)g(s)\mathrm{d}s$$

ist damit äquivalent zu

$$e^{rt}Z(t) = e^{rt}h(t) + \int_0^t e^{r(t-s)}Z(t-s)e^{rs}g(s)ds,$$

d. h. zur gewöhnlichen Erneuerungsgleichung

$$\tilde{Z}(t) = \tilde{h}(t) + \int_0^t \tilde{Z}(t-s)\tilde{g}(s)ds,$$

wobei $\tilde{Z}(t) \stackrel{\text{def}}{=} e^{rt}Z(t)$ und $\tilde{h}(t) \stackrel{\text{def}}{=} e^{rt}h(t)$. Aus der Lösung zur gewöhnlichen Erneuerungsgleichung (5.7) folgt

$$\zeta \stackrel{\text{def}}{=} \lim_{t\to\infty} \tilde{Z}(t) = \frac{1}{\tilde{\nu}}\int_0^\infty \tilde{h}(y)dy, \text{ falls } \tilde{\nu} = \int_0^\infty s d\tilde{G}(s) < \infty \text{ und } \int_0^\infty \tilde{h}(s)ds < \infty.$$

Mit der Transformation zur ursprünglichen Funktion erhalten wir die asymptotische Approximation (5.10) zur Lösung der allgemeinen Erneuerungsgleichung. □

Jetzt werden wir Satz 5.20 in zwei Beispielen anwenden: die Ruinwahrscheinlichkeit des Poisson-Risikoprozesses und die Geburtsrate im deterministischen Populationsmodell.

Beispiel 5.21 (Poisson-Risikoprozess, Fortsetzung) Wir betrachten den Poisson-Risikoprozess, für den die folgende Erneuerungsgleichung in Abschn. 5.1 konstruiert wird. Sei $t > 0$. Wir erinnern an die folgenden Funktionen, $g(t) = \lambda/c\ [1 - F(t)]$, $h(t) = \lambda/c \int_t^\infty [1 - F(x)]dx$ und $Z(t) = \psi(t)$. Dann gilt, falls $v \neq 0$,

$$\begin{aligned}\int_0^\infty e^{vy}g(y)dy = 1 &\iff \frac{\lambda}{c}\int_0^\infty e^{vy}[1 - F(y)]dy = 1\\ &\iff \frac{\lambda}{c}\left[\frac{e^{vy}}{v}\{1 - F(y)\}\right]_0^\infty + \frac{\lambda}{c}\int_0^\infty \frac{e^{vy}}{v}dF(y) = 1\\ &\iff \frac{\lambda}{c}\int_0^\infty e^{vy}dF(y) = 1 + v\frac{\lambda}{c}.\end{aligned}$$

Aus der Hypothese $\beta > 0$ folgt, dass der Parameter der exponentiellen Verschiebung r, der in (5.8) definiert ist, positiv und genau gleich dem Anpassungskoeffizienten ist, s. (4.14). Satz 5.20 gibt

$$\psi(t) \sim \zeta e^{-rt}, \text{ für } t \to \infty, \tag{5.11}$$

wobei

$$\zeta = \frac{\int_0^\infty e^{ry}\int_y^\infty [1 - F(x)]dxdy}{\int_0^\infty ye^{ry}[1 - F(y)]dy}.$$

Diese Approximation heißt Cramér-Lundberg-Approximation, und ζ heißt Cramér-Lundberg-Konstante, die sich noch vereinfachen lässt. Man kann den Nenner wie folgt vereinfachen. Aus

$$\int_0^\infty e^{vy}[1 - F(y)]dy = \frac{1}{v}[M_X(v) - 1]$$

und

$$\frac{1}{r}[M_X(r) - 1] = (1 + \beta)\mu$$

folgt

$$\begin{aligned}\frac{d}{dv}\int_0^\infty e^{vy}[1 - F(y)]dy\Big|_{v=r} &= \frac{d}{dv}\left\{\frac{1}{v}[M_X(v) - 1]\right\}\Big|_{v=r} \\ &= -\frac{1}{r^2}[M_X(r) - 1] + \frac{1}{r}M_X'(r) \\ &= \frac{1}{r}\{M_X'(r) - (1 + \beta)\mu\}.\end{aligned}$$

Man kann den Zähler wie folgt vereinfachen:

$$\begin{aligned}\int_0^\infty e^{ry}\int_y^\infty [1 - F(x)]dxdy &= \int_0^\infty \int_0^x e^{ry}[1 - F(x)]dydx \\ &= \int_0^\infty \left(\frac{e^{rx}}{r} - \frac{1}{r}\right)[1 - F(x)]dx \\ &= \frac{1}{r}\left\{\int_0^\infty e^{rx}[1 - F(x)]dx - \mu\right\} \\ &= \frac{1}{r}\{(1 + \beta)\mu - \mu\}.\end{aligned}$$

Damit hat die Cramér-Lundberg-Konstante die folgende kompakte Form:

$$\zeta = \frac{\beta\mu}{M_X'(r) - (1 + \beta)\mu}. \tag{5.12}$$

Beispiel 5.22 (Deterministisches Populationsmodell, Fortsetzung) Wir betrachten wieder das in Abschn. 5.1 eingeführte deterministische Modell zum Populationswachstum, wobei die Erneuerungsgleichung konstruiert ist. Sei $t > 0$. Wir haben die folgenden Funktionen, $h(t) = \int_0^\infty Z(-y)s(t + y)\beta(t + y)dy$ und $g(t) = s(t)\beta(t)$. Die Geburtsrate von Weibchen pro Zeiteinheit und zur Zeit t ist durch $Z(t)$ gegeben. Die Anwendung von Satz 5.20 gibt

$$Z(t) \sim \zeta e^{-rt}, \text{ für } t \to \infty,$$

wobei r die Lösung von (5.8) und ζ durch (5.9) gegeben ist. $G(\infty) = \lim_{t\to\infty} G(t)$ ist die Anzahl von Weibchen-Geburten eines Weibchens während seines ganzen Lebens. Schließlich kann man die langfristige Entwicklung dieser Population wie folgt zusammenfassen:

$$G(\infty) \begin{cases} < 1 \Rightarrow \text{defektive Erneuerungsgleichung} \Rightarrow r < 0 \Rightarrow \text{exponentielle Abnahme} \\ > 1 \Rightarrow \text{exzessive Erneuerungsgleichung} \Rightarrow r > 0 \Rightarrow \text{exponentielle Zunahme} \\ = 1 \Rightarrow \text{gewöhnliche Erneuerungsgleichung} \Rightarrow r = 0 \Rightarrow \text{Ausgleich} \end{cases}$$

von Z.

5.6 Aufgaben

Aufgabe 5.6.1 Wir betrachten den gewöhnlichen Erneuerungsprozess $\{Y_n\}_{n\geq 0}$, wobei $G(t) = \mathsf{P}[Y_1 \leq t] = t$, $\forall t \in [0, 1]$ gilt. Die Erneuerungsgleichung dieses Prozesses ist

$$Z(t) = G(t) + \int_0^t Z(t-s)\,\mathrm{d}G(s), \qquad \forall t \in [0, 1].$$

Leiten Sie aus dieser Gleichung eine Differentialgleichung her und lösen Sie diese für $t \in [0, 1]$.

Aufgabe 5.6.2 Wir betrachten die Erneuerungsgleichung

$$Z(t) = G(t) + \int_0^t Z(t-s)\,\mathrm{d}G(s), \qquad \forall t \geq 0,$$

wobei G und Z differenzierbar sind. Sei $z = Z'$ und seien noch die Laplace-Transformationen $\hat{z}(v) = \int_0^\infty \mathrm{e}^{-vt} z(t)\,\mathrm{d}t$ und $\hat{Z}(v) = \int_0^\infty \mathrm{e}^{-vt} Z(t)\,\mathrm{d}t$.

(1) Geben Sie mithilfe der Erneuerungsgleichung explizite Formeln für $\hat{z}$ und $\hat{Z}$ an.
(2) Berechnen Sie für $g(t) = \lambda \mathrm{e}^{-\lambda t}$, $\forall t \geq 0$, mit $\lambda > 0$, zuerst $\hat{z}$, dann $\hat{Z}$ und schließlich Z.

Aufgabe 5.6.3 Gegeben sei die Folge $\{Y_n\}_{n\geq 1}$ unabhängiger Z. V., wobei Y_1 V. F. G_1 hat, während $Y_2, Y_3, \ldots$ identische V. F. G haben. Sei $K_t = \max\{k \geq 0 | \sum_{i=0}^k Y_i \leq t\}$, $\forall t \geq 0$, wobei $Y_0 \stackrel{\text{def}}{=} 0$.

(1) Zeigen Sie für $Z_1(t) = \mathsf{E}[K_t]$, $\forall t \geq 0$, dass

$$Z_1(t) = G_1(t) + \int_0^t Z_1(t-s)\,\mathrm{d}G(s), \qquad \forall t \geq 0.$$

(2) Finden Sie eine explizite Formel für $\hat{Z}_1$.
(3) Wenden Sie die gefundenen Resultate auf $Y_1 \sim \text{Gamma}(2, \lambda)$ und $Y_2 \sim \text{Exponential}(\lambda)$ an.

Aufgabe 5.6.4 Formulieren Sie mathematisch für die folgenden Situationen die beschriebenen zufälligen Zeiten und untersuchen Sie, ob diese Zeiten tatsächlich Stoppzeiten sind.

(1) Die identisch verteilten Rundenauszahlungen $X_1, X_2, \ldots$ eines Spiels seien gegeben durch $\mathsf{P}[X_1 = 1] = \mathsf{P}[X_1 = -1] = 1/2$. Man möchte das Spiel beenden, bevor man einen Verlust erleidet. Diese Stoppregel definiert eine zufällige Zeit.
(2) Was passiert, wenn man die Situation von (1) folgendermaßen modifiziert? Die Teilnahmegebühr für dieses Spiel betrage nun $c > 0$, und man hat ein Verlustbudget von $m > 0$, d. h., man spielt, solange der Verlust m nicht übersteigt.
(3) Ein Taxi-Unternehmen hat ein gebrauchtes Fahrzeug erstanden. Da die Diebstahlwahrscheinlichkeit offensichtlich verhältnismäßig gering ist und eine entsprechende Versicherung den Gewinn verkleinert, möchte sich die Leitung der Firma die Versicherungsprämien vorläufig sparen und erst vor dem zweiten Diebstahl-Versuch eine Versicherung abschließen.
(4) Seien $Y_1, Y_2, \ldots$ die Tageswerte einer Aktie. Sobald der Aktienwert unter einen Schwellenwert m gefallen ist, möchte man diese Aktie abstoßen, um gravierendere Verluste zu vermeiden.
(5) Seien $X_1, X_2, \ldots$ Schadensbeträge und sei $X_0 = 0$. Da Schäden häufig auftreten, aber eher klein sind, möchte man aus Effizienzgründen die Schäden erst ab einem angehäuften Betrag von m rückerstatten. Ist in diesem Fall die Anzahl der Schadensforderungen vor Rückerstattung

$$N_m = \max\left\{k \geq 0 \,\middle|\, \sum_{i=0}^{k} X_i \leq m\right\},$$

eine Stoppzeit? Falls nicht, wie kann N_m modifiziert werden, sodass sie zu einer Stoppzeit wird?

Aufgabe 5.6.5 Betrachten wir den stochastischen Prozess $\{S_n\}_{n=0,1,2}$ über einen binomialen Baum mit den folgenden Werten an den Knoten: 100 für S_0, $\{50, 130\}$ für S_1 und $\{20, 60, 80, 140\}$ für S_2. Die Werte des stochastischen Prozesses zu jedem Zeitpunkt n sind geordnet vom niedrigsten bis zum höchsten, wenn der Baum horizontal angezeigt wird. Seien die Z. V.

$$T_1 = \min\{n = 0, 1, 2 | S_n > 130\}, \; T_2 = \min\{n = 0, 1, 2 | S_n < 130\} \text{ und } T_3 = T_1 - 1,$$

wobei T_1 und T_2 den Wert ∞ annehmen, falls die entsprechenden Minima nicht existieren. Welche der Z. V. T_1, T_2 und T_3 sind Stoppzeiten?

Aufgabe 5.6.6 Sei $g(t) = \lambda/c\ [1 - F(t)]$, $\forall t \geq 0$, und F die Gamma(2, 1)-V. F. Finden Sie die positive Lösung r von

$$\int_0^\infty e^{vy} g(y)\, dy = 1$$

in v als Wurzel eines Polynoms 3. Grades.

Aufgabe 5.6.7 Sei der gestörte Risikoprozess $\{Y_t\}_{t\geq 0}$ gegeben in (4.10). Der Prozess $\{W_t\}_{t\geq 0}$ ist ein Wiener-Prozess, und wir betrachten die Volatilität oder den Skalenparameter $\sigma = \sqrt{2\tau}$, wobei $\tau > 0$. Der Prozess $\{Z_t\}_{t\geq 0}$ ist ein zusammengesetzter Poisson-Prozess mit Intensität $\lambda > 0$ und Einzelschadens-V. F. F. Es ist bekannt, dass sich die Überlebenswahrscheinlichkeit $R(r_0) = \mathsf{P}[Y_t \geq 0, \forall t \geq 0]$ durch die Erneuerungsgleichung

$$R(x) = q\, H_1(x) + (1-q) \int_0^x R(z) h_1 * h_2(x-z)\, dz$$

darstellen lässt, wobei H_1 eine V. F. mit Dichte $h_1(x) = \xi e^{-\xi x}$, $\forall x \geq 0$, ist und $h_2(x) = [1 - F(x)]/\mu$, $\forall x \geq 0$, mit $\xi = c/\tau$ und $q = 1 - (\lambda\mu)/c$. Geben Sie die Laplace-Transformation von R.

Aufgabe 5.6.8 Wir betrachten wieder den gestörten Risikoprozess von Aufgabe 5.6.7 mit der gleichen Notation. Gehen Sie von der Gleichung

$$\tau\, \tilde{\psi}''(x) + c\, \tilde{\psi}'(x) = \lambda\, \tilde{\psi}(x) - \lambda \int_0^x \tilde{\psi}(u-z)\, dF(z), \ \forall x > 0,$$

aus und leiten Sie die defektive Erneuerungsgleichung

$$\tilde{\psi}(x) = 1 - H_1(x) + (1-q) \int_0^x \tilde{\psi}(x-z)\, h_1 * h_2(z)\, dz, \ \forall x \geq 0,$$

her, wobei $\tilde{\psi}$ die Wahrscheinlichkeit eines Ruins durch Oszillation (d. h. durch den Diffusionsprozess verursacht) bezeichnet, s. Abb. 4.1.

6 Exponentieller Maßwechsel und Anwendungen zum Risikoprozess

6.1 Einleitung

Ein wichtiges Thema in der Wahrscheinlichkeitstheorie bildet der Maßwechsel und hier der spezielle Fall des exponentiellen Maßwechsels. Sehr eng verwandt mit der Theorie der großen Abweichungen führt der exponentielle Maßwechsel zu wichtigen asymptotischen Approximationen. In der stochastischen Simulation lassen sich einige wichtige Größen von stochastischen Prozessen wie z. B. die Ruinwahrscheinlichkeit durch den exponentiellen Maßwechsel sehr präzise und mit großer Effizienz approximieren. Die stochastische oder Monte-Carlo-Simulation unter Maßwechsel wird Importance Sampling genannt, wobei die ursprüngliche Referenz des Importance Sampling für stochastische Prozesse Siegmund (1976) ist. Importance Sampling ist eine allgemeine und zentrale Simulationsmethode für die Berechnungen von Wahrscheinlichkeiten seltener Ereignisse; cf. z. B. Asmussen und Glynn (2007). Der exponentielle Maßwechsel lässt sich in der aktuariellen Literatur unter dem Namen Esscher-Transformation finden. Die ursprüngliche Referenzen sind Esscher (1932, 1963). Im Zusammenhang mit der Ruintheorie wird der exponentielle Maßwechsel als Lundberg-Konjugation bezeichnet. In der statistischen Literatur findet man oft den englischen Begriff „exponential tilt". Einige allgemeine Referenzen für dieses Kapitel bilden Asmussen (2003) und Asmussen und Albrecher (2010). In Abschn. 6.2 wird zunächst eine maßtheoretische Einleitung mit den zentralen Hauptresultaten gegeben, gefolgt von der Anwendung beim Poisson-Risikoprozess in Abschn. 6.3.

R. Gatto, *Stochastische Modelle der aktuariellen Risikotheorie*, Masterclass,
https://doi.org/10.1007/978-3-662-60924-8_6

6.2 Maßwechsel und exponentieller Maßwechsel

Zunächst geben wir einige grundlegende Definitionen und Resultate. Sei μ ein σ-endliches Maß (cf. Definition 8.19) über den Maßraum $(\Omega, \mathcal{F})$. Sei f eine nicht-negative Funktion über diesen Raum, sodass $\int_\Omega f \, \mathrm{d}\mu = 1$. Dann ist $\mathsf{P}\colon A \mapsto \int_A f \, \mathrm{d}\mu$ ein Wahrscheinlichkeitsmaß über $(\Omega, \mathcal{F})$. Die Dichte von P bezüglich μ ist f, ist $\mathrm{d}\mathsf{P}/\mathrm{d}\mu$ notiert und heißt Radon-Nikodym-Ableitung von P in Bezug auf μ.

Definition 6.1 (Absolute Stetigkeit)
Seien P *und* Q *zwei Wahrscheinlichkeitsmaße über* $(\Omega, \mathcal{F})$. *Wenn* $\mathsf{P}[A] = 0 \implies \mathsf{Q}[A] = 0, \ \forall A \in \mathcal{F}$, *dann ist* Q *absolut stetig bezüglich* P, *notiert als* $\mathsf{Q} \ll \mathsf{P}$.

Definition 6.2 (Äquivalenz)
Wenn sowohl $\mathsf{P} \ll \mathsf{Q}$ *als auch* $\mathsf{Q} \ll \mathsf{P}$ *gelten, dann heißen* P *und* Q *äquivalent.*

Es ist klar, dass, wenn eine nicht-negative Funktion f existiert, sodass $\mathsf{Q}[A] = \int_A f \mathrm{d}\mathsf{P}$, $\forall A \in \mathcal{F}$, dann auch $\mathsf{Q} \ll \mathsf{P}$ gilt. Aber auch die Umkehrung ist wahr.

Satz 6.3 (Radon-Nikodym)
Seien P *und* Q *Wahrscheinlichkeitsmaße auf* $(\Omega, \mathcal{F})$. *Wenn* $\mathsf{Q} \ll \mathsf{P}$ *gilt, dann existiert eine nicht-negative Funktion* f, *sodass* $\mathsf{Q}[A] = \int_A f \, \mathrm{d}\mathsf{P}$, $\forall A \in \mathcal{F}$. *Zudem ist* f P-*f. s. eindeutig.*

Diese Funktion f ist dann $\mathrm{d}\mathsf{Q}/\mathrm{d}\mathsf{P}$ notiert und heißt Radon-Nikodym-Ableitung von Q in Bezug auf P. Falls P und Q äquivalent sind, dann gilt $\mathrm{d}\mathsf{P}/\mathrm{d}\mathsf{Q} = (\mathrm{d}\mathsf{Q}/\mathrm{d}\mathsf{P})^{-1}$. Ein zentraler Satz für die Berechnung von Erwartungswerten nach einem Maßwechsel ist Satz 6.4. In diesem Satz bezeichnen E_P und E_Q die Erwartungswerte unter P und Q.

Satz 6.4 (Maßwechsel für Erwartungswerte)
$\mathsf{Q} \ll \mathsf{P}$ *gilt genau dann, wenn*

$$\mathsf{E}_\mathsf{Q}[X] = \mathsf{E}_\mathsf{P}\left[X \, \frac{\mathrm{d}\mathsf{Q}}{\mathrm{d}\mathsf{P}}\right],$$

für jede $\mathcal{F}$-*messbare Z. V.* X *gilt.*

Die folgende Aussage lässt sich leicht beweisen. Falls

$$\mathsf{Q}[A] = \mathsf{E}_\mathsf{P}[\mathsf{I}_A L], \ \forall A \in \mathcal{F},$$

für eine nicht-negative Z. V. L, sodass $\mathsf{E}_\mathsf{P}[L] = 1$, dann ist Q ein Wahrscheinlichkeitsmaß.

Beispiel 6.5 Seien P die standard-normale Verteilung auf $(\mathbb{R}, \mathcal{B}(\mathbb{R}))$, $\mu \in \mathbb{R}$ und

$$L(\omega) = \exp\left\{\mu\omega - \frac{\mu^2}{2}\right\}, \quad \forall \omega \in \mathbb{R}.$$

Seien $B \in \mathcal{B}(\mathbb{R})$ und

$$\begin{aligned} \mathsf{Q}[B] &\stackrel{\text{def}}{=} \mathsf{E}_{\mathsf{P}}[\mathsf{I}_B L] \\ &= \frac{1}{\sqrt{2\pi}} \int_{\mathbb{R}} \mathsf{I}\{\omega \in B\} \exp\left\{\mu\omega - \frac{\mu^2}{2}\right\} \exp\left\{-\frac{\omega^2}{2}\right\} \mathrm{d}\omega \\ &= \frac{1}{\sqrt{2\pi}} \int_B \exp\left\{-\frac{1}{2}(\omega - \mu)^2\right\} \mathrm{d}\omega. \end{aligned}$$

Aus dieser Berechnung folgt $\mathsf{E}_{\mathsf{P}}[L] = \mathsf{Q}[\mathbb{R}] = 1$, und damit ist Q ein Wahrscheinlichkeitsmaß auf $(\mathbb{R}, \mathcal{B}(\mathbb{R}))$ und entspricht der normalen Verteilung mit Erwartungswert μ und Varianz 1. Im Allgemeinen wird der exponentielle Maßwechsel auf $(\mathbb{R}, \mathcal{B}(\mathbb{R}))$ wie folgt bestimmt.

Definition 6.6 (Exponentielle Verschiebung der Verteilungsfunktion)
Sei Y eine beliebige Z. V. mit V. F. G, m. e. F. M und k. e. F. $K(v) = \log \mathsf{E}[\mathrm{e}^{vY}]$, für $v \in \mathbb{R}$. Sei θ, sodass $M(\theta) < \infty$. Die V. F. der mit Parameter $\theta \in \mathbb{R}$ exponentiell verschobenen Version von G ist durch die Radon-Nikodym-Ableitung

$$\frac{\mathrm{d}G(y; \theta)}{\mathrm{d}G(y)} = \mathrm{e}^{\theta y - K(\theta)}, \quad \forall y \in \mathbb{R} \tag{6.1}$$

gegeben. Diese exponentiell verschobene V. F. $G(\cdot; \theta)$ wird auch Esscher-Transformation von G genannt.

Äquivalent dazu ist die k. e. F. gegeben durch

$$K(v; \theta) = K(v + \theta) - K(\theta),$$

wobei $K(v; \theta) = \log \int_{\mathbb{R}} \mathrm{e}^{vy} \, \mathrm{d}G(y; \theta)$ und $v, \theta \in \mathbb{R}$. Damit entspricht die exponentielle Verschiebung einer horizontalen und einer vertikalen Verschiebung des Graphen der k. e. F. Ein Vorteil des exponentiellen Maßwechsels liegt in der Form der verschobenen Verteilung der Summe von i. i. d. Z. V. Diese Verteilung ist im folgenden Resultat 6.7 gegeben.

Resultat 6.7
Seien $Y_1, \ldots, Y_n$ unabhängige Z. V. mit V. F. G, m. e. F. M und k. e. F. $K = \log M$, und sei $S_n = Y_1 + \cdots + Y_n$ mit der V. F. G_n. Seien noch $\theta \in \mathbb{R}$, sodass $M(\theta) < \infty$ und

$$\frac{\mathrm{d}G(y; \theta)}{\mathrm{d}G(y)} = \mathrm{e}^{\theta y - K(\theta)}.$$

Damit ist $G(\cdot;\theta)$ die exponentielle Verschiebung von G. Die V.F. von S_n unter $G(\cdot;\theta)$ ist notiert $G_n(\cdot;\theta)$ und gegeben durch

$$\frac{\mathrm{d}G_n(s;\theta)}{\mathrm{d}G_n(s)} = \mathrm{e}^{\theta s - nK(\theta)}.$$

Beweis Sei E_θ der Erwartungswert unter $G(\,\cdot\,;\theta)$. Einerseits ist

$$\mathsf{E}_\theta\left[\mathrm{e}^{vS_n}\right] = \mathsf{E}_\theta^n\left[\mathrm{e}^{vY_1}\right] = \left(\frac{M(v+\theta)}{M(\theta)}\right)^n.$$

Andererseits gilt

$$\begin{aligned}\int_{\mathbb{R}} \mathrm{e}^{vs}\,\mathrm{d}G_n(s;\theta) &= \int_{\mathbb{R}} \mathrm{e}^{vs}\,\mathrm{e}^{\theta s - nK(\theta)}\,\mathrm{d}G_n(s)\\ &= \mathrm{e}^{-nK(\theta)} \int_{\mathbb{R}} \mathrm{e}^{(v+\theta)s}\,\mathrm{d}G_n(s)\\ &= \left(\frac{M(v+\theta)}{M(\theta)}\right)^n.\end{aligned}$$

Damit ist $G_n(\,\cdot\,;\theta)$ die V.F. von S_n unter $G(\,\cdot\,;\theta)$. □

6.3 Exponentieller Maßwechsel für den Poisson-VerlustProzess

In diesem Abschnitt werden Anwendungen des exponentiellen Maßwechsels beim Poisson-Risikoprozess dargestellt. Diese Anwendungen beziehen sich auf die folgenden Themen. In Abschn. 6.3.1 wird zunächst gezeigt, dass der zusammengesetzte Poisson-Prozess invariant in Bezug auf den exponentiellen Maßwechsel ist. Dabei wird ein wichtiges Maßwechsel-Resultat für Ereignisse, die von der Ruinzeit abhängen, gegeben. Dann wird ein spezieller und optimaler exponentieller Maßwechsel, die Lundberg-Konjugation, in Abschn. 6.3.2 vorgestellt. Aus dieser Lundberg-Konjugation folgt ein wichtiger Monte-Carlo-Algorithmus zur Berechnung der Ruinwahrscheinlichkeit im unendlichen Zeithorizont. Dieser Algorithmus heißt Importance Sampling und wird in Abschn. 6.3.3 vorgestellt. Im gleichen Abschnitt sind noch eine obere und eine untere Schranke zur Ruinwahrscheinlichkeit gegeben. Eine zweite Anwendung wird in Abschn. 6.3.4 gezeigt, und zwar für die Berechnung der Ruinwahrscheinlichkeit im endlichen Zeithorizont und im Erlang-Modell.

6.3.1 Allgemeine Definitionen und Resultate

Der Poisson-angehäufte Verlustprozess zur Zeit $t > 0$ ist gegeben durch $L_t = \sum_{i=0}^{N_t} X_i - ct$. Es werden o.E.d.A. $t = 1$ und $c = 1$ ausgewählt, und die obere Transformation wird mit $Y_1 = L_1$ verwendet. Sei K_{L_1} die k.e.F. von L_1. Wir werden die m.e.F. der Einzelschadensbeträge M_X steil mit Steilheitspunkt $\gamma > 0$ voraussetzen, s. (4.15). $\forall v \in (-\infty, \gamma)$ gilt

$$K_{L_1}(v) = \lambda \{M_X(v) - 1\} - v,$$

und somit wird die exponentielle Verschiebung mit Parameter $\theta \in (-\infty, \gamma)$ der Verteilung von L_1 durch die folgende verschobene k.e.F. bestimmt:

$$\begin{aligned} K_{L_1}(v; \theta) &= \lambda M_X(\theta) \left(\frac{M_X(v + \theta)}{M_X(\theta)} - 1 \right) - v \\ &= \lambda_\theta \{M_X(v; \theta) - 1\} - v, \end{aligned}$$

wobei

$$M_X(v; \theta) = \int_{\mathbb{R}_+} \mathrm{e}^{vx} \mathrm{d}F(x; \theta) = \frac{M_X(v + \theta)}{M_X(\theta)}$$

die m.e.F. der Einzelschadensbeträge unter $\mathrm{d}F(x; \theta) = \mathrm{e}^{\theta x - K_X(\theta)} \mathrm{d}F(x)$ ist und $\lambda_\theta = \lambda M_X(\theta)$. Es gilt noch $K_{L_t}(v) = t K_{L_1}(v)$ und damit auch $K_{L_t}(v; \theta) = t K_{L_1}(v; \theta)$, $\forall t > 0$, in Übereinstimmung mit dem allgemeinen Resultat für Lévy-Prozesse (4.9). Damit haben wir das Folgende bewiesen: Zu jeder Zeit $t > 0$ hat der exponentiell verschobene zusammengesetzte Poisson-Prozess wieder eine zusammengesetzte Poisson-Verteilung. Der neue Poisson-Parameter ist λ_θ und die neue Einzelschadens-V.F. $F(\cdot; \theta)$, wobei θ der Parameter der exponentiellen Verschiebung ist. Notieren wir bei P_θ das Wahrscheinlichkeitsmaß unter dem exponentiellen Maßwechsel. Mithilfe der allgemeinen Theorie zum Maßwechsel kann bewiesen werden, dass dieses Maß existiert und der Verlustprozess unter P_θ wieder ein zusammengesetzter Poisson-Prozess ist. Diese Invarianz-Eigenschaft gilt im Allgemeinen für Lévy-Prozesse.

Satz 6.8

Seien $\theta \in (-\infty, \gamma)$, $\mathcal{F}_t = \sigma(\{L_s\}_{s \le t})$ und $\mathsf{P}_\theta^{(t)}$ die Restriktion von P_θ auf $\mathcal{F}_t$, $\forall t \ge 0$. Dann, $\forall t \ge 0$, wird $\{\mathsf{P}_\theta^{(t)}\}_{\theta \in (-\infty, \gamma)}$ eine Klasse von äquivalenten Wahrscheinlichkeitsmaßen und

$$\frac{\mathrm{d}\mathsf{P}_\theta^{(t)}}{\mathrm{d}\mathsf{P}^{(t)}} = \exp\{\theta L_t - t K_{L_1}(\theta)\},$$

d.h. $\forall B \in \mathcal{F}_t$,

$$\mathsf{P}[B] = \mathsf{E}_\theta[\exp\{-\theta L_t + t K_{L_1}(\theta)\}; B],$$

wobei E_θ den Erwartungswert unter P_θ bezeichnet.

Beweis Sei $t \geq 0$ und Z eine $\mathcal{F}_t$-messbare Z. V., dann möchten wir zeigen, dass

$$\mathsf{E}_\theta[Z] = \mathsf{E}[Z \exp\{\theta L_t - tK_{L_1}(\theta)\}].$$

Um diese Gleichung zu zeigen reicht es, Z als $\mathcal{F}_t^{(n)}$-messbar zu betrachten, wobei $\mathcal{F}_t^{(n)} = \sigma(\{L_{kt/n}\}_{k=0,\ldots,n})$, für $n = 1, 2, \ldots$. Die Z. V.

$$Y_k = L_{\frac{k}{n}t} - L_{\frac{k-1}{n}t}, \ k = 1, \ldots, n,$$

sind unabhängig mit k. e. F. $t/n \ \ K_{L_1}$. Da Z $\sigma(Y_1, \ldots, Y_n)$-messbar ist, existiert eine Borel'sche Funktion g, sodass $Z = g(Y_1, \ldots, Y_n)$. Dann gilt

$$\begin{aligned}
\mathsf{E}_\theta[Z] &= \int_{\mathbb{R}^n} g(y_1, \ldots, y_n) \mathrm{d}\mathsf{P}_\theta[Y_1 \leq y_1, \ldots, Y_n \leq y_n] \\
&= \int_{\mathbb{R}^n} g(y_1, \ldots, y_n) \mathrm{e}^{\theta(y_1+\ldots+y_n) - tK_{L_1}(\theta)} \mathrm{d}\mathsf{P}_\theta[Y_1 \leq y_1, \ldots, Y_n \leq y_n] \\
&= \mathsf{E}\left[g(Y_1, \ldots, Y_n) \mathrm{e}^{\theta(Y_1+\ldots+Y_n) - tK_{L_1}(\theta)}\right] \\
&= \mathsf{E}\left[Z \exp\{\theta L_t - tK_{L_1}(\theta)\}\right].
\end{aligned}$$

Das Resultat folgt aus der Wahl $Z = \exp\{-\theta L_t + tK_{L_1}(\theta)\} \mathsf{I}_B$. □

Aus $\mathsf{P}^{(t)} \ll \mathsf{P}_\theta^{(t)}$ folgt $\mathrm{d}\mathsf{P}^{(t)}/\mathrm{d}\mathsf{P}_\theta^{(t)} = (\mathrm{d}\mathsf{P}_\theta^{(t)}/\mathrm{d}\mathsf{P}^{(t)})^{-1} = \exp\{-\theta S_n + nK(\theta)\}$, auf $\sigma(\{L_s\}_{s \leq t})$.

Die Folge von σ-Algebren $\{\mathcal{F}_t\}_{t \geq 0}$ ist die Filtration generiert durch den stochastischen Prozess $\{L_t\}_{t \geq 0}$. Im Allgemeinen gilt die folgende Definition.

Definition 6.9 (Filtration und angepasster stochastischer Prozess)
Sei ein stochastischer Prozess $\{X_t\}_{t \geq 0}$ definiert über einen Maßraum $(\Omega, \mathcal{F})$.

- *Die Folge von σ-Algebren $\{\mathcal{F}_t\}_{t \geq 0}$ heißt Filtration, wenn $\mathcal{F}_s \subset \mathcal{F}_t \subset \mathcal{F}$, $\forall\, 0 \leq s \leq t$.*
- *Der stochastische Prozess $\{X_t\}_{t \geq 0}$ ist der Filtration $\{\mathcal{F}_t\}_{t \geq 0}$ angepasst, wenn X_t $\mathcal{F}_t$-messbar ist, $\forall t \geq 0$.*

Beispiele 6.10 Sei der stochastische Prozess $\{X_t\}_{t \geq 0}$ zur Filtration $\{\mathcal{F}_t\}_{t \geq 0}$ angepasst.

- $Y_t = f(t, X_t)$, $\forall t \geq 0$, für eine messbare Funktion f, ist $\{\mathcal{F}_t\}_{t \geq 0}$-angepasst.
- $Y_t = X_t^2 - t$, $\forall t \geq 0$, ist $\{\mathcal{F}_t\}_{t \geq 0}$-angepasst.
- $Y_t = \max_{0 \leq s \leq t} X_s$, $\forall t \geq 0$, ist $\{\mathcal{F}_t\}_{t \geq 0}$-angepasst.
- $Y_t = \min\{X_t, X_a\}$, $\forall t \geq 0$ und für ein $a > 0$, ist nicht $\{\mathcal{F}_t\}_{t \geq 0}$-angepasst.

Die diskrete Stoppzeit ist in Definition 5.12 gegeben. Wir möchten jetzt eine Stoppzeit für einen stochastischen Prozess in stetiger Zeit definieren:

Definition 6.11 (Stoppzeit)
Die Z. V. T ist eine Stoppzeit der Filtration $\{\mathcal{F}_t\}_{t\geq 0}$, wenn $\{T \leq t\} \in \mathcal{F}_t$, $\forall t \geq 0$.

Das bedeutet, dass $\{T \leq t\}$ ein Teil der verfügbaren Information zur Zeit t ist, $\forall t \geq 0$. Wir definieren die verfügbare Information zur Zeit T im folgenden Sinne. Sie beinhaltet alle $A \in \mathcal{F}$, deren Auftreten oder Nicht-Auftreten auf $\{T \leq t\}$ vor Zeit t bekannt ist, $\forall t \geq 0$. Symbolisch bedeutet es, $A \cap \{T \leq t\} \in \mathcal{F}_t$ und $A^c \cap \{T \leq t\} \in \mathcal{F}_t$, $\forall t \geq 0$. Da $A^c \cap \{T \leq t\} = \{T \leq t\} \cap (A \cap \{T \leq t\})^c$, reicht es, $A \cap \{T \leq t\} \in \mathcal{F}_t$, $\forall t \geq 0$, zu betrachten. Daraus folgt die Definition 6.12:

Definition 6.12 (σ-Algebra zur Stoppzeit)
Seien ein Maßraum $(\Omega, \mathcal{F})$, $\{\mathcal{F}_t\}_{t\geq 0}$ eine dazugehörige Filtration und T eine dazugehörige Stoppzeit. Dann ist die σ-Algebra zur Stoppzeit T gegeben durch

$$\mathcal{F}_T = \{A \in \mathcal{F} | A \cap \{T \leq t\} \in \mathcal{F}_t, \ \forall t \geq 0\}.$$

Zwei wichtige Eigenschaften von $\mathcal{F}_T$ lauten:

Resultat 6.13
Für die Objekte der Definition 6.12 *gelten die folgenden Aussagen:*

1. *$\mathcal{F}_T$ ist eine σ-Algebra.*
2. *T ist eine $\mathcal{F}_T$-messbare Z. V.*

Beweis

1. Seien $t \geq 0$ und $A_1, A_2, \ldots \in \mathcal{F}_T$, dann gelten:

$$\Omega \cap \{T \leq t\} \in \mathcal{F}_t \Rightarrow \Omega \in \mathcal{F}_T;$$
$$A_1^c \cap \{T \leq t\} = \{T \leq t\} \cap (A_1 \cap \{T \leq t\})^c \in \mathcal{F}_t \Rightarrow A_1^c \in \mathcal{F}_T; \text{ und}$$
$$\cup_{n=1}^{\infty} A_n \cap \{T \leq t\} \in \mathcal{F}_t \Rightarrow \cup_{n=1}^{\infty} A_n \in \mathcal{F}_T.$$

2. Aus $\sigma(\{(-\infty, t]\}_{t\geq 0}) = \mathcal{B}(\mathbb{R})$ folgt, dass Halb-Intervalle genügen, um Messbarkeit zu testen. Genau haben wir:

$$T \text{ ist } \mathcal{F}_T\text{-messbar} \Leftrightarrow T^{(-1)}((-\infty, t]) \in \mathcal{F}_T, \ \forall t \geq 0 \Leftrightarrow \{T \leq t\} \in \mathcal{F}_T, \ \forall t \geq 0$$
$$\Leftrightarrow \{T \leq t\} \cap \{T \leq s\} \in \mathcal{F}_s, \ \forall s, t \geq 0 \quad \Leftrightarrow \quad \{T \leq \min\{s, t\}\} \in \mathcal{F}_s, \ \forall s, t \geq 0,$$

wobei die letzte Aussage trivial ist.

□

Satz 6.14
Sei $\{\mathcal{F}_t\}_{t\geq 0}$ die durch $\{L_t\}_{t\geq 0}$ generierte Filtration und sei T eine dazugehörige Stoppzeit. Dann, $\forall B \in \mathcal{F}_T$, sodass $B \subset \{T < \infty\}$ und $\forall \theta \in (-\infty, \gamma)$, gilt:

$$\mathsf{P}[B] = \mathsf{E}_\theta[\exp\{-\theta L_T + T K_{L_1}(\theta); B].$$

Das heißt, unter der Restriktion von P_θ auf $\mathcal{F}_T$, die $\mathsf{P}_\theta^{(T)}$ notiert ist, wird $\{\mathsf{P}_\theta^{(T)}\}_{\theta\in(-\infty,\gamma)}$ eine Klasse von äquivalenten Wahrscheinlichkeitsmaßen und

$$\frac{\mathrm{d}\mathsf{P}_\theta^{(T)}}{\mathrm{d}\mathsf{P}^{(T)}} = \exp\{\theta L_T - T K_{L_1}(\theta)\},$$

$\forall \theta \in (-\infty, \gamma)$.

Beweis Seien $t \geq 0$ und $B \in \mathcal{F}_T$, sodass $B \subset \{T \leq t,\}$ dann gilt $B \in \mathcal{F}_t$, und Satz 6.8 ist gültig. Somit, wenn E_θ der Erwartungswert unter $\mathsf{P}_\theta^{(t)}$ bezeichnet, dann gilt:

$$\begin{aligned}\mathsf{P}[B] &= \mathsf{E}_\theta[\mathsf{E}_\theta[\exp\{-\theta L_t + tK_{L_1}(\theta)\}\mathsf{I}_B|\mathcal{F}_T]]\\ &= \mathsf{E}_\theta[\exp\{-\theta L_T + TK_{L_1}(\theta)\}\mathsf{I}_B\mathsf{E}_\theta[\exp\{-\theta(L_t - L_T) + (t-T)K_{L_1}(\theta)\}\mathsf{I}\{T \leq t\}|\mathcal{F}_T]\\ &= \mathsf{E}_\theta[\exp\{-\theta L_T + TK_{L_1}(\theta)\}\mathsf{I}_B\mathsf{E}_\theta[\exp\{-\theta L_{t-T} + (t-T)K_{L_1}(\theta)\}\mathsf{I}\{T \leq t\}|\mathcal{F}_T]]\\ &= \mathsf{E}_\theta[\exp\{-\theta L_T + TK_{L_1}(\theta)\}\mathsf{I}_B \underbrace{\mathsf{E}_\theta[\exp\{-\theta L_s + sK_{L_1}(\theta)\}]}_{=1,\ \forall s\in[0,t]}\\ &= \mathsf{E}_\theta[\exp\{-\theta L_T + TK_{L_1}(\theta)\}; B],\end{aligned}$$

weil $t - T \in [0, t]$ über $\{T \leq t\}$ und ein fester Wert gegeben $\mathcal{F}_T$ ist.

Seien $t \geq 0$ und $B_t = B \cap \{T \leq t\}$, dann gelten $B_t \subset \{T \leq t\}$ und $B_t \in \mathcal{F}_t$, wobei B die Hypothese des Satzes erfüllt. Aus der obigen Formel folgt, dass

$$\mathsf{P}[B_t] = \mathsf{E}_\theta[\exp\{-\theta L_T + TK_{L_1}(\theta)\}; B_t].$$

Aus diesem Resultat und aus der monotonen Konvergenz folgt, dass

$$\begin{aligned}\mathsf{P}[B] &= \lim_{t\to\infty} \mathsf{P}[B_t]\\ &= \lim_{t\to\infty} \mathsf{E}_\theta[\exp\{-\theta L_T + TK_{L_1}(\theta)\}; B_t]\\ &= \mathsf{E}_\theta[\exp\{-\theta L_T + TK_{L_1}(\theta)\}; B].\end{aligned}$$

□

6.3.2 Lundberg-Konjugation

Wie in Definition 4.20 erwähnt, ist der Anpassungskoeffizient r die kleinste Lösung in $v > 0$ von $K_{L_1}(v) = 0$. Der Anpassungskoeffizient wird eine bestimmte Auswahl des Verschiebungsparameters θ.

Definition 6.15 (Lundberg-Konjugation)
Die exponentielle Verschiebung mit Verschiebungsparameter $\theta = r$ heißt Lundberg-Konjugation.

Die Lundberg-Konjugation entspricht der folgenden elementaren Transformation der k. e. F., $K_{L_1}(v; r) = K_{L_1}(v + r)$, d. h. zur horizontalen Verschiebung des Graphen von K_{L_1}. Damit verschwindet die vertikale Verschiebung des exponentiellen Tilt. Dann gilt

$$\mathsf{E}_r[L_1] = K'_{L_1}(0; r) = K'_{L_1}(r) > 0,$$

d. h., unter P_r hat der Prozess des angehäuften Verlustes eine positive Drift, und somit tritt Ruin unter P_r f.s. ein. (Der Sicherheitszuschlag unter der Lundberg-Konjugation ist negativ, s. Korollar 4.17.) Ruin unter P ist nicht sicher, da $\mathsf{E}[L_1] = K'_{L_1}(0) < 0$. Beide Situationen werden in Abb. 6.1 gezeigt.

Beispiel 6.16 (Erlang-Modell) Sei $X_1 \sim \text{Exponential}(1/\mu)$. Dann ist $\beta > 0$ äquivalent zu $\mathsf{E}[L_1] = \lambda\mu - 1 > 0$, d. h. $\mu < 1/\lambda$. Es gilt $M_X(v) = 1/(1 - \mu v)$ und $K_X(v) = -\log\{1 - \mu v\}$, $\forall v < 1/\mu$. Damit ist der Anpassungskoeffizient $r = 1/\mu - \lambda$ und $M_X(r) = 1/(\lambda\mu)$. Somit ist $\lambda_r = \lambda M_X(r) = 1/\mu$ und

$$\mathrm{d}F(x; r) = \mathrm{e}^{rx - K_X(r)}\mathrm{d}F(x) = \lambda\mathrm{e}^{-\lambda x}, \ \forall x > 0,$$

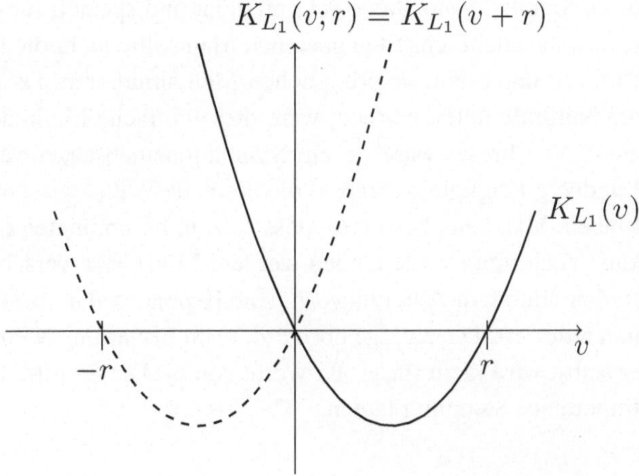

Abb. 6.1 Die k. e. F. von L_1 vor und nach der Lundberg-Konjugation bzw. K_{L_1} (durchgezogene Linie) und $K_{L_1}(\cdot; r)$ (gestrichelt) mit Anpassungskoeffizient r

d. h., λ und $1/\mu$ tauschen ihre Rollen unter der Lundberg-Konjugation. Zudem gilt $\mathsf{E}_r[L_1] = 1/(\lambda\mu) - 1 < 0$, d. h. unter P_r tritt Ruin f. s. ein.

6.3.3 Ruinwahrscheinlichkeit im unendlichen Zeithorizont

Wegen Satz 6.14 haben wir, $\forall\theta \in (-\infty, \gamma)$,

$$\psi(r_0) = \mathsf{E}_\theta\big[\mathrm{e}^{-\theta L_T + T K_{L_1}(\theta)}\,\mathrm{I}\{T < \infty\}\big]. \tag{6.2}$$

Sei jetzt $D(r_0) = L_T - r_0 = -Y_T$ das Defizit zum Zeitpunkt des Ruins und Überschuss genannt. Diese Z. V. existiert nur auf $\{T < \infty\}$. Mit der Notation von Abschn. 4.5 haben wir auch $D(r_0) = X(r_0) - C(r_0)$. Mit der Wahl $\theta = r$, d. h. unter der Lundberg-Konjugation, ist $\mathrm{I}\{T < \infty\} = 1$ f. s., und damit vereinfacht sich (6.2) zu

$$\psi(r_0) = \mathrm{e}^{-rr_0}\mathsf{E}_r\big[\mathrm{e}^{-rD(r_0)}\big], \ \forall r_0 \geq 0. \tag{6.3}$$

Damit haben wir eine einfache Darstellung der Ruinwahrscheinlichkeit: die Laplace-Transformation des Überschusses unter Lundberg-Konjugation multipliziert mit einem einfachen Faktor. Viele wichtige Eigenschaften und Methoden lassen sich auch aus dieser einfachen Darstellung der Ruinwahrscheinlichkeit herleiten wie z. B. diese drei: die Lundberg-Ungleichung, die sogenannte Importance Sampling-Simulationsmethode und obere und untere Schranken für die Ruinwahrscheinlichkeit.

Die Lundberg-Ungleichung in Korollar 4.24, $\psi(r_0) \leq \mathrm{e}^{-rr_0}$, folgt trivial aus (6.3) gegeben $\mathsf{E}_r\big[\mathrm{e}^{-rD(r_0)}\big] \leq 1$. Eine Verfeinerung dieser oberen Schranke sowie eine untere Schranke werden in Satz 6.18 gegeben.

Die Auswertung von $\psi(r_0)$ mittels Simulation erfolgt, wenn man den Erwartungswert in (6.3) durch einen Mittelwert von unter P_r simulierten Werten von $\mathrm{e}^{-rD(r_0)}$ ersetzt. Diese Methode heißt Importance Sampling. Der relative Fehler ist beschränkt, und folglich ist diese Simulationsmethode sehr effizient und speziell für die Berechnung von sehr kleinen Ruinwahrscheinlichkeiten geeignet. Man sollte nicht die Pfade des Risikoprozesses bis zur Ruinzeit unter dem ursprünglichen Maß simulieren. Da einige simulierte Pfade nie unter die Nulllinie fallen würden, wäre diese einfache Methode fehlerhaft oder ziemlich ineffizient. Viel besser wäre es, ein Simulationsmaß auszuwählen, sodass Ruin f.s. wird. Das Lundberg-konjugierte Maß ist die optimale Wahl zwischen allen exponential verschobenen Maßen: Man kann beweisen, dass es zum beschränkten relativen Fehler führt. Diese Wahl kann auch intuitiv verstanden werden: Mit $\theta = r$ verschwindet die Zeit zum Ruin T der Radon-Nikodym-Ableitung d. h. vom Exponential in (6.2). Die Variabilität wird somit deutlich reduziert: Die einzige übrige Z. V. im Erwartungswert in (6.2) ist der Überschuss. Aber er selbst wird klein für große Werte von r_0. Die Schritte für die Berechnung von $\psi(r_0)$ im Importance Sampling lauten:

Algorithmus 6.17 (Importance Sampling zur Berechnung der Ruinawahrscheinlichkeit)

- Erzeuge n Pfaden des Risikoprozesses unter dem Lundberg-konjugierten Maß bis zur Ruinzeit und speichere die n dazugehörigen Überschüsse, die $D_1(r_0), \ldots, D_n(r_0)$ sind.
- Berechne den Importance Sampling-Schätzers von $\psi(r_0)$ durch

$$\frac{1}{ne^{rr_0}} \sum_{k=1}^{n} D_k(r_0).$$

Wie erwähnt, lässt sich (6.3) in unterschiedlicher Weise einsehen. Es wird jetzt gezeigt, wie man obere und untere Schranken für den Erwartungswert in (6.3) angeben kann. Die Multiplikation mit e^{-rr_0} wird zu Schranken für $\psi(r_0)$ führen.

Satz 6.18 (Schranken für die Ruinwahrscheinlichkeit)
Sei der Poisson-Risikoprozess (4.1) *mit* $c = 1$,*sodass der Anpassungskoeffizient* r *existiert. Mit den Definitionen*

$$\zeta_{\inf} = \inf_{x \geq 0} \frac{1 - F(x)}{\int_x^\infty \mathrm{e}^{r(y-x)}\,\mathrm{d}F(y)} \qquad \text{und} \qquad \zeta_{\sup} = \sup_{x \geq 0} \frac{1 - F(x)}{\int_x^\infty \mathrm{e}^{r(y-x)}\,\mathrm{d}F(y)}$$

gilt, $\forall r_0 \geq 0$,

$$\zeta_{\inf}\,\mathrm{e}^{-rr_0} \leq \psi(r_0) \leq \zeta_{\sup}\,\mathrm{e}^{-rr_0}.$$

Beweis Auf $\{T < \infty\}$ lassen sich die folgenden Z.V. definieren: $C(r_0) = Y_{T-}$ ist die Reserve unmittelbar vor dem Ruin, $D(r_0) = -Y_T$ ist der Überschuss und $X(r_0) = C(r_0) + D(r_0)$ ist der Schaden, der zum Ruin führt. Daraus folgt unmittelbar, dass

$$\begin{aligned}
\mathsf{P}_r\left[y \leq D(r_0) < y + \mathrm{d}y \mid C(r_0) = \hat{y}\right] &= \mathsf{P}_r\left[\hat{y} + y \leq X(r_0) < \hat{y} + y + \mathrm{d}y \mid C(r_0) = \hat{y}\right] \\
&= \mathsf{P}_r\left[\hat{y} + y \leq X_1 < \hat{y} + y + \mathrm{d}y \mid X_1 > \hat{y}\right] \\
&= \frac{\mathrm{d}F(\hat{y} + y; r)}{1 - F(\hat{y}; r)}, \ \forall y, \hat{y} \geq 0.
\end{aligned}$$

Bezeichne nun $H(x; r) = \mathsf{P}_r[C(r_0) \leq x]$, $\forall x \geq 0$, dann folgt

$$
\begin{aligned}
\mathsf{E}_r[\mathrm{e}^{-rD(r_0)}] &= \int_0^\infty \mathrm{e}^{-ry}\,\mathsf{P}_r[y \le D_{r_0} < y + \mathrm{d}y] \\
&= \int_0^\infty \mathrm{e}^{-ry} \int_0^\infty \mathsf{P}_r[y \le D_{r_0} < y + \mathrm{d}y \mid C_{r_0} = \hat{y}]\,\mathsf{P}_r[\hat{y} \le C_{r_0} < \hat{y} + \mathrm{d}\hat{y}] \\
&= \int_0^\infty \int_0^\infty \mathrm{e}^{-ry}\,\frac{\mathrm{d}F(\hat{y} + y; r)}{1 - F(\hat{y}; r)}\,\mathrm{d}H(\hat{y}; r) \\
&= \int_0^\infty \frac{\int_0^\infty \mathrm{e}^{-r(\hat{y}+y)}\,\mathrm{d}F(\hat{y} + y; r)}{\mathrm{e}^{-r\hat{y}}[1 - F(\hat{y}; r)]}\,\mathrm{d}H(\hat{y}; r) \\
&= \int_0^\infty \frac{\int_0^\infty \mathrm{e}^{-r(\hat{y}+y)}\,\mathrm{e}^{r(\hat{y}+y)}\,\mathrm{d}F(\hat{y} + y)}{\mathrm{e}^{-r\hat{y}}[1 - F(\hat{y}; r)]M_X(r)}\,\mathrm{d}H(\hat{y}; r) \\
&= \int_0^\infty \frac{1 - F(\hat{y})}{\mathrm{e}^{-r\hat{y}} \int_{\hat{y}}^\infty \mathrm{e}^{ry}\,\mathrm{d}F(y)\,[M_X(r)]^{-1} M_X(r)}\,\mathrm{d}H(\hat{y}; r) \\
&= \int_0^\infty \frac{1 - F(\hat{y})}{\int_{\hat{y}}^\infty \mathrm{e}^{r(y-\hat{y})}\,\mathrm{d}F(y)}\,\mathrm{d}H(\hat{y}; r) \\
&\le \sup_{x \ge 0} \frac{1 - F(x)}{\int_x^\infty \mathrm{e}^{r(y-x)}\,\mathrm{d}F(x)} \\
&= \zeta_{\sup}.
\end{aligned}
$$

Weil aber $\psi(r_0) = \mathsf{E}_r[\mathrm{e}^{-rD(r_0)}]\,\mathrm{e}^{-rr_0}$, erhält man

$$
\psi(r_0) \le \zeta_{\sup}\,\mathrm{e}^{-rr_0}.
$$

Aus analogen Überlegungen folgt auch die Konstante $\zeta_{\inf}$ für die untere Schranke. □

Bemerkung 6.19 Es gilt

$$
\left.\frac{1 - F(x)}{\int_x^\infty \mathrm{e}^{r(y-x)}\,\mathrm{d}F(y)}\right|_{x=0} = \frac{1}{M_X(r)} = \frac{1}{1 + \frac{r}{\lambda}} = \frac{\lambda}{\lambda + r}
$$

und damit

$$
\zeta_{\inf} \le \frac{\lambda}{\lambda + r} \le \zeta_{\sup}.
$$

Beispiel 6.20 (Erlang-Modell) Sei $X_1 \sim \text{Exponential}(1/\mu)$, dann ist der Anpassungskoeffizient $r = 1/\mu - \lambda$. Der Koeffizient für die obere Schranke ist gegeben durch

$$\begin{aligned}
\zeta_{\text{sup}} &= \sup_{x\geq 0} \frac{\mathrm{e}^{-\frac{x}{\mu}}}{\int_x^\infty \mathrm{e}^{r(y-x)} \frac{1}{\mu} \mathrm{e}^{-\frac{y}{\mu}}\, \mathrm{d}y} \\
&= \sup_{x\geq 0} \frac{\mathrm{e}^{-\frac{x}{\mu}}}{\mathrm{e}^{-\frac{x}{\mu}} \frac{1}{\mu} \int_x^\infty \mathrm{e}^{-\lambda(y-x)}\, \mathrm{d}y} \\
&= \sup_{x\geq 0} \lambda\mu.
\end{aligned}$$

Da aber das Supremum nicht vom Argument x abhängt, gilt $\zeta_{\text{inf}} = \zeta_{\text{sup}} = \lambda\mu$ und somit sind die Schranken exakt, d. h. $\psi(r_0) = \lambda\mu\, \mathrm{e}^{-rr_0}$.

Beispiel 6.21 (Lineare Kombination von exponentiellen Verteilungen, Fortsetzung) Sei die Einzelschadensdichte

$$f(x) = \frac{3}{2}\mathrm{e}^{-3x} + \frac{7}{2}\mathrm{e}^{-3x}, \ \forall x > 0,$$

und sei $\lambda = 3$. Dann ist $\mu = 5/21$ und

$$\psi(r_0) = \frac{24}{35}\mathrm{e}^{-r_0} - \frac{1}{35}\mathrm{e}^{-6r_0} \sim \frac{24}{35}\mathrm{e}^{-r_0}, \text{ für } r_0 \to \infty.$$

Aus der Cramér-Lundberg-Approximation (5.11) kennt man bereits die Werte $r = 1$ und $\zeta = 24/35 \simeq 0{,}686$, die sich auch leicht direkt verifizieren lassen. Die Gleichung $v = \lambda[M_X(v) - 1]$ hat die Lösungen $v \in \{0, 1, 6\}$, und damit ist $r = 1$. Entsprechend ist

$$\zeta = \frac{\beta\mu}{M_X'(r) - \mu(1+\beta)} = \frac{1-\lambda\mu}{\lambda M_X'(r) - 1} = \frac{24}{35}.$$

Für die Berechnung der Schranken berechnet man

$$1 - F(x) = \int_x^\infty \left(\frac{3}{2}\mathrm{e}^{-3y} + \frac{7}{2}\mathrm{e}^{-7y}\right) \mathrm{d}y = \frac{1}{2}\left(\mathrm{e}^{-3x} + \mathrm{e}^{-7x}\right)$$

und

$$\int_x^\infty \mathrm{e}^{y-x} \left(\frac{3}{2}\mathrm{e}^{-3y} + \frac{7}{2}\mathrm{e}^{-7y}\right) \mathrm{d}y = \frac{1}{2}\left(\frac{3}{2}\mathrm{e}^{-3x} + \frac{7}{6}\mathrm{e}^{-7x}\right),$$

damit gilt

$$\zeta_{\text{sup}} = \sup_{x\geq 0} \frac{\mathrm{e}^{-3x} + \mathrm{e}^{-7x}}{\frac{3}{2}\mathrm{e}^{-3x} + \frac{7}{6}\mathrm{e}^{-7x}} = \sup_{x\geq 0} \frac{6 + 6\mathrm{e}^{-4x}}{9 + 7\mathrm{e}^{-4x}}.$$

Das Argument des Supremums ist eine streng fallende Funktion in $x \in [0, \infty)$ mit Maximum im Punkt $x = 0$ und Minimum bei $x = \infty$. Somit ergeben sich die Konstanten $\zeta_{\text{sup}} = 3/4 = 0{,}750$ und $\zeta_{\text{inf}} = 2/3 \simeq 0{,}667$, welche die Ungleichung $\zeta_{\text{inf}} \leq \zeta \leq \zeta_{\text{sup}}$ erfüllen.

6.3.4 Ruinwahrscheinlichkeit im endlichen Zeithorizont

Wie in (4.5) erwähnt, ist die Ruinwahrscheinlichkeit im endlichen Zeithorizont $[0, t^\dagger]$, für $t^\dagger > 0$, gegeben durch $\psi(r_0; t^\dagger) = \mathsf{P}\left[\inf_{0\le t\le t^\dagger} Y_t < 0\right]$. In diesem Abschnitt werden der Erwartungswert, die Varianz sowie die Laplace-Transformation von T für den Risikoprozess (4.1) mit exponentiellen Einzelschäden, d. h. für das Erlang-Modell hergeleitet. Hier gilt $X_1 \sim$ Exponential (γ) (d. h. $\gamma = \mu^{-1}$) und $c = 1$ o. E. d. A.

Satz 6.22 gibt den Erwartungswert und die Varianz der Ruinzeit.

Satz 6.22 (Erwartungswert und Varianz der Ruinzeit im Erlang-Modell)
Im Erlang-Modell gelten

$$\mathsf{E}[T\,|T < \infty] = \frac{1+\lambda r_0}{\gamma - \lambda} \quad \textit{und} \quad \mathsf{var}(T\,|T < \infty) = \frac{\gamma + \lambda + 2\gamma\lambda r_0}{(\gamma - \lambda)^3}.$$

Beweis Unter der Lundberg-Kunjugation erhält der Poisson-Prozess Intensität γ und die exponentielle Einzelschadensverteilung den Parameter λ, s. Abschn. 6.3. Unter der Lundberg-Konjugation wird Ruin f.s. Sei $\theta \in \mathbb{R}$, sodass $M_X(\theta)$ existiert, d. h. $\theta < \gamma$. Aus Satz 6.14 folgt

$$\begin{aligned}\mathsf{E}\left[T^k; T < \infty\right] &= \mathsf{E}_\theta\left[T^k \exp\{-\theta L_T + T K_{L_1}(\theta)\}\right]\\ &= \mathsf{E}_r\left[T^k \exp\{-r L_T\}\right]\\ &= \mathrm{e}^{r r_0}\mathsf{E}_r\left[T^k \exp\{-r D(r_0)\}\right],\end{aligned}$$

für $k = 1, 2$. Es lässt sich beweisen, dass, wenn die Einzelschäden exponential sind, dann sind T und $D(r_0)$ unabhängige Z. V. über $\{T < \infty\}$. Aus $D(r_0) = -Y_T \sim$ Exponential(λ) unter der Lundberg-Konjugation folgt

$$\begin{aligned}\mathsf{E}\left[T^k; T < \infty\right] &= \mathrm{e}^{r r_0}\mathsf{E}_r\left[T^k\right]\mathsf{E}_r[\exp\{-r D(r_0)\}]\\ &= \mathrm{e}^{r r_0}\mathsf{E}_r\left[T^k\right]\frac{\lambda}{\lambda + r}\\ &= \psi(r_0)\mathsf{E}_r\left[T^k\right],\end{aligned} \tag{6.4}$$

für $k = 1, 2$. Die letzte Gleichung folgt aus $r = \gamma - \lambda$ und $\psi(r_0) = (1 - r/\gamma)\mathrm{e}^{-r r_0} = \lambda/(\lambda + r)\mathrm{e}^{-r r_0}$, s. (4.16). Aus der Wald-Gleichung (5.5) folgt

$$\mathsf{E}_r[L_T] = \mathsf{E}_r[L_1]\mathsf{E}_r[T].$$

Hier ist T eine stetige Stoppzeit. Sie ist genau in Definition 6.11 gegeben und das diskrete Analoge ist in Definition 5.12 angegeben. Mit

$$\rho_r \stackrel{\text{def}}{=} \frac{\mathsf{E}_r[X_1]}{\mathsf{E}_r[D_1]} = \frac{\gamma}{\lambda} = \rho^{-1}$$

erhalten wir

$$\begin{aligned}
&\mathsf{E}_r[L_T] = (\rho_r - 1)\mathsf{E}_r[T] \iff \\
&\mathsf{E}_r[D(r_0)] + r_0 = \left(\rho^{-1} - 1\right)\mathsf{E}_r[T] \iff \\
&\mathsf{E}_r[T] = \frac{\lambda^{-1} + r_0}{\rho^{-1} - 1} = \frac{1 + \lambda r_0}{\gamma - \lambda}.
\end{aligned}$$

Dieses Resultat zusammen mit (6.4) ergibt die erste Formel von Satz 6.22.

Aus der Wald-Gleichung für das zweite Moment folgt

$$\begin{aligned}
&\mathsf{E}_r[(L_T - \mathsf{E}_r[L_1]T)^2] = \mathsf{var}_r(L_1)\mathsf{E}_r[T] \iff \\
&\mathsf{E}_r[\{L_T - (\rho_r - 1)T\}^2] = \frac{2\gamma}{\lambda^2}\mathsf{E}_r[T],
\end{aligned}$$

weil

$$\mathsf{var}_r(L_1) = K''_{L_1}(r) = \lambda M''_X(r) = \frac{2\gamma\lambda}{(\gamma - r)^3} = \frac{2\gamma}{\lambda^2}.$$

Unter der Lundberg-Konjugation sind L_T und $(\rho_r - 1)T$ unabhängig mit dem gleichen Erwartungswert. Somit gilt

$$\begin{aligned}
\mathsf{E}_r[\{L_T - (\rho_r - 1)T\}^2] &= \mathsf{var}_r(L_T) + \mathsf{var}_r((\rho_r - 1)T) \\
&= \mathsf{var}_r(D(r_0)) + (\rho_r - 1)^2\mathsf{var}_r(T) \\
&= \lambda^{-2} + \left(\frac{\gamma}{\lambda} - 1\right)^2 \mathsf{var}_r(T).
\end{aligned}$$

Damit

$$\mathsf{var}_r(T) = \frac{2\gamma\lambda^{-2}\mathsf{E}_r[T] - \lambda^{-2}}{\left(\gamma\lambda^{-1} - 1\right)^2} = \frac{2\gamma\frac{1+\lambda r_0}{\gamma-\lambda} - 1}{(\gamma - \lambda)^2} = \frac{\gamma + \lambda + 2\gamma\lambda r_0}{(\gamma - \lambda)^3}.$$

Dieses Resultat zusammen mit (6.4) ergibt die zweite Formel von Satz 6.22. □

Satz 6.23 zeigt die Laplace-Transformation der Ruinzeit im Erlang-Modell.

Satz 6.23 (Laplace-Transformation der Ruinzeit im Erlang-Modell)
Im Erlang-Modell gilt

$$\mathsf{E}\left[e^{-vT};\ T < \infty\right] = e^{-\theta(v)r_0}\left(1 - \frac{\theta(v)}{\delta}\right),$$

wobei

$$\theta(v) = \frac{1}{2}\left(\gamma - \lambda - v + \sqrt{(\gamma - \lambda - v)^2 + 4\gamma v}\right),$$

$\forall v \geq 2\sqrt{\gamma\lambda} - \gamma - \lambda$.

Beweis Die Gleichung

$$K'_{L_1}(v) = \frac{\mathrm{d}}{\mathrm{d}v}\{\lambda[M_X(v) - 1] - v\} = \frac{\gamma\lambda}{(\gamma - v)^2 - 1} = 0$$

besitzt die zwei Lösungen $v = \gamma \pm \sqrt{\gamma\lambda}$. Nur die kleinste Lösung $s \stackrel{\text{def}}{=} \gamma - \sqrt{\gamma\lambda}$ liegt im Definitionsbereich von K_{L_1}. Zudem ist $s > 0$, wenn $\gamma > \lambda$, d. h. $\beta > 0$. Wir haben noch

$$K_{L_1}(s) = 2\sqrt{\gamma\lambda} - \gamma - \lambda.$$

Sei $\theta > s$, sodass

$$\begin{aligned} K_{L_1}(\theta) = v &\iff \lambda\frac{\gamma}{\gamma - \theta} - \theta = v \\ &\iff \theta^2 + (\lambda - \gamma + v)\theta - \gamma v = 0 \\ &\iff \theta = \frac{-(\lambda - \gamma + v) \pm \sqrt{(\lambda - \gamma + v)^2 + 4\gamma v}}{2}. \end{aligned} \tag{6.5}$$

Da $K_{L_1}(s)$ das Minimum der konvexen Funktion K_{L_1} ist, muss die obere Quadratwurzel reell sein, falls $v \geq K_{L_1}(s)$, i.e. falls $v \geq 2\sqrt{\gamma\lambda} - \gamma - \lambda$. Tatsächlich impliziert diese letzte Ungleichung, dass $(\lambda - \gamma + v)^2 + 4\gamma v \geq 0$. (Man sieht es durch Lösen von $(\lambda - \gamma + v)^2 + 4\gamma v = 0$.) Sei $\theta(v)$ die größte der zwei Wurzeln in (6.5). Offensichtlich gilt $\theta(v) \in [s, \gamma)$, falls $v \geq K_{L_1}(s)$. Diese Situation wird in Abb. 6.2 gezeigt. Die Wurzel $\theta(v)$ wird der Parameter des exponentiellen Maßwechsels. Der Grund für diese Wahl ist, dass die Z. V. T des folgenden Erwartungswerts verschwinden wird:

$$\begin{aligned} \mathsf{E}\left[e^{-vT}; T < \infty\right] &= \mathsf{E}_{\theta(v)}[\exp\{-vT - \theta(v)L_T + TK_{L_1}(\theta(v))\}; T < \infty] \\ &= e^{-\theta(v)r_0}\mathsf{E}_{\theta(v)}\left[e^{-\theta(v)D(r_0)}\right]. \end{aligned}$$

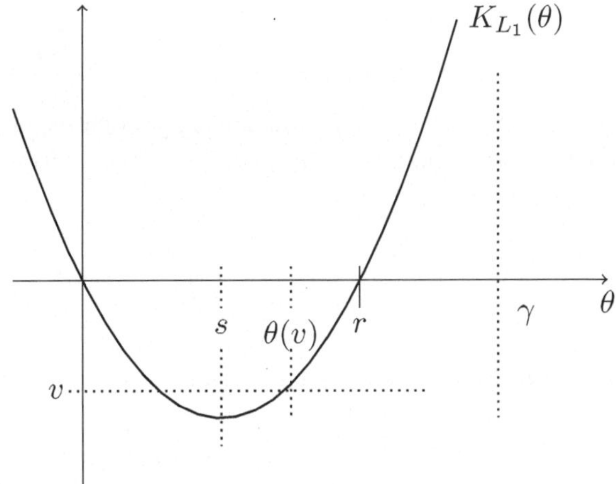

Abb. 6.2 Die k. e. F. von L_1, K_{L_1}, der Punkt von Minimum s, $v \geq K_{L_1}(s)$, der Anpassungskoeffizient r, der Steilheitspunkt γ und die größte Wurzel von $K_{L_1}(\theta) = v$, $\theta(v)$

Aus $K'_{L_1}(\theta(v)) > 0$, $\forall v \geq K_{L_1}(s)$, folgt, dass Ruin f.s. unter $\mathsf{P}_{\theta(v)}$ ist. Damit verschwindet die Restriktion $T < \infty$ des letzten Erwartungswerts. Unter $\mathsf{P}_{\theta(v)}$ gilt $D(r_0) \sim$ Exponential($\gamma - \theta(v)$). Damit gilt, $\forall v \geq K_{L_1}(s)$,

$$\mathsf{E}\left[e^{-vT}; T < \infty\right] = e^{-\theta(v)r_0}\frac{\gamma - \theta(v)}{\gamma - \theta(v) + \theta(v)} = e^{-\theta(v)r_0}\left(1 - \frac{\theta(v)}{\gamma}\right).$$

□

Die spezifische Form der Laplace-Transformation in Satz 6.23 führt zur folgenden Analyse. Wir notieren $T(r_0) = T$ und definieren die nicht-negative Z. V. $V(r_0) = T(r_0) - T(0)$. Sei $v \geq 0$. Da der Poisson-Risikoprozess unabhängige und stationäre Zuwächse besitzt, gilt $\mathsf{E}[e^{-vT(r_0)}] = \mathsf{E}[e^{-vV(r_0)}]\mathsf{E}[e^{-vT(0)}]$. Aus Satz 6.23 mit $v \geq 0$ folgt

$$\mathsf{E}\left[e^{-vT(r_0)}\right] = e^{-\theta(v)r_0}\mathsf{E}\left[e^{-vT(0)}\right].$$

Aus den zwei letzten Gleichungen folgt

$$\mathsf{E}[e^{-vV(r_0)}] = e^{-\theta(v)r_0}.$$

Damit gilt, $\forall r_1, r_2 \geq 0$, $\mathsf{E}[e^{-vV(r_1+r_2)}] = \mathsf{E}[e^{-vV(r_1)}]\mathsf{E}[e^{-vV(r_2)}]$, d. h.

$$F_{V(r_1+r_2)} = F_{V(r_1)} * F_{V(r_2)}, \ \forall r_1, r_2 \geq 0, \tag{6.6}$$

wobei $F_{V(u)}$ die V. F. von $V(u)$ ist, $\forall u \geq 0$. Eigenschaft (6.6) bedeutet, dass $\{F_{V(u)}\}_{u \geq 0}$ eine Faltungshalbgruppe im Sinn von (3.4) (auf der Raum der V. F. über $\mathbb{R}_+$ mit der Faltung als innere zweistellige Verknüpfung) darstellt. Aus der Faltungshalbgruppen-Struktur folgt, dass $\forall r_{1,n}, \ldots, r_{n,n} > 0$, sodass $r_{1,n} + \cdots + r_{n,n} = r_0$, und für $n = 1, 2 \ldots$,

$$T(r_0) = T(0) + \sum_{k=1}^{n} V(r_{k,n}),$$

wobei $V(r_{1,n}), \ldots, V(r_{n,n})$ unabhängige nicht-negative Z. V. sind. Diese Zerlegung gibt eine Rechtfertigung zur folgenden Zerlegung in Form einer zufälligen Summe von Leiter-Längen $T_0, T_1, \ldots$,

$$T(r_0) = \sum_{k=0}^{N(r_0)} T_k,$$

wobei $T_0 = T(0)$. Die Leiter-Längen $T_0, T_1, \ldots$ sind i.i.d. positive Z. V. und unabhängig von $N(r_0)$. Genau ist die erste Leiter-Länge T_0 die Zeit des ersten Rekords von $\{L_t\}_{t\geq 0}$, $T_0 + T_1$ ist die Zeit des zweiten Rekords usw. Die Anzahl der Leiter-Stufen ist $N(r_0) + 1$. Abb. 4.6 gibt einen Eindruck von diesen Leiter-Längen.

6.4 Aufgaben

Aufgabe 6.4.1 Sei $(\Omega, \mathcal{F}, \mathsf{P})$ ein Wahrscheinlichkeitsraum und

$$\mathsf{Q}[A] = \mathsf{E}_\mathsf{P}[\mathsf{I}_A L], \quad \forall A \in \mathcal{F},$$

für eine Z. V. L auf $(\Omega, \mathcal{F})$. Beweisen Sie, dass, wenn L nicht-negativ ist und $\mathsf{E}_\mathsf{P}[L] = 1$, dann Q ein Wahrscheinlichkeitsmaß auf $(\Omega, \mathcal{F})$ ist. Was ist dQ/dP in diesem Fall?

Aufgabe 6.4.2 Sei X ein individueller Verlust und $\rho = \mathsf{E}_\mathsf{P}[X]$ die reine Prämie, wobei P das aktuelle Wahrscheinlichkeitsmaß ist. Wir definieren die Prämie $p = \mathsf{E}_\mathsf{Q}[X]$, wobei Q ein Wahrscheinlichkeitsmaß ist und $\mathsf{Q} \ll \mathsf{P}$.

(1) Zeigen Sie, dass, falls dQ/dP und X P-positiv korreliert sind, dann $p \geq \rho$ gilt. Jetzt ist X die Aggregation von n individuellen Verlusten, i.e. $X = X_1 + \ldots + X_n$, wobei jeder Summand P-positiv korreliert mit dQ/dP ist.

(2) Zeigen Sie, dass $p \geq \rho$.

Aufgabe 6.4.3 Beweisen Sie, dass die exponentielle, die Gamma-, die binomiale und die Poisson-Verteilung in der gleichen Klasse von Verteilungen nach der exponentiellen Verschiebung bleiben.

Aufgabe 6.4.4 Wir betrachten den zusammengesetzten Poisson-Risikoprozess. Die Einzelschadensdichte ist $f(x) = x\mathrm{e}^{-x}$, $\forall x > 0$, $c = 1$, $\lambda = 1/6$ und $\beta = 2$.

(1) Aus der exakten Formel der Ruinwahrscheinlichkeit leiten Sie den Anpassungskoeffizienten r und die Cramér-Lundberg-Konstante ζ her.
(2) Berechnen Sie jetzt diese zwei Größen in direkter Weise.
(3) Geben Sie die untere Schranke ζ_{inf} und die obere Schranke ζ_{sup} von ζ an, die aus der Lundberg-Konjugation folgen. Geben Sie dann die untere und die obere Schranke für die Ruinwahrscheinlichkeit an.
(4) Vergleichen Sie beide Schranken mit dem exakten Wert und mit der asymptotischen Approximation der Ruinwahrscheinlichkeit.

Aufgabe 6.4.5

(1) Berechnen Sie den Sicherheitszuschlag β unter der Lundberg-Konjugation.
(2) Gibt es eine andere Einzelschadensverteilung als die lineare Kombination von exponentiellen Verteilungen und Gamma-Verteilung, für welche die untere und obere Schranke ζ_{inf} und ζ_{sup} geschlossene Formen haben?

Aufgabe 6.4.6 Im Risikoprozess mit Diffusion (4.10) ist der aggregierte Verlust gegeben durch $L_t = Z_t - ct - W_t$, $\forall t \geq 0$, wobei $\{W_t\}_{t \geq 0}$ ein Wiener-Prozess mit Volatilität (d. h. Skalenparameter) σ ist. Welche Form hat die Lundberg-Konjugation dieses Prozesses?

Aufgabe 6.4.7 Eine Dichte lässt sich nicht nur für ein Wahrscheinlichkeitsmaß aber im Allgemein für ein σ-endliches Maß definieren; cf. Definition 8.19. Der Anfang vom Abschn. 6.2, die Absolute Stetigkeit, die Äquivalent von Maßen und der Satz von Radon-Nikodym (d. h. Definitionen 6.1 und 6.2 und Satz 6.3) gelten im Allgemein für σ-endliche Maßen.

In den untenstehenden Aussagen 1, 2 und 3 sind λ, ν und τ σ-endliche Maßen über einen Maßraum. Beweisen Sie die Aussagen 1, 2 und 3.

(1) Wenn $\lambda \ll \tau$ und $\nu \ll \tau$ und $\sigma = \lambda + \nu$, dann

$$\frac{\mathrm{d}\sigma}{\mathrm{d}\tau} = \frac{\mathrm{d}\lambda}{\mathrm{d}\tau} + \frac{\mathrm{d}\nu}{\mathrm{d}\tau}, \quad \tau\text{-f. ü.}$$

(2) Wenn $\lambda \ll \nu \ll \tau$, dann

$$\frac{\mathrm{d}\lambda}{\mathrm{d}\tau} = \frac{\mathrm{d}\lambda}{\mathrm{d}\nu}\frac{\mathrm{d}\nu}{\mathrm{d}\tau}, \quad \tau\text{-f. ü.}$$

(3) Wenn $\lambda \ll \nu$ und $\nu \ll \lambda$ (d. h. λ und ν äquivalent sind), dann

$$\frac{\mathrm{d}\lambda}{\mathrm{d}\nu} = \left(\frac{\mathrm{d}\nu}{\mathrm{d}\lambda}\right)^{-1}, \quad \lambda\text{-f. ü. i.e. } \nu\text{-f. ü.}$$

Fluktuationen der Summe und der zusammengesetzten Summe

7

7.1 Einleitung

Dieses Kapitel bietet eine Einführung zur Theorie der Fluktuationen von Summen. Zuerst sind Gesetze der großen Zahlen, des iterierten Logarithmus und zentrale Grenzwertsätze für deterministische Summen, für zusammengesetzte Summen und für Summen, die durch Erneuerungsprozesse zusammengesetzt sind, vorgestellt. Von großem Interesse ist der Fall, in dem die einzelnen Summanden heavy-tailed sind. In diesen Fällen ist die asymptotische Verteilung der Summe eine α-stabile Verteilung. Die Theorie der α-stabilen Verteilungen wurde in den zwanziger und dreißiger Jahren bei P. Lévy und A. Y. Khinchine entwickelt. Die vorgestellten asymptotischen Resultate lassen sich auch in Embrechts et al. (1997) finden. Beweise sind oft nicht gegeben und wir verweisen auf diese Referenz für die fehlenden Beweise oder für Ergänzungen. Andere allgemeine Referenzen für α-stabile Verteilungen sind z. B. Feller (1971), Samoradnitsky und Taqqu (1994) und Rachev und Mittnik Rachev und Mittnik (2000). Für Ergänzungen oder weitere Beispiele verweisen wir auf diese Referenzen. Wie in Kap. 6 erwähnt, ist der exponentielle Maßwechsel ein Hauptthema der Wahrscheinlichkeitstheorie. Mit diesem Maßwechsel leiten wir hier eine präzise Approximation der Verteilung der Summe her. Weil die Grenzwertsätze nur unter strengen asymptotischen Bedingungen genau sind, ist diese alternative Approximation oft praktisch relevant. Daniels (1954) hatte bewiesen, dass sich die sogenannte Sattelpunkt-Approximation zur Dichte einer Summe auch aus dieser Approximation unter dem exponentiellen Maßwechsel konstruieren lässt. Die Sattelpunkt-Approximation ist eine Methode der asymptotischen Analyse und ihre Konstruktion basiert auf Methoden der komplexen Integration; cf. e.g. Bleistein und Handelsman (1986). Die Sattelpunkt-Approximation zur V. F. der Summe hatten Lugannani und Rice (1980) hergeleitet. Zwei allgemeine Referenzen für die vorgestellte Sattelpunkt-Approxmation sind Barndorff-Nielsen und Cox (1989) und Jensen (1995). Auch die Theorie der großen Abweichungen basiert auf dem exponentiellen Maßwechsel und wird hier

R. Gatto, *Stochastische Modelle der aktuariellen Risikotheorie,* Masterclass,
https://doi.org/10.1007/978-3-662-60924-8_7

sehr kurz eingeführt. Vollständige Referenzen sind z. B. Varadhan (1984) und Bucklew (1990). In Abschn. 7.2 und 7.3 sind die Fluktuation der deterministischen Summe untersucht. In Abschn. 7.4 sind zusammengesetzte Summen untersucht: zuerst im Allgemeinen und dann spezifisch für Erneuerungsprozesse. In Abschn. 7.5 sind die Edgeworth-Reihe und die Sattelpunkt-Approximation eingeführt. Eine kurze Einführung zur Theorie der großen Abweichungen ist in Abschn. 7.6 gegeben.

7.2 Gesetze der großen Zahlen

In diesem Abschnitt betrachten wir die $\mathbb{R}$-wertige Z. V. $X_1, X_2, \ldots$, die unabhängig sind und die nicht-degenerierte V. F. F besitzen. Zudem sei G die V. F. von $|X_1|$. Wir notieren $S_n = X_1 + \cdots + X_n$ und $\bar{X}_n = S_n/n$, für $n \in \mathbb{N}^*$. Wir notieren auch $\mu = \mathsf{E}[X_1]$ und $\sigma^2 = \mathsf{var}(X_1)$.

Satz 8.23 im Appendix ist als schwaches Gesetz der großen Zahlen bekannt viz. $\bar{X}_n \xrightarrow{\mathsf{P}} \mu$. Dieses Resultat hat eine ergodische Interpretation: der Zeitdurchschnitt konvergiert gegen den Raumdurchschnitt. Jedoch ist die Existenz von μ nicht erforderlich. Der nächste Satz gibt ein Kriterium für das schwache Gesetz der großen Zahlen.

Satz 7.1 (Schwaches Gesetz der großen Zahlen)
Seien $X_1, X_2, \ldots$ i. i. d., dann

$$x\mathsf{P}[|X_1| > x] \xrightarrow{x\to\infty} 0 \textit{ und } \mathsf{E}[X_1\mathsf{I}\{|X_1| \leq x\}] \xrightarrow{x\to\infty} 0 \Longleftrightarrow \bar{X}_n \xrightarrow{\mathsf{P}} 0.$$

Beispiele 7.2

- Seien $Y_1, Y_2, \ldots$ i. i. d. mit endlichem Erwartungswert ν und seien $X_j = Y_j - \nu$, für $j = 1, 2, \ldots$ Es folgt aus dem Satz 2.2, dass $x\mathsf{P}[|X_1| > x] \xrightarrow{x\to\infty} 0$. Offensichtlich gilt $\mathsf{E}[X_1\mathsf{I}\{|X_1| \leq x\}] \xrightarrow{x\to\infty} 0$. Aus beiden Grenzwerten folgt $\bar{X}_n \xrightarrow{\mathsf{P}} 0$.
- Sei X_1 symmetrisch mit

$$\mathsf{P}[|X_1| > x] \sim \frac{c}{x \log x}, \text{ für } x \to \infty,$$

wobei $c \in (0, 1)$. Dann gilt $\mathsf{E}[X_1\mathsf{I}\{|X_1| \leq x\}] = 0$, $\forall x \in \mathbb{R}$. Daraus folgt $\bar{X}_n \xrightarrow{\mathsf{P}} 0$, obwohl $\mathsf{E}[|X_1|] = \int_0^\infty \mathsf{P}[|X_1| > x]\mathrm{d}x = \infty$.

Satz 8.21 im Appendix ist als starkes Gesetz der großen Zahlen bekannt, viz. $\bar{X}_n \xrightarrow{\text{as}} \mu$. Die folgende Verallgemeinerung ist auch Marcinkiewicz-Zygmung starkes Gesetz der großen Zahlen genannt.

Satz 7.3 (Verallgemeinertes starkes Gesetz der großen Zahlen)
Seien $X_1, X_2, \ldots$ i. i. d. und $p \in (0, 2)$, dann

$$n^{-\frac{1}{p}}(S_n - na) \xrightarrow{\text{as}} 0, \text{ für ein } a \in \mathbb{R} \iff \mathsf{E}[|X_1|^p] < \infty.$$

Eine mögliche Wahl von a ist

$$a = \begin{cases} 0, & \text{wenn } p \in (0, 1), \\ \mu, & \text{wenn } p \in [1, 2). \end{cases}$$

Damit gilt f. s., wenn μ endlich ist und $\forall p \in [1, 2)$, dass

$$\bar{X}_n = \mu + \mathrm{o}(n^{1/p-1}), \quad \text{für } n \to \infty.$$

Ein anderes wichtiges Resultat der Fluktuation der Summe ist das Gesetz des iterierten Logarithmus.

Satz 7.4 (Gesetz des iterierten Logarithmus)
Seien $X_1, X_2, \ldots$ i. i. d. mit Erwartungswert μ und Varianz σ^2. Falls $\sigma^2 < \infty$, dann

$$\limsup_{n\to\infty} (2n \log\log n)^{-\frac{1}{2}}(S_n - n\mu) = \sigma, \quad f.\,s.$$

Falls $\sigma^2 = \infty$, dann, für jede $\mathbb{R}$-wertige Folge $\{a_n\}_{n\geq 1}$,

$$\limsup_{n\to\infty} (2n \log\log n)^{-\frac{1}{2}}|S_n - a_n| = \infty, \quad f.\,s.$$

Es folgt aus Satz 7.4, dass

$$\bar{X}_n = \mu + \mathrm{O}\left(n^{-\frac{1}{2}}(\log\log n)^{\frac{1}{2}}\right), \quad \text{f. s. und für } n \to \infty, \tag{7.1}$$

falls $\sigma^2 < \infty$. Die Rechtfertigung ist direkt und wie folgt. Sei $U_n = (2n \log\log n)^{-\frac{1}{2}}(S_n - n\mu)$. Es gilt für jedes $\varepsilon > 0$ und für n groß genug, dass $|\sup_{k\geq n} U_k - \sigma| < \varepsilon$. Daraus folgt $U_k < \sigma + \varepsilon$, $\forall k \geq n$. Beim Ersetzen von $X_1, X_2, \ldots$ durch $-X_1, -X_2, \ldots$ erhalten wir für n groß genug, dass $|-\inf_{k\geq n} U_k - \sigma| < \varepsilon$. Daraus folgt $U_k > -\sigma - \varepsilon$, $\forall k \geq n$. Damit haben wir $|U_n| < \sigma + \varepsilon$, für n groß genug. Die Ungleichungen gelten f. s.

7.3 Zentrale Grenzwertsätze

Betrachten wir wieder das Gesetz des iterierten Logarithmus und im Besonderen (7.1). Wenn der zweite Moment der i. i. d. Z. V. $X_1, X_2, \ldots$ existiert, dann $n^{1/2}(\bar{X}_n - \mu) = \mathrm{O}(\{\log\log n\}^{1/2})$, f. s. und für $n \to \infty$, wobei $\mu = \mathsf{E}[X_1]$. Asymptotisch scheint dieser

Term nicht zu verschwinden und kann daher im schwachen Sinne einen nicht-entartete Limes besitzen. Die Grenzwerte von solchen standardisierten Summen sind die α-stabile Z. V. im Sinne der folgenden Definition.

Definition 7.5 (α-stabile Z. V. oder Verteilung)
Die Z. V. X oder seine Verteilung heißt α-stabil, wenn $\forall c_1, c_2 \in \mathbb{R}$, $\exists a \in \mathbb{R}$, $b > 0$, sodass

$$c_1 X_1 + c_2 X_2 \sim a + bX,$$

wobei die Z. V. X_1, X_2 unabhängig und wie X verteilt sind.

Es lässt sich durch Induktion beweisen, dass, wenn $X, X_1, \ldots, X_n$ i. i. d. α-stabile Z. V. sind, dann $\exists a_1, a_2, \ldots \in \mathbb{R}$ und $b_1, b_2, \ldots > 0$, sodass

$$\frac{S_n - a_n}{b_n} \sim X,$$

wobei $S_n = \sum_{j=1}^{n} X_j$ die allgemeine Notation der Summe ist. Damit gilt die folgende Aussage: falls eine Z. V. α-stabil ist, dann ist sie der Limes in Verteilung für $n \to \infty$ einer standardisierten Summe von i. i. d. Z. V. Aber nur die α-stabile Z. V. sind die möglichen nicht-entarteten Limes in Verteilung.

Satz 7.6
Die Klasse der nicht-entarteten α-stabilen Z. V. ist genau gleich zur Klasse der möglichen nicht-entarteten Limes in Verteilung für $n \to \infty$ von standardisierten Summen.

Der nächste Satz gibt die Formel der c. F. einer α-stabilen Z. V. oder Verteilung. Damit ist dieser Satz eine alternative Definition einer α-stabilen Z. V. oder Verteilung.

Satz 7.7 (C. F. einer α-stabilen Z. V. oder Verteilung)
Die c. F. jeder α-stabilen Z. V. ist gegeben durch

$$\varphi(v) = \begin{cases} \exp\left\{-\tau^\alpha |v|^\alpha \left[1 - \mathrm{i}\beta \operatorname{sgn} v \tan \frac{\alpha\pi}{2}\right] + \mathrm{i}\gamma v\right\}, & \text{wenn } \alpha \neq 1, \\ \exp\left\{-\tau |v| \left[1 - \mathrm{i}\beta \operatorname{sgn} v \left(-\frac{2}{\pi} \log |v|\right)\right] + \mathrm{i}\gamma v\right\}, & \text{wenn } \alpha = 1, \end{cases} \quad \forall v \in \mathbb{R},$$

wobei $\alpha \in (0, 2]$ der Index der Stabilität ist, $\beta \in [-1, 1]$, $\tau \in \mathbb{R}_+^*$ und $\gamma \in \mathbb{R}$ die Parameter der Stabilität, der Schiefe, der Skala und der Lage (oder der Verlegung) bzw. sind.

Wir bezeichnen durch $\mathcal{S}_\alpha(\tau, \beta, \gamma)$ eine Z. V. mit dieser c. F. Die α-stabile Z. V. besitzt die folgende Eigenschaften:

- $a + \mathcal{S}_\alpha(\tau, \beta, \gamma) \sim \mathcal{S}_\alpha(\tau, \beta, a + \gamma), \ \forall a \in \mathbb{R}$;
- wenn entweder $\alpha \neq 1$ oder $\alpha = 1$ und $\beta = 0$, dann $a\mathcal{S}_\alpha(\tau, \beta, \gamma) \sim \mathcal{S}_\alpha(|a|\tau, \operatorname{sgn} a\, \beta, a\gamma)$, $\forall a \in \mathbb{R}$;
- wenn $\alpha < 1$, dann $\mathcal{S}_\alpha(\tau, 1, 0) \geq 0$.

Die Dichten der α-stabilen Z. V. existieren und sind stetig. In Abb. 7.1 sind vier α-stabile Dichten mit $\tau = 1, \beta = 1, \gamma = 0$ und, von links nach rechts, mit $\alpha = 0{,}5,\ 0{,}6,\ 0{,}7,\ 0{,}8$ gezeichnet. Diese vier Dichten sind über $\mathbb{R}_+$ definiert, weil $\alpha < 1$, $\beta = 1$ und $\gamma = 0$. Mit wenigen Ausnahmen besitzen die α-stabilen Dichten keine geschlossene Formel. Die Ausnahmen sind in Abb. 7.2 dargestellt. Sie sind die drei folgenden Dichten.

Beispiele 7.8

- Wenn $\alpha = 2$ und $\beta = 0$, dann erhalten wir $\mathcal{S}_2(\tau, 0, \gamma) \sim \mathcal{N}(\gamma, 2\tau^2)$, viz. die Normalverteilung.
- Wenn $\alpha = 1$ und $\beta = 0$, dann erhalten wir $\mathcal{S}_1(\tau, 0, \gamma) \sim \text{Cauchy}(\gamma, \tau)$, viz. die Cauchy-Verteilung.
- Wenn $\alpha = 1/2$ und $\beta = 1$, dann erhalten wir $\mathcal{S}_{1/2}(\tau, 1, \gamma)$, viz. die Lévy-Verteilung mit der Dichte (2.2), wobei $\sigma = \tau$ und $\mu = \gamma$.

Bezüglich der Existenz der Momente gilt folgender Satz.

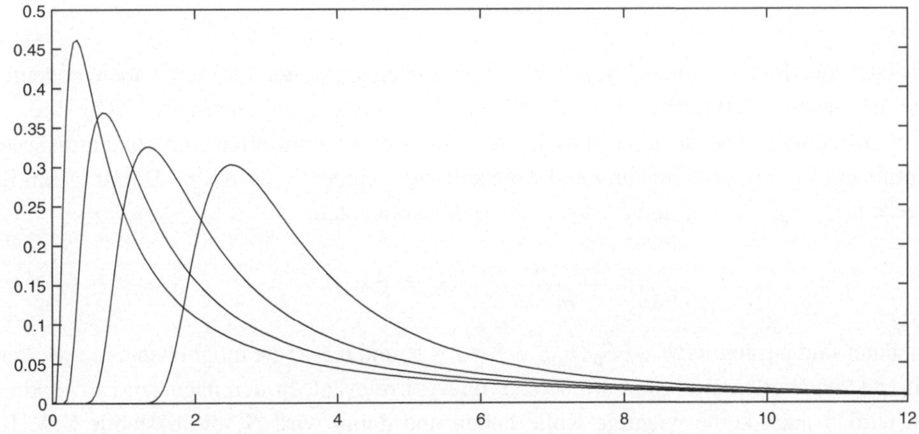

Abb. 7.1 Vier α-stabile Dichten über $\mathbb{R}_+$ mit $\tau = 1, \beta = 1, \gamma = 0$ und, von links nach rechts, mit $\alpha = 0{,}5,\ 0{,}6,\ 0{,}7,\ 0{,}8$

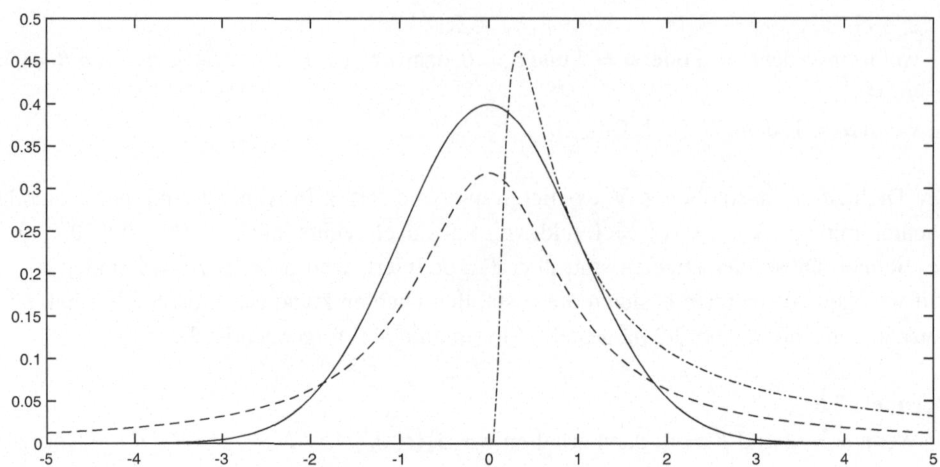

Abb. 7.2 Drei α-stabile Dichten. Standard-normale Dichte (durchgezogene Linie), Standard-Cauchy-Dichte (gestrichelt) und Standard-Lévy-Dichte (gestrichelt und gepunktet)

Satz 7.9 (Momente der α-stabilen Z. V.)
Sei $X \sim \mathcal{S}_\alpha(\tau, \beta, \gamma)$ mit $\alpha \in (0, 2)$. Dann gilt

$$\mathsf{E}[|X|^p] \begin{cases} < \infty, & \forall p \in (0, \alpha), \\ = \infty, & \forall p \geq \alpha. \end{cases}$$

Die Tatsache, dass α-stabile Z. V. mit $\alpha < 2$ unendlichen zweiten Moment haben, bedeutet, dass die meisten Methoden, die für Gauß'sche Z. V. gelten, nicht mehr anwendbar sind.

Im Allgemeinen wird der Limes in Verteilung einer zentrierten und standardisierten Summe nur bis zur Verschiebung und zur Skalierung eindeutig bestimmt. Damit, wenn für gegebene $a_1, a_2, \ldots \in \mathbb{R}$ und $b_1, b_2, \ldots > 0$ die Konvergenz

$$\frac{S_n - a_n}{b_n} \xrightarrow{\text{d}} \mathcal{S}_\alpha(\tau, \beta, \gamma),$$

gilt, dann sind tatsächlich $a + b\mathcal{S}_\alpha(\tau, \beta, \gamma)$, $\forall a \in \mathbb{R}$ und $b > 0$ die möglichen Grenzwerten. Mit anderen Worten sind die Parameter τ und γ irrelevant. In den nächsten Entwicklungen wird β auch keine wichtige Rolle haben und damit wird $\mathcal{S}_\alpha$ die α-stabile Z. V. für unbestimmte oder beliebige Werte von τ, β und γ bezeichnen.

Definition 7.10 (Anziehungsbereich der α-stabilen Verteilung)
Die Z. V. X oder seine Verteilung gehört zum Anziehungsbereich der α-stabilen Z. V. $\mathcal{S}_\alpha$ oder seiner Verteilung, wenn $\exists a_1, a_2, \ldots \in \mathbb{R}$ und $b_1, b_2, \ldots > 0$, sodass

$$\frac{S_n - a_n}{b_n} \xrightarrow{\mathrm{d}} \mathcal{S}_\alpha,$$

wobei S_n die Summe von n unabhängigen und wie X verteilten Z. V. ist.

Das wird entweder $X \in \mathrm{da}(\alpha)$ („domain of attraction“) oder $F \in \mathrm{da}(\alpha)$ notiert, wobei F die V. F. von X ist.

Der nächste Satz gibt eine Charakterisierung des Anziehungsbereiches durch die Schwänze der Verteilung.

Satz 7.11 (Charakterisierung des Anziehungsbereiches durch die Schwänze)
Sei F eine V. F. über $\mathbb{R}$.

1. $F \in \mathrm{da}(2) \Longleftrightarrow \int_{|y|\le x} y^2 \mathrm{d}F(y) \in R_0$.
2. $\forall \alpha \in (0,2)$, $F \in \mathrm{da}(\alpha) \Longleftrightarrow$
   $F(-x) = h(x)\{c_1 + \mathrm{o}(1)\}$ *und* $1 - F(x) = h(x)\{c_2 + \mathrm{o}(1)\}$, *für* $x \to \infty$,
   wobei $h \in R_{-\alpha}$, $c_1, c_2 \ge 0$ *und* $c_1 + c_2 > 0$.

Bezüglich des Anziehungsbereiches der Normalverteilung folgt aus Teil 1 von Satz 7.11, dass für jede Z. V. $X \in \mathcal{L}_2$ mit V. F. F gilt

$$\int_{|y|\le x} y^2 \mathrm{d}F(y) \overset{x\to\infty}{\longrightarrow} \mathsf{E}[X^2] < \infty \Longrightarrow \int_{|y|\le x} y^2 \mathrm{d}F(y) \in R_0 \Longrightarrow X \in \mathrm{da}(2).$$

Jedoch, falls $X \notin \mathcal{L}_2$, dann sind beide Fälle $X \in \mathrm{da}(2)$ und $X \notin \mathrm{da}(2)$ möglich.

Offensichtlich haben wir $\mathcal{S}_\alpha \in \mathrm{da}(\alpha)$, $\forall \alpha \in (0,2]$. Damit gibt Teil 2 von Satz 7.11 das asymptotische Verhalten der Schwänze der nicht-normalen α-stabilen Verteilungen. In diesem Fall, wobei F eine α-stabile V. F. mit $\alpha < 2$ ist, gilt es noch $h(x) = x^{-\alpha}$: die Schwänze haben einen polynomialen Abfall.

Es gibt noch ein wichtiges Resultat bezüglich der Existenz von Momenten.

Satz 7.12
Sei $X \in \mathrm{da}(\alpha)$. Dann, $\forall p \in (0,\alpha)$, $\mathsf{E}[|X|^p] < \infty$. Falls $\alpha < 2$, dann $\forall p > \alpha$, $\mathsf{E}[|X|^p] = \infty$.

Wir merken, dass, $\forall \alpha \in (0,2)$, $\mathsf{E}[|X|^\alpha] < \infty$ möglich für $X \in \mathrm{da}(\alpha)$ ist, obwohl $\mathsf{E}[|X|^\alpha] = \infty$ für $X \sim \mathcal{S}_\alpha$ gilt; cf. Satz 7.9.

Wir haben die möglichen Grenzwerte in Verteilung von Summen gefunden: sie sind die α-stabilen Z. V. Wir möchten jetzt die nötigen Normierungskonstanten dieser Summen bestimmen. Für symmetrische und zentrierte α-stabile Summanden haben wir

$$\mathsf{E}\left[\exp\left\{\mathrm{i}vn^{-\frac{1}{\alpha}} S_n\right\}\right] = \left(\exp\left\{-\tau^\alpha |n^{-\frac{1}{\alpha}} v|^\alpha\right\}\right)^n = \exp\left\{-\tau^\alpha |v|^\alpha\right\}, \ \forall v \in \mathbb{R},$$

also

$$n^{-\frac{1}{\alpha}} S_n \sim X, \tag{7.2}$$

wobei X die Verteilung eines Summanden hat. Damit haben wir einen Hinweis über die asymptotische Ordnung der Normierungskonstanten. Die genauen Normierungskonstanten sind im folgenden Satz gegeben.

Satz 7.13 (Zentraler α-stabiler Grenzwertsatz)
Seien $\alpha \in (0, 2]$ und die i. i. d. Z. V. $X_1, X_2, \ldots \in \mathrm{da}(\alpha)$. Seien noch $\mu = \mathsf{E}[X_1]$ und $\sigma^2 = \mathsf{var}(X_1)$.

1. *Wenn $\mathsf{E}[X_1^2] < \infty$, dann*

$$\frac{S_n - n\mu}{\sqrt{n}\sigma} \xrightarrow{\mathrm{d}} \mathcal{N}(0, 1).$$

2. *Wenn $\mathsf{E}[X^2] = \infty$ und $\alpha = 2$ oder wenn $\alpha < 2$, dann*

$$\frac{S_n - a_n}{n^{\frac{1}{\alpha}} l(n)} \xrightarrow{\mathrm{d}} \mathcal{S}_\alpha,$$

für eine Funktion $l \in R_0$ und für Konstanten $a_1, a_2, \ldots \in \mathbb{R}$, die wie folgt ausgewählt sein können, $a_n = na$, für $n = 1, 2, \ldots$, wobei

$$a = \begin{cases} 0, & \textit{wenn } \alpha \in (0, 1) \textit{ oder wenn } \alpha = 1 \textit{ und die Verteilung von } X_1 \textit{ symmetrisch ist,} \\ \mu, & \textit{wenn } \alpha \in (1, 2]. \end{cases}$$

Die Situation, wobei $b_n = n^{1/\alpha} l(n) = n^{1/\alpha} c$, für eine Konstante $c > 0$, ist von besonderem Interesse. Diese Situation ist in (7.2) für symmetrische α-stabile Summanden illustriert.

Definition 7.14 (Normaler Anziehungsbereich der α-stabilen Verteilung)
Die Z. V. X oder seine Verteilung gehört zum normalen Anziehungsbereich der α-stabilen Z. V. $\mathcal{S}_\alpha$ oder seiner Verteilung, wenn, für ein $\alpha \in (0, 2]$, $X \in \mathrm{da}(\alpha)$ und der α-stabiler Grenzwertsatz 7.13 mit $l(n) = c$ viz. $b_n = n^{1/\alpha} c$ im Nenner gilt, wobei $c > 0$.

Das wird entweder durch $X \in \mathrm{dna}(\alpha)$ („domain of normal attraction") oder durch $F \in \mathrm{dna}(\alpha)$ notiert, wobei F die V. F. von X ist.

Der nächste Satz ist eine Ergänzung zum Satz 7.11. Er gibt eine Charakterisierung des Bereiches der normalen Anziehung durch die Schwänze der Verteilung.

Satz 7.15
Seien X eine Z. V. und F seine V. F. über $\mathbb{R}$.

1. $X \in \text{dna}(2) \Longleftrightarrow \mathsf{E}[X^2] < \infty$.
2. $\forall \alpha \in (0, 2),\ F \in \text{dna}(\alpha) \Longleftrightarrow$
   $F(-x) \sim c_1 x^{-\alpha}$ *und* $1 - F(x) \sim c_2 x^{-\alpha}$, *für* $x \to \infty$,
   wobei $c_1, c_2 \geq 0$ *und* $c_1 + c_2 > 0$.

Beispiel 7.16 (Pareto-Verteilung) Betrachten wir die Pareto-Z. V. X mit V. F. $F(x) = 1-(1+x)^{-\beta}, \forall x > 0$ und für ein $\beta > 0$. Damit haben wir $\mathsf{E}[X^2] = \beta \int_0^\infty x^2(1+x)^{-(1+\beta)} \mathrm{d}x$. Wir unterscheiden die drei folgenden Fälle.

- $\beta > 2$. Dann $\mathsf{E}[X^2] < \infty \Longleftrightarrow X \in \text{dna}(2)$; cf. Satz 7.15, 1.
- $\beta = 2$. Dann $\int_0^x y^2(1+y)^{-(1+\beta)} \mathrm{d}y \sim \log(1+x) \in R_0 \Longleftrightarrow F\text{da}(2)$; cf. Satz 7.11, 1.
  Die asymptotische Formel des Integrals lässt sich mit der Partialbruchzerlegung herleiten; cf. Appendix 8.8.2.
- $\beta \in (0, 2)$. Dann $\lim_{x\to\infty} \dfrac{1 - F(x)}{c_2 x^{-\alpha}} = \dfrac{1}{c_2} \lim_{x\to\infty} \dfrac{x^\alpha}{(1+x)^\beta} = 1$ gilt für $\alpha = \beta$ und $c_2 = 1$.
  $F(-x) \sim c_1 x^{-\alpha} \Longleftrightarrow 0 \sim c_1 x^{-\alpha}$, für $x \to \infty$, gilt für $c_1 = 0$.
  Da $c_1, c_2 \geq 0$ und $c_1 + c_2 > 0$, sind diese drei Ungleichungen äquivalent zu $F \in \text{dna}(\beta)$; cf. Satz 7.15, 2.

7.4 Zusammengesetzte Summen

In diesem Abschnitt sind die asymptotischen Resultate der Abschn. 7.2 und 7.3 für deterministische Summen zu zusammengesetzten Summen, viz. zusammengesetzten Prozessen, verallgemeinert. Die zusammengesetzte Prozesse sind in Abschn. 3.4 eingeführt. In Abschn. 7.4.1 sind Resultate für die Zusammensetzung von Summen durch allgemeine Zählprozesse berücksichtigt. In Abschn. 7.4.2 sind Resultate für Erneuerungsprozesse und für die Zusammensetzung von Summen durch Erneuerungsprozesse berücksichtigt.

7.4.1 Allgemeine zusammengesetzte Summen

Zuerst geben wir ein allgemeines Lemma.

Lemma 7.17
Sei $\{Z_n\}_{n\geq 0}$ *ein stochastischer Prozess, sodass* $Z_n \xrightarrow{\text{as}} Z$, *für eine Z. V. Z. Sei* $\{N_t\}_{t\geq 0}$ *ein Zählprozess.*

1. *Wenn* $N_t \xrightarrow{\text{as}} \infty$, *dann* $Z_{N_t} \xrightarrow{\text{as}} Z$.
2. *Wenn* $N_t \xrightarrow{\mathsf{P}} \infty$, *dann* $Z_{N_t} \xrightarrow{\mathsf{P}} Z$.

Die Aussage 1 ist direkt zu beweisen. Sie lässt sich wie folgt umschreiben:

$$\{Z_{N_t} \xrightarrow{\text{as}} Z\} \subset \{N_t \xrightarrow{\text{as}} \infty\} \cap \{Z_n \xrightarrow{\text{as}} Z\}.$$

Die Anwendung der Wahrscheinlichkeit P links und rechts der Inklusion gibt das gewünschte Resultat.

Der nächste Satz folgt aus Lemma 7.17 und aus dem verallgemeinerten starken Gesetz der großen Zahlen 7.3.

Satz 7.18 (Verallgemeinertes starkes Gesetz der großen Zahlen für zusammengesetzte Summen)
Seien $X_1, X_2, \ldots$ *i.i.d.*, $p \in (0, 2)$, $\{N_t\}_{t\geq 0}$ *ein Zählprozess und* $\mu = \mathsf{E}[X_1]$. *Wenn* $\mathsf{E}[|X_1|^p] < \infty$ *und* $N_t \xrightarrow{\text{as}} \infty$, *dann*

$$N_t^{-\frac{1}{p}}(S_{N_t} - aN_t) \xrightarrow{\text{as}} 0,$$

wobei

$$a = \begin{cases} 0, & \textit{wenn } p \in (0, 1), \\ \mu, & \textit{wenn } p \in [1, 2). \end{cases}$$

Jetzt möchten wir den α-stabilen Grenzwertsatz 7.13 zur zusammengesetzten Summe verallgemeinern. Dafür ist dieses Lemma gegeben.

Lemma 7.19
Sei $\{Z_n\}_{n\geq 0}$ *ein stochastischer Prozess, sodass* $Z_n \xrightarrow{\text{d}} Z$, *für eine Z. V. Z, und sei* $\{N_t\}_{t\geq 0}$ *ein unabhängiger Zählprozess, sodass* $N_t \xrightarrow{\mathsf{P}} \infty$, *dann gilt*

$$Z_{N_t} \xrightarrow{\text{d}} Z.$$

Beweis Seien g_n die c. F. der Z. V. Z_n, für $n = 1, 2, \ldots$, sei φ_Z die c. F. der Z. V. Z und sei $v \in \mathbb{R}$. Dann haben wir

$$\mathsf{E}[\exp\{\mathrm{i}vZ_{N_t}\}|N_t] = g_{N_t}(v).$$

Es folgt aus dem Lemma 7.17, dass

$$\left(g_n(v) \overset{n\to\infty}{\longrightarrow} \varphi_Z(v) \text{ und } N_t \xrightarrow{\mathsf{P}} \infty\right) \Longrightarrow g_{N_t}(v) \xrightarrow{\mathsf{P}} \varphi_Z(v).$$

Es lässt sich leicht verifizieren, dass $\{g_{N_t}(v)\}_{t\geq 0}$ gleichmäßig integrierbar (cf. Definition 8.28) ist. Damit implizieren Lemma 7.17 und 8.29, dass

$$\mathsf{E}[\exp\{\mathrm{i}vZ_{N_t}\}] = \mathsf{E}[g_{N_t}(v)] \overset{t\to\infty}{\longrightarrow} \mathsf{E}[\varphi_Z(v)] = \varphi_Z(v). \qquad \square$$

Dieses Lemma zusammen mit dem α-stabilen Grenzwertsatz 7.13 führt zur folgenden Verallgemeinerung des α-stabilen Grenzwertsatzes.

Satz 7.20 (Zentraler α-stabiler Grenzwertsatz für zusammengesetzte Summen)
Seien $\alpha \in (0, 2]$ und die i. i. d. Z. V. $X_1, X_2, \ldots \in \mathrm{da}(\alpha)$, die unabhängig vom Zählprozess $\{N_t\}_{t\geq 0}$ sind. Die Divergenz $N_t \overset{\mathsf{P}}{\longrightarrow} \infty$ ist vorausgesetzt. Seien noch $\mu = \mathsf{E}[X_1]$ und $\sigma^2 = \mathsf{var}(X_1)$.

1. *Wenn $\mathsf{E}[X_1^2] < \infty$, dann*

$$\frac{S_{N_t} - N_t\mu}{\sqrt{N_t}\sigma} \overset{\mathrm{d}}{\longrightarrow} \mathcal{N}(0, 1).$$

2. *Wenn $\mathsf{E}[X_1^2] = \infty$ und $\alpha = 2$ oder wenn $\alpha < 2$, dann*

$$\frac{S_{N_t} - a_{N_t}}{N_t^{\frac{1}{\alpha}} l(N_t)} \overset{\mathrm{d}}{\longrightarrow} \mathcal{S}_\alpha,$$

für eine Funktion $l \in R_0$ und für Konstanten $a_1, a_2, \ldots \in \mathbb{R}$, die wie folgt ausgewählt sein können, $a_n = na$, für $n = 1, 2, \ldots$, wobei

$$a = \begin{cases} 0, & \text{wenn } \alpha \in (0,1) \text{ oder wenn } \alpha = 1 \text{ und die Verteilung von } X_1 \text{ symmetrisch ist,} \\ \mu, & \text{wenn } \alpha \in (1,2]. \end{cases}$$

Die folgende Verallgemeinerung des α-stabilen Grenzwertsatzes 7.20 gilt ohne die Hypothese der Unabhängigkeit zwischen $\{X_n\}_{n\geq 0}$ und $\{N_t\}_{t\geq 0}$.

Satz 7.21 (Zentraler α-stabiler Grenzwertsatz von Anscombe)
Seien die i. i. d. Z. V. $X_1, X_2, \ldots \in \mathrm{da}(\alpha)$, für ein $\alpha \in (0, 2]$. Sei $\{N_t\}_{t\geq 0}$ ein Zählprozess. Wenn $N_t/t \overset{\mathsf{P}}{\longrightarrow} \lambda$, für ein $\lambda > 0$, dann

$$\{N_t^{\frac{1}{\alpha}} l(N_t)\}^{-1}(S_{N_t} - aN_t) \overset{\mathrm{d}}{\longrightarrow} \mathcal{S}_\alpha \quad \text{und}$$
$$\{(\lambda t)^{\frac{1}{\alpha}} l(t)\}^{-1}(S_{N_t} - aN_t) \overset{\mathrm{d}}{\longrightarrow} \mathcal{S}_\alpha,$$

für eine Funktion $l \in R_0$ und wobei

$$a = \begin{cases} 0, & \text{wenn } \alpha \in (0,1) \text{ oder wenn } \alpha = 1 \text{ und die Verteilung von } X_1 \text{ symmetrisch ist,} \\ \mu, & \text{wenn } \alpha \in (1,2]. \end{cases}$$

Wenn noch $\mathsf{E}[X_1^2] < \infty$ *gilt, dann für* $\sigma^2 = \mathsf{var}(X_1)$,

$$(\lambda\sigma^2 t)^{-\frac{1}{2}}(S_{N_t} - \mu N_t) \xrightarrow{\text{d}} \mathcal{N}(0,1).$$

7.4.2 Erneuerungsprozesse und durch Erneuerungsprozesse zusammengesetzte Summen

Wir betrachten zuerst Erneuerungsprozesse und dann Summen, die durch Erneuerungsprozesse zusammengesetzt sind. Die Klasse der Erneuerungsprozesse ist in Kap. 5 eingeführt. Typische Beispiele sind der homogene Poisson-Prozess und der homogene zusammengesetzte Poisson-Prozess. Seien $Y_1, Y_2, \ldots$ i. i. d. und f. s. positive Z. V., sei

$$T_n = \sum_{j=0}^{n} Y_j,$$

wobei $Y_0 \stackrel{\text{def}}{=} 0$, und sei der Zählprozess

$$N_t = \max\{n \geq 0 | T_n \leq t\}, \ \forall t \geq 0.$$

Dann heißen $\{N_t\}_{t\geq 0}$ oder $\{T_n\}_{n\geq 0}$ (gewöhnliche) Erneuerungsprozesse. Es ist in Satz 5.9 bewiesen, dass $N_t \xrightarrow{\text{as}} \infty$, für $t \to \infty$. Sei $\lambda = 1/\mathsf{E}[Y_1]$, wobei $\lambda = 0$, wenn $\mathsf{E}[Y_1] = \infty$. Sei $\sigma_Y^2 = \mathsf{var}(Y_1)$.

Satz 7.22 (Verallgemeinertes starkes Gesetz der großen Zahlen für Erneuerungsprozesse)
Sei der Erneuerungsprozess $\{N_t\}_{t\geq 0}$ *und sei* $\mathsf{E}[Y_1] = 1/\lambda \leq \infty$.

1. *Es gilt, dass*

$$\frac{N_t}{t} \xrightarrow{\text{as}} \lambda.$$

2. *Wenn* $\mathsf{E}[Y_1^p] < \infty$, *für ein* $p \in (1,2)$, *dann*

$$t^{-\frac{1}{p}}(N_t - \lambda t) \xrightarrow{\text{as}} 0.$$

Teil 1 von Satz 7.22 für $\mathsf{E}[Y_1] < \infty$ entspricht eigentlich Satz 5.10 und ist in Kap. 5 bewiesen. Das Gesetz des iterierten Logarithmus ist wie folgt.

Satz 7.23 (Gesetz des iterierten Logarithmus für Erneuerungsprozesse)
Für den Erneuerungsprozess $\{N_t\}_{t\geq 0}$, wenn $\sigma_Y^2 = \mathsf{var}(Y_1) < \infty$, dann gilt

$$\limsup_{t\to\infty}(2t \log\log t)^{-\frac{1}{2}}(N_t - \lambda t) = \sigma_Y \lambda^{\frac{3}{2}} \text{ f. s.},$$

wobei $\mathsf{E}[Y_1] = 1/\lambda \leq \infty$.

Satz 5.11, viz. den elementare Erneuerungssatz, erwähnt

$$\mathsf{E}[N_t] = t\{\lambda + \mathrm{o}(1)\}, \text{ für } t \to \infty.$$

Die asymptotische Approximation zur Varianz ist im folgenden Satz gegeben.

Satz 7.24 (Asymptotische Varianz des Erneuerungsprozesses)
Für den Erneuerungsprozess $\{N_t\}_{t\geq 0}$ mit $\sigma_Y^2 = \mathsf{var}(Y_1) < \infty$ gilt, dass

$$\mathsf{var}(N_t) = t\{\sigma_Y^2\lambda^3 + \mathrm{o}(1)\}, \text{ für } t \to \infty,$$

wobei $\lambda = 1/\mathsf{E}[Y_1]$.

Aus diesen asymptotischen Approximationen zum Erwartungswert und zur Varianz des Erneuerungsprozesses folgt die nächste asymptotische normale Approximation.

Satz 7.25 (Zentraler Grenzwertsatz für Erneuerungsprozesse)
Sei der Erneuerungsprozess $\{N_t\}_{t\geq 0}$. Wenn $\sigma_Y^2 = \mathsf{var}(Y_1) < \infty$, dann gilt

$$(\sigma_Y^2\lambda^3 t)^{-\frac{1}{2}}(N_t - \lambda t) \xrightarrow{\mathrm{d}} \mathcal{N}(0, 1),$$

wobei $\lambda = 1/\mathsf{E}[Y_1]$.

Jetzt sind wir an Summen, die durch Erneuerungsprozesse zusammengesetzt sind, interessiert.

Satz 7.26 (Verallgemeinertes starkes Gesetz der großen Zahlen für Erneuerungssummen)
Seien $X_1, X_2, \ldots$ i. i. d. und sei $\{N_t\}_{t\geq 0}$ ein Erneuerungsprozess. Es wird angenommen, dass für ein $p \in (0, 2)$, $\mathsf{E}[|X_1|^p] < \infty$.

1. *Wenn* $\lambda^{-1} = \mathsf{E}[Y_1] < \infty$, *dann*

$$t^{-\frac{1}{p}}(S_{N_t} - aN_t) \xrightarrow{\text{as}} 0,$$

wobei

$$a = \begin{cases} 0, & \textit{wenn } p \in (0,1), \\ \mu = \mathsf{E}[X_1], & \textit{wenn } p \in [1,2). \end{cases}$$

2. *Wenn* $p \in [1,2)$ *und* $\mathsf{E}[Y_1^p] < \infty$, *dann*

$$t^{-\frac{1}{p}}(S_{N_t} - \mu\lambda t) \xrightarrow{\text{as}} 0.$$

Beweis Die Divergenz $N_t \xrightarrow{\text{as}} \infty$ (cf. Satz 5.9) ermöglicht die Anwendung des verallgemeinerten starken Gesetzes der großen Zahlen für zusammengesetzte Summen, cf. Satz 7.18, und daraus folgt

$$N_t^{-\frac{1}{p}}(S_{N_t} - aN_t) \xrightarrow{\text{as}} 0,$$

wobei a in Satz 7.26 gegeben ist.

1. Wenn $\mathsf{E}[Y_1] < \infty$, dann folgt Teil 1 folgt aus diesem Resultat und aus dem verallgemeinerten starken Gesetz der großen Zahlen für Erneuerungsprozesse, cf. Satz 7.22, 1.
2. Sei jetzt $p \in [1,2)$, dann

$$t^{-\frac{1}{p}}(S_{N_t} - \mu\lambda t) = \underbrace{t^{-\frac{1}{p}}(S_{N_t} - \mu N_t)}_{\substack{\xrightarrow{\text{as}} 0, \\ \text{aus Teil 1}}} + \mu \cdot \underbrace{t^{-\frac{1}{p}}(N_t - \lambda t)}_{\substack{\xrightarrow{\text{as}} 0, \\ \text{wenn } \mathsf{E}[Y_1^p] < \infty, \text{ aus Satz 7.22}}}$$

$$\xrightarrow{\text{as}} 0.$$

□

Satz 7.27 (Zentraler α-stabiler Grenzwertsatz für Erneuerungssummen von Anscombe)
Seien $X_1, X_2, \ldots \in \mathrm{da}(\alpha)$, *für ein* $\alpha \in (0,2]$, *und i. i. d. Sei* $\{N_t\}_{t\geq 0}$ *ein Erneuerungsprozess. Sei noch* $\mu = \mathsf{E}[X_1]$.

1. *Wenn* $\lambda^{-1} = \mathsf{E}[Y_1] < \infty$, *dann*

$$\{(\lambda t)^{\frac{1}{\alpha}} l(t)\}^{-1}(S_{N_t} - aN_t) \xrightarrow{\text{d}} \mathcal{S}_\alpha,$$

für eine Funktion $l \in R_0$ und wobei

$$a = \begin{cases} 0, & \text{wenn } \alpha \in (0,1) \text{ oder wenn } \alpha = 1 \text{ und die Verteilung von } X_1 \text{ symmetrisch ist,} \\ \mu, & \text{wenn } \alpha \in (1,2]. \end{cases}$$

Wenn noch $\mathsf{E}[X_1^2] < \infty$ gilt, dann, für $\sigma^2 = \mathsf{var}(X_1)$,

$$(\lambda\sigma^2 t)^{-\frac{1}{2}}(S_{N_t} - \mu N_t) \xrightarrow{\text{d}} \mathcal{N}(0,1),$$

2. *Wenn $\alpha \in (1,2)$ und $\mathsf{E}[Y_1^p] < \infty$, für ein $p > \alpha$, dann*

$$\{(\lambda t)^{\frac{1}{\alpha}} l(t)\}^{-1}(S_{N_t} - \lambda\mu t) \xrightarrow{\text{d}} \mathcal{S}_\alpha.$$

Beweis
1. Dieser Teil folgt direkt aus dem α-stabilen zentralen Grenzwertsatz von Anscombe, viz. Satz 7.21, weil $N_t/t \xrightarrow{\mathsf{P}} \lambda$ gilt, cf. das verallgemeinerte starke Gesetz der großen Zahlen für Erneuerungsprozesse, Satz 7.22, 1.
2. Aus Satz 8.35 von Slutsky im Appendix folgt, dass, für $t \to \infty$,

$$\{(\lambda t)^{\frac{1}{\alpha}} l(t)\}^{-1}\{S_{N_t} - \mu \cdot \underbrace{(N_t - \lambda t)}_{\substack{= o(t^{\frac{1}{p}}),\ \text{f. s.,} \\ \text{aus Satz 7.22, 2}}} - \lambda\mu t\} \xrightarrow{\text{d}} \mathcal{S}_\alpha.$$

Das Resultat folgt aus $p > \alpha$. □

7.5 Approximationen höherer Ordnung zur Verteilung der Summe

Das wichtigste Resultat dieses Abschnitts ist eine präzise Approximation zur Verteilung der Summe von i. i. d. Z. V.: die verschobene Edgeworth- oder Sattelpunkt-Approximation. Diese Approximation basiert auf dem exponentiellen Maßwechsel. Ihre Präzision ist sehr groß und speziell für kleine Wahrscheinlichkeiten von extremen Bereichen geeignet. Zunächst wird in Abschn. 7.5.1 die Edgeworth-Reihe eingeführt. Die verschobene Edgeworth- oder Sattelpunkt-Approximation wird in Abschn. 7.5.2 gezeigt. Dabei wird die Approximation für die Dichte hergeleitet und die Lugannani-Rice-Approximation zur V. F. vorgestellt. Schließlich wird in Abschn. 7.6 eine kurze Einführung zur Theorie der großen Abweichungen gegeben.

7.5.1 Edgeworth-Reihe

Der folgende Lemma gibt uns den Konvergenzsatz des zentralen Grenzwertsatzes 8.30.

Lemma 7.28 (Berry-Esseen)
Seien $X_1, X_2, \ldots$ i. i. d. mit $\mu = \mathsf{E}[X_1]$, $\sigma^2 = \mathsf{var}(X_1) < \infty$ und $\gamma = \mathsf{E}[|X_1 - \mu|^3] < \infty$. Dann gilt $\forall n \geq 1$

$$\sup_{x \in \mathbb{R}} \left| \mathsf{P}\left(\frac{1}{\sqrt{n}} \sum_{i=1}^{n} \frac{X_i - \mu}{\sigma} \leq x \right) - \Phi(x) \right| \leq \frac{c}{\sqrt{n}} \frac{\gamma}{\sigma^3}$$

wobei $c = 0{,}7975$.

Wir sehen, dass die normale Approximation einen Fehler der Ordnung $n^{-1/2}$ hat. Damit ist unser erstes Ziel, eine Approximation zu berechnen, die die normale Approximation mit dem Term der Ordnung $n^{-1/2}$ ergänzt.

Wir betrachten $S_n = X_1 + \cdots + X_n$, wobei $X_1, \ldots, X_n$ i. i. d. sind. Seien die k. e. F. $K(v) = \log \mathsf{E}[e^{vX_1}]$ und $K_n(v) = \log \mathsf{E}[e^{vS_n}]$. Der k-te Kumulant von X_1 ist der Koeffizient von $v^k / k!$ bei der Taylor-Entwicklung von $K(v)$ um $v = 0$, und er ist endlich, falls $X_1 \in \mathcal{L}_k$, für $k = 1, 2, \ldots$ Aus

$$K(v) \approx \mu\, v + \frac{1}{2}\, \sigma^2\, v^2 + \frac{1}{6}\, \rho_3\, \sigma^3\, v^3 + \frac{1}{24}\, \rho_4\, \sigma^4\, v^4 + \ldots, \quad \text{für } v \to 0,$$

folgt, dass $\mu = \mathsf{E}[X_1]$ und $\sigma^2 = \mathsf{var}(X_1)$ die zwei ersten Kumulanten sind und dass ρ_k den k-ten standardisierten Kumulant bezeichnet, für $k = 3, 4, \ldots$ Der zentrale Grenzwertsatz gibt eine asymptotische Approximation zur Verteilung der standardisierten Summe $S_n^* \stackrel{\text{def}}{=} (S_n - n\mu)/(\sqrt{n}\sigma)$, s. Satz 8.30 in Appendix. Im Jahr 1905 hatte Edgeworth eine präzisere asymptotische Approximation wie folgt aufgebaut. Aus

$$\begin{aligned} K_n^*(v) &\stackrel{\text{def}}{=} \log \mathsf{E}\left[e^{vZ_n^*} \right] = -\sqrt{n}\, \frac{\mu}{\sigma}\, v + K_n\left(\frac{t}{\sqrt{n}\,\sigma} \right) = -\sqrt{n}\, \frac{\mu}{\sigma}\, v + n\, K\left(\frac{v}{\sqrt{n}\,\sigma} \right) \\ &= \frac{1}{2}\, v^2 + \frac{1}{\sqrt{n}}\, \frac{\rho_3}{6}\, v^3 + \frac{1}{n}\, \frac{\rho_4}{24}\, v^4 + \mathrm{O}\left(n^{-\frac{3}{2}} \right), \quad \text{für } n \to \infty, \end{aligned}$$

und aus einer Taylor-Entwicklung der exponentiellen Funktion folgt

$$\begin{aligned} M_n^*(v) &\stackrel{\text{def}}{=} \exp\{K_n^*(v)\} \\ &= \exp\left\{ \frac{1}{2}\, v^2 \right\} \left(1 + \frac{1}{\sqrt{n}}\, \frac{\rho_3}{6}\, v^3 + \frac{1}{n}\, \frac{\rho_4}{24}\, v^4 + \frac{1}{n}\, \frac{\rho_3^2}{72}\, v^6 + \mathrm{O}\left(n^{-\frac{3}{2}} \right) \right), \end{aligned}$$

für $n \to \infty$. Für die Inversion dieser Entwicklung wird die folgende Identität verwendet,

$$\int_{-\infty}^{\infty} \mathrm{e}^{vx} \phi(x) H_k(x) dx = v^k \exp\left\{\frac{1}{2} v^2\right\}, \ \forall v \in \mathbb{R}, \tag{7.3}$$

wobei H_k das Hermite-Polynom des k-ten Grades bezeichnet, für $k = 0, 1, \ldots$ Die Hermite-Polynome werden durch die Hermite-erzeugende Gleichung

$$\left(\frac{\mathrm{d}}{\mathrm{d}x}\right)^k \phi(x) = (-1)^k H_k(x)\phi(x), \ \forall x \in \mathbb{R} \text{ und für } k = 0, 1, \ldots,$$

definiert. Die ersten Hermite-Polynome sind: $H_0(x) = 1$, $H_1(x) = x$, $H_2(x) = x^2 - 1$, $H_3(x) = x^3 - 3x$, $H_4(x) = x^4 - 6x^2 + 3$, $H_5(x) = x^5 - 10x^3 + 15x$ und $H_6(x) = x^6 - 15x^4 + 45x^2 - 15$, $\forall x \in \mathbb{R}$. Mithilfe der Identität (7.3) erhalten wir

$$\begin{aligned} M_n^*(v) &= \int_{-\infty}^{\infty} \mathrm{e}^{tx} \phi(x) \mathrm{d}x + \frac{1}{\sqrt{n}} \frac{\rho_3}{6} \int_{-\infty}^{\infty} \mathrm{e}^{vx} \phi(x) H_3(x) \mathrm{d}x \\ &\quad + \frac{1}{n} \frac{\rho_4}{24} \int_{-\infty}^{\infty} \mathrm{e}^{vx} \phi(x) H_4(x) \mathrm{d}x + \frac{1}{n} \frac{\rho_3^2}{72} \int_{-\infty}^{\infty} \mathrm{e}^{vx} \phi(x) H_6(x) \mathrm{d}x + \mathrm{O}\left(n^{-\frac{3}{2}}\right) \\ &= \int_{-\infty}^{\infty} \mathrm{e}^{vx} \phi(x) \left\{1 + \frac{1}{\sqrt{n}} \frac{\rho_3}{6} H_3(x) + \frac{1}{n} \left[\frac{\rho_4}{24} H_4(x) + \frac{\rho_3^2}{72} H_6(x)\right]\right\} \mathrm{d}x \\ &\quad + \mathrm{O}\left(n^{-\frac{3}{2}}\right), \text{ für } n \to \infty. \end{aligned}$$

Daraus folgt endlich

$$f_n^*(x) = \phi(x) \left\{1 + \frac{1}{\sqrt{n}} \frac{\rho_3}{6} H_3(x) + \frac{1}{n} \left[\frac{\rho_4}{24} H_4(x) + \frac{\rho_3^2}{72} H_6(x)\right] + \mathrm{O}\left(n^{-\frac{3}{2}}\right)\right\},$$

$\forall x \in \mathbb{R}$ und für $n \to \infty$. Diese Formel gibt die Edgeworth-Approximationen von erster und zweiter Ordnung für die Dichte. Mit diesem Prinzip kann man die Edgeworth-Reihe mit Koeffizienten $n^{-k/2}$, für $k = 0, 1, \ldots$, erhalten. Die Approximation der V.F. F^* folgt aus Integration, wobei die folgenden Gleichungen verwendet werden,

$$\begin{aligned} &\frac{\mathrm{d}}{\mathrm{d}x} \{-\phi(x) H_2(x)\} = \phi(x) H_3(x), \\ &\frac{\mathrm{d}}{\mathrm{d}x} \{-\phi(x) H_3(x)\} = \phi(x) H_4(x) \text{ und} \\ &\frac{\mathrm{d}}{\mathrm{d}x} \{-\phi(x) H_5(x)\} = \phi(x) H_6(x), \ \forall x \in \mathbb{R}. \end{aligned}$$

Das Resultat ist

$$F_n^*(x) = \Phi(x) - \phi(x) \left\{ \frac{1}{\sqrt{n}} \frac{\rho_3}{6} H_2(x) + \frac{1}{n} \left[\frac{\rho_4}{24} H_3(x) + \frac{\rho_3^2}{72} H_5(x) \right] + \mathrm{O}\left(n^{-\frac{3}{2}}\right) \right\},$$

$\forall x \in \mathbb{R}$ und für $n \to \infty$.

Bemerkungen 7.29

- Die Edgeworth-Approximation ist nicht immer eine Dichte. Es ist z. B. klar, dass $\phi(x)\{1+ n^{-1/2}\rho_3(x^3 - 3x)/6\}$ für gewisse $x \in \mathbb{R}$ negativ sein kann.
- Eine Edgeworth-Reihe ist nur eine asymptotische Reihe: Der Abbruch nach einem gegebenen Glied der Reihe führt zu einem Fehler von kleiner asymptotischer Ordnung, und dieser Fehler bestimmt genau die asymptotische Ordnung des nächsten Gliedes. Aber für ein festes n ist es nicht immer so, dass man den Fehler mit mehreren Summanden vermindert. Eine asymptotische Reihe muss nicht konvergent sein.
- Die Edgeworth-Reihe des ersten Grades zum Erwartungswert (d. h. zum Punkt $x = 0$) hat den relativen Fehler $\mathrm{O}(n^{-1})$ statt $\mathrm{O}(n^{-1/2})$,

$$f_n^*(0) \approx \phi(0) \left\{ 1 + \frac{1}{n} \left[\frac{\rho_4}{24} 3 + \frac{\rho_3^2}{72}(-15) \right] + \frac{1}{n^2}\left[\dots \right] + \dots \right\}, \text{ für } n \to \infty.$$

Diese kleine Ordnung des relativen Fehlers wird in Abschn. 7.5.2 verwendet.

Beispiel 7.30 Seien $X_1, \dots, X_n$ unabhängige Exponential(1)-Z. V. Es ist bekannt, dass

$$\sum_{i=1}^{n} X_i \sim \text{Gamma}(n, 1) \text{ d. h. } f_n(x) = \frac{1}{(n-1)!}\, x^{n-1}\, \mathrm{e}^{-x},\ \forall x > 0, \tag{7.4}$$

die exakte Dichte ist. Man kann die folgenden Kumulanten berechnen: $\mu = 1,\ \sigma^2 = 1,\ \rho_3 = 2$ und $\rho_4 = 6$. Damit ist die Edgeworth-Approximation 2. Grades

$$f_n^*(x) = \phi(x) \left\{ 1 + \frac{1}{\sqrt{n}} \frac{1}{3} (x^3 - 3x) + \frac{1}{n} \left(\frac{1}{18}x^6 - \frac{21}{36}x^4 + x^2 - \frac{3}{36} \right) \right\} + \mathrm{O}\left(n^{-\frac{3}{2}}\right),$$

$\forall x \in \mathbb{R}$ und für $n \to \infty$. Die standardisierte exakte Dichte ist

$$\begin{aligned} f_n^*(x) &= \sqrt{n}\, \sigma\, f_n(n\mu + \sqrt{n}\, \sigma x) \\ &= \frac{\sqrt{n}\, \sigma}{(n-1)!} (\sqrt{n}\, \sigma x + n\, \mu)^{n-1} \mathrm{e}^{-\sqrt{n}\, \sigma x - n\, \mu} \\ &= \frac{\sqrt{n}}{(n-1)!} (\sqrt{n}\, x + n)^{n-1}\, \mathrm{e}^{-\sqrt{n}\, x - n},\ \forall x > -\sqrt{n}\frac{\mu}{\sigma}. \end{aligned}$$

Ein numerischer Vergleich zeigt, dass diese Approximation nicht überall präzise ist, und insbesondere für kleine n sowie für kleine oder große x ist sie irreführend.

7.5.2 Verschobene Edgeworth-Approximation

Das Ziel dieses Abschnittes ist es, eine präzisere asymptotische Approximation aufzubauen, die nicht die Oszillationen der Edgeworth-Approximation besitzen wird. Aus (6.1) ist die verschobene Dichte eines Summanden

$$f(x;\theta) = \exp\{\theta x - K(\theta)\} f(x), \quad \forall x \in \mathbb{R},$$

falls $K(\theta)$ existiert. Wir bezeichnen $f_n(\cdot;\theta)$ als die Dichte von S_n unter $f(\cdot;\theta)$. Dann folgt aus Resultat 6.7

$$f_n(x;\theta) = \exp\{\theta x - nK(\theta)\} f_n(x), \quad \forall x \in \mathbb{R}.$$

So erhalten wir auch

$$f_n(x) = \exp\{-\theta x + nK(\theta)\} f_n(x;\theta), \quad \forall x \in \mathbb{R}.$$

Notieren wir bei E_θ und var_θ den Erwartungswert und die Varianz unter $f(\cdot;\theta)$. Sei $x \in \mathbb{R}$ und definieren wir durch $\hat{\theta}$ die Lösung in θ von

$$\begin{aligned}
\mathsf{E}_\theta\,[S_n] = x &\iff n\mathsf{E}_\theta[X_1] = x \\
&\iff n \int_{-\infty}^{\infty} y \exp\{\theta y - K(\theta)\} f(y) \mathrm{d}y = x \\
&\iff K'(\theta) = \frac{x}{n}. \qquad (7.5)
\end{aligned}$$

Die Gl. (7.5) wird Sattelpunkt-Gleichung genannt und $\hat{\theta}$ heißt Sattelpunkt genannt. Einige hinreichende Bedingungen für die Existenz des Sattelpunktes sind in Abschn. 2.1.2 gegeben, wobei drei Kategorien von Verteilungen gemäß Gewicht des rechten Schwanzes einer Verlust-Verteilung definiert sind. Wenn die Verteilung der Summanden eine Verlust-Verteilung ist und zu den Kategorien 1 oder 2 gehört, dann existiert der Sattelpunkt immer. Für den Fall, dass die Summanden auf der ganzen Menge $\mathbb{R}$ definiert sind, ist die Bedingung der Kategorie 1 noch hinreichend. Die Bedingung der Kategorie 2 ist die Steilheitsbedingung. Aus der Edgeworth-Approximation des 1. Grades erhalten wir

$$f_n(x;\hat{\theta}) = \left(\frac{1}{2\pi n K''(\hat{\theta})}\right)^{\frac{1}{2}} \{1 + \mathrm{O}(n^{-1})\}, \quad \text{für } n \to \infty.$$

Diese letzte Formel lässt sich einfach aus den folgenden Gleichungen rechtfertigen:

$$\mathsf{var}_{\hat{\theta}}(S_n) = n\,\mathsf{var}_{\hat{\theta}}(X_1) = n\ K''(\hat{\theta}),\ \ f_n(x;\hat{\theta}) = \frac{1}{\sqrt{nK''(\hat{\theta})}} f_n^* \left(\frac{x - n\mathsf{E}_{\hat{\theta}}[X_1]}{\sqrt{nK''(\hat{\theta})}}\right)$$

und $H_3(0) = 0$. Zum Schluss erhalten wir die verschobene Edgeworth- oder Sattelpunkt-Approximation

$$g_n(x) = \left(\frac{1}{2\pi n\ K''(\hat{\theta})}\right)^{\frac{1}{2}} \exp\{-\hat{\theta}x + n\ K(\hat{\theta})\}, \tag{7.6}$$

wobei $\hat{\theta}$ den Sattelpunkt bezeichnet, d. h. die Lösung von (7.5) ist. Es gilt

$$f_n(x) = g_n(x)\ \{1 + \mathrm{O}(n^{-1})\},\quad \text{für } n \to \infty,$$

für alle x im Definitionsbereich von f_n, d. h. im Bereich der großen Abweichungen.

Bemerkungen 7.31

- Der Fehler von Ordnung n^{-1} ist hier relativ und nicht absolut wie in der Edgeworth-Approximation. Folglich ist diese Approximation (deutlich) präziser als die Edgeworth-Approximation, insbesondere über die Schwänze der Verteilung.
- Das Integral der Sattelpunkt-Approximation g_n über den Definitionsbereich von f_n ist im Allgemeinen nicht gleich 1. Daher kann man eine Normalisierung betrachten. Die normalisierte Approximation hat einen relativen Fehler von $\mathrm{O}(n^{-3/2})$ statt $\mathrm{O}(n^{-1})$, wenn $(x - n\ \mathsf{E}[X_1]) = \mathrm{O}(n^{1/2})$, für $n \to \infty$, d. h. über den Bereich der normalen Abweichungen. Dieses Thema wird am Ende des Abschnitts eingeführt.

Beispiele 7.32

- Seien $X_1, \ldots, X_n$ unabhängig und $\mathcal{N}(\mu, \sigma^2)$ verteilte Z. V. Dann gilt $K(v) = v\mu + v^2\sigma^2/2$, $\forall v \in \mathbb{R}$, und $\forall x \in \mathbb{R}$,

$$K'(\hat{\theta}) = \frac{x}{n} \Longleftrightarrow \mu + \hat{\theta}\sigma^2 = \frac{x}{n} \Longleftrightarrow \hat{\theta} = \frac{x - n\mu}{n\sigma^2}.$$

Damit gelten

$$K''(\hat{\theta}) = \sigma^2$$

und

$$g_n(x) = \left(\frac{1}{2\pi n\sigma^2}\right)^{\frac{1}{2}} \exp\left\{-\frac{x-n\mu}{n\sigma^2}x + n\left[\frac{x-n\mu}{n\sigma^2}\mu + \frac{1}{2}\left(\frac{x-n\mu}{n\sigma^2}\right)^2\sigma^2\right]\right\}$$
$$= \left(\frac{1}{2\pi n\sigma^2}\right)^{\frac{1}{2}} \exp\left\{-\frac{(x-n\mu)^2}{2n\sigma^2}\right\}, \quad \forall x \in \mathbb{R}.$$

Damit ist g_n die exakte Dichte. Dies gilt hier ebenso für die Edgeworth-Approximation, wobei

$$f_n^*(x) = \phi(x) + \underbrace{n^{-\frac{1}{2}}\,\frac{\rho_3}{6}H_3(x)\,\phi(x)}_{=0} + \mathrm{O}(n^{-1}), \quad \forall x \in \mathbb{R}.$$

- Seien $X_1, \ldots, X_n$ unabhängig und Exponential(1) verteilte Z.V. Dann gelten (7.4), $K(v) = -\log(1-v)$, $\forall v < 1$ und $\forall x > 0$,

$$K'(\hat{\theta}) = \frac{x}{n} \iff \frac{1}{1-\hat{\theta}} = \frac{x}{n} \iff \hat{\theta} = 1 - \frac{n}{x}.$$

Damit gelten

$$K''(\hat{\theta}) = \frac{1}{(1-\hat{\theta})^2} = \left(\frac{x}{n}\right)^2$$

und

$$g_n(x) = \left(\frac{1}{2\pi n\left(\frac{x}{n}\right)^2}\right)^{\frac{1}{2}} \exp\left\{-\left(1-\frac{n}{x}\right)x + n\left[-\log\left\{1-\left(1-\frac{n}{x}\right)\right\}\right]\right\}$$
$$= \frac{n}{\sqrt{2\pi n}\left(\frac{n}{\mathrm{e}}\right)^n}\,\mathrm{e}^{-x}\,x^{n-1}$$
$$\sim \frac{n}{\Gamma(n+1)}\,\mathrm{e}^{-x}\,x^{n-1}, \quad \forall x > 0 \text{ und für } n \to \infty.$$

Die letzte asymptotische Äquivalenz folgt aus der Stirling-Formel,

$$\Gamma(n+1) = \sqrt{2\pi n}\left(\frac{n}{\mathrm{e}}\right)^n \{1 + \mathrm{O}(n^{-1})\}, \quad \text{für } n \to \infty.$$

Die Präzision der Sattelpunkt-Approximation ist hier gleichmäßig, d. h., der Fehler hängt nicht von x ab. Der Fehler stammt nur aus der Stirling-Approximation, die von x unabhängig ist. In diesem Fall führt die Normalisierung zur exakten Formel.

- Seien $X_1, \ldots, X_n$ unabhängig von der Dichte $f(x;\theta_0) = \exp\{\theta_0 x - K(\theta_0)\} f(x)$, wobei $\theta_0 \in \mathbb{R}$ ist, sodass $K(\theta_0)$ existiert. Diese Dichte stellt die exponentielle Klasse von Verteilungen mit dem Parameter θ_0 dar. Die exponentielle Verschiebung ist dann genau die Einfügung einer beliebigen Dichte f in der exponentiellen Klasse. Eine (zweite) exponentielle Verschiebung mit Parameter θ ergibt

$$f(x;\theta_0,\theta) \stackrel{\text{def}}{=} \exp\{\theta x - K(\theta;\theta_0)\} \exp\{\theta_0 x - K(\theta_0)\} f(x),$$

wobei $K(\theta;\theta_0) \stackrel{\text{def}}{=} K(\theta+\theta_0) - K(\theta_0)$ und $\theta \in \mathbb{R}$, sodass $K(\theta;\theta_0)$ existiert. Daraus folgt die doppelt verschobene Dichte

$$f(x;\theta+\theta_0) = \exp\{(\theta+\theta_0)x - K(\theta+\theta_0)\} f(x).$$

Falls $\hat{\theta}$, sodass

$$K'(\hat{\theta};\theta_0) = \frac{x}{n} \iff K'(\hat{\theta}+\theta_0) = \frac{x}{n}$$

existiert, erhalten wir die Sattelpunkt-Approximation

$$g_n(x) = \left(\frac{1}{2\pi n K''(\hat{\theta}+\theta_0)}\right)^{\frac{1}{2}} \exp\{-\hat{\theta}x + n\,K(\hat{\theta}+\theta_0) - n\,K(\theta_0)\}.$$

Da $K'(\tilde{\theta}) = x/n \Leftrightarrow \tilde{\theta} = \hat{\theta} + \theta_0$, lässt sich diese Approximation auch in der folgenden Form darstellen:

$$g_n(x) = \left(\frac{1}{2\pi n K''(\tilde{\theta})}\right)^{\frac{1}{2}} \exp\{-(\tilde{\theta}+\theta_0)\,x + n[\,K(\tilde{\theta}) - K(\theta_0)]\}.$$

In vielen aktuariellen Anwendungen (wie z. B. bei der Berechnung des VaR) sind die kleinen Wahrscheinlichkeiten des rechten Schwanzes, d. h. $\mathsf{P}[S_n \geq x]$ für x groß, gesucht. In diesem Fall kann die Sattelpunkt-Approximation (7.6) numerisch integrieren. Allerdings wäre diese Integration nach der Transformation der Integrationsvariable $x = nK'(\hat{\theta})$ deutlich effizienter. Mit einem gegebenen $\hat{\theta}$ lässt sich x explizit berechnen, und damit wird es nicht mehr notwendig, eine Sattelpunkt-Gleichung über jeden Punkt des Integrationsgitters zu lösen. Auf jeden Fall wird die folgende Sattelpunkt-Approximation für $\mathsf{P}[S_n \geq x]$ direkter sein,

$$1 - \Phi(r_x) - \phi(r_x)\left(\frac{1}{r_x} - \frac{1}{s_x}\right), \tag{7.7}$$

wobei

$$r_x = \operatorname{sgn}(\hat{\theta})\{2n[\hat{\theta}x - K(\hat{\theta})]\}^{\frac{1}{2}}, \quad s_x = \hat{\theta}\{nK''(\hat{\theta})\}^{\frac{1}{2}}$$

und $\hat{\theta}$ durch die Sattelpunkt-Gleichung (7.5) definiert ist. Formel (7.7) heißt Lugannani-Rice-Approximation und besitzt auch einen $\mathrm{O}(n^{-1})$ relativen Fehler im Bereich der großen Abweichungen.

7.6 Theorie der großen Abweichungen

Aus theoretischer Sicht gibt es einen wichtigen Unterschied zwischen der normalen oder der Edgeworth-Approximation und der verschobenen Edgeworth-Approximation. Aus dem zentralen Grenzwertsatz 8.30 folgt, dass $\forall x > 0$,

$$\lim_{n\to\infty} \mathsf{P}\left[S_n - n\mu \geq n^{\frac{1}{2}+\varepsilon}x\right] = \begin{cases} 1 - \Phi\left(\frac{x}{\sigma}\right), & \text{wenn } \varepsilon = 0, \\ 0, & \text{wenn } \varepsilon > 0. \end{cases}$$

Damit gilt die normale Approximation nur im Bereich mit Abweichungen $\mathrm{O}(n^{1/2})$ vom Erwartungswert, d. h. im Bereich der normalen Abweichungen (der Summe). Jeder Bereich mit Abweichungen $\mathrm{O}(n^{\alpha})$ vom Erwartungswert, wobei $\alpha > 1/2$, heißt Bereich der großen Abweichungen (der Summe). Ein wichtiger Fall ist $\alpha = 1$. Zwei klassische Resultate für diesen Bereich der großen Abweichungen lauten:

Satz 7.33 (Chernov-Schranke)
Sei $x > 0$. Wenn die Lösung in θ von $K'(\theta) = \mu + x$, die $\tilde{\theta}$ notiert ist, existiert, dann für $n = 1, 2 \ldots$,

$$\mathsf{P}[S_n - n\mu \geq nx] \leq \exp\{n[K(\tilde{\theta}) - \tilde{\theta}(\mu + x)]\} \leq 1.$$

Beweis Seien $x > 0$ und $n = 1, 2, \ldots$, dann folgt aus Resultat 6.7

$$\begin{aligned} \mathsf{P}[S_n - n\mu \geq nx] &= \int_{\mathbb{R}} \mathsf{I}\{s - n\mu \geq nx\} \exp\{-\tilde{\theta}s + nK(\tilde{\theta})\} \mathrm{d}G_n(s; \tilde{\theta}) \\ &= \exp\{n[K(\tilde{\theta}) - \tilde{\theta}(\mu + x)]\} \\ &\quad \underbrace{\int_{\mathbb{R}} \mathsf{I}\{s - n\mu \geq nx\} \exp\{-\tilde{\theta}[s - n(\mu + x)]\} \mathrm{d}G_n(s; \tilde{\theta})}_{\leq 1}, \end{aligned}$$

weil $\tilde{\theta} > 0$, falls $x > 0$. Die k. e. F. K ist streng konvex mit Minimum an der Stelle $\tilde{\theta}_\mu$ definiert als die Lösung in θ von $K'(\theta) = \mu$. Sei $\theta > \tilde{\theta}_\mu$, sodass $M(\theta) < \infty$, dann gilt

$$K'(\theta) > \frac{K(\theta)}{\theta} \Longleftrightarrow \theta K'(\theta) - K(\theta) > 0.$$

Da $\tilde{\theta} > \tilde{\theta}_\mu$, ist $\exp\{n[K(\tilde{\theta}) - \tilde{\theta}(\mu + x)]\} < 1$. □

Satz 7.34
Sei $x > 0$. Wenn die Lösung in θ von $K'(\theta) = \mu + x$, die $\tilde{\theta}$ notiert ist, existiert und $K''(\tilde{\theta})$ auch existiert, dann gilt

$$\lim_{n\to\infty} \{\mathsf{P}[S_n - n\mu \geq nx]\}^{\frac{1}{n}} = \exp\{K(\tilde{\theta}) - \tilde{\theta}(\mu + x)\} \leq 1.$$

Beweis Seien $x > 0$, $\tilde{\theta}$ die Lösung in θ von $K'(\theta) = \mu + x$, $\mathsf{P}_{\tilde{\theta}}$ und $\mathsf{E}_{\tilde{\theta}}$ das Wahrscheinlichkeitsmaß und der Erwartungswert unter der exponentiellen Verschiebung mit Parameter $\tilde{\theta}$. Dann gilt

$$\begin{aligned}
\mathsf{P}[S_n - n\mu \geq nx] &= \int_{\mathbb{R}_+} \mathrm{d}\mathsf{P}[S_n - n(\mu + x) \leq y] \\
&= \exp\{n[K(\tilde{\theta}) - \tilde{\theta}(\mu + x)]\} \int_{\mathbb{R}_+} \mathrm{e}^{-\tilde{\theta}y} \mathrm{d}\mathsf{P}_{\tilde{\theta}}[S_n - n(\mu + x) \leq y] \\
&= \exp\{n[K(\tilde{\theta}) - \tilde{\theta}(\mu + x)]\} \mathsf{E}_{\tilde{\theta}} \left[\mathrm{e}^{-\tilde{\theta}\{S_n - n(\mu+x)\}} \middle| S_n - n(\mu + x) \geq 0\right] \\
&\quad \mathsf{P}_{\tilde{\theta}}[S_n - n(\mu + x) \geq 0] \\
&\leq \exp\{n[K(\tilde{\theta}) - \tilde{\theta}(\mu + x)]\} \exp\left\{-\tilde{\theta}\mathsf{E}_{\tilde{\theta}}\left[S_n - n(\mu + x) \middle| S_n - n(\mu + x) \geq 0\right]\right\} \\
&\quad \mathsf{P}_{\tilde{\theta}}[S_n - n(\mu + x) \geq 0], \qquad (7.8)
\end{aligned}$$

wobei die letzte Ungleichung aus der Jensen-Ungleichung folgt, s. Satz 8.10. Aus der Jensen-Ungleichung folgt auch

$$\begin{aligned}
&E_{\tilde{\theta}}\, [S_n - n(\mu + x) \mid S_n - n(\mu + x) \geq 0] \\
&= (\mathsf{P}_{\tilde{\theta}}[S_n - n(\mu + x) \geq 0])^{-1} \int_{\mathbb{R}_+} y \mathrm{d}\mathsf{P}_{\tilde{\theta}}[S_n - n(\mu + x) \leq y] \\
&\leq \quad (\mathsf{P}_{\tilde{\theta}}[S_n - n(\mu + x) \geq 0])^{-1} \int_{\mathbb{R}} \mid y \mid \mathrm{d}\mathsf{P}_{\tilde{\theta}}[S_n - n(\mu + x) \leq y] \\
&\leq (\mathsf{P}_{\tilde{\theta}}[S_n - n(\mu + x) \geq 0])^{-1} \left\{\int_{\mathbb{R}} y^2 \mathrm{d}\mathsf{P}_{\tilde{\theta}}[S_n - n(\mu + x) \leq y]\right\}^{\frac{1}{2}} \\
&= (\mathsf{P}_{\tilde{\theta}}[S_n - n(\mu + x) \geq 0])^{-1} \mathsf{E}_{\tilde{\theta}}^{\frac{1}{2}}\left[\{S_n - n(\mu + x)\}^2\right] \\
&= (\mathsf{P}_{\tilde{\theta}}[S_n - n(\mu + x) \geq 0])^{-1} \{nK''(\tilde{\theta})\}^{\frac{1}{2}}. \qquad (7.9)
\end{aligned}$$

Aus (7.8), (7.9) und aus dem zentralen Grenzwertsatz folgt, dass

$$\mathsf{P}^{\frac{1}{n}}[S_n - n\mu \geq nx] \;\geq\; \exp\{n[K(\tilde{\theta}) - \tilde{\theta}(\mu + x)]\}$$

$$\underbrace{\mathsf{P}_{\tilde{\theta}}^{\frac{1}{n}}[S_n - n(\mu + x) \geq 0]}_{\in[0,1],\ \text{für } n=1,2,\ldots,\ \text{und}\to 1,\ \text{für } n\to\infty} \quad \underbrace{\exp\left\{n^{-\frac{1}{2}}\tilde{\theta}(\mathsf{P}_{\tilde{\theta}}[S_n - n(\mu + x) \geq 0])^{-1}\{K''(\tilde{\theta})\}^{\frac{1}{2}}\right\}}_{\in[0,1],\ \text{für } n=1,2,\ldots,\ \text{und}\to 1,\ \text{für } n\to\infty}.$$

Daraus folgt

$$\mathsf{P}^{\frac{1}{n}}[S_n - n\mu \geq nx] \geq \exp\{n[K(\tilde{\theta}) - \tilde{\theta}(\mu + x)]\}a_n,$$

wobei $a_n \in [0, 1]$, für $n = 1, 2, \ldots$, und $a_n \to 1$, für $n \to \infty$. Die Chernov-Schranke schließt den Beweis. □

Wie diese zwei letzten Sätze gelten die verschobenen Edgeworth- und die Lugannani-Rice-Approximationen auch im Bereich der großen Abweichungen mit $\alpha = 1$.

7.7 Aufgaben

Aufgabe 7.7.1 Beweisen Sie, dass

$$\int_0^x \frac{y^2}{(1+y)^3}\mathrm{d}y \in R_0.$$

Hinweis Mit der Partialbruchzerlegung in Appendix 8.8.2 berechnen Sie eine asymptotische äquivalente Formel für das Integral.

Aufgabe 7.7.2 Seien $X_1, \ldots, X_n$ unabhängige und absolut stetige Z. V., M_j die m. e. F. von X_j und K_j die k. e. F. von X_j, für $j = 1, \ldots, n$. Zeigen Sie, dass die formelle Sattelpunkt-Approximation zur Dichte von $S_n = \sum_{j=1}^n X_j$ wie folgt ist:

$$\left(\frac{1}{2\pi\ \sum_{j=1}^n K_j''(\hat{\theta})}\right)^{\frac{1}{2}} \exp\left\{-\hat{\theta}x + \sum_{j=1}^n K_j(\hat{\theta})\right\}$$

wobei $\sum_{j=1}^n K_j'(\hat{\theta}) = x$.

Appendix 8

8.1 Einleitung

Dieser Appendix fasst zunächst die wichtigsten grundlegenden Resultate der Wahrscheinlichkeitstheorie, die für dieses Buch notwendig sind, zusammen. Wir können auf viele Bücher verweisen, wie z. B. Feller (1971), Shiryayev (1984) oder Karr (1993). Darüber hinaus werden zwei elementare Resultate der Analysis vorgestellt.

8.2 Laplace-Transformation, momentenerzeugende und charakteristische Funktionen

Dieser Abschnitt stellt wichtige Integraltransformationen vor.

Definition 8.1 (Laplace-Transformation)
Sei die Funktion $f : \mathbb{R}_+ \to \mathbb{R}$. Dann ist ihre Laplace-Transformation gegeben durch

$$\hat{f}(v) = \int_0^\infty \mathrm{e}^{-vx} f(x)\mathrm{d}x, \tag{8.1}$$

$\forall v \in \mathbb{R}$, *sodass das Integral konvergiert.*

Eine notwendige Bedingung für die Konvergenz des Integrals in (8.1), $\forall v > \alpha$, für eine reelle Zahl α, lautet:

$$f(x) = \mathrm{O}(\mathrm{e}^{\alpha x}), \text{ für } x \to \infty. \tag{8.2}$$

R. Gatto, *Stochastische Modelle der aktuariellen Risikotheorie,* Masterclass,
https://doi.org/10.1007/978-3-662-60924-8_8

Nehmen wir an, dass die Funktion $f : \mathbb{R}_+ \to \mathbb{R}$ stetig bis auf die isolierte Sprungstelle ist und alle einseitigen Grenzwerte besitzt. Mit dieser zusätzlichen Restriktion wird (8.2) eine hinreichende Bedingung für die Existenz von $\hat{f}(v)$, $\forall v > \alpha$. Die Eindeutigkeit der Laplace-Transformation ist durch Satz 8.2 gegeben.

Satz 8.2 (Lerch)
Seien $f : \mathbb{R}_+ \to \mathbb{R}$ stetig und $\alpha \in \mathbb{R}$, sodass (8.1) $\forall v > \alpha$ erfüllt ist. Dann gibt es keine andere stetige Funktion g, sodass $\int_0^\infty \mathrm{e}^{-vx} g(x)\mathrm{d}x = \hat{f}(v)$, $\forall v > \alpha$.

Sei z. B. $f : \mathbb{R}_+ \to \mathbb{R}$ stetig und beschränkt. Dann ist f die eindeutige Funktion mit Laplace-Transformation (8.1), $\forall v > 0$, innerhalb der Klasse der stetigen Funktionen.

Definition 8.3 (Momentenerzeugende Funktion)
Die m. e. F. der Z. V. X ist

$$M(v) = \mathsf{E}\left[\mathrm{e}^{vX}\right],$$

$\forall v \in \mathbb{R}$, sodass die m. e. F. konvergiert.

Wenn die Z. V. X nicht-negativ ist und Dichte f besitzt, dann hängt die m.e.F. eng mit der Laplace-Transformation von f zusammen. Tatsächlich gilt $M(v) = \hat{f}(-v)$, $\forall v \in \mathbb{R}$, sodass die Laplace-Transformation existiert. Ein zentrales Resultat lautet:

Satz 8.4
Wenn $M(v) < \infty$, für alle v in einer (beliebigen) Umgebung von null gilt, dann wird die Verteilung von X eindeutig durch M bestimmt.

Wir verweisen auf Beispiel 2.1 für ein Beispiel. Wenn z. B. zwei Verteilungen die gleiche und endliche m. e. F. in einer Umgebung von null besitzen, dann handelt es sich eigentlich um die gleiche Verteilung.

Satz 8.5
Wenn die Z. V. X die m. e. F. M besitzt und M endlich über einer beliebiger Umgebung von null $B(0)$ ist, dann besitzt X Momente aller Ordnungen und es gilt

$$M(v) = \sum_{n=0}^{\infty} \frac{\mathsf{E}[X^n]}{n!} v^n, \quad \forall v \in B(0).$$

Zudem gilt $M^{(n)}(0) = \mathsf{E}[X^n], \quad \forall n \in \mathbb{N}$.

Beweis Basierend auf dieser Hypothese dürfen der untere Erwartungswert und der untere Summenzeichnen vertauscht werden; cf. Fubini-Tonelli-Satz 8.18. Damit gilt

$$M(v) = \mathsf{E}[\mathrm{e}^{vX}] = \mathsf{E}\left[\sum_{n=0}^{\infty} \frac{X^n}{n!} v^n\right] = \sum_{n=0}^{\infty} \frac{\mathsf{E}[X^n]}{n!} v^n, \quad \forall v \in B(0).$$

Der zweite Teil lässt sich wie folgt rechtfertigen: $M^{(n)}(0)/n!$ ist der n-te Koeffizient der Taylor-Reihe, d. h. $\mathsf{E}[X^n]/n!$, $\forall n \in \mathbb{N}$. □

Als Konsequenz besitzt eine Z. V., für welche nicht alle Momente endlich sind, keine m. e. F. in einer Umgebung von null. Man kann auch bemerken, dass eine Z. V., für die alle Momente endlich sind, nicht unbedingt eine m. e. F. in einer Umgebung von null besitzen muss, s. Beispiel 2.1.

Definition 8.6 (Charakteristische Funktion)
Die c. F. der Z. V. X ist

$$\varphi(v) = \mathsf{E}\left[\mathrm{e}^{\mathrm{i}vX}\right], \quad \forall v \in \mathbb{R}.$$

Satz 8.7 (Inversionsformeln)
Sei X eine Z. V. mit V. F. F und c. F. φ.

1. *Sei* $F^*(x) = \{F(x) + \lim_{h\to 0, h>0} F(x-h)\}/2$, $\forall x \in \mathbb{R}$. *Dann gilt*, $\forall x < y \in \mathbb{R}$,

$$F^*(y) - F^*(x) = \frac{1}{2\pi} \lim_{u\to\infty} \int_{-u}^{u} \frac{\exp\{-\mathrm{i}yv\} - \exp\{-\mathrm{i}xv\}}{-\mathrm{i}t} \varphi(v)\mathrm{d}v.$$

2. *Falls* $\int_{-\infty}^{\infty} |\varphi(v)|\mathrm{d}v < \infty$, *dann ist F absolut stetig mit beschränkter Dichte f und es gilt*, $\forall x \in \mathbb{R}$,

$$f(x) = \frac{1}{2\pi} \int_{-\infty}^{\infty} \exp\{-\mathrm{i}xv\}\varphi(v)\mathrm{d}v. \qquad (8.3)$$

Die Integrierbarkeit der c. F. von Teil 2 ist eine hinreichende aber keine notwendige Bedingung. Tatsächlich gilt (8.3) an jedem Punkt $x \in \mathbb{R}$, wobei f stetig, linksseitig und rechtsseitig ableitbar ist. Eine direkte Konsequenz von Teil 1 von Satz 8.7 ist beim folgenden Korollar gegeben.

Korollar 8.8 (Eindeutigkeit von c. F.)
Zwei Z. V. X und Y haben genau die gleiche c. F., genau dann, wenn ihre V. F. identisch sind.

Dieses Korollar bedeutet, dass eine Verteilung vollständig durch ihre c. F. bestimmt ist.

8.3 Ungleichungen

In diesem Abschnitt sind einige wichtige Ungleichungen für Erwartungswerte zusammengefasst.

Satz 8.9 (Minkowski-Ungleichung)
Falls $\mathsf{E}[|X|^p] < \infty$ *und* $\mathsf{E}[|Y|^p] < \infty$, *für* $p \geq 1$, *dann gelten* $\mathsf{E}[|X+Y|^p] < \infty$ *und*

$$\mathsf{E}^{\frac{1}{p}}[|X+Y|^p] \leq \mathsf{E}^{\frac{1}{p}}[|X|^p] + \mathsf{E}^{\frac{1}{p}}[|Y|^p].$$

Satz 8.10 (Jensen-Ungleichung)
Sei $g : I \to \mathbb{R}$ *eine konvexe Funktion, wobei* $I \subset \mathbb{R}$ *ein Intervall ist, das den Wertebereich der Z. V.* X *einschließt. Dann gilt*

$$\mathsf{E}[g(X)] \geq g(\mathsf{E}[X]).$$

Beweis Aus der Konvexität von g folgt, dass $\exists\, a \in \mathbb{R}$, sodass $\forall x, x_0 \in I$

$$g(x) \geq g(x_0) + a(x - x_0).$$

In einfachen Fällen hat man $a = g'(x_0)$, sonst kann a eine einseitige Ableitung sein. Die Behauptung folgt durch das Setzen von $x = X$ und $x_0 = \mathsf{E}[X]$. □

Satz 8.11 (Lyapounov-Ungleichung)
$\forall 0 < p \leq q$ *gilt*

$$\mathsf{E}^{\frac{1}{p}}[|X|^p] \leq \mathsf{E}^{\frac{1}{q}}[|X|^q].$$

Beweis Seien $0 < p \leq q$. Man kann die Ungleichung von Jensen, d. h. Satz 8.10, auf die Z. V. $Y = |X|^p$ mit $g(y) = |y|^{q/p}$ verwenden. □

Satz 8.12 (Markov-Ungleichung)
Sei g *eine reelle, nicht-negative und nicht-fallende Funktion. Dann gilt* $\forall \varepsilon > 0$

$$\mathsf{P}[X \geq \varepsilon] \leq \frac{\mathsf{E}[g(X)]}{g(\varepsilon)}.$$

Beweis Sei $\varepsilon > 0$, dann gilt $\mathsf{E}[g(X)] \geq \mathsf{E}[g(X)\mathsf{I}\{g(X) \geq \varepsilon\}] \geq g(\varepsilon)\mathsf{P}[g(X) \geq \varepsilon]$. □

8.4 Sätze der Lebesgue-Integration

In diesem Abschnitt sind praktische Sätze für die Berechnung von Erwartungswerten, viz. Lebesgue-Integralen, zusammengefasst.

Satz 8.13 (Monotoner Konvergenzsatz)
Seien die Z. V. X, Y und $X_1, X_2, \ldots$ über $(\Omega, \mathcal{F}, \mathsf{P})$.

1. *Falls $X_n \geq Y$ f. s., für $n = 1, 2, \ldots$, $\mathsf{E}[Y] > -\infty$ und $X_n \uparrow X$ f. s., für $n \to \infty$, dann gilt*
$$\mathsf{E}[X_n] \uparrow \mathsf{E}[X], \text{ für } n \to \infty.$$
2. *Falls $X_n \leq Y$ f. s., für $n = 1, 2, \ldots$, $\mathsf{E}[Y] < \infty$ und $X_n \downarrow X$ f. s., für $n \to \infty$, dann gilt*
$$\mathsf{E}[X_n] \downarrow \mathsf{E}[X], \text{ für } n \to \infty.$$

Korollar 8.14
Seien die nicht-negative Z. V. $X_1, X_2, \ldots$ über $(\Omega, \mathcal{F}, \mathsf{P})$. Dann gilt
$$\mathsf{E}\left[\sum_{n=1}^{\infty} X_n\right] = \sum_{n=1}^{\infty} \mathsf{E}[X_n].$$

Satz 8.15 (Majorisierter Konvergenzsatz)
Seien die Z. V. X, Y und $X_1, X_2, \ldots$ über $(\Omega, \mathcal{F}, \mathsf{P})$ definiert. Falls $|X_n| \leq Y$ f. s., für $n = 1, 2, \ldots$, $\mathsf{E}[Y] < \infty$ und $X_n \xrightarrow{\text{as}} X$, dann gilt
$$\mathsf{E}[X] = \lim_{n \to \infty} \mathsf{E}[X_n].$$

Seien die Wahrscheinlichkeitsräume $(\Omega_1, \mathcal{F}_1, \mathsf{P}_1)$ und $(\Omega_2, \mathcal{F}_2, \mathsf{P}_2)$. Das Produkt σ-Algebra $\mathcal{F}_1 \times \mathcal{F}_2$ ist die kleinste σ-Algebra, die $\{A_1 \times A_2 | A_1 \in \mathcal{F}_1 \wedge A_2 \in \mathcal{F}_2\}$ enthält. Falls $\Omega_1 = \Omega_2 = \mathbb{R}$, dann gilt $\mathcal{F}_1 \times \mathcal{F}_2 = \mathcal{B}(\mathbb{R}^2)$. Die Sektionen von $A \in \mathcal{F}_1 \times \mathcal{F}_2$ sind $A_{\omega_2} = \{\omega_1 \in \Omega_1 | (\omega_1, \omega_2) \in A\}$, $\forall \omega_2 \in \Omega_2$, und $A_{\omega_1} = \{\omega_2 \in \Omega_2 | (\omega_1, \omega_2) \in A\}$, $\forall \omega_1 \in \Omega_1$. Das Produktmaß über $(\Omega_1 \times \Omega_2, \mathcal{F}_1 \times \mathcal{F}_2)$ ist
$$\mathsf{P}_1 \times \mathsf{P}_2[A] = \int_{\Omega_2} \mathsf{P}_1[A_{\omega_2}] d\mathsf{P}_2(\omega_2) = \int_{\Omega_1} \mathsf{P}_2[A_{\omega_1}] d\mathsf{P}_1(\omega_1), \ \forall A \in \mathcal{F}_1 \times \mathcal{F}_2.$$

Daraus folgt $\mathsf{P}_1 \times \mathsf{P}_2[A_1 \times A_2] = \mathsf{P}_1[A_1]\mathsf{P}_2[A_2]$, $\forall A_1 \in \mathcal{F}_1,\ A_2 \in \mathcal{F}_2$. Die folgende Sätze von Fubini und Tonelli erlauben, ein Integral über $(\Omega_1 \times \Omega_2, \mathcal{F}_1 \times \mathcal{F}_2, \mathsf{P}_1 \times \mathsf{P}_2)$ mit Integralen über die Randräume zu berechnen.

Satz 8.16 (Fubini)
Sei die Z. V. $X \in \mathcal{L}_1(\Omega_1 \times \Omega_2)$ *und seien die Funktionen*

$$\begin{aligned} X_1 : \Omega_1 &\to \mathbb{R}, \\ \omega_1 &\mapsto \int_{\Omega_2} X(\omega_1, \omega_2) \mathrm{dP}_2(\omega_2) \end{aligned} \quad \text{und} \quad \begin{aligned} X_2 : \Omega_2 &\to \mathbb{R}, \\ \omega_2 &\mapsto \int_{\Omega_1} X(\omega_1, \omega_2) \mathrm{dP}_1(\omega_1). \end{aligned}$$

Dann $X_1 \in \mathcal{L}_1(\Omega_1)$, $X_2 \in \mathcal{L}_1(\Omega_2)$ *und es gilt*

$$\int_{\Omega_1 \times \Omega_2} X \mathrm{dP}_1 \times \mathrm{P}_2 = \int_{\Omega_1} \left(\int_{\Omega_2} X \mathrm{dP}_2 \right) \mathrm{dP}_1 = \int_{\Omega_2} \left(\int_{\Omega_1} X \mathrm{dP}_1 \right) \mathrm{dP}_2. \quad (8.4)$$

Wenn X eine nicht-negative Z. V. ist, dann wird die Integrierbarkeitsannahme überflüssig und der folgende Satz gilt.

Satz 8.17 (Tonelli)
Wenn die Z. V. X nicht-negativ über $\Omega_1 \times \Omega_2$ ist, dann gilt (8.4).

Allerdings kann jedes der drei Integrale in (8.4) den Wert ∞ annehmen. Die Zusammensetzung von Fubini-Satz und Tonelli-Satz ergibt direkt den folgenden Satz.

Satz 8.18 (Fubini-Tonelli)
Wenn $X \in \mathcal{L}_1(\Omega_1 \times \Omega_2)$ *oder* $X_1 \in \mathcal{L}_1(\Omega_1)$ *oder* $X_2 \in \mathcal{L}_1(\Omega_2)$, *dann gilt* (8.4).

In den Sätzen 8.16, 8.17 und 8.18 müssen P_1 und P_2 keine Wahrscheinlichkeitsmaße sein: jedes von P_1 oder P_2 darf durch jedes σ-endliche Maß ersetzt werden. Ein σ-endliches Maß ist wie folgt definiert.

Definition 8.19 (σ-endliches Maß)
Ein Maß μ über $(\Omega, \mathcal{F})$ heißt σ-endlich, wenn die Menge Ω mit höchstens zählbar vielen messbaren Teilmengen mit endlichem Maß μ abdecken lässt. Das bedeutet, dass es Mengen $A_1, A_2, \ldots \in \mathcal{F}$ mit $\mu(A_1) < \infty$, $\mu(A_2) < \infty, \ldots$ gibt, sodass

$$\bigcup_{n=1}^{\infty} A_n = \Omega.$$

8.5 Stochastische Konvergenzen

Dieser Abschnitt ist eine kurze Zusammenfassung der verschiedenen Arten von Konvergenzen von Folgen von Z. V.

8.5.1 Konvergenz in Wahrscheinlichkeit, fast sicher und in $\mathcal{L}_p$

Definition 8.20 (Fast sichere Konvergenz)
Seien die Z. V. X und $X_1, X_2, \ldots$ über $(\Omega, \mathcal{F}, \mathsf{P})$. Die Folge $\{X_n\}_{n\geq 1}$ konvergiert f. s. gegen die Z. V. X, wenn

$$\mathsf{P}\left[\left\{\omega \in \Omega \,\middle|\, \lim_{n\to\infty} X_n(\omega) = X(\omega)\right\}\right] = 1.$$

Notation Die fast sichere Konvergenz wird $X_n \xrightarrow{\text{as}} X$ notiert, wobei $n \to \infty$ implizit gemeint ist.

In diesem Zusammenhang steht Satz 8.21.

Satz 8.21 (Starkes Gesetz der großen Zahlen)
Sei $\{X_n\}_{n\geq 1}$ eine Folge von i. i. d. Z. V., sodass $\mathsf{E}[|X_1|] < \infty$. Sei noch $S_n = \sum_{i=1}^n X_n$. Dann gilt

$$\frac{S_n}{n} \xrightarrow{\text{as}} \mathsf{E}[X_1].$$

Definition 8.22 (Konvergenz in Wahrscheinlichkeit)
Seien die Z. V. X und $X_1, X_2, \ldots$ über $(\Omega, \mathcal{F}, \mathsf{P})$. Die Folge $X_1, X_2, \ldots$ konvergiert in Wahrscheinlichkeit gegen X, wenn

$$\forall \varepsilon > 0, \ \lim_{n\to\infty} \mathsf{P}[|X_n - X| > \varepsilon] = 0.$$

Notation Die Konvergenz in Wahrscheinlichkeit wird $X_n \xrightarrow{\mathsf{P}} X$ notiert, wobei $n \to \infty$ implizit gemeint ist.

In diesen Zusammenhang gehört der wichtige Satz 8.23.

Satz 8.23 (Schwaches Gesetz der großen Zahlen)
Sei $\{X_n\}_{n\geq 1}$ eine Folge von i. i. d. Z. V., sodass $\mathsf{E}[X_1]$ existiert. Sei noch $S_n = \sum_{i=1}^n X_n$. Dann gilt

$$\frac{S_n}{n} \xrightarrow{\mathsf{P}} \mathsf{E}[X_1].$$

Die fast sichere Konvergenz bedeutet, dass $\forall \omega \in \Omega_0$, $X_n(\omega) \to X(\omega)$ gilt, wobei $\Omega_0 \in \mathcal{F}$ und $\mathsf{P}[\Omega_0] = 1$. Die Konvergenz in Wahrscheinlichkeit bedeutet, dass die Folge der

Wahrscheinlichkeiten der Ereignisse $\{|X_n - X| > \varepsilon\}$, für $n = 1, 2, \ldots$, gegen 0 konvergiert, $\forall \varepsilon > 0$. Die Konvergenz in Wahrscheinlichkeit impliziert die fast sichere Konvergenz nicht.

Beispiel 8.24 Seien $\Omega = [0, 1]$ mit dem Lebesgue-Maß und

$$X_n(\omega) = \begin{cases} 1, & \text{wenn } \omega \in [j2^{-k}, (j+1)2^{-k}], \\ 0, & \text{sonst,} \end{cases}$$

wobei $n = 2^k + j$, mit $k = 0, 1, \ldots$ und $j = 0, \ldots, 2^k - 1$. Dann gilt

$$\mathsf{P}[|X_n| > 0] = 2^{-k} \stackrel{n\to\infty}{\longrightarrow} 0.$$

Andererseits enthält die Folge $X_n(\omega)$ für jedes ω unendlich viele 0 und 1 und somit konvergiert sie für kein $\omega \in \Omega$.

Satz 8.25
Die fast sichere Konvergenz impliziert Konvergenz in Wahrscheinlichkeit.

Der Raum $\mathcal{L}_p(\Omega, \mathcal{F}, \mathsf{P})$ oder kurz $\mathcal{L}_p$ besteht aus allen Zufallsvariablen X für welche das Moment der Ordnung p, $p > 0$, endlich ist, d. h. $\mathsf{E}[|X|^p] < \infty$. Es folgt aus der Minkowski-Ungleichung, d. h. Satz 8.9, dass der Raum $\mathcal{L}_p$ mit $p \geq 1$ ein Vektorraum bezüglich der Seminorm[1]

$$||X||_p = \mathsf{E}^{\frac{1}{p}}[|X|^p].$$

ist. Hier betrachten wir die Äquivalenzklassen von Zufallsvariablen, die fast sicher übereinstimmen. Dieser Raum ist vollständig[2] bezüglich der Pseudometrik $d_p(X, Y) = ||X - Y||_p$, wobei $p \geq 1$. Der Raum $\mathcal{L}_2(\Omega, \mathcal{F}, \mathsf{P})$ ist ein Hilbertraum mit Skalarprodukti $\langle X, Y\rangle = \mathsf{E}[XY]$.

Definition 8.26 (Konvergenz in $\mathcal{L}_p$)
Seien die Z. V. X und $X_1, X_2, \ldots \in \mathcal{L}_p(\Omega, \mathcal{F}, \mathsf{P})$ und $p > 0$. Die Folge $X_1, X_2, \ldots$ konvergiert in $\mathcal{L}_p$ oder in p-ten Mittel gegen X, wenn

$$\lim_{n\to\infty} \mathsf{E}[|X_n - X|^p] = 0.$$

[1]Eine Seminorm erfüllt $||x|| \geq 0$, $||cx|| = |c|||x||$ und $||x + y|| \leq ||x|| + ||y||$. Hier sind x und y Elemente eines Vektorraums und c ist in $\mathbb{R}$ oder $\mathbb{C}$. Um eine Norm zu haben, braucht man noch $||x|| = 0 \Rightarrow x = 0$. (Die Umkehr gilt immer: $||0|| = ||0 \cdot 0|| = 0||0|| = 0$.) Damit wird $d(x, y) = ||x - y||$ eine Pseudometrik, d. h. eine Metrik für welche $d(x, y) = 0$ für einige $x \neq y$ möglich ist. Diese Pseudometrik definiert die Äquivalenzrelation $x \sim y \Leftrightarrow d(x, y) = 0$.

[2]Ein Vektorraum mit einer Pseudometrik heißt vollständig, falls alle Cauchy-Folgen konvergieren. Ein normierter und vollständiger Vektorraum heißt Banachraum. Falls dazu ein Skalarprodukt $\langle x, y\rangle$ definiert ist, dann heißt dieser Raum Hilbertraum.

Notation Die Konvergenz in $\mathcal{L}_p$ wird notiert $X_n \xrightarrow{\mathcal{L}_p} X$, wobei $n \to \infty$ implizit gemeint ist.

Es folgt direkt aus der Lyapounov-Ungleichung, viz. Satz 8.11, dass $\forall 1 \leq p \leq q$,

$$\mathcal{L}_q \subset \mathcal{L}_p$$

und dass

$$X_n \xrightarrow{\mathcal{L}_q} X \Longrightarrow X_n \xrightarrow{\mathcal{L}_p} X.$$

Satz 8.27
Die Konvergenz in $\mathcal{L}_p$ impliziert die Konvergenz in Wahrscheinlichkeit.

Beweis Es folgt aus der Markov-Ungleichung, dass

$$\mathsf{P}[|X_n - X| > \varepsilon] = \mathsf{P}[|X_n - X|^p > \varepsilon^p] \leq \varepsilon^{-p}\mathsf{E}[|X_n - X|^p], \ \forall \varepsilon > 0.$$

□

Die Reziprok vom Satz 8.27 für $p = 1$ gilt unter der folgenden Bedingung.

Definition 8.28 (Gleichmäßige Integrierbarkeit)
Die Folge von Z. V. $\{X_n\}_{n\geq 0}$ ist gleichmäßig integrierbar, wenn jede Z. V. integrierbar ist und wenn

$$\lim_{x\to\infty} \sup_{n\geq 1} \mathsf{E}[|X_n|;\ |X_n| > x] = 0.$$

Gleichmäßige Integrierbarkeit ist eine schwächere Bedingung als die Bedingung des majorisierten Konvergenzsatzes d. h. Satz 8.15. In der Tat, falls $|X_n| \leq Y$ f. s., für $n = 1, 2, \ldots$ und $\mathsf{E}[Y] < \infty$, dann

$$\lim_{x\to\infty} \sup_{n\geq 1} \mathsf{E}[|X_n|;\ |X_n| > x] \leq \lim_{x\to\infty} \mathsf{E}[Y;\ Y > x] = 0.$$

Lemma 8.29 (Charakterisierung der Konvergenz in $\mathcal{L}_1$)
Seien $X, X_1, X_2, \ldots \in \mathcal{L}_1(\Omega, \mathcal{F}, \mathsf{P})$, dann

$$X_n \xrightarrow{\mathsf{P}} X \text{ und } \{X_n\}_{n\geq 0} \textit{ ist gleichmäßig integrierbar} \Longleftrightarrow X_n \xrightarrow{\mathcal{L}_1} X.$$

Die Konvergenz in $\mathcal{L}_p$ ist weder hinreichend noch notwendig für die fast sichere Konvergenz. Aber aus der majorisierten Konvergenz folgt, dass $X_n \xrightarrow{\text{as}} X$ und $|X_n| \leq Y$, für $n = 1, 2, \ldots$, mit $\mathsf{E}[Y^p] < \infty$, implizieren $X_n \xrightarrow{\mathcal{L}_p} X$.

8.5.2 Schwache Konvergenz

Einer der wichtigsten Sätze der Wahrscheinlichkeitstheorie ist im nächsten Satz gegeben.

Satz 8.30 (Zentraler Grenzwertsatz)
Seien $X_1, X_2, \ldots$ i. i. d. mit $\mu = \mathsf{E}[X_1]$ und $\sigma^2 = \mathsf{var}(X_1) \in (0, \infty)$, dann gilt

$$\lim_{n\to\infty} \mathsf{P}\left[\frac{S_n - n\mu}{\sqrt{n}\sigma} \le x\right] = \Phi(x), \quad \forall x \in \mathbb{R}.$$

Definition 8.31 (Schwache Konvergenz oder Konvergenz in Verteilung)

1. *Die Folge $\{F_n\}_{n\ge 1}$ von V. F. über $\mathbb{R}$ konvergiert schwach gegen die V. F. F über $\mathbb{R}$, wenn*

$$F_n(x) \stackrel{n\to\infty}{\longrightarrow} F(x)$$

   für alle Stetigkeitspunkte x von F.
2. *Die Folge $\{\mathsf{P}_n\}_{n\ge 1}$ von Wahrscheinlichkeitsmaßen über $\mathbb{R}$ konvergiert schwach gegen die Wahrscheinlichkeit P über $\mathbb{R}$, wenn die entsprechende Folge von V. F. $\{F_n\}_{n\ge 1}$ schwach gegen die V. F. F von P konvergiert.*
3. *In diesem Fall und falls $\mathsf{P}_n = \mathsf{P}_{X_n}$ die induzierte Wahrscheinlichkeit der Z. V. X_n ist, für $n = 1, 2, \ldots$, und $\mathsf{P} = \mathsf{P}_X$ die induzierte Wahrscheinlichkeit von X, dann konvergiert die Folge $\{X_n\}_{n\ge 1}$ in Verteilung gegen X.*

Notation $F_n \stackrel{\text{w}}{\longrightarrow} F$, $\mathsf{P}_n \stackrel{\text{w}}{\longrightarrow} \mathsf{P}$ und $X_n \stackrel{\text{d}}{\longrightarrow} X$ (jeweils für $n \to \infty$).

Satz 8.32
Wenn $X_n \stackrel{\mathsf{P}}{\longrightarrow} X$, dann $X_n \stackrel{\text{d}}{\longrightarrow} X$. Falls X f. s. eine Konstante ist, dann gilt die Reziprok auch.

Lemma 8.33 (Charakterisierung der schwache Konvergenz)
$\mathsf{P}_n \stackrel{\text{w}}{\longrightarrow} \mathsf{P}$ *genau dann, wenn*

$$\lim_{n\to\infty} \int_{\mathbb{R}} g(\omega)\mathrm{d}\mathsf{P}_n(\omega) = \int_{\mathbb{R}} g(\omega)\mathrm{d}\mathsf{P}(\omega), \ \forall\, g : \mathbb{R} \longrightarrow \mathbb{R} \text{ beschränkt und stetig.}$$

Korollar 8.34 (Konvergenzsatz von Lévy)
$X_n \stackrel{\text{d}}{\longrightarrow} X$ genau dann, wenn

$$\lim_{n\to\infty} \mathsf{E}\left[\mathrm{e}^{\mathrm{i}vX_n}\right] = \mathsf{E}\left[\mathrm{e}^{\mathrm{i}vX}\right], \quad \forall v \in \mathbb{R}.$$

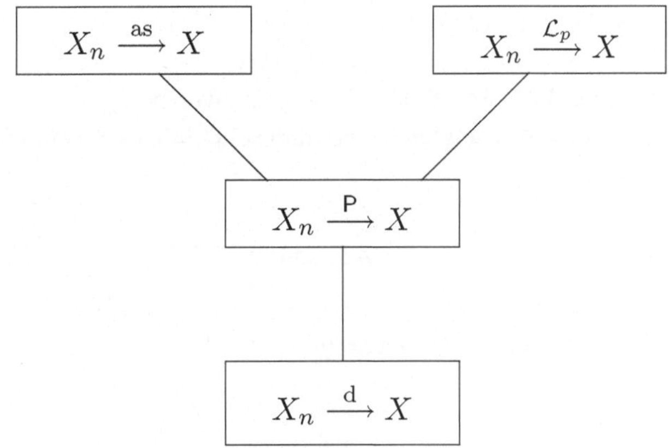

Abb. 8.1 Implikationen zwischen den stochastischen Konvergenzen, die oberen Konvergenzen implizieren die unteren

Satz 8.35 (Satz von Slutski)
Falls $X_n \xrightarrow{\text{d}} X$ *und* $Y_n \xrightarrow{\mathsf{P}} y$, *wobei* y *eine Konstante ist, dann*

$$X_n + Y_n \xrightarrow{\text{d}} X + y \text{ und } X_n Y_n \xrightarrow{\text{d}} Xy.$$

Seien die Z. V. X und $X_1, X_2, \ldots$ über $(\Omega, \mathcal{F}, \mathsf{P})$ und $p > 0$. Abb. 8.1 gibt eine Zusammenfassung der Implikationen zwischen den stochastischen Konvergenzen: Die oberen Konvergenzen implizieren die unteren.

8.6 Bedingter Erwartungswert

Die Definition und die Eigenschaften des bedingten Erwartungswertes sind in diesem Abschnitt zusammengefasst.

Definition 8.36 (Bedingter Erwartungswert)
Sei die integrierbare Z. V. Y *über* $(\Omega, \mathcal{F}, \mathsf{P})$ *definiert und sei die Teil-*σ*-Algebra* $\mathcal{G} \subset \mathcal{F}$. *Der bedingte Erwartungswert von* Y *gegeben* $\mathcal{G}$ *ist die f. s. eindeutige Z. V.* $\mathsf{E}[Y|\mathcal{G}]$, *sodass*

1. $\mathsf{E}[Y|\mathcal{G}]$ $\mathcal{G}$*-messbar ist und*
2. $\mathsf{E}[Y; A] = \mathsf{E}[\mathsf{E}[Y|\mathcal{G}]; A], \forall A \in \mathcal{G}$.

Die Bedingung 2. lässt sich auch wie folgt ausdrücken:

$\mathsf{E}[YZ] = \mathsf{E}[Z\mathsf{E}[Y|\mathcal{G}]]$, für jede beschränkte und $\mathcal{G}$-messbare Z. V. Z über $(\Omega, \mathcal{F}, \mathsf{P})$.

Sei X eine Z. V. über $(\Omega, \mathcal{F}, \mathsf{P})$ und sei $\mathcal{G} = \sigma(X)$. Dann lässt sich die Bedingung 1. wie folgt ausdrücken:

$$\mathsf{E}[Y|\mathcal{G}] \text{ ist eine Borel'sche Funktion von } X.$$

In diesem Fall gilt $\mathsf{E}[Y|X] \stackrel{\text{def}}{=} \mathsf{E}[Y|\sigma(X)]$.

Beispiel 8.37 Sei $X = \sum_{k=1}^n a_k \mathsf{I}_{A_k}$, wobei $A_1, \ldots, A_n$ eine Partition von Ω bilden und $a_1, \ldots, a_n \in \mathbb{R}$ ungleich sind, und sei $\mathcal{G} = \sigma(X)$. Dann folgt aus Bedingung 1. der oberen Definition:

$$\exists c_1, \ldots, c_n \in \mathbb{R} \text{ sodass } \mathsf{E}[Y|X] = \sum_{k=1}^n c_k \mathsf{I}\{X = a_k\} = \sum_{k=1}^n c_k \mathsf{I}_{A_k}.$$

Aus Bedingung 2. der Definition folgt, für $k = 1, \ldots, n$:

$$\mathsf{E}[Y; A_k] = \mathsf{E}\left[\sum_{j=1}^n c_j \mathsf{I}_{A_j}; A_k\right] = c_k \mathsf{P}[A_k].$$

Damit gilt

$$c_k = \frac{\mathsf{E}[Y; A_k]}{\mathsf{P}[A_k]}, \text{ für } k = 1, \ldots, n.$$

Schließlich erhält man das intuitive Resultat

$$\mathsf{E}[Y|X] = \sum_{k=1}^n \frac{\mathsf{E}[Y; A_k]}{\mathsf{P}[A_k]} \mathsf{I}_{A_k} = \sum_{k=1}^n \mathsf{E}[Y|A_k] \mathsf{I}_{A_k}.$$

Einige wichtige Eigenschaften des Funktionals $\mathsf{E}[\cdot|\mathcal{G}]$ lauten:

- $\mathsf{E}[aX + bY|\mathcal{G}] = a\mathsf{E}[X|\mathcal{G}] + b\mathsf{E}[Y|\mathcal{G}]$, für jede integrierbare Z. V. X über $(\Omega, \mathcal{F}, \mathsf{P})$ und $\forall a, b \in \mathbb{R}$, d. h. die Linearität;
- $\mathsf{E}[E[Y|\mathcal{G}]|\mathcal{G}] = \mathsf{E}[Y|\mathcal{G}]$, d. h. die Idempotenz oder die Projektions Eigenschaft;
- $\mathcal{H} \subset \mathcal{G} \Longrightarrow \mathsf{E}[\mathsf{E}[Y|\mathcal{G}]|\mathcal{H}] = \mathsf{E}[Y|\mathcal{H}]$, für $\mathcal{H}$ eine σ-Algebra, d. h. die Iterativität; und
- $\mathsf{E}[|XY|] < \infty$ und X ist $\mathcal{G}$-messbar $\Longrightarrow \mathsf{E}[XY|\mathcal{G}] = X\mathsf{E}[Y|\mathcal{G}]$, für jede Z. V. X über $(\Omega, \mathcal{F}, \mathsf{P})$.

8.7 Dirac-Verteilung und -Funktion

Dirac-Verteilung und -Funktion sind in diesem Abschnitt definiert.

Definition 8.38 (Dirac-Verteilung)
Seien $(\Omega, \mathcal{F})$ ein Maßraum und $\omega \in \Omega$. Das Dirac-Maß an ω ist gegeben durch

$$\Delta_\omega : \mathcal{F} \to \{0, 1\}$$
$$A \mapsto \begin{cases} 1, & \textit{falls } \omega \in A, \\ 0, & \textit{falls } \omega \notin A. \end{cases}$$

Wir sehen jetzt, dass das Dirac-Maß Δ_ω tatsächlich ein Wahrscheinlichkeitsmaß ist:

- $\Delta_\omega[A] \geq 0, \forall A \in \mathcal{F}$.
- $\Delta_\omega[\Omega] = 1$.
- Für $\{A_n\}_{n\geq 1}$ eine Folge disjunkter Elemente von $\mathcal{F}$, gilt entweder $\omega \notin \bigcup_{n=1}^{\infty} A_n$, somit $\Delta_\omega\left[\bigcup_{n=1}^{\infty} A_n\right] = 0$ und $\Delta_\omega[A_n] = 0$, $\forall n \geq 1$, oder $\omega \in \bigcup_{n=1}^{\infty} A_n$, somit $\omega \in A_m$ für genau ein $m \geq 1$ und so $\Delta_\omega[\cup_{n=1}^{\infty} A_n] = 1$, $\Delta_\omega[A_m] = 1$, und $\Delta_\omega[A_n] = 0$, $\forall n \in \mathbb{N}^*\backslash\{m\}$. Damit gilt
$$\Delta_\omega\left[\bigcup_{n=1}^{\infty} A_n\right] = \sum_{n=1}^{\infty} \Delta_\omega[A_n].$$

Damit ist $(\Omega, \mathcal{F}, \Delta_\omega)$ ein Wahrscheinlichkeitsraum.

Seien die messbare Funktion $f : \Omega \to \mathbb{R}$ und $A \in \mathcal{F}$, dann gilt

$$\int_A f \, \mathrm{d}\Delta_\omega = f(\omega).$$

Definition 8.39 (Dirac-Funktion)
Seien $(\Omega, \mathcal{F}) = (\mathbb{R}, \mathcal{B}(\mathbb{R}))$, λ das Lebesgue-Maß, f eine Borel'sche Funktion. Die Dirac-Funktion ist die Funktion δ, sodass gilt

$$\int_{\mathbb{R}} \delta(t-x) f(t) \mathrm{d}\lambda(t) = f(x), \ \forall x \in \mathbb{R}.$$

Für $B \in \mathcal{B}(\mathbb{R})$ gilt

$$\int_B \delta(t-x) f(t) \, \mathrm{d}\lambda(t) = \int_B f \, \mathrm{d}\Delta_x = f(x)\Delta_x[B].$$

Falls $f(t) = 1, \ \forall t \in B$, dann gilt

$$\int_B \delta(t-x) \, \mathrm{d}\lambda(t) = \int_B \mathrm{d}\Delta_x = \Delta_x[B].$$

Daraus folgt, dass

$$\delta_x(t) \stackrel{\text{def}}{=} \delta(t-x)$$

die gleiche Integralgleichung der Radon-Nikodym-Ableitung $d\Delta_x/d\lambda$ erfüllt. Aus diesem Grund wird δ_x Dirac-Dichte genannt, obwohl die Dirac-Verteilung keine Dichte besitzt: Δ_x ist offenbar nicht absolut stetig in Bezug auf λ. (Auch die Dirac-Funktion δ ist keine Funktion im engeren Sinne.)

Die V.F. der Dirac-Verteilung auf $(\mathbb{R}, \mathcal{B}(\mathbb{R}))$ mit Maß 1 an der Stelle 0 wird durch Δ bezeichnet, d.h. $\Delta(x) = \mathsf{I}\{x \geq 0\}$, $\forall x \in \mathbb{R}$.

8.8 Elementare Resultate der Analysis

Dieser Abschnitt gibt zwei Resultate der elementaren Analysis: die Lösung der linearen Differentialgleichung der 2. Ordnung und die Partialbruchzerlegung von rationalen Funktionen.

8.8.1 Lineare Differentialgleichung der 2. Ordnung

Satz 8.40 (Allgemeine Lösung der linearen Differentialgleichung der 2. Ordnung) *Die allgemeine Lösung der linearen Differentialgleichung der 2. Ordnung*

$$y''(x) + by'(x) + cy(x) = 0 \tag{8.5}$$

hat die Form

$$y(x) = a_1 e^{r_1 x} + a_2 e^{r_2 x},$$

wobei $a_1, a_2 \in \mathbb{C}$ und $r_1, r_2 \in \mathbb{C}$, die Lösungen der Gleichung $r^2 + br + c = 0$ sind, falls $r_1 \neq r_2$.

Beweis Sei $y(x) = e^{rx} m(x)$. Durch Ersetzen von $y'(x)$ und $y''(x)$ in (8.5) finden wir

$$m''(x) + (b + 2r)m'(x) + \underbrace{(r^2 + br + c)}_{=0,\ \text{für}\ r=r_1\ \text{oder}\ r=r_2} m(x) = 0.$$

Dann gilt

$$r^2 + br + c = (r - r_1)(r - r_2) = r^2 \underbrace{-(r_1 + r_2)}_{=b} r + \underbrace{r_1 r_2}_{=c}.$$

Somit gilt für $r = r_2$,

$$
\begin{aligned}
m''(x) + (r_1 - r_2)m'(x) &= 0 \iff \\
m'(x) &= c_1 \mathrm{e}^{(r_2 - r_1)x} \iff \\
m(x) &= \underbrace{\frac{c_1}{r_2 - r_1}}_{=a_2} \mathrm{e}^{(r_2 - r_1)x} + a_1.
\end{aligned}
$$

Somit ist $y(x) = a_2 \mathrm{e}^{r_1 x} \mathrm{e}^{(r_2 - r_1)x} + a_1 \mathrm{e}^{r_1 x} = a_1 \mathrm{e}^{r_1 x} + a_2 \mathrm{e}^{r_2 x}$. □

Bemerkung 8.41 Falls $r_1 = r_2$, dann ist $y(x) = (a_1 x + a_2)\mathrm{e}^{r_1 x}$ die Form der Lösung von (8.5). Mit den Anfangsbedingungen $y(x_0) = k_0$ und $y'(x_0) = k_1$ erhalten wir die Lösung des Anfangswertproblems.

8.8.2 Partialbruchzerlegung

Seien P_n und Q_m zwei Polynome vom Grad n und m bzw., wobei $n < m$. Der Quotient dieser Polynome ist gegeben durch die rationale Funktion

$$
\frac{P_n(x)}{Q_m(x)} = \frac{a_n x^n + \cdots + a_1 x + a_0}{x^m + \cdots + b_1 x + b_0}
$$

Es wird zuerst vorausgesetzt, dass $Q_m(x)$ die m einfachen Wurzeln $\alpha_1, \ldots, \alpha_m$ besitzt und, dass P_n und Q_m keine gemeinsame Wurzeln haben. Dann lässt sich der Quotient folgendermaßen zerlegen:

$$
\frac{P_n(x)}{Q_m(x)} = \frac{c_1}{x - \alpha_1} + \cdots + \frac{c_m}{x - \alpha_m}. \tag{8.6}
$$

Die Koeffizienten $c_1, \ldots, c_m$ lassen sich wie folgt identifizieren. Für $j = 1, \ldots, m$, gibt die Multiplikation von (8.6) mit $x - \alpha_j$

$$
\frac{P_n(x)}{Q_m(x)}(x - \alpha_j) = c_1 \frac{x - \alpha_j}{x - \alpha_1} + \cdots + c_j \frac{x - \alpha_j}{x - \alpha_j} + \cdots + c_m \frac{x - \alpha_j}{x - \alpha_m}
$$

und daraus folgt

$$
\begin{aligned}
c_j &= \lim_{x \to \alpha_j} \frac{P_n(x)(x - \alpha_j)}{Q_m(x)} = P_n(\alpha_j) \lim_{x \to \alpha_j} \frac{1}{Q_m'(x)} = \frac{P_n(\alpha_j)}{Q_m'(\alpha_j)} \\
&= \frac{P_n(\alpha_j)}{\prod_{k=1,\, k \neq j}^{m} (\alpha_j - \alpha_k)}.
\end{aligned} \tag{8.7}
$$

Es wird nun vorausgesetzt, dass der Polynom $Q_m(x)$ die m einfache Wurzeln $\alpha_1, \ldots, \alpha_m$ und die l-fache Wurzel α_{m+1} besitzt, für $l \geq 2$. Dann gilt die Zerlegung

$$\frac{P_n(x)}{Q_m(x)} = R_m(x) + \frac{c_{m+1,1}}{x - \alpha_{m+1}} + \cdots + \frac{c_{m+1,l}}{(x - \alpha_{m+1})^l}. \tag{8.8}$$

wobei

$$R_m(x) = \frac{c_1}{x - \alpha_1} + \cdots + \frac{c_m}{x - \alpha_m}.$$

Die Multiplikation von (8.8) mit $(x - \alpha_{m+1})^l$ gibt

$$(x - \alpha_{m+1})^l \frac{P_n(x)}{Q_m(x)} = (x - \alpha_{m+1})^l R_m(x) + c_{m+1,1}(x - \alpha_{m+1})^{l-1} + \cdots$$
$$+ c_{m+1,j}(x - \alpha_{m+1})^{l-j} + \cdots + c_{m+1,l}.$$

Die Koeffizienten $c_{m+1,1}, \ldots, c_{m+1,l}$ lassen sich durch konsekutive Ableitungen und durch Grenzwerte für $x \to \alpha_{m+1}$ erhalten. Genau haben wir die Formel

$$c_{m+1,j} = \frac{1}{(l-j)!} \lim_{x \to \alpha_{m+1}} \left(\frac{\mathrm{d}}{\mathrm{d}x}\right)^{l-j} \frac{(x - \alpha_{m+1})^l P_n(x)}{Q_m(x)},$$

für $j = 1, \ldots, l$. Die Koeffizienten $c_1, \ldots, c_m$ lassen sich durch (8.7) erhalten.

Lösungen von ausgewählten Aufgaben 9

9.1 Aufgaben des Kap. 2

Lösung zur Aufgabe 2.6.1

(1) Es gilt

$$g : (a, \infty) \to I$$
$$x \mapsto b - \frac{1}{x}.$$

Daher ist $I = (b - 1/a, b)$ der Wertebereich.

(2) Sei $X \sim \text{Pareto}(1)$ und $a = b = 1$. Dann folgt

$$Y = g(X) = 1 - \frac{1}{x}$$

und

$$g^{(-1)}(y) = (1 - y)^{-1}.$$

Schliesslich erhalten wir

$$F_Y(y) = F_X\left(\frac{1}{1-y}\right) = y, \quad \forall y \in (0, 1),$$

d. h. Y ist uniformverteilt in $(0, 1)$.

R. Gatto, *Stochastische Modelle der aktuariellen Risikotheorie*, Masterclass,
https://doi.org/10.1007/978-3-662-60924-8_9

Lösung zur Aufgabe 2.6.2

(1) Sei F_α die V.F. der Pareto-Verteilung mit Parameter α und sei F_β die V.F. der Pareto-Verteilung mit Parameter β. Dann

$$\lim_{x\to\infty} \frac{1-F_\alpha(x)}{1-F_\beta(x)} = \lim_{x\to\infty} \frac{1-\{1-x^{-\alpha}\}}{1-\{1-x^{-\beta}\}} = \lim_{x\to\infty} \frac{x^{-\alpha}}{x^{-\beta}} = \lim_{x\to\infty} x^{\beta-\alpha} = \begin{cases} 0, & \text{wenn } \alpha > \beta, \\ 1, & \text{wenn } \alpha = \beta, \\ \infty, & \text{wenn } \alpha < \beta. \end{cases}$$

Damit hat die Pareto-Verteilung mit einem größeren Parameterwert leichteren rechten Schwanz als die andere.

(2) Sei F_α die V.F. der Pareto-Verteilung mit Parameter α und sei F_λ die V.F. der exponentiellen Verteilung mit Parameter λ. Dann

$$\lim_{x\to\infty} \frac{1-F_\lambda(x)}{1-F_\alpha(x)} = \lim_{x\to\infty} \frac{1-\{1-\mathrm{e}^{-\lambda x}\}}{1-\{1-x^{-\alpha}\}} = \lim_{x\to\infty} \frac{x^\alpha}{\mathrm{e}^{\lambda x}} = 0, \quad \forall\, \lambda, \alpha > 0.$$

Damit hat die Pareto-Verteilung immer schwereren rechten Schwanz als die exponentielle Verteilung.

(3) Sei $F_{\alpha,\beta}$ die V.F. der Gamma-Verteilung mit Parametern α und β und sei F_α die V.F. der Pareto-Verteilung mit Parameter α. Die entsprechende Dichte sind $f_{\alpha,\beta}$ und f_α notiert. Dann

$$\lim_{x\to\infty} \frac{1-F_{\alpha,\beta}(x)}{1-F_\alpha(x)} = \lim_{x\to\infty} \frac{f_{\alpha,\beta}(x)}{f_\alpha(x)} = \lim_{x\to\infty} \frac{\beta^\alpha x^{\alpha-1}\mathrm{e}^{-\beta x}}{\Gamma(\alpha)\alpha x^{-(1+\alpha)}} = \lim_{x\to\infty} \frac{\beta^\alpha x^{2\alpha}\mathrm{e}^{-\beta x}}{\alpha\Gamma(\alpha)} = 0,$$

$\forall\, \alpha, \beta > 0$. Damit hat die Pareto-Verteilung mit Parameter α schwereren rechten Schwanz als die Gamma-Verteilung mit Parametern α und β.

(4) Sei $F_{\alpha,\beta}$ die V.F. der Gamma-Verteilung mit Parametern α und β und sei $F_{\mu,\beta}$ die lognormalen V.F. mit Parametern μ und β. Die entsprechende Dichte sind $f_{\alpha,\beta}$ und $f_{\mu,\beta}$ notiert. Dann

$$\lim_{x\to\infty} \frac{1-F_{\alpha,\beta}(x)}{1-F_{\mu,\beta}(x)} = \lim_{x\to\infty} \frac{f_{\alpha,\beta}(x)}{f_{\mu,\beta}(x)} = \lim_{x\to\infty} \frac{\beta^\alpha x^{\alpha-1}\mathrm{e}^{-\beta x}\sqrt{2\pi\beta}x}{\Gamma(\alpha)\exp\left\{-\frac{(\log x-\mu)^2}{2\beta}\right\}}$$

$$= \lim_{x\to\infty} \Gamma(\alpha)^{-1}\beta^\alpha\sqrt{2\pi\beta}x^\alpha \exp\left\{\frac{-2\beta^2 x + (\log x-\mu)^2}{2\beta}\right\} = 0, \ \mu \in \mathbb{R}, \alpha, \beta > 0.$$

Damit hat die Gamma-Verteilung mit Parametern α und β leichteren rechten Schwanz als die lognormalen Verteilung mit Parametern μ und β.

Lösung zur Aufgabe 2.6.3

Die Definitionen der Ausfallrate und der momentanen Ausfallrate sind auch für jede über $\mathbb{R}$ definierte absolut stetige V.F. F sinnvoll. Sei f die Dichte von F, dann definieren wir

$$H(x,u) = \frac{F(x+u) - F(x)}{1 - F(x)}, \quad h(x) = \frac{f(x)}{1 - F(x)}, \quad \forall x \in \mathbb{R}, u > 0.$$

Ebenfalls für diese Situation gelten die folgenden Implikationen:

$$\forall\, u > 0,\ \frac{f(\cdot + u)}{f(\cdot)} \text{ ist} \begin{cases} \text{fallend} \\ \text{wachsend} \end{cases} \Longrightarrow h \text{ ist} \begin{cases} \text{wachsend} \\ \text{fallend} \end{cases}$$

$$\Longleftrightarrow \forall\, u > 0,\ H(\cdot, u) \text{ ist} \begin{cases} \text{wachsend} \\ \text{fallend} \end{cases} \Longleftrightarrow \log\{1 - F\} \text{ ist} \begin{cases} \text{konkav,} \\ \text{konvex.} \end{cases}$$

(1) Sei F die V. F. der Gamma-Verteilung mit Parametern α und β und sei f ihre Dichte. Dann, $\forall u > 0$,

$$\frac{f(x+u)}{f(x)} = \frac{(x+u)^{\alpha-1}\, \mathrm{e}^{-\beta(x+u)}}{x^{\alpha-1}\mathrm{e}^{-\beta x}} = \left(\frac{x+u}{x}\right)^{\alpha-1} \mathrm{e}^{-\beta u} \text{ ist} \begin{cases} \text{wachsend, wenn } \alpha < 1, \\ \text{konstant, wenn } \alpha = 1, \\ \text{fallend, wenn } \alpha > 1. \end{cases}$$

bezüglich x. Damit hat F

$$\begin{cases} \text{DFR,} & \text{wenn } \alpha < 1, \\ \text{konstante Ausfallrate,} & \text{wenn } \alpha = 1, \\ \text{IFR,} & \text{wenn } \alpha > 1. \end{cases}$$

(2) Die Dichte der standard-normale Verteilung ist ϕ. Dann, $\forall u > 0$, ist

$$\frac{\phi(x+u)}{\phi(x)} = \frac{\exp\left\{-\frac{(x+u)^2}{2}\right\}}{\exp\left\{-\frac{x^2}{2}\right\}} = \exp\left\{-\frac{u^2 + 2xu}{2}\right\}$$

bezüglich x fallend, $\forall u > 0$. Damit ist die standard-normale Verteilung IFR.
Eine alternative Lösung ist wie folgt. Die V. F. der standard-normale Verteilung ist Φ notiert und wir haben, $\forall x \in \mathbb{R}$,

$$h'(x) = \frac{\phi'(x)\{1 - \Phi(x)\} + \phi(x)^2}{\{1 - \Phi(x)\}^2} \geq 0 \Longleftrightarrow -x\mathrm{e}^{-\frac{x^2}{2}} \int_x^\infty \mathrm{e}^{-\frac{y^2}{2}} dy + \left\{\mathrm{e}^{-\frac{x^2}{2}}\right\}^2 \geq 0$$

$$\Longleftrightarrow \mathrm{e}^{-\frac{x^2}{2}} \geq x \int_x^\infty \mathrm{e}^{-\frac{y^2}{2}} dy.$$

Die letzte Ungleichung folgt aus

$$\mathrm{e}^{-\frac{x^2}{2}} = \int_x^\infty y\mathrm{e}^{-\frac{y^2}{2}} \mathrm{d}y \geq x \int_x^\infty \mathrm{e}^{-\frac{y^2}{2}} \mathrm{d}y.$$

Damit ist h' nicht-negative und die standard-normale Verteilung ist IFR.

(3) Seien F und f die V. F. und die Dichte der Pareto-Verteilung mit Parameter α. Dann

$$h(x) = \frac{f(x)}{1 - F(x)} = \frac{\alpha x^{-1-\alpha}}{x^{-\alpha}} = \frac{\alpha}{x}, \ \forall x \geq 1.$$

Damit ist h eine fallende Funktion und die Pareto-Verteilung ist DFR.

(4) Sei die geometrische Wahrscheinlichkeitsfunktion

$$p_k = \mathsf{P}[Z = k] = p(1-p)^k, \ \text{für } k = 0, 1, \dots,$$

wobei $p \in (0, 1)$. Dann ist die momentane Ausfallrate

$$h(k) = \frac{p_k}{\sum_{j=k}^{\infty} p_j} = \frac{p(1-p)^{k-1}}{\sum_{j=k}^{\infty} p(1-p)^{j-1}} = \frac{1}{\sum_{j=0}^{\infty}(1-p)^j} = p.$$

Lösung zur Aufgabe 2.6.6

(1) Sei F die Gumbel-V. F. Dann ist $f(x) = \mathrm{e}^{-x} F(x), \forall x \in \mathbb{R}$, ihre Dichte. Damit, $\forall u > 0$,

$$\frac{f(x+u)}{f(x)} = \frac{\mathrm{e}^{-x-u} \exp\left\{\mathrm{e}^{-x-u}\right\}}{\mathrm{e}^{-x} \exp\left\{-\mathrm{e}^{-x}\right\}} = \mathrm{e}^{-u} \exp\left\{\mathrm{e}^{-x}\left(1 - \mathrm{e}^{-u}\right)\right\}$$

ist bezüglich x fallend. Folglich ist die Gumbel-Verteilung IFR.

(2) Sei h die Ausfallrate der Gamma-Verteilung mit Parametern α und β. Dann

$$\begin{aligned}\lim_{x\to\infty} h(x) &= \lim_{x\to\infty} \frac{\Gamma(\alpha)^{-1}\beta^\alpha x^{\alpha-1}\mathrm{e}^{-\beta x}}{\int_x^\infty \Gamma(\alpha)^{-1}\beta^\alpha y^{\alpha-1}\mathrm{e}^{-\beta y}\mathrm{d}y} = \lim_{x\to\infty} \frac{x^{\alpha-1}\mathrm{e}^{-\beta x}}{\int_x^\infty y^{\alpha-1}\mathrm{e}^{-\beta y}\mathrm{d}y} \\ &= \lim_{x\to\infty} \frac{(\alpha-1)\,x^{\alpha-2}\mathrm{e}^{-\beta x} - \beta x^{\alpha-1}\mathrm{e}^{-\beta x}}{-x^{\alpha-1}\mathrm{e}^{-\beta x}} = \lim_{x\to\infty}(1-\alpha)x^{-1} + \beta = \beta.\end{aligned}$$

Lösung zur Aufgabe 2.6.7

(1) Die Funktion $f : [r, s] \to \mathbb{R}$ heißt konvex, wenn $\forall \lambda \in [0, 1]$,

$$f(x) \leq \lambda f(r) + (1-\lambda) f(s),$$

wobei $x = \lambda r + (1-\lambda)s$. Unsere synthetische Definition lässt sich wie folgt umschreiben,

$$f(x) - f(r) \leq -(1-\lambda) f(r) + (1-\lambda) f(s).$$

Zudem gilt

$$x - r = (1-\lambda)(s-r) \Longleftrightarrow 1 - \lambda = \frac{x-r}{s-r}$$

und deshalb erhalten wir

$$f(x) - f(r) \leq \frac{x-r}{s-r}\Big[f(s) - f(r)\Big], \quad \forall x \in [r, s].$$

(2) Seien f konvex und g wachsend und konvex. Dann gilt

$$\begin{aligned} g(f(\lambda x + (1-\lambda)y)) &\leq g(\lambda f(x) + (1-\lambda)f(y)) \\ &\leq \lambda g(f(x)) + (1-\lambda)g(f(y)). \end{aligned}$$

Lösung zur Aufgabe 2.6.8
Für die Überlebensfunktion $\bar{F}(x) = 1 - F(x)$ des Netzes gilt

$$\begin{aligned} \bar{F}(x) = {} & \bar{F}_{AB}(x)\bar{F}_{AC}(x)\bar{F}_{BC}(x) + F_{AB}(x)\bar{F}_{AC}(x)\bar{F}_{BC}(x) \\ & + \bar{F}_{AB}(x)F_{AC}(x)\bar{F}_{BC}(x) + \bar{F}_{AB}(x)\bar{F}_{AC}(x)F_{BC}(x). \end{aligned}$$

(1) Den Skalenparameter können wir $\lambda = 1$ wählen. Dann gilt $\bar{F}_{AB}(x) = \bar{F}_{AC}(x) = \bar{F}_{BC}(x) = \mathrm{e}^{-x}$ und man erhält

$$\begin{aligned} \bar{F}(x) &= \mathrm{e}^{-3x} + 3(1 - \mathrm{e}^{-x})\mathrm{e}^{-2x} = \mathrm{e}^{-2x}(3 - 2\mathrm{e}^{-x}), \\ f(x) &= 6\mathrm{e}^{-2x}(1 - \mathrm{e}^{-x}), \\ h(x) &= \frac{f(x)}{\bar{F}(x)} = \frac{6 - 6\mathrm{e}^{-x}}{3 - 2\mathrm{e}^{-x}} = 2 - \frac{2}{3\mathrm{e}^{x} - 2}. \end{aligned}$$

Somit ist $h(x)$ wachsend bezüglich x und F gehört zur IFR-Klasse.

(2) Wir können $\lambda = 2$ wählen und erhalten

$$\begin{aligned} \bar{F}(x) &= \mathrm{e}^{-5x} + \mathrm{e}^{-6x} + \mathrm{e}^{-7x} - 2\mathrm{e}^{-9x}, \\ f(x) &= 5\mathrm{e}^{-5x} + 6\mathrm{e}^{-6x} + 7\mathrm{e}^{-7x} - 18\mathrm{e}^{-9x}, \\ h(x) &= \frac{5 + 6\mathrm{e}^{-x} + 7\mathrm{e}^{-2x} - 18\mathrm{e}^{-4x}}{1 + \mathrm{e}^{-x} + \mathrm{e}^{-2x} - 2\mathrm{e}^{-4x}}. \end{aligned}$$

Wir setzen $s = \mathrm{e}^{-x}$. So nimmt s Werte zwischen 0 und 1 an. Die Ausfallrate ist nun

$$\tilde{h}(s) = \frac{5 + 6s + 7s^2 - 18s^4}{1 + s + s^2 - 2s^4}$$

und für ihre Ableitung erhält man

$$\tilde{h}'(s) = \frac{1 + 4s + s^2 - 32s^3 - 18s^4 - 8s^5}{(1 + s + s^2 - 2s^4)^2}.$$

Für Werte von s nahe bei 1 (d. h. für kleine x) ist $\tilde{h}'(s) < 0$ und damit $h'(x) > 0$. Wenn dagegen s nahe bei 0 liegt (d. h. für große x), so ist $\tilde{h}'(s) > 0$ und $h'(x) < 0$. Damit gehört F des Netzes nicht zur IFR-Klasse.

Lösung zur Aufgabe 2.6.10

(1) Die V. F. der Mischung ist

$$F(x) = 1 - \frac{1}{5}\mathrm{e}^{-x} - \frac{4}{5}\mathrm{e}^{-5x}.$$

Somit erhalten wir für die Exzess-Funktion

$$\mathrm{ex}(x) = \frac{\int_x^\infty (1 - F(t))\mathrm{d}t}{1 - F(x)} = \frac{\int_x^\infty \frac{1}{5}\mathrm{e}^{-t} + \frac{4}{5}\mathrm{e}^{-5t}\mathrm{d}t}{\frac{1}{5}\mathrm{e}^{-x} + \frac{4}{5}\mathrm{e}^{-5x}} = \frac{\frac{1}{5}\mathrm{e}^{-x} + \frac{4}{25}\mathrm{e}^{-5x}}{\frac{1}{5}\mathrm{e}^{-x} + \frac{4}{5}\mathrm{e}^{-5x}}.$$

Es ist offensichtlich, dass

$$\lim_{x\to\infty} \mathrm{ex}(x) = 1.$$

(2) Wenn man $\mathrm{ex}(x)$ ableitet, sieht man, dass $(\mathrm{ex}(x))' > 0$. Somit handelt es sich um eine IMRL-Verteilung.

(3) Allgemein kann man nicht sagen, ob es sich um eine IMRL- oder DMRL-Verteilung handelt.

Lösung zur Aufgabe 2.6.11

Seien $t, x > 0$, dann

$$\begin{aligned}\frac{\exp\{\log^c(tx)\}}{\exp\{\log^c x\}} &= \exp\left\{\log^c(tx) - \log^c x\right\} = \exp\left\{\log^c x\left[\left(1 + \frac{\log t}{\log x}\right)^c - 1\right]\right\}\\ &= \exp\left\{\frac{\left(\frac{\log x + \log t}{\log x}\right)^c - 1}{\log^{-c} x}\right\}.\end{aligned}$$

Wenn $c < 0$, dann strebt der Exponent nach 0, für $x \to \infty$. Damit

$$\frac{\exp\{\log^c(tx)\}}{\exp\{\log^c x\}} \xrightarrow{x\to\infty} 1.$$

Die Funktion $\exp\{\log^c\}$ hat langsame Variation.

Wenn $c = 0$, dann handelt sich um die konstante Funktion 1, die offensichtlich langsame Variation besitzt.

Wenn $c > 0$, dann ergibt sich nach der Verwendung der Hospital-Regel

$$\lim_{x\to\infty} \frac{\left(\frac{\log x+\log t}{\log x}\right)^c - 1}{\log^{-c} x} = \lim_{x\to\infty} \frac{c\left(\frac{\log x+\log t}{\log x}\right)^{c-1} \frac{-\log t}{x\log^2 x}}{\frac{-c\log^{-c-1} x}{x}}$$

$$= \lim_{x\to\infty} (\log x + \log t)^{c-1} \log t$$

$$= \begin{cases} \operatorname{sgn}(\log t)\cdot\infty, & \text{wenn } c > 1, \\ \log t, & \text{wenn } c = 1, \\ 0, & \text{wenn } 0 < c < 1. \end{cases}$$

Damit besitzt die Funktion $\exp\{\log^c\}$ langsame Variation für $0 < c < 1$. Für $c = 1$ besitzt diese Funktion eine logarithmische Variation.

Lösung zur Aufgabe 2.6.12

(1) Es gilt

$$B_n = \sum_{i=1}^{n} \mathsf{I}\{X_i > u_n\} \sim \text{Binomial}(n, 1 - F(u_n)),$$

für $n = 1, 2 \ldots$. Dann

$$\mathsf{E}[B_n] = n\{1 - F(u_n)\} \xrightarrow{n\to\infty} \tau.$$

Daraus folgt

$$B_n \xrightarrow{\text{d}} \text{Poisson}(\tau).$$

Daraus folgt

$$\mathsf{P}[M_n \le u_n] = \mathsf{P}[B_n = 0] \xrightarrow{n\to\infty} \mathrm{e}^{-\tau}.$$

(2) Seien $\{a_n\}_{n\ge 1} \in \mathbb{R}_+^\infty$ und $x > 0$, sodass

$$n\{1 - F(xa_n)\} \xrightarrow{n\to\infty} \tau(x),$$

für ein $\tau(x) > 0$. Dann folgt es aus (1), dass

$$\mathsf{P}\left[\frac{M_n}{a_n} \le x\right] = \mathsf{P}[M_n \le xa_n] \xrightarrow{n\to\infty} \mathrm{e}^{-\tau(x)}.$$

Wir wissen, dass $1-F \in R_{-\alpha}$ genau dann, wenn $[1-F(xa_n)]/[1-F(a_n)] \xrightarrow{n\to\infty} x^{-\alpha}$. Damit für $a_n = F^{(-1)}\left(1 - n^{-1}\right)$, i.e. $n = \{1 - F(a_n)\}^{-1}$, gilt

$$n\{1 - F(xa_n)\} \xrightarrow{n\to\infty} x^{-\alpha}.$$

Mit $\tau(x) = x^{-\alpha}$ erhalten wir

$$\mathsf{P}\left[\frac{M_n}{a_n} \le x\right] \xrightarrow{n\to\infty} \exp\{-x^{-\alpha}\}.$$

Lösung zur Aufgabe 2.6.13

(1) Sei $t > 0$ beliebig und $\varepsilon > 0$ beliebig klein. Weil $l_1, l_2 \in R_0$, existiert ein $x_0 = x_0(t, \epsilon)$, sodass

$$\left|\frac{l_i(tx)}{l_i(x)} - 1\right| = \frac{|l_i(tx) - l_i(x)|}{l_i(x)} \le \varepsilon \implies |l_i(tx) - l_i(x)| \le \varepsilon l_i(x),\ \forall\, x \ge x_0,\ \text{für } i = 1, 2.$$

Daraus folgt

$$\begin{aligned}\left|\frac{l_1(tx) + l_2(tx)}{l_1(x) + l_2(x)} - 1\right| &= \frac{|l_1(tx) - l_1(x) + l_2(tx) - l_2(x)|}{l_1(x) + l_2(x)}\\ &\le \frac{|l_1(tx) - l_1(x)| + |l_2(tx) - l_2(x)|}{l_1(x) + l_2(x)}\\ &\le \frac{\varepsilon l_1(x) + \varepsilon l_2(x)}{l_1(x) + l_2(x)}\\ &= \varepsilon,\ \forall\, x \ge x_0.\end{aligned}$$

Eine alternative Lösung ist wie folgt:

$$\begin{aligned}\frac{l_1(tx) + l_2(tx)}{l_1(x) + l_2(x)} &= \frac{\frac{l_1(tx)}{l_1(x)} + \frac{l_2(tx)}{l_2(x)}\frac{l_2(x)}{l_1(x)}}{1 + \frac{l_2(x)}{l_1(x)}} = \frac{(1 + h_1(x)) + (1 + h_2(x))\frac{l_2(x)}{l_1(x)}}{1 + \frac{l_2(x)}{l_1(x)}}\\ &= \frac{\left(1 + \frac{l_2(x)}{l_1(x)}\right) + h_1(x) + \left(h_2(x)\frac{l_2(x)}{l_1(x)}\right)}{1 + \frac{l_2(x)}{l_1(x)}} = 1 + \frac{h_1(x)}{1 + \frac{l_2(x)}{l_1(x)}} + \frac{\frac{l_2(x)}{l_1(x)}}{1 + \frac{l_2(x)}{l_1(x)}} h_2(x)\\ &\xrightarrow{x\to\infty} 1,\end{aligned}$$

wobei

$$h_i(x) = \frac{l_i(tx)}{l_i(x)} - 1 \xrightarrow{x\to\infty} 0,\ \text{für } i = 1, 2, \quad \frac{l_2(x)}{l_1(x)} \ge 0 \quad \text{und} \quad 0 \le \frac{\frac{l_2(x)}{l_1(x)}}{1 + \frac{l_2(x)}{l_1(x)}} < 1.$$

(2) Wir haben

$$0 \le \frac{\bar{F}_1(x)\bar{F}_2(x)}{\bar{F}_1(x) + \bar{F}_2(x)} = \frac{\bar{F}_2(x)}{1 + \frac{\bar{F}_2(x)}{\bar{F}_1(x)}} \le \bar{F}_2(x) \xrightarrow{x\to\infty} 0.$$

(3) Wir haben

$$0 \leq \frac{\bar{F}_1(\delta x)\bar{F}_2(\delta x)}{\bar{F}_1((1-\delta)x) + \bar{F}_2((1-\delta)x)} = \frac{\bar{F}_2(\delta x)}{\frac{\bar{F}_1((1-\delta)x)}{\bar{F}_1(\delta x)} + \frac{\bar{F}_2((1-\delta)x)}{\bar{F}_1(\delta x)}}$$
$$\leq \frac{\bar{F}_1(\delta x)}{\bar{F}_1((1-\delta)x)}\bar{F}_2(\delta x) \sim \left(\frac{\delta}{1-\delta}\right)^{\alpha} \bar{F}_2(\delta x) \xrightarrow{x\to\infty} 0.$$

Lösung zur Aufgabe 2.6.14

(1) Sei $X \sim \text{Pareto}(\alpha)$, d. h. $\mathsf{P}[X \leq x] = 1 - x^{-\alpha}$ für alle $x \geq 1$ und $\alpha > 0$. Wir erhalten für die Exzess-Funktion

$$\text{ex}(x) = \frac{\int_x^\infty (1-F(t))\mathrm{d}t}{1-F(x)} = \frac{\int_x^\infty t^{-\alpha}\mathrm{d}t}{x^{-\alpha}} = \frac{x}{\alpha-1},$$

falls $\alpha > 1$ ist.

(2) Es handelt sich um die loglogistische Verteilung. Es gilt

$$\lim_{x\to\infty} \frac{1-F(tx)}{1-F(x)} = \lim_{x\to\infty} t^{-\alpha}\frac{1+\beta x^{-\alpha}}{1+\beta(tx)^{-\alpha}} = t^{-\alpha}.$$

Somit ist F vom Pareto-Typ und der Index der regulären Variation ist $-\alpha$. Wir wählen

$$l(x) = \frac{\beta x^\alpha}{x^\alpha + \beta}.$$

(3) Für die Exzess-Funktion erhalten wir

$$\text{ex}(x) = \frac{\int_x^\infty (1-F(t))\mathrm{d}t}{1-F(x)} = \frac{\int_x^\infty \frac{\beta}{t^\alpha+\beta}\mathrm{d}t}{\frac{\beta}{x^\alpha+\beta}}.$$

Das letzte Integral existiert, falls $\alpha > 1$. Allerdings ist es nicht möglich, einen geschlossenen Ausdruck für dieses Integral zu finden.

(4) Es gilt

$$\lim_{x\to\infty} \frac{\text{ex}(x)}{x} = \lim_{x\to\infty} \frac{\int_x^\infty (1-F(t))\mathrm{d}t}{x(1-F(x))} = \lim_{x\to\infty} \frac{\int_x^\infty t^{-\alpha}l(t)\mathrm{d}t}{x^{1-\alpha}l(x)},$$

wobei $l(x) = \beta x^\alpha/(x^\alpha + \beta)$ mit $\alpha, \beta > 0$. Mit Satz 2.31 von Karamata folgt nun

$$\lim_{x\to\infty} \frac{\text{ex}(x)}{x} = \frac{1}{\alpha-1}.$$

Somit gilt

$$\text{ex}(x) \sim \frac{x}{\alpha-1},$$

wenn $x \to \infty$.

(5) Da $\mathrm{ex}(x) \to \infty$, wenn $x \to \infty$, gehört F nach Satz 2.39 zur Klasse der subexponentiellen Verteilungen. Weiter liefert Satz 2.43 die folgende Aussage: Wenn die Verlust-V. F. F zur subexponentiellen Klasse gehört, dann gilt

$$\lim_{x\to\infty} \mathrm{e}^{\varepsilon x}(1 - F(x)) = \infty, \quad \forall \varepsilon > 0.$$

Daher folgt

$$\int_y^\infty \mathrm{e}^{\varepsilon x}\mathrm{d}F(x) \geq \mathrm{e}^{\varepsilon y} \int_y^\infty \mathrm{d}F(x) = \mathrm{e}^{\varepsilon y}(1 - F(y)) \longrightarrow \infty,$$

wenn $y \to \infty$. Deshalb gilt

$$M(\varepsilon) = \int_0^\infty \mathrm{e}^{\varepsilon x}\mathrm{d}F(x) = \infty, \quad \forall \varepsilon > 0.$$

Lösung zur Aufgabe 2.6.15

(1) Wir erhalten

$$\begin{aligned}
\mathsf{P}[X_1 + X_2 + X_3 = 5] &= \mathsf{P}[X_1 = 0]\mathsf{P}[X_2 = 2]\mathsf{P}[X_3 = 3] \\
&\quad + \mathsf{P}[X_1 = 1]\mathsf{P}[X_2 = 1]\mathsf{P}[X_3 = 3] \\
&\quad + \mathsf{P}[X_1 = 1]\mathsf{P}[X_2 = 2]\mathsf{P}[X_3 = 2] \\
&= 0{,}9 \cdot 0{,}2 \cdot 0{,}25 + 0{,}1 \cdot 0{,}3 \cdot 0{,}25 + 0{,}1 \cdot 0{,}2 \cdot 0{,}25 \\
&= 0{,}0575.
\end{aligned}$$

(2) Sei $X \sim \mathrm{Exponential}(\lambda)$ und $Y \sim \mathrm{Gamma}(\alpha, \lambda)$, wobei $\alpha, \lambda > 0$. Die Dichte von X ist

$$g(x) = \lambda \mathrm{e}^{-\lambda x}, \quad x > 0,$$

und die Dichte von Y ist

$$f(x) = \frac{\lambda^\alpha}{\Gamma(\alpha)} \mathrm{e}^{-\lambda x} x^{\alpha - 1}, \quad \forall x > 0.$$

Sei $h(z)$, $\forall z > 0$, die Dichte von $Z = X + Y$. Mit der Formel für die Faltung erhalten wir

$$\begin{aligned}
h(z) &= \int_0^z f(t) g(z - t) \mathrm{d}t \\
&= \int_0^z \frac{\lambda^\alpha}{\Gamma(\alpha)} \mathrm{e}^{-\lambda t} t^{\alpha - 1} \lambda \mathrm{e}^{-\lambda(z - t)} \mathrm{d}t \\
&= \frac{\lambda^{\alpha + 1}}{\Gamma(\alpha)} \mathrm{e}^{-\lambda z} \int_0^z t^{\alpha - 1} \mathrm{d}t
\end{aligned}$$

$$= \frac{\lambda^{\alpha+1}}{\Gamma(\alpha+1)} e^{-\lambda z} z^{\alpha}.$$

Im letzten Schritt haben wir ausgenutzt, dass $\Gamma(\alpha + 1) = \alpha\Gamma(\alpha)$. Somit $Z \sim \text{Gamma}(\alpha + 1, \lambda)$.

(3) Es ist bekannt, dass die Gamma-Verteilung eine direkte Verallgemeinerung der Exponentialverteilung ist. Sei nun $X \sim \text{Exponential}(\lambda)$-verteilt, dann ist X anders ausgedrückt Gamma$(1, \lambda)$-verteilt. Die Summe aus stochastisch unabhängigen Gamma-verteilten Zufallsvariablen ist wiederum Gamma-verteilt. Somit ist die gefragte Summe Gamma(n, λ)-verteilt. Diese Verteilung ist auch als Erlang-Verteilung bekannt.

(4) Sei $X \sim \text{Uniform}(0, 1)$ und Y eine unabhängige Zufallsvariable mit der Dichte

$$f_Y(y) = \begin{cases} y, & 0 \leq y < 1, \\ 2 - y, & 1 \leq y < 2, \\ 0, & \text{sonst.} \end{cases}$$

Wir sind interessiert an $Z = X + Y$. Es gilt

$$F_Z(z) = \mathsf{P}[Z \leq z] = \int_0^z \int_0^{z-x} f_X(x) f_Y(y) \mathrm{d}y \mathrm{d}x.$$

Wenn $z \in (0, 1)$, dann gilt

$$F_Z(z) = \int_0^z \int_0^{z-x} y \mathrm{d}y \mathrm{d}x = \frac{z^3}{6}.$$

Für $z \in (1, 2)$ erhalten wir

$$\begin{aligned} F_Z(z) &= \int_0^{z-1} \int_0^1 y \mathrm{d}y \mathrm{d}x + \int_{z-1}^1 \int_0^{z-x} y \mathrm{d}y \mathrm{d}x + \int_0^{z-1} \int_1^{z-x} (2 - y) \mathrm{d}y \mathrm{d}x \\ &= z - 1 + \frac{(2-z)^3}{6} - \frac{(z-1)^3}{6}. \end{aligned}$$

Wenn $z \in (2, 3)$, dann gilt

$$F_Z(z) = 1 - \int_{z-2}^1 \int_{z-x}^2 (2 - y) \mathrm{d}y \mathrm{d}x = 1 - \frac{(3-z)^3}{6}.$$

Somit gilt

$$f_Z(z) = \begin{cases} \frac{z^2}{2}, & 0 \leq z \leq 1, \\ -z^2 + 3z - \frac{3}{2}, & 1 \leq z \leq 2, \\ \frac{(z^2-6z+9)}{2}, & 2 \leq z \leq 3, \\ 0, & \text{sonst.} \end{cases}$$

Lösung zur Aufgabe 2.6.16

(1) Es gilt

$$\lim_{x\to\infty}\frac{f(x)}{f_a(x)} = \lim_{x\to\infty}\frac{\frac{\alpha^\beta}{\Gamma(\beta)}(\log x)^{\beta-1}x^{-\alpha-1}}{\frac{-\alpha^{\beta-1}}{\Gamma(\beta)}(-(\log x)^{\beta-1}\alpha x^{-\alpha-1}+(\beta-1)(\log x)^{\beta-2}x^{-\alpha-1})} = 1$$

und daher folgt $\bar{F}(x) \sim \bar{F}_a(x)$.

(2) Wir erhalten

$$\begin{aligned} F^{(-1)}\left(1-\frac{1}{n}\right) &= \inf\left\{x \in \mathbb{R} \mid F(x) \geq 1-\frac{1}{n}\right\} \\ &= \inf\left\{x \in \mathbb{R} \mid \frac{1}{n} \geq \bar{F}(x)\right\} \\ &= \inf\left\{x \in \mathbb{R} \mid \frac{1}{\bar{F}(x)} \geq n\right\} \\ &= \left(\frac{1}{\bar{F}}\right)^{(-1)}\left(n\right). \end{aligned}$$

(3) Mit Teilaufgabe (2) erhalten wir

$$\begin{aligned} a_n = F_a^{(-1)}\left(1-\frac{1}{n}\right) = \left(\frac{1}{\bar{F}_a}\right)^{(-1)}\left(n\right) \quad &\Longleftrightarrow \quad \frac{1}{\bar{F}_a(a_n)} = n \\ &\Longleftrightarrow \quad \frac{\Gamma(\beta)}{\alpha^{\beta-1}}(\log a_n)^{1-\beta}a_n^\alpha = n. \end{aligned}$$

Das Resultat folgt nun, indem wir den Logarithmus auf die letzte Gleichung anwenden.

(4) Aus Teilaufgabe (3) folgt

$$\alpha \log a_n = \log n + (\beta-1)\log\log a_n + \log\frac{\alpha^{\beta-1}}{\Gamma(\beta)}$$

und somit gilt

$$\log a_n = \alpha^{-1}(\log n + \log r_n),$$

wobei $\log r_n = \mathrm{o}(\log n)$, für $n \to \infty$.

(5) Durch Einsetzen erhalten wir

$$\alpha(\alpha^{-1}(\log n + \log r_n)) - (\beta-1)\log(\alpha^{-1}(\log n + \log r_n)) - \log\frac{\alpha^{\beta-1}}{\Gamma(\beta)} - \log n = 0$$

und somit gilt

$$\log r_n = (\beta-1)\log(\alpha^{-1}\log n\{1+o(1)\}) + \log\frac{\alpha^{\beta-1}}{\Gamma(\beta)}.$$

(6) Aus

$$\alpha \log a_n = \log n + (\beta - 1) \log(\alpha^{-1} \log n\{1 + o(1)\}) + \log \frac{\alpha^{\beta-1}}{\Gamma(\beta)}$$

folgt

$$a_n^\alpha = \frac{n(\log n\{1 + o(1)\})^{\beta-1}}{\Gamma(\beta)}.$$

Deshalb gilt

$$a_n \sim \left(\frac{n \log^{\beta-1} n}{\Gamma(\beta)} \right)^{\frac{1}{\alpha}},$$

für $n \to \infty$.

(7) Wir haben $F \in R_{-\alpha}$, und damit gilt der Fréchet-Grenzwertsatz, d. h.

$$a_n^{-1} M_n \xrightarrow{\mathrm{d}} \text{Fréchet}(\alpha)$$

mit

$$a_n = \left(\frac{n \log^{\beta-1} n}{\Gamma(\beta)} \right)^{\frac{1}{\alpha}}.$$

Lösung zur Aufgabe 2.6.17

(1) Es gilt

$$\begin{aligned}
\mathrm{TVaR}_\alpha(X) &= \frac{\int_{q_\alpha}^{\infty} x f(x) \mathrm{d}x}{1 - \alpha} \\
&= q_\alpha + \frac{\int_{q_\alpha}^{\infty} (x - q_\alpha) f(x) \mathrm{d}x}{1 - \alpha} \\
&= q_\alpha + \frac{\int_{-\infty}^{\infty} (x - q_\alpha) f(x) \mathrm{d}x - \int_{-\infty}^{q_\alpha} (x - q_\alpha) f(x) \mathrm{d}x}{1 - \alpha} \\
&= q_\alpha + \frac{\mathsf{E}(X) - \int_{-\infty}^{q_\alpha} x f(x) \mathrm{d}x - q_\alpha (1 - F(q_\alpha))}{1 - \alpha} \\
&= q_\alpha + \frac{\mathsf{E}(X) - \mathsf{E}[\min(X, q_\alpha)]}{1 - \alpha}.
\end{aligned}$$

(2) Die Quantilfunktion der Weibull-Verteilung ist

$$\theta(-\log(1 - p))^{\frac{1}{\tau}}, \quad p \in [0, 1),$$

und daher gilt in unserem Beispiel $q_{0,999} \simeq 2385{,}85$. Schließlich erhalten wir

$$\mathrm{TVaR}_{0,999}(X) = \frac{\int_{q_{0,999}}^{\infty} 0{,}5 (\frac{x}{50})^{0{,}5} \mathrm{e}^{-(\frac{x}{50})^{0{,}5}} \mathrm{d}x}{1 - 0{,}999} \simeq 3176{,}64.$$

Lösung zur Aufgabe 2.6.18

(1) Für die Exponentialverteilung mit Parameter $\alpha = 500$ ist die Quantilfunktion $\log(1 - p)/\alpha, \forall p \in [0, 1)$. Somit ist $\mathrm{VaR}_{0,95}(X) = q_{0,95} \simeq 0{,}006$ und

$$\mathrm{TVaR}_{0,95}(X) = \frac{\int_{q_{0,95}}^{\infty} x\, 500\, \mathrm{e}^{-500\,x} \mathrm{d}x}{1 - 0{,}95} \simeq 0{,}008.$$

(2) Für die Pareto-Verteilung mit Parameter $\alpha = 3$ ist die Quantilfunktion $(1 - p)^{-1/\alpha}$, $\forall p \in [0, 1)$. Somit ist $\mathrm{VaR}_{0,95}(X) = q_{0,95} \simeq 2{,}71$ und

$$\mathrm{TVaR}_{0,95}(X) = \frac{\int_{q_{0,95}}^{\infty} 3x^{-3} \mathrm{d}x}{1 - 0{,}95} \simeq 4{,}08.$$

Lösung zur Aufgabe 2.6.19

Es gilt $\forall x > 0$,

$$\begin{aligned}
\frac{\mathrm{d}}{\mathrm{d}x}\mathsf{E}[X|X > x] &= \frac{\mathrm{d}}{\mathrm{d}x}\left(\frac{1}{1 - F(x)}\int_x^{\infty} t f(t)\, \mathrm{d}t\right) \\
&= \frac{(1 - F(x))(-x f(x)) + (\int_x^{\infty} t f(t)\mathrm{d}t) f(x)}{(1 - F(x))^2} \\
&= \frac{f(x)}{1 - F(x)} \frac{\int_x^{\infty} t f(t)\mathrm{d}t - x(1 - F(x))}{1 - F(x)} \\
&= h(x) \int_x^{\infty} (t - x)\frac{\mathrm{d}F(t)}{1 - F(x)} \\
&= h(x)\ \mathrm{ex}(x).
\end{aligned}$$

Somit ist $\mathsf{E}[X|X > x]$ nicht-fallend bezüglich x.

Lösung zur Aufgabe 2.6.20

Sei $G(x) = \mathsf{P}[|X| \leq x]$. Durch partielle Integration erhalten wir

$$\int_0^c x^p\, \mathrm{d}G(x) = -\int_0^c x^p\, \mathrm{d}\{1 - G(x)\} = p\int_0^c x^{p-1}\{1 - G(x)\}\mathrm{d}x - c^p\{1 - G(c)\}. \quad (9.1)$$

Wenn $\mathsf{E}[|X|^p] < \infty$, dann

$$\lim_{c\to\infty} \int_c^{\infty} x^p \mathrm{d}G(x) = 0. \quad (9.2)$$

Aus

$$\int_c^{\infty} x^p \mathrm{d}G(x) \ \geq\ c^p\{1 - G(c)\} \ \geq\ 0,$$

(9.1) und (9.2) erhalten wir (i). Aus (i) folgt (ii).

Wenn $\mathsf{E}[|X|^p] = \infty$, dann impliziert (9.1), dass

$$p\int_0^c x^{p-1}\{1-G(x)\}\mathrm{d}x \geq \int_0^c x^p\,\mathrm{d}G(x) \xrightarrow{c\to\infty} \infty.$$

Daraus folgt (i).

Lösung zur Aufgabe 2.6.21

Für $p > 0$ ist der Moment von F der Ordnung p gegeben durch

$$c\int_0^\infty x^p \mathrm{e}^{-x^\alpha}\mathrm{d}x = \frac{c}{\alpha}\int_0^\infty y^{-1+\frac{p+1}{\alpha}}\mathrm{e}^{-y}\mathrm{d}y < \infty.$$

Die m. e. F. wurde formell durch

$$M(v) = \int_0^\infty \mathrm{e}^{vx}\mathrm{e}^{-x^\alpha}\mathrm{d}x = \int_0^\infty \exp\{x(v-x^{\alpha-1})\}\mathrm{d}x$$

gegeben. Aber für $\alpha < 1$ existiert dieses Integral nicht.

Die V. F. F gehört der 4. Kategorien: sie ist mäßig heavy-tailed.

Lösung zur Aufgabe 2.6.22

Für $j = 1, 2, 3$ haben wir

$$M_{X_j}(v) = \mathsf{E}[\mathrm{e}^{vX_j}] = j\int_0^\infty \mathrm{e}^{vx}\mathrm{e}^{-jx}\mathrm{d}x = \frac{j}{j-v}\int_0^\infty \mathrm{e}^{-y}\mathrm{d}y = \frac{j}{j-v}.$$

Mit dieser Formel, mit der Unabhängigkeit von X_1, X_2, X_3 und mit der Partielbruchzerlegung erhalten wir

$$\begin{aligned}
M_S(v) &= \int_0^\infty \mathrm{e}^{vx} f_s(x)\mathrm{d}x = \mathsf{E}[\mathrm{e}^{v(X_1+X_2+X_3)}] = \mathsf{E}[\mathrm{e}^{vX_1}]\mathsf{E}[\mathrm{e}^{vX_2}]\mathsf{E}[\mathrm{e}^{vX_3}] \\
&= \frac{1}{1-v}\frac{2}{2-v}\frac{3}{3-v} = 3\frac{1}{1-v} - 3\frac{2}{2-v} + \frac{3}{3-v} \\
&= 3\int_0^\infty \mathrm{e}^{vx}\mathrm{e}^{-x}\mathrm{d}x - 3\int_0^\infty \mathrm{e}^{vx}2\mathrm{e}^{-2x}\mathrm{d}x + \int_0^\infty \mathrm{e}^{vx}3\mathrm{e}^{-3x}\mathrm{d}x \\
&= \int_0^\infty \mathrm{e}^{vx}(3\mathrm{e}^{-1x} - 3\cdot 2\mathrm{e}^{-2x} + \mathrm{e}^{-3x})\mathrm{d}x.
\end{aligned}$$

Daraus folgt

$$f_S(x) = \mathrm{e}^{-1x} - 3\cdot 2\mathrm{e}^{-2x} + 3\mathrm{e}^{-3x} = 3f_{X_1}(x) - 3f_{X_2}(x) + 1f_{X_3}(x).$$

Die Verteilung von S ist eine lineare Kombination exponentieller Verteilungen. Sie ist light-tailed und gehört der 2. Kategorie, weil $M_S(v) < \infty$, $\forall v < 1$ und nur für solche v.

Lösung zur Aufgabe 2.6.23
Wir haben

$$f(x) = \frac{\mathrm{d}}{\mathrm{d}x} F(x) = \frac{\alpha\theta^\alpha}{(\theta + x)^{\alpha+1}}.$$

Es gilt, für $k = 1, 2, \ldots,$

$$\begin{aligned}
\mu_k &= \alpha\theta^\alpha \int_0^\infty \frac{x^k}{(\theta + x)^{\alpha+1}} \mathrm{d}x = \alpha\theta^\alpha \int_\theta^\infty \frac{(y - \theta)^k}{y^{\alpha+1}} \mathrm{d}y \\
&= \alpha\theta^\alpha \sum_{j=0}^{k} \binom{k}{j} \int_\theta^\infty y^{j-\alpha-1} (-\theta)^{k-j} \, \mathrm{d}y \\
&= \alpha \sum_{j=0}^{k} \binom{k}{j} (-1)^{k-j} \, \theta^{\alpha+k-j} \int_\theta^\infty y^{j-\alpha-1} \mathrm{d}y \\
&= \begin{cases} \alpha \sum_{j=0}^{k} \binom{k}{j} (-1)^{k-j} \, \theta^{\alpha+k-j} \left(-\frac{\theta^{j-\alpha}}{j-\alpha}\right), & \text{wenn } k < \alpha, \\ \infty, & \text{sonst.} \end{cases}
\end{aligned}$$

Damit ist F heavy-tailed und gehört zur 5. Kategorie von Verlust-Verteilungen.

Lösung zur Aufgabe 2.6.24
(1) Wir haben

$$\begin{aligned}
\mathsf{E}[(X - d)_+^k] &= \mathsf{E}[(X - d)^k \, \mathsf{I}\{X > d\}] \\
&= \int_d^\infty (X - d)^k \, \mathrm{d}F(x) \\
&= \int_d^\infty (X - d)^k \, \mathrm{d}\, \{\mathsf{P}[X \le x]\} \\
&= \int_d^\infty (X - d)^k \, \mathrm{d}\, \{\mathsf{P}[X \le x | X > d]\mathsf{P}[X > d] + \mathsf{P}[X \le x, X \le d]\} \\
&= \int_d^\infty (X - d)^k \, \mathrm{d}\, \{\mathsf{P}[X \le x | X > d]\mathsf{P}[X > d\} + 1] \\
&= \int_d^\infty \mathsf{P}[X > d] \, (X - d)^k \, \mathrm{d}\mathsf{P}[X \le x | X > d] \\
&= \{1 - F(d)\} \int_d^\infty (X - d)^k \, \mathrm{d}\mathsf{P}[X \le x | X > d] \\
&= \{1 - F(d)\} \int_0^\infty (X - d)^k \, \mathrm{d}\mathsf{P}[X \le x | X > d] \\
&= \{1 - F(d)\} \, \mathsf{E}[(X - d)^k \, | X > d] = \{1 - F(d)\} \, \mathrm{ex}(d; k).
\end{aligned}$$

(2) Hier haben wir

$$(X-d)_+ + (X\wedge d) = \begin{cases} (X-d)+d, & \text{falls } x > d \\ 0+X, & \text{falls } x \le d \end{cases} = X.$$

Bei einer Versicherung mit Selbstbehalt von d denjedigen von der versicherten Person gezahlten Betrag $X \wedge d$ plus denjedigen von der Versicherung gezahlten Betrag $(X-d)_+$ ist gleich zum gesamten Verlust X.

(3) Wir finden

$$\begin{aligned}
\mathsf{E}[(X\wedge d)^k] &= \mathsf{E}[X^k \mathsf{I}\{X \le d\} + d^k \mathsf{I}\{X > d\}] = \int_0^d x^k \mathrm{d}F(x) + \int_d^\infty d^k \mathrm{d}F(x) \\
&= \int_0^d x^k \mathrm{d}F(x) + d^k\,(1-F(d)) = -\int_0^d x^k \mathrm{d}\,(1-F(x)) + d^k\,(1-F(d)) \\
&= -\left[x^k\,(1-F(x))\right]_0^d + k\int_0^d x^{k-1}\,(1-F(x))\,\mathrm{d}x + d^k\,(1-F(d)) \\
&= k\int_0^d x^{k-1}\,(1-F(x))\,\mathrm{d}x.
\end{aligned}$$

Lösung zur Aufgabe 2.6.25

Die zwei gefragte Beweise sind wie folgt.

Beweis von Resultat 2.56 Seien $x \ge 0$ und $n = 1, 2, \ldots$, dann

$$\begin{aligned}
&\mathsf{P}[S_n > x] \ge \mathsf{P}[M_n > x] \implies 1 - F^{*n}(x) \ge 1 - F^n(x) \\
&\implies \liminf_{x\to\infty} \frac{1-F^{*n}(x)}{1-F(x)} \ge \liminf_{x\to\infty} \frac{1-F^n(x)}{1-F(x)} = \lim_{x\to\infty} \frac{1-F^n(x)}{1-F(x)} = n.
\end{aligned}$$

Beweis von Resultat 2.57 Seien $x \ge 0$ und $n = 1, 2, \ldots$, dann

$$\begin{aligned}
&F^{*(n+1)}(x) = \int_0^x F(x-y)dF^{*n}(y) \le F(x)\int_0^x dF^{*n}(y) = F(x)F^{*n}(x) \implies \\
&\frac{1-F^{*(n+1)}(x)}{1-F(x)} \ge \frac{1-F(x)F^{*n}(x)}{1-F(x)} = \frac{1-F(x)+F(x)-F(x)F^{*n}(x)}{1-F(x)} = 1 + F(x)\frac{1-F^{*n}(x)}{1-F(x)} \\
&\implies n \ge \limsup_{x\to\infty} \frac{1-F^{*(n)}(x)}{1-F(x)} \ge 1 + \limsup_{x\to\infty} F(x)\frac{1-F^{*(n-1)}(x)}{1-F(x)} = 1 + \limsup_{x\to\infty} \frac{1-F^{*(n-1)}(x)}{1-F(x)} \\
&\ge 2 + \limsup_{x\to\infty} \frac{1-F^{*(n-2)}(x)}{1-F(x)} \ge 3 + \limsup_{x\to\infty} \frac{1-F^{*(n-3)}(x)}{1-F(x)} \ge \ldots \ge (n-2) + \limsup_{x\to\infty} \frac{1-F^{*(2)}(x)}{1-F(x)}.
\end{aligned}$$

Lösung zur Aufgabe 2.6.26
Wenn $1 - F \in R_{-\alpha}$, dann $\exists l \in R_0$, sodass $1 - F(x) = x^{-\alpha} l(x)$, $\forall x \geq 0$. Wenn $p > \alpha$, dann ergibt sich aus der Anwendung des Resultats 2.59, dass

$$\mathsf{E}[X^p] \geq \int_x^\infty y^p \mathrm{d}F(y) \geq x^p \int_x^\infty \mathrm{d}F(y) = x^p(1 - F(x)) = x^{p-\alpha} l(x) \xrightarrow{x \to \infty} \infty.$$

Lösung zur Aufgabe 2.6.27
Die Pareto-V. F. mit Parameter $\alpha > 0$ ist $F(x) = 1 - x^{-\alpha}$, $\forall x \geq 1$. Daraus folgt $F^{(-1)}(u) = (1-u)^{-\frac{1}{\alpha}}$, $\forall u \in [0, 1)$, und $U(t) = F^{(-1)}(1 - 1/t) = t^{\frac{1}{\alpha}}$, $\forall t \geq 1$. Mit diesem Resultat erhalten wir

$$\frac{U(tu) - U(t)}{a(t)} = \frac{t^{\frac{1}{\alpha}}\left(u^{\frac{1}{\alpha}} - 1\right)}{a(t)} \xrightarrow{t \to \infty} \frac{u^\gamma - 1}{\gamma}, \text{ falls } \gamma = \frac{1}{\alpha} \text{ und } a(t) = \frac{t^{\frac{1}{\alpha}}}{\alpha}.$$

Wie im Satz von Fisher-Tippet wählen wir

$$b_n = U(n) = n^{\frac{1}{\alpha}} \text{ und } a_n = a(n) = \alpha^{-1} n^{\frac{1}{\alpha}}, \text{ für } n = 1, 2, \ldots.$$

Damit

$$\begin{aligned} \mathsf{P}\left[\frac{M_n - b_n}{a_n} \leq x\right] &= \mathsf{P}\left[\alpha \frac{M_n - n^{\alpha^{-1}}}{n^{\alpha^{-1}}} \leq x\right] \\ &\xrightarrow{n \to \infty} \exp\left\{-(1 + \gamma x)^{-\gamma^{-1}}\right\} \\ &= \exp\left\{-\left(1 + \frac{x}{\alpha}\right)^{-\alpha}\right\}, \ \forall x \geq -\alpha. \end{aligned}$$

Sei

$$Y_n = \frac{M_n - b_n}{a_n} = \alpha \frac{M_n - n^{\alpha^{-1}}}{n^{\alpha^{-1}}} = \alpha \frac{M_n}{n^{\alpha^{-1}}} - \alpha.$$

Dann

$$\mathsf{P}\left[\frac{M_n}{n^{\alpha^{-1}}} \leq x\right] = \mathsf{P}\left[\frac{Y_n + \alpha}{\alpha} \leq x\right] = \mathsf{P}\left[Y_n \leq \alpha(x - 1)\right] \xrightarrow{n \to \infty} \exp\left\{-x^{-\alpha}\right\}, \ \forall x \geq 0.$$

Damit $n^{-1/\alpha} M_n \xrightarrow{\mathrm{d}}$ Fréchet(α), in Übereinstimmung mit dem Fréchet-Grenzwertsatz.

Lösung zur Aufgabe 2.6.28

(1) Je größer der übersteigende Betrag x, desto näher an 1 wird die Wahrscheinlichkeit, dass der Verlust den noch größeren Betrag $x + u$ übersteigen wird, für jeden festen Betrag u. Das entsprechende Risiko ist groß.

(2) Bemerke zuerst, dass

$$\bar{H}(x, u) = 1 - H(x, u) = \frac{1 - F(x + u)}{1 - F(x)} = \frac{\bar{F}(x + u)}{\bar{F}(x)}.$$

Satz 2.41 gibt

$$F \in \text{SE} \Longrightarrow \frac{\bar{F}(x - y)}{\bar{F}(x)} \xrightarrow{x \to \infty} 1 \Longrightarrow \frac{\bar{F}(x)}{\bar{F}(x - y)} \xrightarrow{x \to \infty} 1 \Longrightarrow \bar{H}(x, u) = \frac{\bar{F}(x + u)}{\bar{F}(x)} \xrightarrow{x \to \infty} 1.$$

(3) Betrachten wir die exponentielle Verteilung mit Parameter $\alpha > 0$, dann

$$\frac{\bar{F}(x + u)}{\bar{F}(x)} = \frac{\mathrm{e}^{-\alpha(x+u)}}{\mathrm{e}^{-\alpha(x)}} = \mathrm{e}^{-\alpha u}, \ \forall x > 0.$$

Dieser Quotient konvergiert nicht nach 1.

Betrachten wir die einseitige standard-normale Verteilung, dann

$$\lim_{x \to \infty} \frac{\bar{F}(x + u)}{\bar{F}(x)} = \lim_{x \to \infty} \frac{\int_{x+u}^{\infty} \mathrm{e}^{-\frac{t^2}{2}} \mathrm{d}t}{\int_{x}^{\infty} \mathrm{e}^{-\frac{t^2}{2}} \mathrm{d}t} = \lim_{x \to \infty} \frac{\mathrm{e}^{-\frac{(x+u)^2}{2}}}{\mathrm{e}^{-\frac{x^2}{2}}} = \lim_{x \to \infty} \mathrm{e}^{\frac{-u^2 - 2xu}{2}} = 0 \neq 1.$$

Lösung zur Aufgabe 2.6.29

Für die Monotonie haben wir, für $X \geq Y$ f. s.,

$\{x \in \mathbb{R}_+ | F_X(x) \geq \alpha\} \subset \{x \in \mathbb{R}_+ | F_Y(x) \geq \alpha\} \Longrightarrow$

$\text{VaR}_\alpha(X) = \inf\{x \in \mathbb{R}_+ | F_X(x) \geq \alpha\} \geq \inf\{x \in \mathbb{R}_+ | F_Y(x) \geq \alpha\} = \text{VaR}_\alpha(Y).$

Für die Skaleninvarianz haben wir, $\forall c > 0$,

$\{x \in \mathbb{R}_+ | F_X(x) \geq \alpha\} = \{x \in \mathbb{R}_+ | F_{cX}(cx) \geq \alpha\} = \left\{\frac{y}{c} \in \mathbb{R}_+ | F_{cX}(y) \geq \alpha\right\} \Longrightarrow$

$\text{VaR}_\alpha(X) = \inf\{x \in \mathbb{R}_+ | F_X(x) \geq \alpha\} = \inf\left\{\frac{y}{c} | F_{cX}(y) \geq \alpha\right\}$

$= \frac{1}{c} \inf\{y \in \mathbb{R}_+ | F_{cX}(y) \geq \alpha\} = \frac{1}{c} \text{VaR}_\alpha(cX).$

Für die Translationsinvarianz haben wir, $\forall a \in \mathbb{R}_+$,

$\{x \in \mathbb{R}_+ | F_X(x) \geq \alpha\} = \{x \in \mathbb{R}_+ | F_{X+a}(x + a) \geq \alpha\} = \{y - a \in \mathbb{R}_+ | F_{X+a}(y) \geq \alpha\} \Longrightarrow$

$\text{VaR}_\alpha(X) = \inf\{x \in \mathbb{R}_+ | F_X(x) \geq \alpha\} = \inf\{y - a \in \mathbb{R}_+ | F_{X+a}(y) \geq \alpha\}$

$= \inf\{y \in \mathbb{R}_+ | F_{X+a}(y) \geq \alpha\} - a = \text{VaR}_\alpha(X + a) - a.$

Lösung zur Aufgabe 2.6.30

(1) Nach Aufgabe 2.6.29 ist VaR positiv homogen d. h. skaleninvariant und translationsinvariant. Damit haben wir $\forall \mu \in \mathbb{R}$, $\sigma > 0$ und $\alpha \in (0, 1)$,

$$\begin{aligned}
\mathrm{TVaR}_\alpha(\mu + \sigma X) &= \mathsf{E}[\mu + \sigma X \mid \mu + \sigma X > \mathrm{VaR}_\alpha(\mu + \sigma X)] \\
&= \mathsf{E}[\mu + \sigma X \mid \mu + \sigma X > \mu + \sigma \,\mathrm{VaR}_\alpha(X)] \\
&= \mathsf{E}[\mu + \sigma X \mid X > \mathrm{VaR}_\alpha(X)] \\
&= \mu + \sigma \mathsf{E}[X \mid X > \mathrm{VaR}_\alpha(X)] \\
&= \mu + \sigma \,\mathrm{TVaR}_\alpha(X).
\end{aligned}$$

(2) Wir haben $X \sim \mathcal{N}(\mu, \sigma^2)$ also $X = \mu + \sigma Z$ mit $Z \sim \mathcal{N}(0, 1)$. Seien ϕ und Φ die Dichte und die V.F. von Z. Dann folgt aus (1), dass $\forall \mu \in \mathbb{R}$, $\sigma > 0$ und $\alpha \in (0, 1)$,

$$\begin{aligned}
\mathrm{TVaR}_\alpha(X) &= \mathrm{TVaR}_\alpha(\mu + \sigma Z) \\
&= \mu + \sigma \,\mathrm{TVaR}_\alpha(Z) \\
&= \mu + \sigma \mathsf{E}[Z \mid Z > \mathrm{VaR}_\alpha(Z)] \\
&= \mu + \sigma \mathsf{E}[Z \mid Z > \Phi^{(-1)}(\alpha)] \\
&= \mu + \sigma \frac{\int_{\Phi^{(-1)}(\alpha)}^{\infty} x \mathrm{d}\Phi(x)}{\mathsf{P}[Z > \Phi^{-1}(\alpha)]} \\
&= \mu + \sigma \frac{\phi\left(\Phi^{(-1)}(\alpha)\right)}{1 - \alpha}.
\end{aligned}$$

(3) Sei $F_{|Z|}$ die V.F. von $|Z|$. Es gilt $F_{|Z|}(x) = 2\Phi(x) - 1 = \alpha$ genau dann, wenn $x = \Phi^{(-1)}\left((\alpha + 1)/2\right)$. Dann, $\forall \mu \in \mathbb{R}$, $\sigma > 0$ und $\alpha \in (0, 1)$, haben wir

$$\begin{aligned}
\mathrm{TVaR}_\alpha(X) &= \mathrm{TVaR}_\alpha(\mu + \sigma |Z|) \\
&= \mu + \sigma \,\mathrm{TVaR}_\alpha(|Z|) \\
&= \mu + \sigma \mathsf{E}[|Z| \mid |Z| > \mathrm{VaR}_\alpha(|Z|)] \\
&= \mu + \sigma \mathsf{E}[|Z| \mid |Z| > F_{|Z|}^{(-1)}(\alpha)] \\
&= \mu + \sigma \frac{\int_{\Phi^{-1}\left(\frac{\alpha+1}{2}\right)}^{\infty} x \mathrm{d}\Phi(x)}{\mathsf{P}\left[Z > \Phi^{(-1)}\left(\frac{\alpha+1}{2}\right)\right]} \\
&= \mu + \sigma \frac{\phi\left(\Phi^{(-1)}\left(\frac{\alpha+1}{2}\right)\right)}{1 - \frac{\alpha+1}{2}} \\
&= \mu + \frac{2\sigma}{1 - \alpha} \phi\left(\Phi^{(-1)}\left(\frac{\alpha + 1}{2}\right)\right).
\end{aligned}$$

Lösung zur Aufgabe 2.6.31
Der gefragte Beweis ist wie folgt.

Beweis von Resultat 2.60 Es gilt, $\forall \alpha \in (0,1)$, dass

$$\begin{aligned}
\mathrm{TVaR}_\alpha(X) &= \frac{1}{1-\alpha}\int_{\mathrm{VaR}_\alpha(X)}^{\infty} x\mathrm{d}F(x) \\
&= \frac{1}{1-\alpha}\int_{\alpha}^{1} F^{(-1)}(u)\mathrm{d}u \\
&= \mathrm{VaR}_\alpha(X) + \frac{1}{1-\alpha}\int_{\alpha}^{1} F^{(-1)}(u) - \mathrm{VaR}_\alpha(X)\mathrm{d}u \\
&= \mathrm{VaR}_\alpha(X) + \frac{1}{1-\alpha}\int_{\mathrm{VaR}_\alpha(X)}^{\infty} t - \mathrm{VaR}_\alpha(X)\mathrm{d}F(t) \\
&= \mathrm{VaR}_\alpha(X) + \frac{1}{1-\alpha}\mathsf{E}[(X - \mathrm{VaR}_\alpha(X))_+].
\end{aligned}$$

9.2 Aufgaben des Kap. 3

Lösung zur Aufgabe 3.6.1

(1) Sei $K_t \sim \text{Poisson}(5t)$, wobei $t \geq 0$ die Anzahl Monate darstellt. Dann gilt

$$\mathsf{E}[K_t] = 5t,$$

und somit erhalten wir für $t = 5$ den Erwartungswert 25.

(2) Sei $T_1 \sim \text{Exponential}(5)$. Dann erhalten wir

$$\mathsf{P}[T_1 > 2] = \int_2^{\infty} 5\mathrm{e}^{-5t}\mathrm{d}t = \mathrm{e}^{-10}.$$

(3) Es ist offensichtlich, dass

$$\mathsf{E}[T_1] = \frac{1}{5}.$$

Lösung zur Aufgabe 3.6.2
Es gilt $\forall t \geq 0$, dass $\mathsf{P}[T \in (t, t+\mathrm{d}t) \mid T > t] = a\,\mathrm{d}t$, wobei $a > 0$.

(1) Kein Schaden während $(0, t)$ ist äquivalent zu $T > t$. Daher sind wir an $\mathsf{P}[T > t] = 1 - F(t)$ interessiert.

(2) Wir erhalten

$$\mathsf{P}[T \in (t, t+\mathrm{d}t) \mid T > t] = \frac{f(t)\mathrm{d}t}{1 - F(t)} = h(t)\mathrm{d}t,$$

und somit ist $a = h(t)$ die momentane Ausfallrate, die konstant ist.

(3) Es gilt

$$at = -\log(1 - F(t)) + c \iff F(t) = 1 - \mathrm{e}^{-at+c}.$$

Da $F(0) = 0$ ist, folgt $c = 0$. Deshalb erhalten wir auch $f(t) = a\mathrm{e}^{-at}$, $t \geq 0$.

(4) Sei $A_t = \{\omega \in \Omega \mid T(\omega) > t\}$, dann gilt

$$\begin{aligned}
\mathsf{P}[T > t, \forall t \geq 0] &= \mathsf{P}[\{\omega \in \Omega \mid T(\omega) > t, \forall t \geq 0\}] \\
&= \mathsf{P}\left[\bigcap_{t \geq 0} \{\omega \in \Omega \mid T(\omega) > t\}\right] \\
&= \mathsf{P}\left[\lim_{t \to \infty} A_t\right] \\
&= \lim_{t \to \infty} \mathsf{P}[A_t] \\
&= \lim_{t \to \infty} \mathrm{e}^{-at} \\
&= 0.
\end{aligned}$$

Wir konnten den Satz der monotonen Konvergenz anwenden, da A_t fallend ist.

Lösung zur Aufgabe 3.6.3

(1) Wir stellen fest, dass

$$\begin{aligned}
T_n > t \iff & \text{ genau } n-1 \text{ Ereignisse in } [0, t] \text{ oder} \\
& \text{ genau } n-2 \text{ Ereignisse in } [0, t] \text{ oder} \\
& \vdots \\
& \text{ genau } 0 \text{ Ereignisse in } [0, t].
\end{aligned}$$

Dabei handelt es sich um disjunkte Ereignisse und somit ist

$$\mathsf{P}[T_n > t] = \sum_{i=0}^{n-1} \mathsf{P}[N_t = i].$$

(2) Es sei

$$\mathsf{P}[N_t = i] = \frac{(at)^i}{i!}\mathrm{e}^{-at}, \quad \text{für } i = 0, 1, \ldots,$$

gegeben. Dann gilt

$$
\begin{aligned}
-\frac{\mathrm{d}}{\mathrm{d}t}\sum_{i=0}^{n-1} P(N_t = i) &= -\sum_{i=0}^{n-1}\left\{\frac{a^i t^{i-1}}{(i-1)!}\mathrm{e}^{-at}\mathrm{I}\{i>0\} - \frac{a^{i+1}t^i}{i!}\mathrm{e}^{-at}\right\} \\
&= \frac{a^n t^{n-1}}{(n-1)!}\mathrm{e}^{-at} \\
&= \frac{\mathrm{d}}{\mathrm{d}t}\mathsf{P}[T_n \le t].
\end{aligned}
$$

Damit gilt $T_n \sim \mathrm{Gamma}(n, a)$.

Lösung zur Aufgabe 3.6.4
Wir wollen zeigen, dass

$$
p_{k,k+n}(s,t) = \frac{1}{n!}\left(\int_s^t \lambda(x)\mathrm{d}x\right)^n \exp\{-\int_s^t \lambda(x)\mathrm{d}x\}
$$

für $0 < s < t$ und $k, n = 0, 1, \ldots$, wenn $\lambda(t) = \lambda_0(t) = \lambda_1(t) = \ldots$ gegeben sind. Für $n = 0$ erhalten wir mit Satz 3.18 die Formel

$$
p_{k,k}(s,t) = \exp\left\{-\int_s^t \lambda(x)\mathrm{d}x\right\}.
$$

Nun nehmen wir an, dass die Formel für $n-1$ stimmt. Daher gilt

$$
\begin{aligned}
p_{k,k+n}(s,t) &= \int_s^t \lambda_{k+n-1}(y)\, p_{k,k+n-1}(s,y)\, \exp\left\{-\int_y^t \lambda_{k+n}(x)\mathrm{d}x\right\}\mathrm{d}y \\
&= \int_s^t \lambda(y)\, \exp\left\{-\int_s^y \lambda(x)\mathrm{d}x\right\} \frac{1}{(n-1)!}\left(\int_s^y \lambda(x)\mathrm{d}x\right)^{n-1} \exp\left\{-\int_y^t \lambda(x)\mathrm{d}x\right\}\mathrm{d}y \\
&= \frac{1}{(n-1)!}\int_s^t \lambda(y)\left(\int_s^y \lambda(x)\mathrm{d}x\right)^{n-1}\mathrm{d}y\, \exp\left\{-\int_s^t \lambda(x)\mathrm{d}x\right\},
\end{aligned}
$$

für $n \ge 1$. Es ist offensichtlich, dass

$$
\frac{\mathrm{d}}{\mathrm{d}y}\left(\int_s^y \lambda(x)\mathrm{d}x\right)^n = n\left(\int_s^y \lambda(x)\mathrm{d}x\right)^{n-1}\lambda(y)
$$

und deshalb folgt

$$
\begin{aligned}
p_{k,k+n}(s,t) &= \frac{1}{(n-1)!}\,\frac{1}{n}\int_s^t \frac{\mathrm{d}}{\mathrm{d}y}\left(\int_s^y \lambda(x)\mathrm{d}x\right)^n \mathrm{d}y\, \exp\left\{-\int_s^t \lambda(x)\mathrm{d}x\right\} \\
&= \frac{1}{n!}\left(\int_s^t \lambda(x)\mathrm{d}x\right)^n \exp\left\{-\int_s^t \lambda(x)\mathrm{d}x\right\},
\end{aligned}
$$

für $n \ge 1$.

Lösung zur Aufgabe 3.6.5
Es sei T_1 die Zeit bis zum ersten Feuer. Dann gilt, $\forall t \geq 0$,

$$\mathsf{P}[T_1 > t] = \mathsf{P}[N_t = 0] = \mathrm{e}^{-\Lambda(t)},$$

wobei

$$\Lambda(t) = \int_0^t \lambda(t)\mathrm{d}t = \int_0^t a + b\cos\left(\frac{2\pi}{365}t\right)\mathrm{d}t = at + \frac{365b}{2\pi}\sin\left(\frac{2\pi}{365}t\right).$$

Deshalb erhalten wir

$$\mathsf{E}[T_1] = \int_0^\infty \mathsf{P}[T_1 > t]\mathrm{d}t = \int_0^\infty \mathrm{e}^{-\Lambda(t)}\mathrm{d}t.$$

Das letzte Integral kann man numerisch auswerten.

Lösung zur Aufgabe 3.6.6
Wir stellen fest, dass

$$\mathsf{P}[N_t^{(j)} = n] = \mathrm{e}^{-\lambda_j t}\frac{(\lambda_j t)^n}{n!}, \qquad \text{für } j = 1, \ldots, m.$$

Es ist bekannt, dass die Summe $X_1 + \ldots + X_m$ stochastisch unabhängiger Poisson-verteilter Zufallsvariablen $X_1, \ldots, X_m$ mit den Parametern $\lambda_1, \ldots, \lambda_m$ eine Poisson-Verteilung mit Parameter $\lambda_1 + \ldots + \lambda_m$ hat. Deshalb ist $N_t^{(1)} + \ldots + N_t^{(m)}$ Poisson-verteilt mit Parameter $t(\lambda_1 + \ldots + \lambda_m)$. Weiter gilt $\mathsf{P}[N_0^{(1)} + \ldots + N_0^{(m)} = 0] = 1$. Die Zuwächse sind stationär und unabhängig, da jeder Prozess bereits diese Eigenschaften erfüllt. Somit handelt es sich um einen Poisson-Prozess mit Parameter $\lambda_1 + \ldots + \lambda_m$.

Lösung zur Aufgabe 3.6.7
Seien $0 \leq s < t$ und $0 \leq k \leq n$, dann

$$\begin{aligned}
\mathsf{P}[N_s = k \mid N_t = n] &= \frac{\mathsf{P}[N_s = k,\ N_t - N_s = n - k]}{\mathsf{P}[N_t = n]} \\
&= \frac{\mathsf{P}[N_t - N_s = n - k \mid N_s = k]\mathsf{P}[N_s = k]}{\mathsf{P}[N_t = n]} \\
&= \frac{\mathrm{e}^{\Lambda(s)-\Lambda(t)}\frac{(\Lambda(t)-\Lambda(s))^{n-k}}{(n-k)!}\mathrm{e}^{-\Lambda(s)}\frac{\Lambda(s)^k}{k!}}{\mathrm{e}^{-\Lambda(t)}\frac{\Lambda(t)^n}{n!}} \\
&= \binom{n}{k}\left(\frac{\Lambda(s)}{\Lambda(t)}\right)^k\left(1 - \frac{\Lambda(s)}{\Lambda(t)}\right)^{n-k}.
\end{aligned}$$

Lösung zur Aufgabe 3.6.8

Seien $0 \leq t_1 < t < t_2$, dann folgt aus der Unabhängigkeit der Zuwächse des Poisson-Prozesses, dass

$$\begin{aligned}
&\mathsf{P}[N(t_1, t-h) = 0,\ N(t-h, t) = 1,\ N(t, t_2) = 0 \mid N(t-h, t) > 0] \\
&= \frac{\mathsf{P}N(t_1, t-h) = 0,\ N(t-h, t) = 1,\ N(t, t_2) = 0}{\mathsf{P}[N(t-h, t) > 0]} \\
&= \frac{\mathsf{P}[N(t_1, t-h) = 0]\mathsf{P}[N(t, t_2) = 0]\mathsf{P}[N(t-h, t) = 1]}{\mathsf{P}[N(t-h, t) > 0]} \\
&= \mathrm{e}^{\Lambda(t_1) - \Lambda(t_2)} \frac{\Lambda(t) - \Lambda(t-h)}{1 - \mathrm{e}^{\Lambda(t-h) - \Lambda(t)}} \\
&\xrightarrow{h \to 0} \mathrm{e}^{-(\Lambda(t_2) - \Lambda(t_1))}.
\end{aligned}$$

Lösung zur Aufgabe 3.6.12

(1) Die m. e. F. von N ist

$$M_N(v) = \sum_{k=0}^{\infty} \mathrm{e}^{\lambda k} p(1-p)^k = p \sum_{k=0}^{\infty} \left((1-p)\mathrm{e}^v\right)^k = \frac{p}{1 - (1-p)\mathrm{e}^v},$$

wenn

$$(1-p)\mathrm{e}^v < 1 \quad \Longleftrightarrow \quad v < -\log(1-p).$$

Die m. e. F. von X ist

$$M_X(v) = \int_0^{\infty} \mathrm{e}^{vx} \mathrm{e}^{-x} \mathrm{d}x = \left[\frac{1}{v-1} \mathrm{e}^{x(v-1)}\right]_0^{\infty} = \frac{1}{1-v},$$

wenn $v < 1$. Deshalb gilt

$$M_Z(v) = M_N(\log M_X(v)) = \frac{p}{1 - \frac{1-p}{1-v}} = \frac{p(1-v)}{p-v}, \quad \forall v < p.$$

(2) Es gilt

$$\frac{p(1-v)}{p-v} = \frac{p(p-v+1-p)}{p-v} = p\,1 + (1-p)\frac{p}{p-v}, \quad \forall v < p.$$

Offensichtlich ist 1 die m. e. F. von 0. Hingegen ist $p/(p-v)$ die m. e. F. der exponentiellen Zufallsvariable.

(3) Aus der Teilaufgabe (2) folgt somit

$$\mathsf{P}[Z \leq z] = p + (1-p)\left(1 - \mathrm{e}^{-pz}\right), \quad \forall z \geq 0.$$

Lösung zur Aufgabe 3.6.14

Sei N eine Zufallsvariable mit $\mathsf{P}[N = n = (1/5)^n 4/5$, für $n = 0, 1, \ldots$. Weiter sind $X_1, X_2, \ldots$ unabhängige Zufallsvariablen mit Verteilung $\mathsf{P}[X_1 = 1] = 0{,}5$, $P[X_1 = 2] = 0{,}4$ und $\mathsf{P}[X_1 = 3] = 0{,}1$. Zusätzlich wird angenommen, dass N und $X_1, X_2, \ldots$ unabhängig sind. Wir definieren $Z = \sum_{k=0}^{N} X_k$, wobei $X_0 = 0$. Es sei nun

$$p^{*n}(x) = \mathsf{P}[X_1 + \cdots + X_n = x], \text{ für } x = 0, 1, \ldots \text{ und } \text{ für } n = 1, 2, \ldots.$$

Zudem, $p^{*0}(x) = \mathsf{I}\{x = 0\}$. Dann gilt

$$\mathsf{P}[Z = z] = \sum_{n=0}^{\infty} p^{*n}(z)\mathsf{P}[N = n], \text{ für } z = 0, 1, \ldots.$$

Es ist einfach zu sehen, dass $p^{*0}(3) = 0$, $p^{*1}(3) = 0{,}1$, $p^{*2}(3) = 2 \cdot 0{,}5 \cdot 0{,}4 = 0{,}4$, $p^{*3}(3) = 0{,}5^3 = 0{,}125$ und $p^{*4}(3) = p^{*5}(3) = \cdots = 0$. Deshalb gilt

$$\mathsf{P}[Z = 3] = \frac{4}{25}\left(\frac{1}{10}\right) + \frac{4}{125}\left(\frac{4}{10}\right) + \frac{4}{625}\left(\frac{1}{8}\right) = \frac{74}{2500}.$$

Im anderen Fall erhalten wir

$$\mathsf{P}[Z = 0] = \frac{4}{5}.$$

Lösung zur Aufgabe 3.6.19

(1) Die m. e. F. von N_t ist

$$M(v) = \mathsf{E}\left[\mathrm{e}^{vN_t}\right] = \exp\{\lambda t[\mathrm{e}^v - 1]\}, \ \forall v \in \mathbb{R}.$$

Zudem gilt

$$\sqrt{t}\,\frac{\hat{\lambda}_t - \lambda}{\sqrt{\lambda}} = \frac{N_t - \lambda t}{\sqrt{\lambda t}}.$$

Wir erhalten

$$\begin{aligned}
M^*(v) &= \mathsf{E}\left[\exp\left\{v\,\frac{N_t - \lambda t}{\sqrt{\lambda t}}\right\}\right] = \mathsf{E}\left[\exp\left\{\frac{v}{\sqrt{\lambda t}} N_t\right\}\right]\exp\{-v\sqrt{\lambda t}\} \\
&= \exp\left\{\lambda t\left[\exp\left\{\frac{v}{\sqrt{\lambda t}}\right\} - 1\right] - v\sqrt{\lambda t}\right\} \\
&= \exp\left\{\lambda t\left[1 + \frac{v}{\sqrt{\lambda t}} + \frac{v^2}{2\lambda t} + \mathrm{o}(t^{-1}) - 1\right] - v\sqrt{\lambda t}\right\} \\
&= \exp\left\{\frac{v^2}{2} + \mathrm{o}(t^{-1})\right\},
\end{aligned}$$

für $t \to \infty$. Deshalb gilt

$$\sqrt{t}\,\frac{\hat{\lambda}_t - \lambda}{\sqrt{\lambda}} = \frac{N_t - \lambda t}{\sqrt{\lambda t}} \xrightarrow{\mathrm{d}} \mathcal{N}(0, 1).$$

(2) Aus dem Hinweis folgt sofort

$$\sqrt{t}\,\frac{\hat{\lambda}_t - \lambda}{\sqrt{\lambda}} = \mathrm{O}_p(1),$$

und deshalb gilt auch

$$\hat{\lambda}_t = \lambda + \mathrm{O}_p\left(t^{-\frac{1}{2}}\right),$$

für $t \to \infty$.

Lösung zur Aufgabe 3.6.23
Wir erhalten

$$\begin{aligned}
\mathsf{P}[K_t(r) = m] &= \sum_{n=0}^{\infty} \mathsf{P}[K_t(r) = m \mid K_t = n]\mathsf{P}[K_t = n] \\
&= \sum_{n=m}^{\infty} \binom{n}{m} \{1 - F(r)\}^m F^{n-m}(r) \frac{(\lambda t)^n}{n!} \mathrm{e}^{-\lambda t} \\
&= \{1 - F(r)\}^m \frac{(\lambda t)^m}{m!} \mathrm{e}^{-\lambda t} \sum_{k=0}^{\infty} \frac{(\lambda t)^k}{k!} F^k(r) \\
&= \frac{(\lambda_r t)^m}{m!} \exp\{-\lambda_r t\},
\end{aligned}$$

wobei $\lambda_r = \lambda\{1 - F(r)\}$. Deshalb ist

$$\begin{aligned}
\mathsf{P}[Z_t(r) \le z] &= \sum_{i=0}^{\infty} \mathsf{P}[K_t(r) = i] F_r^{*i}(z) \\
&= \sum_{i=0}^{\infty} \frac{(\lambda_r t)^i}{i!} \mathrm{e}^{-\lambda_r t} F_r^{*i}(z).
\end{aligned}$$

Lösung zur Aufgabe 3.6.24

(1) Jeder Tropfen fällt mit Wahrscheinlichkeit τ/n über ein Segment der Länge τ. Daraus folgt für jeden Tropfen eine Bernoulli-Z. V. mit Parameter τ/n. Aus der Unabhängigkeit ist die Anzahl der Tropfen, die über das Segment der Länge τ gefallen sind, gleich Binomial$(n, \tau/n)$.

(2) Wir haben

$$\begin{aligned}\mathsf{P}\left[\text{Binomial}\left(n,\frac{\tau}{n}\right)=k\right]&=\binom{n}{k}\left(\frac{\tau}{n}\right)^k\left(1-\frac{\tau}{n}\right)^{n-k}\\ &\frac{n(n-1)\ldots(n-k+1)}{n^k}\frac{\tau^k}{k!}\left(1+\frac{-\tau}{n}\right)^n\left(1-\frac{\tau}{n}\right)^{-k}\\ &=\frac{n}{n}\frac{n-1}{n}\cdots\frac{n-k+1}{n}\frac{\tau^k}{k!}\left(1+\frac{-\tau}{n}\right)^n\left(1-\frac{\tau}{n}\right)^{-k}\\ &\xrightarrow{n\to\infty}\frac{\tau^k}{k!}\mathrm{e}^{-\tau}.\end{aligned}$$

Lösung zur Aufgabe 3.6.25

(1) Seien $0 \leq s < t$ und $i \in \mathbb{N}$, dann

$$\begin{aligned}\mathsf{P}[N_{t+\mathrm{d}t}\geq i+1\mid N_t=i,\ T_i=s]&=\mathsf{P}[T_{i+1}\leq t+\mathrm{d}t\mid N_t=i,\ T_i=s]\\ &=\mathsf{P}[T_{i+1}\leq t+dt\mid T_i=s,\ T_{i+1}>t]\\ &=\frac{\mathsf{P}[t<T_{i+1}\leq t+\mathrm{d}t,\ T_i=s]}{\mathsf{P}[T_{i+1}>t,\ T_i=s]}\\ &=\frac{\mathsf{P}[t-s<D_{i+1}\leq t-s+\mathrm{d}t,\ T_i=s]}{\mathsf{P}[D_{i+1}>t-s,\ T_i=s]}\\ &=\frac{\mathsf{P}[t-s<D_{i+1}\leq t-s+\mathrm{d}t]\mathsf{P}[T_i=s]}{\mathsf{P}[D_{i+1}>t-s]\mathsf{P}[T_i=s]}\\ &=\frac{\mathsf{P}[t-s<D_{i+1}\leq t-s+\mathrm{d}t]}{\mathsf{P}[D_{i+1}>t-s]}\\ &=\mathsf{P}[D_{i+1}\leq t-s+\mathrm{d}t\mid D_{i+1}>t-s]\\ &=\frac{F(t-s+\mathrm{d}t)-F(t-s)}{1-F(t-s)}\\ &=H(t-s,\mathrm{d}t)\\ &=h(t-s)\mathrm{d}t+\mathrm{o}(\mathrm{d}t).\end{aligned}$$

(2) Es folgt aus $F(x) = 1 - \mathrm{e}^{-\alpha x}$, dass

$$H(t-s,\mathrm{d}t)=\frac{\mathrm{e}^{-\alpha(t-s)}-\mathrm{e}^{-\alpha(t-s+\mathrm{d}t)}}{\mathrm{e}^{-\alpha(t-s)}}=1-\mathrm{e}^{-\alpha\mathrm{d}t}$$

und

$$h(t-s)\mathrm{d}t+\mathrm{o}(\mathrm{d}t)=\frac{f(t-s)}{1-F(t-s)}\mathrm{d}t+\mathrm{o}(\mathrm{d}t)=\frac{\alpha\mathrm{e}^{-\alpha(t-s)}}{\mathrm{e}^{-\alpha(t-s)}}\mathrm{d}t+\mathrm{o}(\mathrm{d}t)=\alpha\mathrm{d}t+\mathrm{o}(\mathrm{d}t).$$

Lösung zur Aufgabe 3.6.26

(1) Wir haben

$$\begin{aligned} M_S(1) = \mathsf{E}[M_X^N(1)] &= \mathsf{P}[N=0] + M_X(1)\mathsf{P}[N=1] \\ &= (1-p) + p\int_0^1 \mathrm{e}^t \mathrm{d}t \\ &= (1-p) + p(\mathrm{e}-1) \\ &= 1 + p\mathrm{e} - 2p. \end{aligned}$$

(2) Wir finden

$$\begin{aligned} M_S(v) = \mathsf{E}[M_X^N(v)] &= \mathsf{P}[N=0] + M_X(v)\mathsf{P}[N=1] \\ &= 0{,}4 + 0{,}6\mathrm{e}^{\mu v}\mathrm{e}^{\frac{1}{2}\sigma^2 v^2} \\ &= 0{,}4 + 0{,}6\mathrm{e}^{3v+\frac{v^2}{2}}, \ \forall v \in \mathbb{R}. \end{aligned}$$

(3) Wir finden

$$\begin{aligned} M_S(v) = \mathsf{E}[M_X^N(v)] &= \sum_{k=0}^{10} M_X(v)^k \binom{n}{k} 0{,}6^k 0{,}4^{n-k} \\ &= \sum_{k=0}^{10} \left(\frac{\mathrm{e}^{10v} + \mathrm{e}^{20v}}{2}\right)^k \binom{n}{k} 0{,}6^k 0{,}4^{n-k} \\ &= \sum_{k=0}^{10} \binom{n}{k} \left[0{,}6\left(\frac{\mathrm{e}^{10v} + \mathrm{e}^{20v}}{2}\right)\right]^k 0{,}4^{n-k} \\ &= \left[0{,}6\left(\frac{\mathrm{e}^{10v} + \mathrm{e}^{20v}}{2}\right) + 0{,}4\right]^{10}, \ \forall v \in \mathbb{R}. \end{aligned}$$

Lösung zur Aufgabe 3.6.27

(1) N ~Poisson(1).

(2) X_j ~Exponential(1), für $j = 1, 2, \ldots$.

(3) Zuerst berechnen wir die m. e. F. von X_1 und die m. e. F. von N,

$$\begin{aligned} M_X(v) &= \int_0^\infty \mathrm{e}^{(v-1)x} dx = \frac{1}{1-v}, \quad \forall v < 1, \text{ und} \\ M_N(v) &= \frac{1}{\mathrm{e}} \sum_{n=0}^{\infty} \frac{\mathrm{e}^{nv}}{n!} = \mathrm{e}^{\mathrm{e}^v - 1}, \ \forall v \in \mathbb{R}. \end{aligned}$$

Dann erhalten wir

$$M_S(v) = \mathsf{E}[M_X(v)^N] = M_N(\log(M_X(v))) = \mathrm{e}^{\frac{1}{1-v}-1} = \mathrm{e}^{\frac{v}{1-v}}, \quad \forall v < 1.$$

Lösung zur Aufgabe 3.6.28

(1) Sei $x \geq 0$. Für $n = 1$ gilt

$$G_1(x) = \int_0^x \mathrm{e}^{-t} dt = 1 - \mathrm{e}^{-x} = 1 - e_0(x)\mathrm{e}^{-x}.$$

Der Induktionsschritt für n zu $n + 1$ ist gegeben durch

$$\begin{aligned}
G_{n+1}(x) &= \frac{\int_0^x \mathrm{e}^{-t} t^n dt}{\Gamma(n+1)} = \frac{-\left[\mathrm{e}^{-t} t^n\right]_0^x + n\int_0^x \mathrm{e}^{-t} t^{n-1} dt}{\Gamma(n+1)} \\
&= \frac{-\mathrm{e}^{-x} x^n}{\Gamma(n+1)} + G_n(x) \\
&= \frac{-\mathrm{e}^{-x} x^n}{n!} + \left[1 - \mathrm{e}^{-x} \sum_{i=0}^{n-1} \frac{x^i}{i!}\right] \\
&= 1 - \mathrm{e}^{-x} \sum_{i=0}^{n} \frac{x^i}{i!} \\
&= 1 - \mathrm{e}^{-x} e_n(x).
\end{aligned}$$

(2) Wir haben $\forall z \geq 0$,

$$\begin{aligned}
\mathsf{P}[Z \leq z] &= \sum_{n=0}^{\infty} \mathsf{P}[Z \leq z \mid N = n]\mathsf{P}[N = n] \\
&= \sum_{n=0}^{\infty} \mathsf{P}[S_n \leq z]\mathsf{P}[N = n] \\
&= \mathsf{P}[N = 0] + \sum_{n=1}^{\infty} G_n\left(\frac{z}{\mu}\right) \mathrm{e}^{-\lambda} \frac{\lambda^n}{n!} \\
&= \mathrm{e}^{-\lambda} + \sum_{n=1}^{\infty} \left(1 - \mathrm{e}^{-\frac{z}{\mu}} \sum_{i=0}^{n-1} \frac{z^i}{\mu^i i!}\right) \mathrm{e}^{-\lambda} \frac{\lambda^n}{n!} \\
&= 1 - \mathrm{e}^{-\lambda-\frac{z}{\mu}} \sum_{n=1}^{\infty} \sum_{i=0}^{n-1} \frac{\lambda^n z^i}{\mu^i i! n!} \\
&= 1 - \mathrm{e}^{-\lambda-\frac{z}{\mu}} \sum_{n=0}^{\infty} \sum_{i=0}^{n} \frac{\lambda^{n+1} z^i}{\mu^i i!(n+1)!}.
\end{aligned}$$

(3) Aus (2) finden wir

$$\mathsf{P}[Z=0]=\mathsf{P}[Z\leq 0]=\mathrm{e}^{-\lambda}=\mathsf{P}[N=0].$$

Lösung zur Aufgabe 3.6.29

(1) Wir erhalten

$$\begin{aligned} K_Z(v) &= \log M_Z(v) = \log\{M_N(\log M_X(v))\} \\ &= r\log p - r\log\left[1-(1-p)\exp\{\log M_X(v)\}\right] \\ &= r\log p - r\log\left[1-(1-p)M_X(v)\right]. \end{aligned}$$

(2) Wir notieren $q = 1 - p$ und erhalten

$$\begin{aligned} &\mathsf{E}[(Z-\mathsf{E}[Z])^3] = \frac{\mathrm{d}^3}{\mathrm{d}v^3}K_Z(v)\bigg|_{v=0} \\ &= \frac{\mathrm{d}^3}{\mathrm{d}v^3}\{r\log p - r\log[1-qM_X(v)]\}\bigg|_{v=0} = \frac{\mathrm{d}^2}{\mathrm{d}v^2}\left\{r\frac{qM_X'(v)}{1-qM_X(v)}\right\}\bigg|_{v=0} \\ &= \frac{\mathrm{d}}{\mathrm{d}v}\left\{r\frac{qM''\,[1-qM_X(v)]+q^2\left(M_X'(v)\right)^2}{[1-qM_X(v)]^2}\right\}\bigg|_{v=0} \\ &= \frac{\mathrm{d}}{\mathrm{d}v}\left\{\frac{rqM_X''(v)}{1-qM_X(v)}\right\}\bigg|_{v=0} + \frac{\mathrm{d}}{\mathrm{d}v}\left\{\frac{rq^2\left(M_X'(v)\right)^2}{[1-qM_X(v)]^2}\right\}\bigg|_{v=0} \\ &= \frac{rqM_X'''(v)}{1-qM}\bigg|_{v=0} + \frac{rq^2M_X''(v)M_X'(v)}{[1-qM_X(v)]^2}\bigg|_{v=0} + \frac{rq^2 2M_X(v)'\,M_X''(v)}{[1-qM_X(v)]^2}\bigg|_{v=0} \\ &\quad + \frac{rq^3\left(M_X'(v)\right)^2 2\,[1-qM_X(v)]\,M_X'(v)}{[1-qM_X(v)]^4}\bigg|_{v=0} \\ &= \frac{rq\mu_3}{p} + \frac{3rq^2\mu_1\mu_2}{p^2} + \frac{2rq^3\mu_1^3}{p^3}. \end{aligned}$$

Lösung zur Aufgabe 3.6.30

(1) Wir definieren

$$m_k = \mathsf{E}[Z_k] = \mathsf{E}[N_k]\mu_1 = \frac{q_k}{p_k}r\mu_1 = k\frac{q}{p}r\mu_1, \quad \text{für } k = 1, 2, \ldots.$$

Aus der Nicht-Negativität von X und aus dem monotonen Konvergenzsatz folgt, dass

$$M_X(v) = \mathsf{E}[e^{vX}] = \mathsf{E}\left[\sum_{k=0}^{\infty} \frac{v^k X^k}{k!}\right] = \sum_{k=0}^{\infty} \frac{v^k \mu_k}{k!}, \quad \forall v < v^*,$$

für ein $v^* > 0$. Damit

$$\begin{aligned}
M_{\frac{Z_k}{m_k}}(v) &= M_{Z_k}\left(\frac{v}{m_k}\right) = M_{N_k}\left(\log M_X\left(\frac{v}{m_k}\right)\right) \\
&= \left(\frac{p_k}{1 - q_k M_X\left(\frac{v}{m_k}\right)}\right)^r = \left(\frac{p_k}{1 - q_k \sum_{j=0}^{\infty} \frac{\left(\frac{v}{m_k}\right)^j \mu_j}{j!}}\right)^r \\
&= \left(\frac{p_k}{1 - q_k \sum_{j=0}^{\infty} \left(\frac{vp}{krq\mu_1}\right)^j \frac{\mu_j}{j!}}\right)^r = \left(\frac{1}{p_k} - k\frac{q}{p}\sum_{j=0}^{\infty}\left(\frac{vp}{krq\mu_1}\right)^j \frac{\mu_j}{j!}\right)^{-r} \\
&= \left[\left(\frac{1}{p_k} - k\frac{q}{p}\right) - \frac{v}{r} + o(1)\right]^{-r} \longrightarrow \left(\frac{r}{r-v}\right)^r, \quad \forall v < v^* \text{ und für } k \to \infty.
\end{aligned}$$

(2) Wir haben

$$\mathsf{E}[Z_k]^2 = k^2 \frac{q^2 r^2 \mu_1^2}{p^2},$$

$$\begin{aligned}
\mathsf{var}(Z_k) &= \frac{d^2}{dv^2} K_{Z_k}(v)\Big|_{v=0} = \frac{r q_k M_X''(v)}{1 - q_k M_X(v)}\Big|_{v=0} + \frac{r q_k^2 \left(M_X'(v)\right)^2}{[1 - q_k M_X(v)]^2}\Big|_{v=0} \\
&= \frac{r q_k \mu_2}{p_k} + \frac{r q_k^2 \mu_1^2}{p_k^2} = k\frac{q r \mu_2}{p} + k^2 \frac{q^2 r \mu_1^2}{p^2}
\end{aligned}$$

und somit

$$\mathsf{var}\left(\frac{Z_k}{\mathsf{E}[Z_k]}\right) = \frac{\mathsf{var}(Z_k)}{\mathsf{E}^2[Z_k]} = \frac{p\mu_2}{kqr\mu_1^2} + \frac{1}{r} \xrightarrow{k\to\infty} \frac{1}{r}.$$

(3) Wir haben Gamma(1/2, 1/2) $\sim \chi_1^2$, die Chi-Quadrat-Z. V. mit einem Freiheitsgrad. Damit können wir $\mathrm{VaR}_{0,95}(Z_{10})$ durch $\mathrm{VaR}_{0,95}(\chi_1^2) = 3{,}841$ approximieren und auch $\mathrm{VaR}_{0,99}(Z_{10})$ durch $\mathrm{VaR}_{0,99}(\chi_1^2) = 6{,}635$ approximieren.

Lösung zur Aufgabe 3.6.31

Die Z. V. $Z = Z_1 + Z_2 + Z3$ ist Poisson-verteilt mit Parameter $\lambda = \lambda_1 + \lambda_2 + \lambda_3 = 2 + 4 + 5 = 11$.

Lösung zur Aufgabe 3.6.32

(1) Wir finden $N \sim \text{Poisson}(\lambda)$ mit $\lambda = \lambda_1 + \lambda_2 + \lambda_3 = 3/2 + 3/2 + 3 = 6$.

(2) Die Wahrscheinlichkeitsfunktion ist

$$f(x) = \frac{\lambda_1}{\lambda} f_1(x) + \frac{\lambda_2}{\lambda} f_2(x) + \frac{\lambda_3}{\lambda} f_3(x) = \frac{1}{4} f_1(x) + \frac{1}{4} f_2(x) + \frac{1}{2} f_3(x).$$

(3) Wir berechnen die folgenden Werte:

$$f(1) = \frac{1}{4} f_1(1) + \frac{1}{4} f_2(1) + \frac{1}{2} f_3(1) = \frac{1}{4} 0{,}2 + \frac{1}{4} 0{,}7 + \frac{1}{2} 0{,}5 = 0{,}475,$$
$$f(2) = \frac{1}{4} f_1(2) + \frac{1}{4} f_2(2) + \frac{1}{2} f_3(2) = \frac{1}{4} 0{,}5 + \frac{1}{4} 0{,}3 + \frac{1}{2} 0{,}5 = 0{,}450,$$
$$f(3) = \frac{1}{4} f_1(3) + \frac{1}{4} f_2(3) + \frac{1}{2} f_3(3) = \frac{1}{4} 0{,}3 + \frac{1}{4} 0{,}0 + \frac{1}{2} 0{,}0 = 0{,}075.$$

(4) Wir berechnen die folgenden Werte:

$$f_Z(0) = \mathsf{P}[N = 0] = \mathrm{e}^{-6},$$
$$f_Z(1) = \mathsf{P}[N = 1] f(1) = 6\mathrm{e}^{-6} 0{,}475 = 2{,}85\mathrm{e}^{-6},$$
$$f_Z(2) = \mathsf{P}[N = 1] f(2) + \mathsf{P}[N = 2] f^2(1) = 6\mathrm{e}^{-6} 0{,}450 + \frac{36}{2} \mathrm{e}^{-6} (0{,}475)^2 = 6{,}7613\mathrm{e}^{-6}.$$

(5) Wir finden

$$\mathsf{P}[Z \le 2] = f_Z(0) + f_Z(1) + f_Z(2) = \mathrm{e}^{-6} + 6\mathrm{e}^{-6} 0{,}475 + 6{,}7613\mathrm{e}^{-6} = 10{,}6113\mathrm{e}^{-6}.$$

9.3 Aufgaben des Kap. 4

Lösung zur Aufgabe 4.9.3

Wir wissen, dass $f(x) = x\mathrm{e}^{-x}$, $\forall x > 0$, und $\beta = 2$. Zuerst erhalten wir

$$\mu = \int_0^\infty x^2 \mathrm{e}^{-x} \mathrm{d}x = \left[-\mathrm{e}^{-x}(x^2 + 2x + 2)\right]_0^\infty = 2$$

und

$$\frac{c}{\lambda} = \mu(1 + \beta) = 6.$$

Somit erhalten wir die Integrodifferentialgleichung

$$6R'(u) = R(u) - \int_0^u R(u - x) x \mathrm{e}^{-x} \mathrm{d}x.$$

Wir definieren die Hilfsfunktion

$$g_1(u) = \int_0^u \mathrm{e}^y R(y)\mathrm{d}y,$$

womit auch

$$\int_0^u g_1'(y)(u-y)\mathrm{d}y = \int_0^u g_1(y)\mathrm{d}y$$

gilt. Daher ist

$$\begin{aligned} 6R'(u) &= R(u) - \mathrm{e}^{-u}\int_0^u \mathrm{e}^y R(y)(u-y)\mathrm{d}y \\ &= R(u) - \mathrm{e}^{-u}\int_0^u g_1(y)\mathrm{d}y. \end{aligned}$$

Für die Ableitungen erhalten wir nun

$$\begin{aligned} 6R''(u) &= R'(u) + \mathrm{e}^{-u}\int_0^u g_1(y)\mathrm{d}y - \mathrm{e}^{-u}g_1(u) \\ &= R'(u) + R(u) - 6R'(u) - \mathrm{e}^{-u}g_1(u) \\ &= -5R'(u) + R(u) - \mathrm{e}^{-u}g_1(u) \end{aligned}$$

und

$$\begin{aligned} 6R'''(u) &= -5R''(u) + R'(u) + \mathrm{e}^{-u}g_1(u) - R(u) \\ &= -5R''(u) + R'(u) - 6R''(u) - 5R'(u) + R(u) - R(u) \\ &= -11R''(u) - 4R'(u). \end{aligned}$$

Die Gleichung

$$r^2 + \frac{11}{6}r + \frac{2}{3} = 0$$

hat die Lösungen $r_1 = -1/2$ und $r_2 = -4/3$. Deshalb erhalten wir mit dem Satz 8.40 über Differentialgleichungen der 2. Ordnung

$$R'(u) = a_1\mathrm{e}^{-\frac{1}{2}u} + a_2\mathrm{e}^{-\frac{4}{3}u}.$$

Mit den Randbedingungen

$$R(0) = \frac{\beta}{1+\beta} = \frac{2}{3} \quad \text{und} \quad R(\infty) = \lim_{u\to\infty} R(u) = 1$$

ergibt sich

$$
\begin{aligned}
&6R'(0) = \frac{2}{3} \Longrightarrow R'(0) = \frac{1}{9} \Longrightarrow a_1 + a_2 = \frac{1}{9}, \\
&R(u) = -2a_1 \mathrm{e}^{-\frac{1}{2}u} - \frac{3}{4}a_2 \mathrm{e}^{-\frac{4}{3}u} + a_3 \Longrightarrow R(\infty) = a_3 \Longrightarrow a_3 = 1 \text{ und} \\
&R(0) = -2a_1 - \frac{3}{4}a_2 + 1 = \frac{2}{3} \Longrightarrow a_1 + \frac{3}{8}a_2 = \frac{1}{6}.
\end{aligned}
$$

Somit ist $a_1 = 1/5$, $a_2 = -4/45$ und

$$
R(u) = 1 - \frac{2}{5}\mathrm{e}^{-\frac{1}{2}u} + \frac{1}{15}\mathrm{e}^{-\frac{4}{3}u}.
$$

Lösung zur Aufgabe 4.9.4

(1) In diesem Fall erhalten wir

$$
\lim_{\beta \to 0, \beta > 0} r(\beta) = 0
$$

und

$$
\lim_{\beta \to \infty} r(\beta) = \gamma.
$$

(2) Wir suchen die positive Lösung bezüglich v von

$$
\begin{aligned}
\mathsf{E}\left[1 + vX_1 + \frac{1}{2}(vX_1)^2\right] = 1 + (1+\beta)\mu v \quad &\Longleftrightarrow \quad 1 + v\mu + \frac{1}{2}v^2\mu_2 = 1 + (1+\beta)\mu v \\
&\Longleftrightarrow \quad \frac{1}{2}\mu_2 v^2 = \beta\mu v \\
&\Longleftrightarrow \quad v = \frac{2\beta\mu}{\mu_2}.
\end{aligned}
$$

Da

$$
M_X(v) > \mathsf{E}\left[1 + vX_1 + \frac{1}{2}(vX_1)^2\right],
$$

folgt $r < (2\beta\mu)/\mu_2$.

(3) Wir erhalten die m. e. F.

$$
M_X(v) = \frac{1}{2} \cdot \frac{3}{3-v} + \frac{1}{2} \cdot \frac{7}{7-v}, \quad \forall v < 3,
$$

und

$$
\mu = \frac{1}{2} \cdot \frac{1}{3} + \frac{1}{2} \cdot \frac{1}{7} = \frac{5}{21}.
$$

Nun ist $\gamma = 3$, da

$$
\lim_{v \to 3,\, v < 3} M_X(v) = \infty.
$$

Man kann leicht nachrechnen, dass $v = 1$ die Lösung der Gleichung

$$M_X(v) = 1 + (1 + \beta)\mu v$$

ist.

(4) Es gilt

$$M_X(v) = \frac{\mathrm{e}^v}{4}\left(1 + 3\mathrm{e}^v\right).$$

Mit $r = \log 2$ erhalten wir

$$\begin{aligned} M_X(\log 2) = 1 + (1+\beta)\mu \log 2 \quad &\Longleftrightarrow \quad \frac{1}{2}(1 + 3 \cdot 2) = 1 + (1+\beta)\frac{7}{4}\log 2 \\ &\Longleftrightarrow \quad \beta = \frac{\frac{7}{2} - 1}{\frac{7}{4}\log 2} - 1 = \frac{10}{7\log 2} - 1. \end{aligned}$$

(5) Es gilt

$$\begin{aligned} \int_0^\infty \mathrm{e}^{vx}\{1 - F(x)\}\mathrm{d}x &= -\int_0^\infty \frac{\mathrm{e}^{vx}}{v}\mathrm{d}\{1 - F(x)\} + \left[\frac{\mathrm{e}^{vx}}{v}\{1 - F(x)\}\right]_0^\infty \\ &= \frac{1}{v}\{M_X(v) - 1\}. \end{aligned}$$

Deshalb folgt auch

$$\int_0^\infty \mathrm{e}^{vx}\{1 - F(x)\}\mathrm{d}x = \frac{1}{v}\{1 + (1+\beta)\mu v - 1\} = (1+\beta)\mu = \frac{c}{\lambda}.$$

Lösung zur Aufgabe 4.9.5

Sei

$$f(x) = \sqrt{\frac{\theta}{2\pi x^3}}\exp\left\{-\frac{\theta}{2x}\left(\frac{x-\mu}{\mu}\right)^2\right\}, \quad \forall x > 0,$$

die Dichte der inversen Normalverteilung mit Parametern $\mu, \theta > 0$. Dann müssen wir die m. e. F.

$$M_X(v) = \int_0^\infty \sqrt{\frac{\theta}{2\pi x^3}}\exp\left\{vx - \frac{\theta}{2x}\left(\frac{x-\mu}{\mu}\right)^2\right\}\mathrm{d}x$$

bestimmen.

Wir stellen fest, dass

$$\begin{aligned} vx - \frac{\theta}{2x}\left(\frac{x-\mu}{\mu}\right)^2 &= -\frac{\theta}{2\mu^2 x}\left(-\frac{2v\mu^2}{\theta}x^2 + x^2 - 2x\mu + \mu^2\right) \\ &= -\frac{\theta}{2\mu^2 x}\left\{\left(1 - \frac{2v\mu^2}{\theta}\right)x^2 - 2x\mu + \mu^2\right\} \end{aligned}$$

$$= -\frac{\theta}{2\mu^2 x}\left\{\left(1-\frac{2v\mu^2}{\theta}\right)x^2 - 2\sqrt{1-\frac{2v\mu^2}{\theta}}x\mu + \mu^2 + 2x\mu\left(\sqrt{1-\frac{2v\mu^2}{\theta}}-1\right)\right\}$$

$$= -\frac{\theta}{2\mu^2 x}\left(\sqrt{1-\frac{2v\mu^2}{\theta}}x-\mu\right)^2 + \frac{\theta}{\mu}\left(1-\sqrt{1-\frac{2v\mu^2}{\theta}}\right).$$

Zudem gilt

$$\int_0^\infty \sqrt{\frac{\theta}{2\pi x^3}}\exp\left\{-\frac{\theta}{2x}\left(\frac{sx-\mu}{\mu}\right)^2\right\}\mathrm{d}x = \int_0^\infty \sqrt{\frac{\theta}{2\pi x^3}}\exp\left\{-\frac{\theta}{2x}\left(\frac{x-\mu s^{-1}}{\mu s^{-1}}\right)^2\right\}\mathrm{d}x = 1,$$

$\forall s > 0$. Die letzte Gleichung gilt zum Beispiel auch für $s = \sqrt{1-2v\mu^2\theta^{-1}}$. Daraus folgt die Formel der m. e. F.

$$M_X(v) = \exp\left\{\frac{\theta}{\mu}\left(1-\sqrt{1-\frac{2v\mu^2}{\theta}}\right)\right\}.$$

Lösung zur Aufgabe 4.9.6

(1) Für $X_1 = X_2 = \cdots = 2$ erhalten wir den Erwartungswert $\mu = 2$ und die m. e. F.

$$M_X(v) = \mathrm{e}^{2v}.$$

Deshalb ist die m. e. F. von S gegeben durch

$$M_S(v) = \frac{\beta\mu v}{1+(1+\beta)\mu v - M_X(v)} = \frac{2\beta v}{1+(1+\beta)2v-\mathrm{e}^{2v}}.$$

(2) Es gilt

$$\psi(r_0) = c_1\mathrm{e}^{-r_1 r_0} + c_2\mathrm{e}^{-r_2 r_0} + c_3\mathrm{e}^{-r_3 r_0} = 0{,}3\mathrm{e}^{-2r_0} + 0{,}2\mathrm{e}^{-4r_0} + 0{,}1\mathrm{e}^{-7r_0}.$$

Daraus folgt

$$\psi(0) = 0{,}3 + 0{,}2 + 0{,}1 = 0{,}6.$$

Zudem gilt

$$\psi(0) = \frac{1}{1+\beta}.$$

Daher folgt $\beta = 2/3$. Der Anpassungskoeffizient ist $r = \min\{r_1, r_2, r_3\}$, d. h. $r = 2$. Die Lundberg-Approximation ist

$$\psi(r_0) \sim \zeta e^{-r r_0} = 0{,}3e^{-2r_0}, \quad \text{für } r_0 \to \infty.$$

Lösung zur Aufgabe 4.9.7
Wir stellen fest, dass

$$f(x) = \frac{1}{3}e^{-3x} + \frac{16}{3}e^{-6x} = \frac{1}{9}\,3e^{-3x} + \frac{8}{9}\,6e^{-6x}, \quad \forall x \geq 0.$$

Deshalb folgen

$$\mu = \frac{1}{9} \cdot \frac{1}{3} + \frac{8}{9} \cdot \frac{1}{6} = \frac{5}{27} \text{ und } \beta = \frac{c}{\lambda\mu} - 1 = \frac{4}{5}.$$

Zudem ist es offensichtlich, dass

$$M_X(v) = \frac{1}{9} \cdot \frac{3}{3-v} + \frac{8}{9} \cdot \frac{6}{6-v}, \quad \forall v < 3.$$

Weiter erhalten wir

$$\frac{1}{1+\beta} \cdot \frac{\beta[M_X(v)-1]}{1+(1+\beta)\mu v - M_X(v)} = \frac{4}{9} \cdot \frac{10-3v}{8-6v+v^2} = \frac{4}{9} \cdot \frac{2}{2-v} + \frac{1}{9} \cdot \frac{4}{4-v},$$

und somit

$$\psi(u) = \frac{4}{9}e^{-2u} + \frac{1}{9}e^{-4u}, \quad \forall u \geq 0.$$

Lösung zur Aufgabe 4.9.8
Es seien $P_3(x) = x^3 + 3x^2 - 2x + 4$ und $Q_5(x) = x(x-1)(x-2)(x+1)(x+3)$. Dann folgt

$$\hat{f}(x) = \frac{P_3(x)}{Q_5(x)} = \frac{a_1}{x-\alpha_1} + \frac{a_2}{x-\alpha_2} + \frac{a_3}{x-\alpha_3} + \frac{a_4}{x-\alpha_4} + \frac{a_5}{x-\alpha_5}$$

mit $\alpha_1 = 0$, $\alpha_2 = 1$, $\alpha_3 = 2$, $\alpha_4 = -1$ und $\alpha_5 = -3$. Weiter gilt

$$a_j = \lim_{x \to \alpha_j} \frac{P_3(x)(x-\alpha_j)}{Q_5(x)} = \frac{P_3(\alpha_j)}{Q_5'(\alpha_j)} = \frac{P_3(\alpha_j)}{\prod_{k=1,k\neq j}^{5}(\alpha_j - \alpha_k)}, \quad \text{für } j = 1, \ldots, 5.$$

Deshalb erhalten wir

$$a_1 = \frac{4}{-1 \cdot (-2) \cdot 1 \cdot 3} = \frac{2}{3},$$
$$a_2 = \frac{6}{1 \cdot (-1) \cdot 2 \cdot 4} = -\frac{3}{4},$$
$$a_3 = \frac{20}{2 \cdot 1 \cdot 3 \cdot 5} = \frac{2}{3},$$

$$a_4 = \frac{8}{-1 \cdot (-2) \cdot (-3) \cdot 2} = -\frac{2}{3},$$
$$a_5 = \frac{10}{-3 \cdot (-4) \cdot (-5) \cdot (-2)} = \frac{1}{12}$$

und

$$\hat{f}(x) = \frac{2}{3} \cdot \frac{1}{x} - \frac{3}{4} \cdot \frac{1}{x-1} + \frac{2}{3} \cdot \frac{1}{x-2} - \frac{2}{3} \cdot \frac{1}{x+1} + \frac{1}{12} \cdot \frac{1}{x+3}.$$

Allgemein lässt sich eine Laplace-Transformierte der Form

$$\hat{g}(x) = \sum_{k=1}^{n} \frac{\alpha_k}{x - s_k}$$

leicht zurück transformieren zu

$$g(x) = \sum_{k=1}^{n} \alpha_k \mathrm{e}^{s_k x}.$$

Aus diesem Grund erhalten wir

$$f(x) = \frac{2}{3} - \frac{3}{4}\mathrm{e}^{x} + \frac{2}{3}\mathrm{e}^{2x} - \frac{2}{3}\mathrm{e}^{-x} + \frac{1}{12}\mathrm{e}^{-3x}.$$

Lösung zur Aufgabe 4.9.9

(1) Es gilt einerseits

$$M_X(v) = 1 + \mu_1 v + \mu_2 \frac{v^2}{2} + \mu_3 \frac{v^3}{6} + \ldots$$

und andererseits

$$M_{R_1}(v) = \frac{1}{\mu_1 v}[M_X(v) - 1],$$

wobei R_1 der Überschuss ist. Deshalb erhalten wir die Approximation

$$\tilde{M}_{R_1}(v) = \frac{1}{\mu_1 v}\left(\mu_1 v + \mu_2 \frac{v^2}{2} + \mu_3 \frac{v^3}{6}\right) = 1 + \frac{\mu_2}{\mu_1} \cdot \frac{v}{2} + \frac{\mu_3}{\mu_1} \cdot \frac{v^2}{6}.$$

Die Ableitungen von $\tilde{M}_R$ sind

$$\tilde{M}_{R_1}'(v) = \frac{1}{2} \cdot \frac{\mu_2}{\mu_1} + \frac{\mu_3}{\mu_1} \cdot \frac{v}{3} \text{ und } \tilde{M}_{R_1}''(v) = \frac{1}{3} \cdot \frac{\mu_3}{\mu_1}.$$

Deshalb erhalten wir

$$\mathsf{E}[R_1] \simeq \frac{1}{2} \cdot \frac{\mu_2}{\mu_1}, \ \mathsf{E}[R_1^2] \simeq \frac{1}{3} \cdot \frac{\mu_3}{\mu_1} \text{ und } \mathsf{var}(R_1) \simeq \frac{1}{3} \cdot \frac{\mu_3}{\mu_1} - \frac{1}{4} \cdot \left(\frac{\mu_2}{\mu_1}\right)^2.$$

(2) Es gilt $N \sim \text{Geometrisch}\{1 - \psi(0)\}$, wobei

$$1 - \psi(0) = \mathsf{P}[S = 0] = \frac{\beta}{1+\beta}.$$

Daher folgen

$$\mathsf{E}[N] = \frac{1}{\beta} \text{ und } \mathsf{var}(N) = \frac{1+\beta}{\beta^2}.$$

(3) Bekanntlich gilt

$$S = \sum_{j=0}^{N} R_j,$$

wobei $R_0 = 0$. Deshalb gelten auch

$$\mathsf{E}[S] = \mathsf{E}[N]\mathsf{E}[R_1]$$

und

$$\mathsf{var}(S) = \mathsf{var}(N)\mathsf{E}^2[R_1] + \mathsf{E}[N]\mathsf{var}(R_1).$$

Mit den Teilaufgaben (1) und (2) erhalten wir nun

$$\mathsf{E}[S] \simeq \frac{\mu_2}{2\beta\mu_1}$$

und

$$\begin{aligned}\mathsf{var}(S) &\simeq \frac{(1+\beta)}{4\beta^2}\left(\frac{\mu_2}{\mu_1}\right)^2 + \frac{1}{\beta}\left[\frac{1}{3} \cdot \frac{\mu_3}{\mu_1} - \frac{1}{4} \cdot \left(\frac{\mu_2}{\mu_1}\right)^2\right] \\ &= \frac{1}{3} \cdot \frac{\mu_3}{\beta\mu_1} + \frac{1}{4} \cdot \left(\frac{\mu_2}{\beta\mu_1}\right)^2.\end{aligned}$$

Lösung zur Aufgabe 4.9.10

Bekanntlich ist die m. e. F. von S gegeben durch

$$M_S(v) = \frac{\beta\mu v}{1 + (1+\beta)\mu v - M_X(v)}.$$

Demnach muss man nur noch in beiden Fällen $M_X(v)$ und μ bestimmen.

(1) Die Dichte eines Einzelschadens ist

$$f(x) = \sum_{k=1}^{n} \alpha_k \lambda_k \mathrm{e}^{-\lambda_k x}, \quad \forall x \geq 0,$$

mit $\alpha_1 + \cdots + \alpha_n = 1$. Deshalb erhalten wir

$$M_X(v) = \sum_{k=1}^{n} \alpha_k \frac{\lambda_k}{\lambda_k - v}, \quad \forall v < \min_{1 \leq k \leq n} \lambda_k,$$

und

$$\mu = \sum_{k=1}^{n} \frac{\alpha_k}{\lambda_k}.$$

(2) Wir erhalten $\mathsf{E}[X] = \mu$ und

$$M_X(v) = \mathrm{e}^{\mu v}.$$

Lösung zur Aufgabe 4.9.11

(1) Nein, denn die Zuwächse $X_{s+t} - X_s = (\sqrt{s+t} - \sqrt{s})Z$ sind nicht unabhängig von $X_s = \sqrt{s}Z$.

(2) Ja, denn für alle $0 \leq s < t$ gilt

$$\begin{aligned} X_t - X_s &= \rho\,(W_t - W_s) + \sqrt{1-\rho^2}\,(\tilde{W}_t - \tilde{W}_s) \\ &\sim \rho\sqrt{t-s}\,Z + \sqrt{1-\rho^2}\sqrt{t-s}\,\tilde{Z}, \end{aligned}$$

wobei Z und $\tilde{Z}$ unabhängig und standard-normalverteilt sind. Deshalb ist $X_t - X_s$ normalverteilt mit Erwartungswert 0 und Varianz $\rho^2(t-s) + (1-\rho^2)(t-s) = t-s$. Die anderen Eigenschaften folgen sofort aus der Tatsache, dass $\{W_t\}_{t\geq 0}$ und $\{\tilde{W}_t\}_{t\geq 0}$ unabhängige Brown'sche Bewegungen sind.

(3) Für $t > 0$ ist die Zufallsvariable S_t normalverteilt mit Erwartungswert μt und Varianz $\sigma^2 t$. Somit ist die gesuchte Wahrscheinlichkeit gleich der Wahrscheinlichkeit, dass eine standard-normalverteilte Zufallsvariable kleiner ist als $(-c - \mu t)/(\sigma\sqrt{t})$, und diese Wahrscheinlichkeit ist positiv.

Lösung zur Aufgabe 4.9.13

Es sei $L_t = Z_t - t$, $t \geq 0$, der Verlustprozess. Für $r, s > 0$ ist $L_{r+s} - L_r$ minimal in $[r, r+s]$, wenn es keine Schadensbeträge in dem Intervall gibt, und dann ist das Minimum $-s$. Somit ist

$$L_r \leq L_{r+s} + s. \tag{9.3}$$

Es sei $s \in [0, h]$. Für $t = (n+1)h - s \in [nh, (n+1)h]$ und $r = t$ folgt nun aus Gl. (9.3), dass

$$L_t \leq L_{(n+1)h} + s \leq L_{(n+1)h} + h.$$

Lösung zur Aufgabe 4.9.14

Es sei $t_n \in [nh, (n+1)h]$ und $n \in \mathbb{N}$. Dann gilt

$$\begin{aligned} S_n &= t_n^{-\frac{1}{2}} \left\{ L_{(n+1)h} - (n+1)h(\rho - 1) + [(n+1)h - t_n](\rho - 1) + h \right\} \\ &= \underbrace{\left(1 + \frac{t_n - (n+1)h}{(n+1)h}\right)^{-\frac{1}{2}}}_{\to 1} [(n+1)h]^{-\frac{1}{2}} \left\{ L_{(n+1)h} - (n+1)h(\rho - 1) \right\} \\ &\quad + \underbrace{t_n^{-\frac{1}{2}} [(n+1)h - t_n](\rho - 1) + t_n^{-\frac{1}{2}} h}_{\to 0} \end{aligned}$$

und nach Satz 4.18

$$[(n+1)h]^{-\frac{1}{2}} \left\{ L_{(n+1)h} - (n+1)h(\rho - 1) \right\} \xrightarrow{\text{d}} \mathcal{N}(0, \lambda \mu_2),$$

für $n \to \infty$. Deshalb erhalten wir

$$S_n \xrightarrow{\text{d}} \mathcal{N}(0, \lambda \mu_2).$$

Lösung zur Aufgabe 4.9.15

(1) Mit $a = 0$ erhalten wir das ursprüngliche Modell mit $W_k = U_k$, für $k = 1, 2, \ldots$. Jedoch bedeutet $\mu = 0$, dass $W_1, W_2, \ldots$ keine Verluste, sondern Verluste minus Gewinne sind.

(2) Für $k = 1, 2, \ldots$, gilt

$$W_k = U_k + aW_{k-1} = \ldots = U_k + aU_{k-1} + a^2 U_{k-2} + \ldots + a^{k-2} U_2 + a^{k-1} U_1$$

und

$$\begin{aligned} S_n = W_1 + \ldots + W_n &= U_n + \sum_{k=0}^{1} a^k U_{n-1} + \sum_{k=0}^{2} a^k U_{n-2} + \ldots + \sum_{k=0}^{n-2} a^k U_2 + \sum_{k=0}^{n-1} a^k U_1 \\ &= U_n + \frac{1 - a^2}{1 - a} U_{n-1} + \frac{1 - a^3}{1 - a} U_{n-2} + \ldots + \frac{1 - a^{n-1}}{1 - a} U_2 + \frac{1 - a^n}{1 - a} U_1. \end{aligned}$$

Aus der Unabhängigkeit von $U_1, \ldots, U_n$ folgt, dass

$$\begin{aligned}
M_{S_n}(v) = \mathsf{E}[\mathrm{e}^{vS_n}] &= \mathsf{E}\left[\exp\left\{v\sum_{k=1}^{n}\frac{1-a^k}{1-a}U_{n-k+1}\right\}\right] \\
&= \prod_{k=1}^{n}\mathsf{E}\left[\exp\left\{v\frac{1-a^k}{1-a}U_{n-k+1}\right\}\right] = \prod_{k=1}^{n}M_U\left(\frac{1-a^k}{1-a}v\right).
\end{aligned}$$

Lösung zur Aufgabe 4.9.16

Zuerst berechnen wir

$$\mu = \frac{1}{2}\frac{1}{2} + \frac{1}{2}\frac{1}{4} = \frac{3}{8} \text{ und } \frac{c}{\lambda} = \mu(\beta+1) = \frac{3}{8}\left(\frac{1}{3}+1\right) = \frac{1}{2}.$$

Sei $u \geq 0$. Wir definieren

$$g_n(u) = \int_0^u \mathrm{e}^{ny}R(y)\mathrm{d}y$$

und erhalten $g_n'(u) = \mathrm{e}^{nu}R(u)$. Damit

$$\begin{aligned}
R'(u) &= \frac{\lambda}{c}\left\{R(u) - \int_0^u R(u-x)\mathrm{d}F(x)\right\} \\
&= 2R(u) - 2\mathrm{e}^{-2u}\int_0^u R(u-x)\mathrm{e}^{2(u-x)}\mathrm{d}x - 4\mathrm{e}^{-4u}\int_0^u R(u-x)\mathrm{e}^{4(u-x)}\mathrm{d}x \\
&= 2R(u) - 2\mathrm{e}^{-2u}g_2(u) - 4\mathrm{e}^{-4u}g_4(u) \iff \\
4\mathrm{e}^{-4u}g_4(u) &= 2R(u) - R'(u) - 2\mathrm{e}^{-2u}g_2(u).
\end{aligned}$$

Durch Ableiten erhalten wir

$$\begin{aligned}
R''(u) &= 2R'(u) + 4\mathrm{e}^{-2u}g_2(u) - 6R(u) + 4\left(4\mathrm{e}^{-4u}g_4(u)\right) \\
&= 2R'(u) + 4\mathrm{e}^{-2u}g_2(u) - 6R(u) + 4\left(2R(u) - R'(u) - 2\mathrm{e}^{-2u}g_2(u)\right) \\
&= -2R'(u) + 2R(u) - 4\mathrm{e}^{-2u}g_2(u) \iff \\
4\mathrm{e}^{-2u}g_2(u) &= 2R(u) - 2R'(u) - R''(u).
\end{aligned}$$

Durch Ableiten erhalten wir

$$\begin{aligned}
R'''(u) &= -2R''(u) + 2R'(u) + 2\left(4\mathrm{e}^{-2u}g_2(u)\right) - 4R(u) \\
&= -2R''(u) + 2R'(u) + 2\left(2R(u) - 2R'(u) - R''(u)\right) - 4R(u) \\
&= -4R''(u) - 2R'(u).
\end{aligned}$$

Wir erhalten eine lineare Differentialgleichung der 2. Ordnung für R'. Damit lösen wir

$$r^2 + 4r + 2 = 0 \implies r = -2 \pm \sqrt{2}$$

und erhalten die allgemeine Lösung

$$R'(u) = a_1 \mathrm{e}^{-(2+\sqrt{2})u} + a_2 \mathrm{e}^{-(2-\sqrt{2})u}.$$

Wir haben die Randbedingungen

$$R(0) = \frac{\beta}{1+\beta} = \frac{1}{4} \text{ und } R(\infty) = 1.$$

Damit haben wir eine erste Gleichung

$$R'(0) = 2R(0) = a_1 + a_2 = \frac{1}{2}.$$

Zudem folgt aus

$$\begin{aligned} R(u) &= -\frac{a_1}{2+\sqrt{2}} \mathrm{e}^{-(2+\sqrt{2})u} - \frac{a_2}{2-\sqrt{2}} \mathrm{e}^{-(2-\sqrt{2})u} + a_3 \text{ und} \\ R(\infty) &= a_3 = 1 \end{aligned}$$

die zweite Gleichung

$$-\frac{a_1}{2+\sqrt{2}} - \frac{a_2}{2-\sqrt{2}} + 1 = \frac{1}{4}.$$

Mit diesen zwei Gleichungen erhalten wir

$$(\sqrt{2}-2)a_1 - (\sqrt{2}+2)\left(\frac{1}{2} - a_1\right) + 2 = \frac{1}{2} \text{ also } 2\sqrt{2}a_1 = \frac{\sqrt{2}-1}{2}.$$

Daraus folgen die Werte

$$a_1 = \frac{2-\sqrt{2}}{8} \text{ und } a_2 = \frac{2+\sqrt{2}}{8}.$$

Wir haben damit gefunden

$$\begin{aligned} R(u) &= 1 - \frac{3-\sqrt{2}}{8} \mathrm{e}^{-(2+\sqrt{2})u} - \frac{3+\sqrt{2}}{8} \mathrm{e}^{-(2-\sqrt{2})u}, \text{ d.h.} \\ \psi(u) &= \frac{3-\sqrt{2}}{8} \mathrm{e}^{-(2+\sqrt{2})u} + \frac{3+\sqrt{2}}{8} \mathrm{e}^{-(2-\sqrt{2})u}, \ \forall u \geq 0. \end{aligned}$$

Lösung zur Aufgabe 4.9.17
Wir haben $\mu = \log 2$, $M_X(v) = \mathsf{E}[\mathrm{e}^{vX_1}] = \mathsf{E}[\mathrm{e}^{v \log 2}] = 2^v$, $1+\beta = 3/(2\log 2)$ und damit

$$1 + (1+\beta)\mu v = M_X(v) \iff 1 + \left(\frac{3}{2\log 2}\right) \log 2v = 1 + \frac{3}{2}v = 2^v \iff v = r = 2.$$

Lösung zur Aufgabe 4.9.18
Die Wahrscheinlichkeit, dass mindestens ein Versicherer ruiniert ist, ist

$$p_{12} = 1 - [(1 - \psi_1(\log 2))(1 - \psi_2(\log 4))] = \psi_1(\log 2) + \psi_2(\log 4) - \psi_1(\log 2)\psi_2(4 \log 4),$$

wobei ψ_1 und ψ_2 die Ruinwahrscheinlichkeiten der ersten und der zweiten Versicherern sind. Außerdem haben wir $\psi_1 = \psi_2$. Mit $\psi = \psi_1$ haben wir

$$\psi(r_0) = \frac{1}{1+\beta} \exp\left\{-\frac{\beta r_0}{(1+\beta)\mu}\right\} = \frac{1}{2}\mathrm{e}^{-r_0}, \ \forall r_0 \geq 0.$$

Daraus folgt, dass

$$\psi(\log 2) = \frac{1}{2}\frac{1}{2} = \frac{1}{4}, \ \psi(2\log 2) = \frac{1}{2}\frac{1}{4} = \frac{1}{8} \text{ und } p_{12} = \frac{1}{4} + \frac{1}{8} - \frac{1}{32} = \frac{11}{32}.$$

Literatur

Applebaum D (2004) Lévy processes and stochastic calculus. Cambridge University Press

Asmussen S (2003) Applied probability and queues, 2. Aufl. Springer

Asmussen S, Albrecher H (2010) Ruin probabilities, 2. Aufl. World Scientific

Asmussen S, Glynn PW (2007) Stochastic simulation. Springer, Algorithms and analysis

Barndorff-Nielsen OE, Cox D (1989) Asymptotic techniques for use in statistics. Chapman and Hall

Baumgartner B, Gatto R (2012) Contributed R-package, sdprisk: measures of risk for the compound poisson risk process with diffusion. http://cran.r-project.org/web/packages/sdprisk

Bleistein N, Handelsman RA (1986) Asymptotic expansions of integrals. Dover

Bowers NL, Gerber HU, Hickmann JC, Jones DA, Nesbitt CJ (1997) Actuarial mathematics, 2. Aufl. The Society of Actuaries

Bucklew JA (1990) Large deviation techniques in decision, simulation and estimation. Wiley

Bühlmann H (1970) Mathematical methods in risk theory. Springer

Cooley JW, Tukey JW (1965) An algorithm for the machine calculation of complex Fourier series. Math Comput 19:297–301

Daniels H (1954) Saddlepoint approximations in statistics. Ann Math Stat 25:631–650

Dufresne F, Gerber HU (1989) Three methods to calculate the probability of ruin. Astin Bull 19:71–90

Embrechts P, Klüppelberg C, Mikosch T (1997) Modelling extremal events for insurance and finance. Springer

Esscher F (1932) On the probability function in the collective theory of risk. Skandinavisk Aktuarietidskrift, 175–195

Esscher F (1963) On approximate computations when the corresponding characteristic functions are known. Skandinavisk Aktuarietidskrift, 78–86

Feller W (1971) An introduction to probability theory and its applications Bd. II, 2. Aufl. Wiley

Gatto R, Baumgartner B (2013) Value at ruin and tail value at ruin of the compound Poisson process with diffusion and efficient computational methods. Method Comput Appl Probab 16:561–582

Gatto R, Mosimann M (2012) Four approaches to compute the probability of ruin in the compound Poisson risk process with diffusion. Math Comput Modell 55:1169–1185

Gerber HU (1979) An introduction to mathematical risk theory. University of Pennsylvania, Huebner Foundation Monographs

Grandell J (1997) Mixed poisson processes. Chapman and Hall

Grimmett GR, Stirzaker DR (2001) Probability and random processes, 3. Aufl, Oxford

R. Gatto, *Stochastische Modelle der aktuariellen Risikotheorie,* Masterclass,
https://doi.org/10.1007/978-3-662-60924-8

Jensen JL (1995) Saddlepoint approximations., Oxford

Karr AF (1993) Probability. Springer

Klugman SA, Panjer HH, Willmot GE (2008) Loss models: from data to decisions, 3. Wiley, Aufl

Lugannani R, Rice S (1980) Saddle point approximation for the distribution of the sum of independent random variables. Adv Appl Probab 12:475–490

Mikosch T (2009) Non-life insurance mathematics. An introduction with stochastic processes, 2. Aufl. Springer

Prabhu NU (1997) Stochastic storage processes: queues, insurance risk, dams, and data communication. Springer

Rachev ST, Mittnik S (2000) Stable paretian models in finance. Wiley

Rolski T, Schmidli H, Schmidt V, Teugels J (1999) Stochastic processes for insurance and finance. Wiley

Samoradnitsky G, Taqqu MS (1994) Stable non-Gaussian random processes: stochastic models with infinite variance. Chapman and Hall

Shiryayev AN (1984) Probability. Springer

Siegmund D (1976) Importance sampling in the Monte Carlo study of sequential tests. Ann Stat 4:673–684

Varadhan SRS (1984) Large deviations and applications. SIAM Monograph

Stichwortverzeichnis

R. Gatto, *Stochastische Modelle der aktuariellen Risikotheorie,* Masterclass,
https://doi.org/10.1007/978-3-662-60924-8

W

Z